KB137943

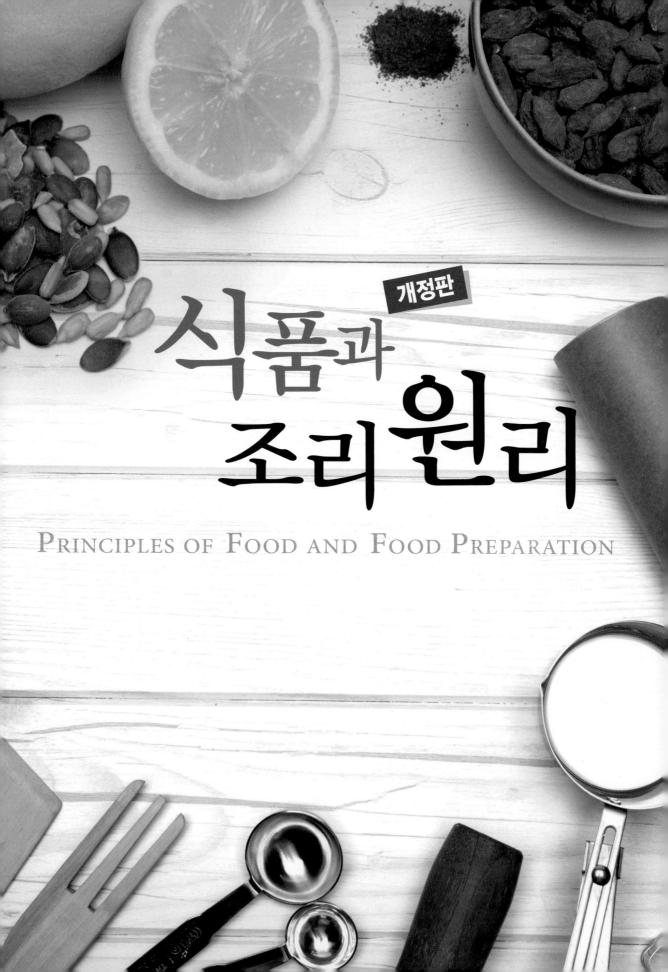

개정판

식품과 조리원리

PRINCIPLES OF FOOD AND FOOD PREPARATION

머리말

　식품은 여러 가지 영양성분과 색, 향기, 맛, 텍스처 특성을 주는 비영양성분, 그리고 생리활성을 조절하는 물질들로 구성되어 있다.

　사람이 음식을 먹는 목적은 인체에 필요한 영양소를 섭취하여 건강하게 살아가는 데 있다. 대부분의 식품은 조리라는 과정을 거쳐서 먹게 되는데, 이 과정을 거치는 동안 식품 자체가 가지고 있는 성분에 물리·화학적인 변화가 일어난다. 특히 식품에 함유되어 있는 영양소는 조리하는 방법에 따라 파괴되는 정도에 차이가 생긴다. 만약 조리하는 동안 영양소가 많이 파괴된다면 식품이 함유하고 있는 영양소의 양과 실제 음식으로 섭취하는 영양소의 양에 많은 차이가 있어 충분한 영양소를 섭취할 수 없게 된다. 또한, 음식은 영양소의 공급뿐만 아니라 보기에도 아름답고 냄새가 좋으며 입안에서의 촉감과 맛이 좋아야 하므로 이러한 음식을 만들기 위해서는 재료가 되는 식품의 특성과 조리과정 중의 변화에 대한 과학적인 원리를 이해하여야 한다.

　본 개정판에서는 내용의 이해를 더 쉽게 할 수 있도록 각 장의 내용을 정리하였으며 새로운 내용과 사진을 보충하였다. 내용 중 전공용어는 이해를 쉽게 하기 위하여 대부분 '한글(영문)'으로 표기하였다. 영어의 한글 표기는 사단법인 한국식품과학회에서 2006년에 발간한 '식품과학용어사전'을 따랐다.

　이 책은 식품영양학과 조리학을 전공하는 학생들이 조리와 관련되는 기초과학과 식품의 특성, 조리원리를 이해하게 하고자 집필되었다. 이 책이 학생들에게 많은 도움이 되기를 바란다.

　끝으로 출판을 위해 수고해 주신 도서출판 효일의 임직원 여러분께 감사드린다.

저자

차례

조리원리의 개요

식품은 탄수화물, 단백질, 지질, 비타민, 무기질 등 여러 가지 영양소를 함유하고 있어 음식을 섭취함으로써 건강을 유지할 수 있다. 그뿐만 아니라 식품에는 색, 향기, 맛, 텍스처 특성을 주는 비영양성분과 생리활성을 조절하는 물질들도 함유되어 있다. 이러한 모든 성분, 조직, 물성 등은 식품을 조리하는 방법에 따라 영향을 받게 된다. 그러나 우리는 항상 음식을 접하면서도 조리과정 중에 일어나는 현상에 대하여는 그 중요성을 거의 이해하지 못한다. 조리원리는 이러한 현상을 이해하기 위한 기본이 된다.

1. 조리원리의 중요성

조리원리를 이해하기 위해서는 식품의 물리 · 화학적 특성과 조리하는 동안의 온도, 습도, 빛, 공기 등의 환경 상태로 인하여 일어나는 반응, 그리고 조리과정 중 첨가되는 물질이 식품에 미치는 영향들에 대한 지식을 가져야 한다. 이러한 지식이 더 나은 조리방법을 제공해 줄 수 있다.

조리의 단계에서 일어나는 변화에 관한 연구는 많이 이루어져 왔지만 식품과 식품 혼합물의 구조는 아주 복잡해서 아직도 많은 부분이 밝혀지지 않고 있다. 그러므로 조리과학자들은 이 반응이 왜 일어나는가에 대해 끊임없이 연구하고 있다. 이러한 연구를 통해 현재의 조리방법을 과학적으로 설명하여 본질을 알아냄으로써 보다 더 좋은 조리방법을 찾아낼 수 있다. 또한 예부터 전해 오는 조리방법이나 향토적인 음식 중에는 비법이 많다. 이러한 비법을 과학적으로 규명하여 발전시켜 나가는 것도 중요한 의미가 있다.

그러므로 조리를 할 때 습관적인 태도로부터 벗어나 '왜? 무엇이? 어떻게?'라는 과학적인 검토를 하는 적극적인 태도가 중요하다. 조리와 과학의 관계에 대해 분명히 이해하고 그 원리를 조리에 적용함으로써 더 나은 조리의 발전을 기할 수 있다.

이와 같이 식품의 조리과정 중 일어나는 현상에 대하여 과학적인 원리를 이해하는 것은 아주 중요한 것이지만, 실제적인 조리기술을 익히는 것 또한 이와 동등하게 중요하다. 조리기술의 습득을 위해서는 경험과 숙련이 필요하다. 정확한 조리기술을 바탕으로 조리방법을 연구하면 응용과 창작의 능력도 갖게 된다.

영양적이고 맛이 있으며 보기에도 좋도록 음식을 만들기 위해서는 조리과정은 곧 과학이고 예술이라는 개념을 가져야 한다. 또한, 식품은 그 사회의 문화적 형태의 한 부분이라는 점을 이해하여야 한다.

2. 조리의 목적

조리는 넓은 의미로는 식사계획에서부터 식품의 선택, 조리조작, 식탁차림 등 준비에서
마칠 때까지의 전 과정을 말하나, 좁은 의미로는 식품을 조작하여 먹을 수 있는 음식으로 만
드는 것이다. 이 과정 중 조작방법에 따라 식품에 물리화학적 변화가 일어나게 된다.

그러므로 조리의 목적은 식품이 함유하고 있는 영양가를 최대로 보유하게 하는 것, 향미를
더 좋게 향상시키는 것, 음식의 색이나 텍스처를 더 좋게 하여 맛을 증진시키는 것, 소화가
잘되도록 하는 것, 유해한 미생물을 파괴시키는 것, 그리고 식품의 저장과 운반을 용이하게
하는 것에 있다.

3. 조리의 계량과 조작

짐작으로 조리한다는 것은 오랜 경험이 있는 사람이나 전문가만이 할 수 있는 일이며 또
아주 익숙한 사람이 아니고서는 그 음식의 독특한 맛을 낼 수 없다. 정확한 계량, 계량기구
의 올바른 사용법, 적당한 조리조작은 과학적이고 좋은 품질의 음식을 만드는 데 있어서 필
수적이다.

(1) 계량

과학적이고 실패 없는 조리를 하기 위해서는 재료의 계량을 정확히 해야 한다. 저울로 무
게를 재는 것이 가장 정확하나, 가정에서는 계량컵이나 계량스푼과 같은 기구로 부피를 재
는 것이 더 편리하다. 이때 식품의 밀도가 각각 다르므로 정확한 계량 기술을 갖고 표준화된
기구를 사용하는 것이 중요하다.

1) 계량기구

부피를 측정하기 위한 가정용 계량기구에는 계량컵과 계량스푼이 있다(**그림 1-1**). 계량컵
은 두 가지 형태, 즉 한 컵에 1/4, 1/2, 3/4의 눈금이 있는 것과 1컵, 1/2컵, 1/3컵, 1/4컵이

따로 나누어져 만들어진 것이 있다. 이것을 할편 컵이라고 한다. 액체용 계량컵은 주로 파이렉스 유리제이며 눈금이 부분적으로 분할 표시되어 있다. 서양의 여러 나라에서는 1컵을 240cc로 하나 우리나라에서는 200cc로 정해져 있다.

계량컵

액체용 계량컵

계량스푼

그림 1-1 계량컵과 계량스푼

200cc일 경우에는 1컵이 13⅓큰술(table spoon)이 되므로 계량컵과 계량스푼 간의 환산이 복잡하게 되며, 특히 서양요리책에는 1컵을 240cc로 하였으므로 혼란이 야기되기 쉽다. 이러한 차이는 식재료의 계량 시 표준화된 미터법과 함께 나라마다 다양한 계량 단위가 아직 혼용되고 있기 때문이다. 1컵(240cc)을 기준으로 한 계량단위의 환산방법은 **그림 1-2**와 같다.

1/4컵보다 적은 양일 때에는 계량스푼을 사용하여야 한다. 계량스푼은 1큰술(table spoon), 1작은술(tea spoon), 1/2작은술, 1/4작은술이 1조로 되어 있으며 1큰술은 3작은술에 해당한다. 1큰술은 15cc이고 1작은술은 5cc이다. 1컵의 용량이 240cc인 것은 16큰술에 해당하며 1컵의 용량이 200cc인 것은 13⅓ 또는 13.5큰술에 해당한다.

2) 계량방법

정확한 계량기구가 있다 하더라도 사용하는 방법에 따라 문제가 생길 수 있다. 계량기구를 부정확하게 사용하면 좋은 품질의 음식을 만들 수 없다. 재료의 계량이 정확하여야만 좋은 품질의 음식을 일관성 있게 계속 만들 수 있다.

가루 : 밀가루와 같은 가루를 계량할 때에는 부피보다 무게로 계량하는 것이 정확하나 편의상 부피로 계량하고 있다. 부피로 계량할 때에는 할편된 계량컵을 사용하는 것이 편리하다. 가루는 입자가 작고 다져지는 성질이 있기 때문에 그릇에 오래 담겨 있으면 눌리게 된다.

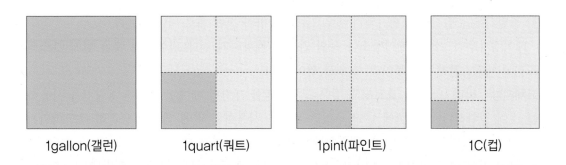

| 1gallon(갤런) | 1quart(쿼트) | 1pint(파인트) | 1C(컵) |

부피 계량단위의 환산	
1Tbsp(테이블 스푼) = 3tsp(티스푼)	1C(컵) = 16Tbsp(테이블 스푼)
1pint(파인트) = 2C(컵)	1quart(쿼트) = 2pints(파인트)
1gallon(갤런) = 4quart(쿼트)	1Tbsp(테이블 스푼) = 15cc(씨씨)
1tsp(티스푼) = 5cc(씨씨)	dash(대쉬) = 1/8tsp(티스푼)보다 적은 양
※ 1C(240cc) = 1/16gallon(gal) = 1/4quart(qt) = 1/2pint(pt) = 16Tbsp = 48tsp	
※ 1C(200cc)= 13⅓Tbsp (우리나라의 계량컵 기준)	
무게 계량단위의 환산	
1pound(lb, 파운드) = 16ounces(oz, 온스)	1ounce(온스) = 28.35g(그램)
1pound(파운드) = 453.59g(그램)	

그림 1-2 계량단위의 환산

그러므로 밀가루는 계량하기 전에 한 번 체에 쳐 주거나 스푼으로 잘 휘저어 사용한다. 이때 체로 치는 횟수가 증가할수록 공기가 더 많이 들어가 부드러운 텍스처를 만들 수 있다. 체에 친 밀가루는 컵 안에 스푼으로 가볍게 떠 넣어 수북하게 해 준 후 평평한 것으로 깎아 준다. 이때

밀가루체

밀가루를 누르거나 컵을 흔들지 않는다. 컵 안으로 밀가루를 직접 체 쳐서 넣을 수 있으나 이 방법은 불편할 뿐만 아니라 정확하지 않다. 특히 약과 또는 빵이나 케이크류를 만들 때 밀가루를 정확하게 계량하여야 원하는 품질의 음식을 만들 수 있다. 예외로 밀기울을 함유

한 통밀가루는 밀기울이 제거되기 쉬우므로 계량하기 전에 체로 치지 않는다.

　베이킹파우더, 소금, 베이킹소다 등의 가루도 계량하기 전에 덩어리진 것을 먼저 부스러뜨리고 계량스푼으로 수북이 떠서 위를 깎아 준다.

고체지방 : 버터, 마가린, 쇼트닝과 같은 고체지방을 계량할 때에도 할편된 계량컵을 사용하는 것이 정확하다. 냉장고에 넣어 두었던 지방은 사용하기 전에 꺼내어 충분히 부드러워지도록 한다. 딱딱한 상태에서는 정확하게 계량하기가 어렵기 때문이다. 부드러워진 지방은 컵 안에 넣어 공기주머니가 없어지도록 눌러 준 후 평평한 것으로 깎아 준다. 다른 그릇에 옮길 때에는 손가락이나 탄력 있는 고무주걱으로 잘 긁어 준다. 고추장이나 된장도 같은 방법으로 계량한다.

설탕 : 설탕을 계량할 때에는 할편된 계량컵을 사용하며 덩어리진 설탕은 모두 부스러뜨린 후 계량한다. 백설탕의 경우 컵 안으로 설탕을 떠 넣어 수북이 한 후 깎아 준다. 황설탕은 백설탕과 달리 설탕 표면에 시럽의 피막이 있어 설탕입자가 서로 밀착하려는 경향이 있다. 그러므로 컵 안에 설탕을 넣고 눌러 주어, 쏟았을 때 컵의 형태가 나타나도록 한다.

액체 : 물엿, 시럽, 꿀과 같이 끈끈한 액체는 할편된 계량컵을 사용하는 것이 좋다. 잘 나오게 하기 위해서는 컵 안쪽에 식용유를 조금 발라 주는 것도 좋다.

　물, 우유, 기름, 간장과 같은 액체는 눈금 있는 액체 계량컵으로 계량하는 것이 좋으며, 평평한 데 놓고 눈높이에서 보아 눈금과 액체의 표면(메니스커스, meniscus)의 아랫부분을 눈과 같은 높이로 맞추어 읽는다(**그림 1-3**).

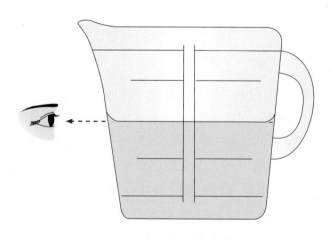

그림 1-3　메니스커스

(2) 조리 조작

씻기 : 씻기는 조리의 첫 단계로서 불순물과 유해성분을 제거하여 위생적으로 처리하는 조작이다. 흐르는 물에서 씻는 것이 효과적이며 표면에 굴곡이 있는 식품은 주방용 중성세제를 사용한다. 중성세제에 담그면 표면장력이 약해져 굴곡 있는 곳까지 침투하여 유화·분산시키므로 불순물이 잘 제거된다. 세제에 담근 후에는 세제가 식품에 남아 있지 않도록 물로 잘 헹군다. 오이와 같이 굴곡이 있는 채소는 굵은 소금으로 문질러 씻는 것이 좋다.

불리기 : 곡류, 콩류, 미역, 버섯 등과 같이 건조된 식품을 물에 담가 충분히 수화시키는 조작이다. 이렇게 함으로써 식품이 팽윤 또는 연화되며 불필요한 성분을 제거시킬 수 있다. 그러나 수용성 비타민의 손실이 일어날 수도 있다.

썰기 : 썰기는 조리조작 중 가장 많이 쓰이며 기술을 요한다. 식품을 썰면 표면적이 커지므로 가열할 때 열의 전도가 좋아지고 조미료도 잘 침투하지만 영양소의 손실이 많아진다. 식품을 썰 때에는 재료의 특성과 목적에 따라 써는 방법을 택하여야 한다.

예를 들어 쇠고기를 썰 때 섬유의 방향(결 방향)과 평행 되게 썰면 질긴 느낌을 주나 씹히는 촉감을 좋게 해주며 섬유와 직각의 방향(결 반대 방향)으로 썰면 부드러운 맛을 준다. 무와 같은 채소의 채썰기를 할 때에는 섬유의 방향과 평행으로 썰기도 한다.

결 방향

결 반대 방향

섞기 : 두 가지 이상의 식품 재료를 균일하게 분산시키는 방법으로 음식의 균일화를 위해서 행해진다. 섞는 방법에 따라 조리 결과가 다르게 나타난다.

가루 내기 : 식품을 가루 내거나 갈아 주는 것은 재료를 균질화하고 열전도를 균일화하며, 조미료의 침투를 쉽게 하고 점탄성을 증가시키기 위함이다.

누르기 : 누르기는 힘을 가하여 일정한 모양을 만드는 조작으로, 두부 만들 때와 같이 눌러서 액체와 고형물을 분리시키거나, 다식이나 약과를 만들 때처럼 성형하기 위한 것이다.

거르기 : 거르기는 팥고물을 만들 때와 같이 체에 밭쳐 내는 조작이다.

밀어 늘리기 : 밀어 늘리기는 밀가루 반죽이나 쌀가루 반죽을 늘려서 일정한 모양을 만들 때와 같은 조작이다.

모양 만들기 : 음식을 모양 있게 일정한 형태로 만들기 위하여 하는 조작이다. 예를 들어 만두 빚기, 경단 만들기, 초밥 만들기 등이 있다.

4. 조리방법

　조리방법은 식품의 종류와 조리의 목적에 따라 그 방법이 다양하지만 일반적으로는 비가열조리와 가열조리로 크게 나눌 수 있다.

(1) 비가열조리

　어떤 식품을 생것으로 먹기 위한 조리방법으로 생 조리라고도 한다. 샐러드, 겉절이, 생채, 각종 화채 등 채소나 과일을 이용한 음식류와 생선회, 육회 등이 있다. 이 조리방법은 성분의 손실이 적고 식품 그대로의 감촉과 맛을 느낄 수 있으나 식품을 다룰 때 위생적으로 처리하여야 한다. 잘 씻어서 각종 오물을 제거하고 독성이 있는 부분은 도려낸다. 또한 모양을 좋게 하고 색 배합을 잘하여 시각적으로 식욕을 느끼도록 하여야 한다.

(2) 가열조리

　대부분의 식품은 가열조리하여 먹는다. 가열함으로써 병원균, 기생충, 미생물 등을 파괴하여 식품을 위생적으로 만들고 부패를 방지한다. 또한 소화 흡수율을 증가시키고 고기나 빵을 구울 때 또는 밥을 지을 때와 같이 좋은 향미를 생성하며, 맛이 좋아진다. 그러나 식품의 영양성분, 향미, 텍스처, 색에 좋지 않은 변화를 일으키기도 한다.

　가열조리방법으로는 물을 열전달 매체로 하여 가열하는 습열조리방법과 기름이나 복사열에 의해 가열하는 건열조리방법이 있다.

1) 습열조리방법

삶기 : 끓는 물에서 식품을 가열하는 방법으로 주로 물의 대류에 의하여 끓는 물의 열이 식품의 외부로부터 내부로 전달된다. 식품의 중심부까지 서서히 가열되므로 단단하고 질긴 식품이 부드러워지며 식품의 단백질이 응고되고 지방 및 좋지 않은 맛 성분이 제거된다. 목적에 따라 찬물에서부터 식품을 넣어 주거나 끓는 물에 넣어주는 방법을 택할 수 있다. 삶기는 양념을 하지 않고 가열하는 방법이다.

끓이기 : 삶기와 가열 원리는 같으나 다른 점은 조리 시 양념을 하여 가열한다는 것이다. 양념성분이 식품에 충분히 침투될 수 있으나 수용성 맛 성분이 우러날 수 있으므로 국물까지 이용하는 조리에 사용하는 것이 좋다.

데치기 : 다량의 끓는 물에서 식품을 익히는 방법으로 끓이기보다 시간을 짧게 처리하는 것이다. 조직을 연하게 하고 효소작용을 불활성화시켜 조리 및 저장 시에 색을 더 좋게 하거나 변색을 억제한다.

찌기 : 물이 수증기로 변할 때 방출되는 잠열인 기화열을 이용하여 식품을 가열하는 방법이다. 식품의 모양이 그대로 유지되며 수용성 물질의 용출이 끓이는 것보다 적으나, 조리 중 조미하기 어려운 단점이 있다.

2) 건열조리방법

구이 : 다른 조리방법보다 높은 온도에서 가열하는 방법이다. 열의 이동은 복사, 대류, 전도가 모두 포함된다. 열원 부근의 공기는 가열에 의하여 대류 되고, 가스가 연소하면서 생성되는 열에너지도 대류에 의하여 이동된다. 대류에 의하여 열이 튀김 팬과 같은 금속에 닿으면 복사열이 방출되어 식품에 전달되고 일부는 전도에 의하여 열이 전달된다. 식품 표면의 온도는 높으나 식품 자체의 열전도율은 낮기 때문에 표면과 내부의 온도 차이는 크다. 석쇠를 사용하여 불 위에서 직접 굽는 직접구이와 열원 위에 철판이나 프라이팬을 올려놓고 그 위에서 식품을 굽는 간접구이가 있고, 오븐 안에 식품을 넣고 굽는 오븐구이가 있다. 다른 조리방법에 비하여 맛과 향이 잘 조화된다.

볶기 : 이 방법은 기름을 사용하여 100℃ 이상의 고온에서 단시간 조리하기 때문에 색이 그대로 유지되고 좋은 향미를 내게 되며 수용성 성분의 용출을 적게 한다.

튀기기 : 기름을 고온으로 가열하면 대류작용으로 기름의 온도가 상승하고 열이 식품에 전도되어 익혀지는 방법이다. 식품의 크기나 익히는 정도에 따라 튀김 온도가 다르며 가열시간이 짧으므로 영양소의 손실이 적다. 깊은 팬에 기름을 많이 넣어 튀기는 방법과 낮은 팬에 기름을 조금 넣어 튀기는 방법이 있다.

전 : 튀김 팬에 기름을 조금 두르고 지져서 식품을 익히는 방법이다. 팬에 접하는 부분은 익으나 위쪽은 열전달이 늦으므로 재료를 얇게 썰어주는 것이 좋다. 우리나라에서는 예부터 이와 같이 지지는 조리방법을 많이 이용하였다.

(3) 가열조리가 식품에 미치는 영향

영양성분 : 조리하는 동안 식품에서 일어나는 가장 중요한 변화는 수용성 영양성분의 변화이다. 이러한 영양소는 조리할 때 사용하는 물의 양, 조리하는 시간, 그리고 가열정도에 의하여 영향을 받는다. 연구에 의하면 엽산, 비타민 $C \cdot B_1 \cdot B_6$가 열에 가장 영향을 잘 받는다고 한다. 무기질 함량은 일반적으로 안정되기는 하나 물이나 기름에 용해되어 손실이 생긴다.

단백질은 높은 온도에서 가열하면 딱딱하게 응고되어 소화성이 나빠지며 필수아미노산의 효능이 상실되는 경우가 있다. 튀김을 할 때 기름의 온도를 너무 높게 하면 기름이 산화 분해되어 인체에 해로운 성분을 만들 수 있다.

향미 : 식품에는 향미를 나타내는 성분이 여러 가지 함유되어 있다. 맛을 좋게 하거나 그 식품의 자연적인 향미를 증진시키기 위해서는 조리과정이 가능한 한 짧아야 하고 조미료는 조금만 첨가하는 것이 좋다. 건열법을 이용하면 식품의 표면에 갈변이 일어나며 좋은 향미를 생성한다. 그러나 지나친 조리는 오히려 향미를 나쁘게 하고 조직을 무르게 한다. 또한 휘발성 향기성분이 많이 손실된다.

색과 텍스처 : 가열에 의하여 식품의 색이 변하게 되므로 가열조리를 통해 원래의 색보다 더 선명하게 하거나 원하는 색이 나도록 할 수 있다. 예를 들어 채소를 잠깐 동안 데치면 신선할 때의 색보다 더 선명하게 할 수 있으며 육류나 밀가루 반죽을 오븐에 구우면 더 좋은 갈색을 형성할 수 있다. 조리의 목적은 그 식품의 자연적인 텍스처를 유지하는 데 있지만 식품의 텍스처는 가열로 인하여 변화된다. 예를 들어 과일이나 채소의 조직은 가열에 의하여 부드럽게 되나 단백질 식품은 단단하게 변하기도 한다. 그러나 텍스처는 조리방법과 조리시간에 의하여 조절할 수 있다.

소화 : 조리는 식품의 소화력을 증진시킨다. 예를 들어 전분은 호화되고 육류는 결체조직에 있는 단백질인 콜라젠이 파괴됨으로써 더 부드럽게 되어 소화력을 증진시킨다.

유해물질 : 식품을 조리하면 식중독의 원인이 될 수 있는 유해물질을 파괴하거나 식품 자체가 가지고 있는 어떤 성분에 변화를 준다. 예를 들어 달걀흰자에는 아비딘(avidin)이라는 단백질이 있는데 이것은 비타민 B의 일종인 비오틴(biotin)과 결합하여 비오틴이 흡수되지 못하게 한다. 그러나 흰자를 익히면 아비딘이 파괴되어 비오틴과 결합하지 못하므로 더 영양가가 있다.

5. 조미료와 향신료

조미료(seasoning)와 향신료(spice)는 음식의 맛을 향상시킬 뿐만 아니라 발효식품의 숙성을 조절하고 식품의 텍스처와 보존성을 향상시키며 나쁜 냄새와 맛을 억제하거나 없애 주는 등의 역할을 한다. 같은 조미료라도 넣는 순서나 시간에 따라 음식의 맛이 달라진다.

국제표준기구인 ISO(International Organization for Standardization)에서 정의한 향신조미료는 자연에 존재하는 식물성 산물이거나 또는 이들의 혼합물로서 어떤 첨가물도 첨가되어서는 안 되며 이는 식품의 맛, 조미, 그리고 냄새를 첨가하기 위해서 사용하여야 한다고 명시되어 있다. 이 산물은 자연에서 산출된 그대로의 형태일 수도 있고 이를 분말화한 형태일 수도 있다.

우리나라에서 많이 이용되는 조미료와 향신료에 대해 알아보도록 하겠다.

(1) 조미료

조미료의 종류는 대단히 많으나 크게 나누면 짠맛을 내는 조미료, 신맛을 내는 조미료, 단맛을 내는 조미료 등이 있고 맛난 맛을 더해 주기 위한 보조 조미료가 있다. 조미료 중 소금, 식초, 설탕은 세계적으로 거의 전역에 걸쳐 사용되고 있으며 그 외 각 지역마다 독특한 조미료가 쓰이고 있다. 우리나라에서는 양념이라 하여 다른 나라보다 더 복합적으로 조미료를 사용하고 있다.

1) 소금

소금은 짠맛을 주고 방부제로도 사용되며, 염도는 80% 이상이다. 소금은 염화나트륨이 주성분이나 황산칼슘, 염화마그네슘, 염화칼륨 등도 함유되어 있다. 제조 방법에 따라 천일염, 재제염, 정제염으로 구분하고 소금에 따라 용도가 다르며 품질은 순도에 따라 결정된다. 다른 물질을 첨가한 소금도 많이 이용되고 있다.

천일염 : 1차 제품으로 호렴 또는 굵은 소금이라고도 하며 색깔이 검고 불순물이 많이 함유되어 있다. 오이지 담글 때나 김장배추를 절일 때 주로 사용하는데 이는 소금 중에 칼슘함량이 많으면 채소류의 펙틴과 결합하여 조직을 단단하게 만들어 주기 때문이다.

재제염 : 일명 꽃소금이라고도 하며 색깔이 희고 불순물도 없어 음식을 할 때 일반적으로 많이 사용되고 있다.

정제염 : 식탁염이라고도 하며 결정이 곱고 깨끗하여 식탁에서 간을 조절하는 데 사용한다. 맛소금은 정제염에 MSG와 핵산을 첨가하여 감칠맛을 부여한 소금이다.

이외에 구운소금, 특정 맛을 내도록 한 양념소금, 기능성 성분을 첨가한 기능성소금, 저염소금 등이 개발되어 있다. 유대인들이 전통적으로 생산하는 소금을 코셔소금(kosher salt)이라고 한다.

조리 시 처음부터 소금을 넣으면 음식이 부드러워지지 않으므로 음식이 익은 다음에 넣는다. 소금과 설탕을 함께 사용할 경우에는 설탕을 먼저 넣는 것이 좋다. 왜냐하면 분자량이 작을수록 빨리 흡수되고 분자량이 큰 것일수록 확산속도가 느리므로 소금(58.5)보다 분자량이 큰 설탕(342)을 먼저 넣어주어야 제대로 맛이 나기 때문이다. 여러 가지 조미료를 함께 사용할 경우에는 설탕 > 소금 > 식초의 순으로 넣는 것이 원칙이다. 식초는 휘발성이고 녹색 채소를 누렇게 만들 수 있기 때문에 마지막에 넣어 준다.

2) 간장

우리나라에서는 간장이 음식의 간을 맞추는 기본 조미료이다. 간장은 대두를 주원료로 발효하는 전통적인 발효식품으로 재래식 간장과 개량식 간장으로 나누어진다. 간장의 염도는 보통 18~20%이며 콩 속의 영양소가 미생물에 의해 분해되어 향미성분으로 변한다.

재래식 간장 : 대두로 메주를 만들어 소금물을 부어 1~2개월 숙성하여 메주를 걸러낸 후 달여서 만든 간장으로, 국간장, 조선간장, 청장, 집간장으로도 부른다. 숙성하는 동안 당화작용, 발효작용, 단백질 분해작용, 아미노카보닐 반응 등이 복합적으로 이루어진다.

개량식 간장 : 대두, 밀, 종국을 재료로 하여 소금물에 담가 숙성시켜 만드는 간장이다. 양조간장, 산 분해간장(아미노산 간장), 혼합간장이 있다.

양조간장은 탈지 대두나 글루텐의 단백질을 황국균(*Aspergillus oryzae*)으로 분해하여 만든 제품이다. 유기산과 당류가 풍부하고 향이 좋아 품질이 양호하나 숙성기간이 6개월로 제조기간이 길다.

산 분해간장은 유기산이 단순하고 아미노산이 풍부하여 구수한 맛이 강하나 산 분해취가 있다. 그러나 단시간 대량 생산이 가능하다는 장점이 있다.

혼합간장은 양조간장의 장점과 산 분해간장의 장점을 살려 맛, 색, 향 등이 대체로 양호하여 일반 시판용 간장의 주종을 이루고 있다.

3) 된장

된장은 10~13%의 식염을 함유하고 있으며 재래식과 개량식 된장이 있다.

재래식 된장 : 삶은 대두를 자연 발효시켜 메주를 만든 후 간장을 걸러 내고 남은 건더기이다. 단맛과 감칠맛이 적으나 단백질이 풍부하며 국, 찌개, 무침 등에 이용된다. 오래 끓일수록 맛이 있다.

개량식 된장 : 대두와 쌀 또는 보리 코지(종국)를 섞어 물과 소금을 넣고 일정기간 숙성시킨 것이다. 숙성되는 동안 효소에 의하여 단백질과 전분이 가수분해되므로 아미노산과 당을 다량 함유하고 있다. 오래 끓이지 않는 것이 좋다.

4) 고추장

고추장은 찹쌀, 멥쌀, 밀, 보리 등을 원료로 하여 메줏가루, 고춧가루, 엿기름, 소금 등을 섞어 만드는 것으로 우리나라 식생활에서 중요한 몫을 차지한다.

5) 유지류

기름은 종류에 따라 특유의 맛과 향기가 있어 용도에 따라 달리 사용된다. 참기름은 독특한 향기가 있어 우리나라 음식에 주로 사용하며 서양 음식에서는 버터를 많이 사용한다. 근래에는 건강에 대한 관심이 높아지면서 올리브유를 많이 이용하고 있다.

6) 식초

식초는 식품의 가공 및 조리에 가장 많이 사용되는 산미료로 신맛의 근원은 아세트산이다. 신맛을 내는 조미료지만 사용하는 방법에 따라서 짠맛과 단맛을 약하게 하고 부드럽게 해주기도 한다.

식초는 초산의 제법에 따라 양조식초와 합성식초로 나눌 수 있다.

양조식초 : 초산 발효를 시켜서 만드는 식초이다. 초산 발효의 원료는 곡류, 과일, 술지게미 등이다. 원료의 종류에 따라 식초의 맛과 향기가 달라진다. 시판되고 있는 양조식초의 산도는 대개 6~7% 정도이나 근래에는 산도가 높은 2배식초, 3배식초가 판매되고 있다. 또한 제조용 원료의 배합성분에 따라 현미식초, 사과식초, 포도식초, 감식초 등으로 나뉜다. 초산 외에 유기산류, 당류, 아미노산류, 기타 향기 성분이 함유되어 있다. 레몬을 착즙하여 식초 대용으로 사용하기도 하는데 이것은 유기산(주로 구연산)이 식초와 비슷한 비율로 함유되어 있고 방향도 좋기 때문에 샐러드 드레싱에 흔히 이용된다.

합성식초 : 화학적으로 합성된 빙초산을 원료로 하여 희석한 것이다.

7) 감미료

세계적으로 가장 많이 이용되는 천연 감미료는 설탕이다. 설탕은 가공 정도와 형태에 따라 흑설탕, 황설탕, 백설탕 등이 있고 이 밖에 얼음설탕, 모래설탕, 각설탕이 있으며 과립설탕이 일반적으로 많이 사용된다. 우리나라에서 가장 오래된 천연 감미료는 꿀이며 조과류, 화채, 약과, 약식 등에 사용된다.

기타 감미료에 대한 자세한 설명은 제9장에 언급되어 있다.

8) 화학조미료

화학조미료는 그 자체가 감칠맛을 가지고 있을 뿐 아니라 신맛, 단맛, 매운맛 등의 기본맛과 반응하여 그 맛을 완화, 조화, 또는 강화함으로써 일반 음식의 맛을 돋우는 데 사용된다. 인체 내에서 가수분해되어 글루탐산이 되므로 다른 영양소와 마찬가지로 영양대사에 관여한다. 글루탐산일나트륨(MSG), 핵산계 조미료(IMP, GMP), 복합조미료가 있다.

MSG는 전분 당화액이나 당밀을 탄소원으로 하고 무기질소원, 무기염류, 그리고 기타 영양원이 함유된 배양액에 글루탐산 생산균주인 브레비박테륨(*Brevibacterium*), 마이크로박테륨(*Microbacterium*), 코리네박테륨(*Corynebacterium*)속 등을 접종하여 생산한다. 생산된 MSG는 이온교환수지를 통과시켜 분리 후 중화, 탈색, 농축, 결정화시켜 건조한다. MSG의 주원료인 당밀 자원이 부족하게 될 것에 대비하여 초산이나 파라핀 등으로 대치하려는 연구가 진행되고 있다.

9) 천연조미료

다시마, 쇠고기, 버섯, 멸치 등의 자연식품에는 감칠맛을 내는 유리 아미노산인 글루탐산이 다량 함유되어 있으므로 자연적인 조미료로 많이 이용되고 있다.

(2) 향신료

향신료(spice)는 세계적으로 많이 이용되고 있다. 이들은 수조육류와 생선류의 불쾌한 냄새를 제거하거나, 음식의 맛과 향미를 증진시키는 작용을 하고, 음식에 아름다운 색을 부여한다. 또한 소화기관을 자극하여 소화를 증진시키며 방부제로서의 역할도 한다. 향신료는 채취 부위에 따라 스파이스(spice)와 허브(herb)로 구분할 수 있다. 스파이스는 향신미를 가진 식물의 꽃, 과실, 싹, 껍질, 뿌리, 씨앗을 건조한 것을 말하며 비교적 딱딱한 부분이 많고 허브에 비해 향이 강하다.

허브는 부드러운 식물의 잎과 줄기를 말하지만 간혹 억센 줄기가 사용되기도 한다. 커리 파우더, 칠리 파우더, 피클용 스파이스 등과 같이 스파이스, 허브, 그리고 씨앗이 혼합되어 만들어진 것도 있다. 향신료를 지나치게 많이 사용하면 오히려 음식의 맛을 좋지 않게 할 수 있으므로 적당량 사용하는 것이 좋다.

우리나라에서는 참깨, 파, 마늘, 생강, 고추, 후추, 계피, 겨자 등을 많이 이용하나 세계 각국에 따라 이용하는 향신료의 종류가 아주 다양하다. 올스파이스(allspice), 계피(cinnamon), 정향(clove), 고수(coriander), 고추냉이(horseradish), 겨자(mustard), 육두구(nutmeg), 파프리카(paprika), 후추(pepper), 바질(basil), 월계수 잎(bay leaf), 오레가노(oregano), 로즈마리(rosemary), 백리향(thyme), 카레 가루(curry powder) 등이 많이 이용되는 향신료이다.

바질

민트

세이지

로즈마리

고수

정향

심황

고추냉이

레몬그라스

샤프란

타라곤

마늘

후추

계피

타임

생강

딜

오레가노

피망

바닐라

월계수잎

그림 1-4 다양한 향신료

조리와 열

　　열은 물질을 이루고 있는 분자의 운동에 의하여 생성된 에너지이다. 열이 가해지면 분자의 움직임은 더 빨라지게 되는데, 이를 운동에너지(kinetic energy)라 한다. 가열조리를 하면 열에 의하여 식품의 물리·화학적 성질이 변하고 미생물이나 기생충이 사멸되어 위생적으로 된다. 이와 같이 조리와 열은 밀접한 관계가 있으므로 조리를 잘 하기 위해서는 열에 대하여 이해하는 것이 중요하다.

1. 열의 측정

　　조리과정에서 식품 자체나 조리수 분자의 움직이는 정도를 열의 강도라 하며 이는 온도로 나타내고 온도계로 측정한다.

　　조리를 할 때 정확한 온도를 측정해야만 원하는 품질의 음식을 만들 수 있다. 온도의 단위로 우리나라를 비롯한 대부분의 나라에서 공통적으로 섭씨(celsius 또는 centigrade, ℃)를 사용하고 있으나 미국과 일부 유럽국가에서는 화씨(fahrenheit, °F)를 상용하고 있다.

　　섭씨는 물의 끓는점을 100℃로 하고 어는점을 0℃로 하여 그 사이를 100등분한 것이며 화씨는 끓는점을 212°F, 어는점을 32°F로 하여 그 사이를 180등분한 것이다.

$$[\text{환산공식} : ℃ = (°F - 32) \times 5/9, °F = (℃ \times 9/5) + 32]$$

　　일반적으로 많이 사용하는 조리용 온도계는 여러 종류가 있으며 그 형태가 조금씩 다르다. 육류 내부의 온도를 측정하는 온도계, 캔디 또는 젤리를 만들 때의 온도계, 튀김을 할 때의 온도계 등이 있으며 조리용도에 맞게 편리하게 사용할 수 있다.

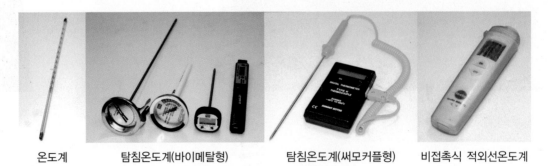

| 온도계 | 탐침온도계(바이메탈형) | 탐침온도계(써모커플형) | 비접촉식 적외선온도계 |

그림 2-1 다양한 조리용 온도계

2. 열의 전달 방법

식품이 조리되기 위해서는 열원으로부터 열이 식품으로 전달되어야 한다. 열원의 종류는 나무, 숯, 석탄, 가스, 전기 등 다양하다. 열이 전달되는 방법으로는 전도, 대류, 복사, 유도, 마이크로파 등이 있으며 전달형태에 따라 식품의 조리에 미치는 영향이 다르다. 그러므로 가열방법을 선택할 때는 원하는 최종산물에 적합한 방법인지를 먼저 생각하여야 한다.

(1) 전도

열을 가했을 때 열이 물체를 따라 이동하는 것을 전도(conduction)라 하며, 열이 전해지는 속도를 열전도율이라 한다. 예를 들어 금속 팬일 경우, 팬의 표면을 구성하는 금속 분자들이 그 옆에 있는 금속 분자에게 에너지를 전달하며 계속해서 팬 안쪽과 그 안에 있는 식품까지 열을 전달한다. 식품에 있는 분자들이 표면에서부터 안으로 에너지를 통과시켜 결과적으로 팬에 있는 식품은 데워지고 그 팬도 역시 뜨거워진다(**그림 2-2**).

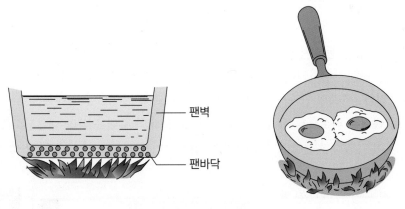

팬벽

팬바닥

그림 2-2 전도

이와 같이 전도는 에너지를 전달하는 편리한 수단이나 분자와 분자 사이에 에너지를 통과시키는 데 드는 시간이 많이 필요하여 열의 전달속도가 비교적 느리다. 식품의 밖에서 안쪽으로 열이 전달되기 때문에 용기에 직접 닿는 부분은 안쪽보다 더 빨리 뜨거워진다. 열전도율은 팬을 만드는 금속에 따라 차이가 있는데 구리와 알루미늄의 열전도가 가장 좋다. 스테인리스 스틸 팬은 열이 바닥 일부분에 집중되어 얼룩이 생기며 이 얼룩이 식품을 부분적으로 태우게 된다. 이러한 팬을 사용할 때는 낮은 불에서 천천히 열을 가하여야 한다. 빨리 조리하려면 열전도율이 높은 금속 용기를 사용하는 것이 좋고 천천히 조리하고 뜨거운 음식을 보온하려면 열전도율이 낮은 유리나 도자기 등을 사용하는 것이 좋다. 즉, 열전도율이 높은 것은 보온성이 떨어지고 반대로 열전도율이 낮은 것은 보온성이 좋다. 식품에 물을 많이 넣고 가열하면 별문제가 없으나 그렇지 않을 때는 바닥이 두껍고 무거운 팬을 사용하는 것이 바람직하다.

열전도체로는 액체 또는 공기가 있으며, 물이 열전도체로 가장 많이 쓰인다. 즉, 팬을 통하여 열이 물에 전달됨에 따라 물의 온도는 상승하고 물은 다시 식품에 열을 전달한다. 또한 튀김을 할 때 사용하는 기름도 효과적인 열전도체로서 물보다 열전도율이 더 높다. 이는 물보다 기름이 더 높은 온도에서 끓기 때문이다. 공기도 열전도체로 사용되나 물이나 기름보다는 덜 효과적이다.

(2) 대류

열을 받은 액체 또는 공기는 부피가 커지고 밀도가 낮아져 위로 올라가고, 윗부분의 찬 액체 또는 공기는 밀도가 높으므로 아래쪽으로 내려와 열전달이 일어나는데, 이렇게 밀도 차이에 의해 열이 상하로 이동되면서 전달되는 현상을 대류(convection)라 한다. 열의 전달은 액체나 기체(공기)를 통하여 이루어지며 열이 전달되는 속도는 전도와 복사의 중간 정도이다. 불 위에서 팬을 가열하거나 오븐의 아래에서 열이 가해지면 물 또는 공기가 뜨거워져서 밀도가 낮아진다. 위쪽의 찬 공기나 물은 밀도가 높고 무거우므로 아래쪽으로 이동하고 따뜻한 공기나 액체는 위쪽으로 올라가게 되어, 열은 물체의 주위를 따라 대류된다(**그림 2-3**). 팬에 물을 넣어 가열하면 전도와 대류에 의한 열전달이 함께 일어난다(**그림 2-4**).

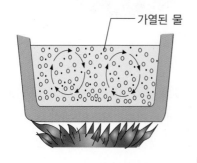

컨벡션 오븐

그림 2-3 대류

대류와 전도를 적절히 이용하면 음식의 질을 좋게 할 수 있으며 대류 가열방식은 시간과 에너지를 절약하는 효과가 있다. 대류 오븐(convection oven)은 내부에 있는 팬이 돌면서 뜨거운 공기를 순환시켜 음식을 조리하거나 데우는 데 이용되며, 대량의 제과제빵 시 오븐 안에 있는 공기의 운동을 촉진시켜 굽는 시간을 줄일 수 있다.

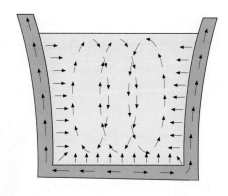

그림 2-4 전도와 대류에 의한 물의 가열

(3) 복사

전자파, 열, 빛 등으로 전달되는 에너지로 인하여 파장이 물체 표면에 닿으면 물체에 흡수되어 열이 발생되는 것을 복사(radiation)라 한다.

복사에 의한 에너지 전달은 열을 전달해 주는 물질 없이 열의 급원에서 식품까지 직접 전달되므로 속도가 가장 빠르다. 조리에 사용되는 복사열은 석쇠구이와 같이 가스나 숯의 불꽃을 직접 이용하는 것과 전기 토스터와 같이 직접적인 전열을 예로 들 수 있다. 마이크로파를 이용한 조리 역시 복사에너지의 한 형태이다. 복사에너지가 식품의 표면에 도착하면 흡수되어 식품에 있는 분

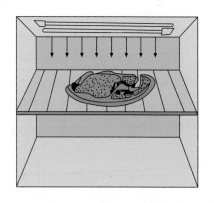

그림 2-5 복사

자의 떨림이 증가함으로써 열을 생산한다. 이 열은 전도에 의하여 식품의 가운데로 이동한다(**그림 2-5**).

조리용 기구의 표면이 검고 거칠수록 복사에너지를 더 잘 흡수하여 조리온도를 빨리 높여 주기 때문에 조리시간이 단축되고 갈변이 빨리 일어난다. 반면에 밝은 색의 팬은 복사열을

반사하여 조리시간과 갈변이 늦게 된다. 오븐에 사용할 수 있는 파이렉스 용기는 복사에너지를 잘 흡수한다. 그러므로 검정색 용기나 파이렉스 용기를 사용할 때는 흰 알루미늄 용기를 사용할 때보다 오븐 온도를 조금 낮추는 것이 좋다.

(4) 유도

스토브 상부의 표면 바로 아래에 고주파수의 유도(induction) 감응 코일이 있어, 이것을 통과하는 전기에너지에 의하여 발생하는 고효율의 자기장을 이용하는 가열방법이다. 자기장이 발생하면 여기에 반응하는 조리 기구를 이용하여 열이 전달되도록 한다. 주철(무쇠)이나 자기를 띤 스테인리스 스틸과 같이 특별히 디자인된 조리 기구가 바로 그것이다. 즉, 코일에 전류가 흐르면 자기 전류를 발생시켜 무수한 2차 전류(유도전류)가 흐르게 되어 조리 기구가 자기 마찰로 빨리 뜨거워진다. 열에너지는 전도에 의하여 조리 기구로부터 식품에 전달된다. 스토브 상부는 매끈한 세라믹 물질로 만들어져 있고 표면은 차가운 상태이며 조리 기구만 가열되어 식품으로 열을 전달한다. 가열속도가 빠르며 청소하기가 쉽다.

인덕션 레인지

(5) 마이크로파

파장이 1m에서 수 mm, 주파수 300에서 수십만 메가헤르츠(megahertz, MHz)의 전자기파를 마이크로파(microwaves)라 한다. 1MHz는 광선이 초당 1백만 사이클의 주파를 내는 것을 뜻한다. 915~2,450MHz의 주파수는 전자레인지용으로 쓴다. 전자레인지의 마그네트론 튜브에서 전류를 고주파의 마이크로파에너지로 전환하여 마이크로파가 나온다 (**그림 2-6**).

이 마이크로파가 식품의 극성 물 분자를 진동 · 회전시켜 내부에서 마찰을 일으키면 열이 발생되는데 이 열이 식품을

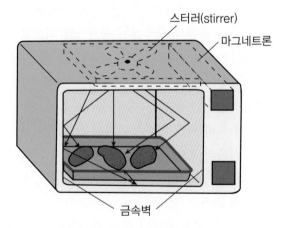

스터러(stirrer)

마그네트론

금속벽

그림 2-6 전자레인지

여러 방향에서 동시에 빠르게 가열되게 한다. 이때 스터러는 열의 순환을 돕는다. 마이크로파 에너지는 복사에너지의 일종으로 가열조리 이외에 해동, 살균, 건조 등의 열처리에 사용한다. 주파수가 높을수록 파장이 더 짧고 파장이 짧을수록 열을 고르게 전달한다.

육류와 같이 부피가 크고 조밀한 식품은 가열시간이 끝난 후에도 일정한 시간을 두면 식품 속의 나머지 열이 전도에 의하여 계속 이전된다. 마이크로파 에너지의 장점과 단점은 다음과 같다.

장점 : 마그네트론 튜브가 켜지면 마이크로파는 즉시 발생되어 식품에 직접 전달되어서 식품 내의 분자를 움직여 가열시키기 때문에 조리시간이 빠르다. 식품의 양과 관계없이 일정하게 전자파를 발생하기 때문에 식품의 양이 많으면 원하는 조리 상태로 만들기 위하여 조리시간을 연장한다.

전자레인지 내부 벽과 주위의 공기는 뜨거워지지 않고 식품만 뜨겁게 만든다. 만약 조리시간이 너무 길면 전도에 의해 일부 열이 용기에 전달되기도 한다.

미리 조리하여 둔 것을 데우거나 냉동식품을 해동하는 데 좋다.

단점 : 전자레인지를 이용하여 육류나 빵을 구울 때는 껍질의 모양이 변하거나 갈변반응이 일어나지 않는다.

낮은 온도에서 연화하거나 수화시켜야 하는 것과 같이 긴 조리시간을 필요로 하는 식품들은 만족스러운 결과를 얻지 못한다. 왜냐하면 짧은 시간에 가열되므로 연화나 향미가 잘 형성될 기회를 갖지 못하기 때문이다.

가열속도가 빠르고 또한 가열시간이 끝난 후에도 식품 속의 나머지 열이 전달되므로 식품을 지나치게 조리하기 쉽다.

조리 상태가 균일하지 못하므로 미생물적인 안전성에 문제가 생길 수도 있다. 예를 들어 전자레인지에서 닭고기를 조리할 때 살모넬라균이 충분히 살균되지 않았다는 보고가 있다.

사용 용기 : 전자레인지에서는 금속제품의 용기를 사용할 수 없다. 금속은 전자파를 반사하고 튀게 만들어서 마그네트론에 해를 입히기 때문이다. 용기는 '전자레인지에 사용 가능' 이라고 표시된 것과 유리제품, 도자기, 도기, 종이 용품, 전자레인지용 플라스틱 등을 사용할 수 있다. 이때 수분이 날아가는 것을 방지하기 위하여 뚜껑을 덮는 것이 좋다.

제3장

조리와 물

　물은 식품 자체의 구성은 물론 조리 시 절대적으로 필요한 것이기 때문에 식품과 조리를 연구하는 데 가장 중요한 것이다. 그러므로 조리 현상을 이해하기 위해서는 물의 구조와 특성뿐만 아니라, 조리과정에서 물의 역할을 이해할 필요가 있다.

1. 식품과 물

　대부분의 동·식물 조직에는 다른 성분보다 물이 더 많이 함유되어 있다. 식품의 경우 외관상 완전히 건조된 것처럼 보일지라도 최소의 수분을 함유하고 있다. 즉, 식품은 1~2%부터 98%까지의 수분을 함유하며 대부분의 식품은 중간 정도의 수분을 갖는다(**그림 3-1**).

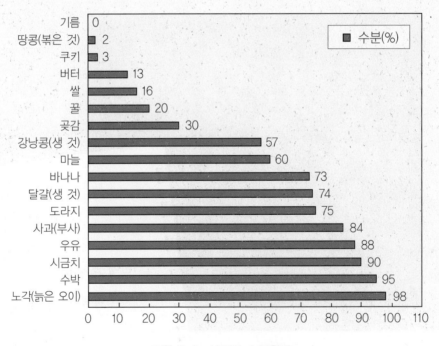

그림 3-1　식품의 수분함량

　식품에 함유된 물로 인해 채소나 과일류가 아삭아삭한 텍스처를 갖게 되며 고기는 탄성을 갖는다. 물은 식품 안에서 수용성 영양소와 색소물질과 같은 성분을 용해시킨다. 또한 단백질이나 전분과 같은 물질의 입자를 분산시키는 작용을 한다. 그러나 식품의 화학적인 변화와 미생물적인 부패의 원인이 되기도 한다.

이와 같이 물은 식품성분으로서뿐만 아니라 식품을 조리할 때도 중요한 기능을 하므로 이에 대한 이해가 필요하다.

2. 물의 구조

(1) 물의 분자구조

물은 한 개의 산소원자가 두 개의 수소원자와 서로 전자를 공유한 결합(H_2O)이다(**그림 3-2**). 공유결합은 두 원자 사이에 전자를 나누는 것으로서 결합이 대단히 강하며 정상적인 환경에서는 깨지지 않는 결합이다. 두 개의 수소원자는 거의 105° 각도의 형태로 산소원자와 결합한다. 수소원자가 있는 면은 약간의 양전하를 띠며 산소원자가 있는 면은 약간의 음전하를 가진다. 이와 같이 물은 양전하와 음전하를 함께 가지므로 쌍극성이라 하고 보통 물 분자는 전기적으로 중성이다.

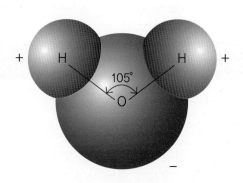

그림 3-2 물의 원자배열

(2) 물 분자 간의 수소결합

물은 분자 내에 양전하와 음전하를 가지고 있기 때문에 여러 분자의 물이 함께 존재하면 물 분자 간에 수소결합이 생긴다(**그림 3-3**). 이 결합은 공유결합보다 약하다. 각 물 분자는 주변에 있는 4개의 물 분자와 결합할 수 있으므로 수많은 물 분자와 결합하여 물을 형성한다.

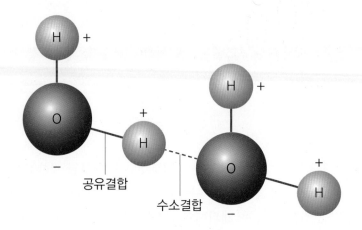

그림 3-3 물 분자와 물 분자의 결합

3. 물의 상태

물은 수소결합의 정도에 따라 액체·고체·기체의 상태로 존재한다. 이러한 상태로 존재할 수 있는 이유는 물 분자 사이의 거리가 다르기 때문이다. 분자 사이의 거리는 온도에 의해서 영향을 받는다. 물 분자는 얼음 형태가 되는 아주 낮은 온도에서 서로 대단히 가깝게 정렬되며, 온도가 올라감에 따라 서로 밀어내면서 움직임이 증가한다.

(1) 액체 상태의 물

물은 0℃와 100℃ 사이에서 액체이다. 물 분자끼리는 약한 수소결합으로 되어 있으므로 물 분자 운동에 의하여 하나의 연속된 물질로 흐를 수 있고 또한 물을 그릇에 담을 때 수소

결합이 끊어져서 일정량이 담길 수 있다. 물의 온도가 떨어지면 액체 상태에서의 물 분자의 움직임은 느려지며 물의 부피도 약간 작아진다. 온도가 떨어짐에 따라 물 덩어리 내의 수소결합은 더 오래 지속된다. 물이 4℃로 냉각되면 물 분자는 더 정밀하게 수소결합에 의하여 결합하기 시작한다. 이것은 물의 온도가 4℃에서 0℃로 될 때까지 계속되며 이때 물의 부피가 팽창되기 시작한다.

액체상이 고체상으로 바뀌는 온도를 빙점(freezing point) 또는 어는점이라고 한다.

(2) 결정 상태의 물

물이 0℃ 이하로 떨어지면 결정이 생기기 시작한다. 물 분자가 결정체로 결합할 때는 6각형으로 결합함으로써 내부에 공간이 생기고 부피가 커진다. 따라서 물보다 얼음은 밀도가 낮고 표면에 뜨게 된다. 병 속의 물이 얼면서 병이 터지거나 그릇에 가득 담은 물이 얼음이 되면서 그릇 위로 올라오는 현상은 물이 얼었을 때 본래 분량의 1/11만큼 부피가 커지기 때문이다.

고체가 녹아서 액체가 되기 시작하는 온도를 융점(melting point) 또는 녹는점이라고 한다.

(3) 기체 상태의 물

물을 담은 용기에 뚜껑을 덮지 않고 공기 중에 두면 점차적으로 증발되어 부피가 줄어든다. 이러한 증발이 일어나기 위해서는 물 분자가 공기 중으로 날아갈 수 있을 만큼의 충분한 운동에너지를 가져 액체 상태를 형성하고 있는 수소결합이 끊어져야 한다. 증발되는 비율은 온도와 습도에 따라 달라지는데 온도가 높을수록 또는 습도가 낮을수록 빨리 증발된다.

일정한 압력 하에서 액체가 일정 온도에 달하면 액체 표면에서의 증발 외에 액체 내부에서도 기체화가 일어나기 시작하는데, 이 액체 내부에서 일어나는 기체화 현상을 '끓음'이라 하고, 이때의 온도를 끓는점(boiling point)이라 한다. 순수 액체에서는 일정 압력 하에서 끓는점이 일정하게 유지되나 용액에서는 농도의 변화에 따라 끓는점이 변동한다. 일정 압력 하에서 순수한 물의 끓는점은 100℃이다.

액체의 온도가 증가하면 분자는 더 빨리 움직이고 분자가 액체로부터 탈출하고자 하는 경향이 증가한다. 이와 같이 액체 상태보다 기체로 되고자 하는 압력을 증기압(vapor pressure)이라 한다. 증기압은 온도가 상승할수록 증가한다. 어떤 물질(용질)이 존재하는 용액은 순수한 물보다 잘 증발하지 않는다.

증기압과 관련이 있는 현상으로 액체의 표면에서 분자 사이의 끄는 힘을 표면장력(surface

tension)이라 하는데, 이 현상은 액체로부터 분자의 손실을 조절해 준다. 표면장력은 증기압과 관련이 있어 증기압이 높을수록 표면장력은 낮아지고 온도의 상승에 따라 감소하며 조리와 매우 밀접한 관계가 있다. **그림 3-4**에서는 물 분자의 움직임과 물의 상태를 볼 수 있다.

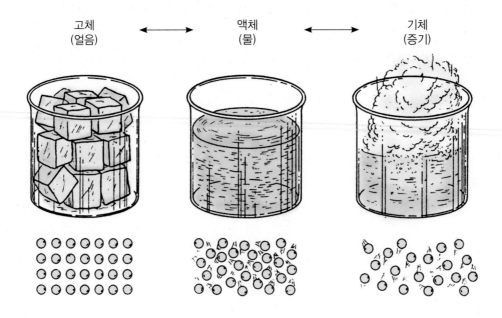

| 고체 (얼음) | ←→ | 액체 (물) | ←→ | 기체 (증기) |

그림 3-4 물 분자의 움직임과 물의 상태

4. 식품에 존재하는 물의 상태

물은 식품의 중요한 구성분이며 결합수와 유리수로 존재한다.

(1) 결합수(bound water)

대부분의 물은 세포 내에 잡혀 있다. 이것은 조직을 절단할 때 세포로부터 흘러나오지 않는다는 것을 뜻하며 이러한 물을 결합수(bound water)라 한다.

결합수는 단백질이나 복합탄수화물과 같은 큰 분자구조의 한 부분이 되며 용매로 작용하지 않는다. 매우 낮은 온도에서만 얼 수 있고 증기압을 나타내지 않으며 유리수에 비하여 밀도가 아주 높다. 또한 조직으로부터 쉽게 빠져 나오지 않는다. 결합수는 흐르는 성질이 없기 때문에 식품의 텍스처 특성에 크게 영향을 미치며 효소의 활성화나 곰팡이의 생육에는 이용되지 못한다.

(2) 유리수(free water)

식품으로부터 분리되어 나오는 물을 유리수(free water) 또는 자유수라 한다. 식품 성분 중의 염류, 당류, 수용성 단백질, 수용성 비타민과 같은 가용성 물질을 용해시켜 주고 전분이나 지질과 같은 불용성 물질은 물 속에 분산시켜 교질 상태로 만들어 준다. 0℃ 이하에서 얼며 식품을 건조시키면 쉽게 증발하고 미생물이 이용할 수 있다. 사실상 식품의 물은 유리수와 결합수 사이에 놓여 있을 수도 있다.

5. 조리에서의 물의 기능

물은 조리된 음식의 외관, 텍스처, 향미 등의 물리·화학적 특성에 중요한 영향을 미친다.

(1) 세척제

식품 표면에 붙어 있는 흙과 미생물들을 씻어 주고 먼지를 제거해주며 또한 조리기구를 씻어 주는 세척제로서의 역할을 한다.

(2) 건조식품의 수화

물은 건조한 식품을 수화(hydration)시켜 조리를 용이하게 해 주고 특히, 전분의 호화를 빠르게 해 준다.

(3) 열전달과 화학 반응의 매개체

조리과정에서의 물의 기능은 습열조리를 할 때 열을 전달하는 매개체이며, 또한 여러 종류의 화학 반응(이온화, pH의 변화, 염 형성, 가수분해, 탄산가스 방출 등)을 일으키는 데 필수적이다.

(4) 용액의 형성

자연식품에 들어있는 성분들은 세포 내의 수분에 흩어져 있으며(산포), 물은 조리를 할 때에도 이 식품에 존재하는 성분들뿐만 아니라 다른 성분을 분산 또는 용해시키는 매개체로서 작용하여 용액을 만든다.

(5) 물의 경도와 조리

조리를 할 때는 물의 경도(hardness) 상태에 따라 영향을 받게 된다. 물에 무기염(칼슘 이온이나 마그네슘 이온)이 함유되어 있는 정도를 경도라 하는데 이들의 함유 정도에 따라 일반적으로 연수(soft water)와 경수(hard water)로 나눈다. 연수는 칼슘 이온이나 마그네슘 이온이 적게 함유되어 있는 물이며, 경수는 이 물질들을 더 많이 함유하고 있는 것으로 일시적 경수와 영구적 경수가 있다. 일시적 경수는 끓이면 무기염이 침전되므로 팬을 오랫동안 사용하면 바닥에 침전물이 생기는 것을 볼 수 있다. 영구적 경수는 끓여도 침전되지 않는다.

조리할 때 경수의 무기염은 여러 가지로 영향을 미친다. 말린 콩을 경수에 담갔을 때 칼슘은 수화를 지연시키고 조리할 때도 덜 부드럽게 한다. 경수는 알칼리인 경우가 많아서 채소를 조리할 때 채소의 색에도 영향을 줄 수 있다. 자연적인 연수는 아주 적은 양의 무기염을 함유하며 빗물이나 수돗물이 여기에 속한다.

6. 물과 용액

용액(solution)이라 함은 어떤 물질이 다른 한 물질 속에 용해되었을 때 균질 상태를 형성한 것을 말한다. 용액에서 용해되는 물질을 용질(solute)이라 하고, 용해시키는 물질을 용매(solvent)라 한다. 물은 용매로서의 역할을 하며 식품에 존재하는 물질들의 크기에 따라 진용액, 콜로이드 용액, 현탁액을 형성한다.

(1) 진용액

물은 소금, 설탕, 수용성 비타민, 무기질 같은 분자량이 비교적 작은 물질들을 용해시킨다. 이러한 용액을 진용액(true solution)이라 하며 분산용액의 유형 중 입자의 크기가 가장 작고 가장 안정된 상태의 용액이다. 소금물, 간장, 꿀, 설탕시럽 등이 이에 속한다. 진용액에는 이온성과 분자성 용액이 있다. 이온성 용액은 용질 분자가 전기적으로 이온화되는 용액으로 소금을 물에 녹이면 나트륨(Na^+)과 염소(Cl^-)로 각각 이온화된다.

$$NaCl \longrightarrow Na^+ + Cl^-$$

분자성 용액의 예로는 설탕물을 들 수 있다. 설탕을 물에 녹이면 설탕 분자는 바뀌지 않고 더 작은 분자 상태로 용액내에 존재한다. 설탕 분자나 소금 이온과 같이 액체에 녹아 있는 물질을 용질이라 하고 물은 용매라 한다.

용해도 : 일정한 온도에서 100g의 용매에 용해하여 포화용액을 만드는 용질의 양을 뜻한다. 용해도(solubility)에 따라 불포화 용액(unsaturated solution), 포화 용액(saturated solution), 과포화 용액(supersaturated solution)으로 나눈다. 설탕과 소금의 용해도는 용액의 온도가 떨어질수록 감소한다.

불포화 용액 : 일정 온도에서 용매가 녹일 수 있는 용질보다 적은 양의 용질을 함유하고 있는 용액이다.

포화 용액 : 일정 온도에서 녹일 수 있는 양만큼의 용질을 함유하고 있는 용액이다.

과포화 용액 : 일정 온도에서 이론적으로 녹일 수 있는 양 이상의 용질을 함유한 용액이다. 이것은 가열한 포화 용액을 식힘으로써 만들 수 있다. 용매의 온도가 증가하면 포화 용액의 형성을 위하여 녹일 수 있는 용질의 양은 증가한다. 예를 들어 20℃에서 포화된 설탕용액은 40℃에서는 불포화 용액이다. 반대로 설탕용액을 끓인 후 식히면 과포화 용액이 될 수 있다.

어는점과 끓는점에 미치는 영향 : 설탕이나 소금은 어는점을 낮추고 끓는점을 높여준다. 설탕이 함유된 냉동 후식류를 얼릴 때는 얼리는 온도를 0℃보다 더 낮춰야 하며, 어는 데도 더 많은 시간을 요한다. 또한 소금이나 설탕이 용액의 증기압을 감소시키기 때문에 끓이기 위해서도 더 많은 에너지를 공급하여야 한다. 이러한 정도는 물질의 양에 따라 달라진다. 물에 용해된 1g 분자 당 설탕용액의 어는 온도는 −1.86℃ 낮아지며, 끓는 온도는 0.52℃ 높아진다. 소금은 전해질이어서 물속에서 100% 이온화되기 때문에 어는점 내림과 끓는점 오름 현상이 설탕물에 비해 두 배로 나타난다.

(2) 콜로이드 용액

식품 속에서 발견되는 여러 가지 성분 중에는 진용액 상태는 아니나, 물에 분산된 상태로 존재하는 것이 있다. 콜로이드 용액(colloid solution) 또는 교질용액이 여기에 속한다(**그림 3-5**). 물에 분산되어 있는 콜로이드 입자는 물 분자보다 크다. 콜로이드 용액에 분산되어 있는 용질의 크기는 진용액과 현탁액의 중간 상태이다. 즉, 가라앉을 만큼 입자가 크지도 않으며 진용액을 형성할 수 있을 만큼 작지도 않다. 대표적인 것이 단백질 용액으로 우유나 젤라틴 용액과 같은 것이 있다.

그림 3-5 물에 분산되어 있는 콜로이드 입자

콜로이드 용액을 이루는 물질의 입자는 브라운 운동(분자, 원자, 콜로이드 입자의 불규칙한 열운동)에 의하여 모든 방향으로 움직이고 있기 때문에 분자들끼리 충돌함으로써 중력에 저항하여 가라앉지 않는다.

하지만, 콜로이드 용액은 외부적인 조건에 따라 쉽게 안정성을 잃어 침전 또는 응고된다. 이러한 성질을 이용하여 우유에서 치즈를, 두유에서 두부를 제조한다.

콜로이드 입자는 용액 중의 용질과 결합하려는 성질, 즉 흡착성이 있다. 예를 들어 국이 짜게 되었을 때 달걀흰자를 풀어 넣어주면 달걀흰자가 소금의 전해물질을 흡착하여 응고되므로 이를 걷어내면 국물의 짠맛을 감소시킬 수 있다.

콜로이드 상태에는 두 가지 상(phase), 즉 연속상과 비연속상이 있다. 콜로이드상(colloidal phase)을 형성할 수 있는 기질을 제공하는 물질을 분산매(dispersion medium) 또는 연속상(continuous phase)이라 하고, 콜로이드 상태를 형성하는 물질을 분산상(dispersed phase) 또는 비연속상(discontinuous phase)이라 한다. 물질의 세 가지 상태, 즉 고체, 액체, 기체는 모두 식품에서 콜로이드 상태를 형성할 수 있다(**표 3-1**).

표 3-1 식품에서의 콜로이드 상태

콜로이드 상태	비연속상(분산상)	연속상(분산매)	식품의 예
졸(sol)	고체	액체	사골국, 젤라틴 용액
젤(gel)	액체	고체	달걀찜, 족편
유화(emulsion)	액체	액체	샐러드 드레싱
거품(foam)	기체	액체	달걀흰자 거품
	기체	고체	아이스크림

즉, 졸은 액체에 고체가, 젤은 고체에 액체가, 유화는 액체 속에 액체가, 그리고 거품은 액체에 기체 또는 고체에 기체가 분산된 콜로이드 분산이다.

1) 졸과 젤

콜로이드 용액 중에서 흐를 수 있는 것을 졸이라 하고 흐를 수 없어 거의 반고체인 것을 젤이라 한다(**그림 3-6**). 졸이 젤로 변했을 때는 분산매개체와 분산물질 간의 관계가 바뀐다. 비연속적이었던 분산물질이 연속적으로 연결되고 결합함으로써 그물 모양의 구조를 형성한다(**그림 3-7**). 젤의 종류에 따라서 온도나 농도 등이 바뀌면 원래의 상태로 되돌아가는

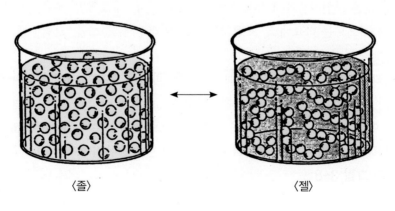

〈졸〉   〈젤〉

그림 3-6 졸과 젤

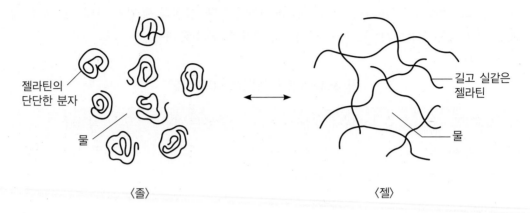

젤라틴의
단단한 분자

물

〈졸〉

길고 실같은
젤라틴

물

〈젤〉

그림 3-7 젤의 형성

데 이 반응을 가역 반응(reversible reaction)이라 한다. 예를 들어 고기나 뼈를 오래 끓였을 때의 국물이나 젤라틴으로 만든 음식에서 이러한 현상을 볼 수 있다.

젤이 가열에 의해서 졸로 되돌아갈 수 없는 비가역 반응(irreversible reaction)으로는 묵, 달걀찜, 두부, 소스 등이 있다. 젤상의 음식 중에는 시간이 경과하면 그물 모양의 구조를 형성하고 있는 분산물질의 흡수성이 약화되어 젤이 수축되면서 액체의 일부가 분리되는 현상을 볼 수 있는데, 이러한 현상을 시너레시스(syneresis)라 한다.

2) 유화

유화(emulsion)란 서로 섞이지 않는 두 가지 액체 물질(물과 기름)이 같이 혼합된 상태를 말한다. 유화액은 액체가 또 다른 액체 안에서 서로 혼합되지 않고 작은 방울로 분산된 콜로이드계이다. 많은 자연식품에서 유화 상태를 볼 수 있다. 예를 들면 우유, 크림, 달걀노른자 등이 있고, 음식으로는 마요네즈, 프렌치드레싱, 여러 가지 소스들, 크림수프, 그레이비, 케이크 반죽, 잣죽 등이 있다.

유화액의 상태 : 유화액에는 두 가지 상태가 있다. 하나는 기름이 미세한 입자 상태(분산상)로 물(연속상)에 존재하는 것으로서 수중유적형(oil in water, O/W)이라 하며, 다른 하나는 물이 분산상이고 기름이 연속상으로 존재하는 것으로서 유중수적형(water in oil, W/O)이라 한다. 마요네즈 등과 같이 대부분의 유화된 식품은 수중유적형이나, 버터와 마가린은 유중수적형이다(**그림 3-8**).

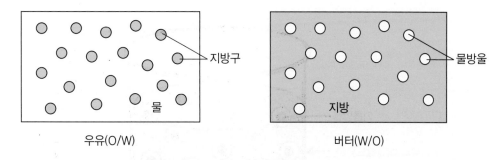

지방구

물방울

물

지방

우유(O/W)

버터(W/O)

그림 3-8 우유와 버터의 유화 상태

유화제 : 서로 섞이지 않는 두 액체가 서로 섞여 있기 위해서는 제3물질이 존재해야 하는데 이러한 물질을 유화제라 한다. 유화제는 한 분자 내에 친수기와 친유기를 모두 가지고 있는 물질이다. 그러므로 물, 기름과 함께 유화제를 넣고 저으면 유화제의 친수성 부분은 기름방울 밖의 물 부분에 남고 친유성 부분은 기름방울 내로 용해되어 들어간다(**그림 3-9**).

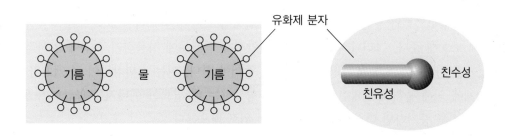

유화제 분자

기름

물

기름

친수성

친유성

그림 3-9 유화제의 유화작용(수중유적형)

기름방울 표면에 유화제의 친유성 부분이 용해되어 들어가면 층 또는 막이 형성되는데, 이 보호막에 의하여 기름방울끼리 합쳐질 수 없게 되어 유화 상태가 된다.

달걀노른자는 자연식품 중에서 가장 질이 좋은 유화제이다. 노른자의 성분 중 레시틴(lecithin)은 인지질로서 분자 내에 친수기와 친유기를 함께 가지고 있다. 마요네즈를 만들 때 달걀노른자 레시틴의 작용이 **그림 3-10**에 나타나 있다. 노른자에 다량 함유되어 있는 단백질도 역시 한 분자에 친수기와 친유기를 함께 가지고 있기 때문에 좋은 유화제가 된다.

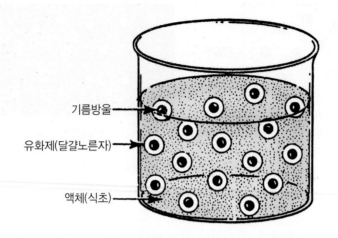

기름방울

유화제(달걀노른자)

액체(식초)

그림 3-10 마요네즈의 유화

달걀노른자 이외의 자연유화제로는 우유 단백질, 밀가루 풀, 젤라틴, 전분 등이 있으나 유화제로서의 효력은 노른자만큼 크지 않다. 가공식품에는 인공 유화제가 많이 사용된다.

프렌치드레싱과 같이 기름과 식초로 만든 드레싱(oil and vinegar)을 예로 보면 일시적인 유화액은 후춧가루와 같은 불용성 향신료가 일시적으로 유화제 역할을 하여 유화액을 아주 약하게 보호해 준다. 그러나 유화 상태가 불안정하기 때문에 사용하기 직전에 일시적인 유화 상태를 형성하기 위해서 내용물을 흔들어 주어야 한다. 이는 표면장력이 큰 액체가 또 다른 액체에 의해 둘러싸여 많은 작은 방울을 형성하는 데 필요한 에너지를 공급하기 위함이다. 흔들기를 중지하면 다시 분리되어 기름이 위로 떠오른다.

유화액의 종류 : 유화액에 함유되어 있는 유화제의 양은 유화액의 안정성에 중요한 영향을 미친다. 만약 충분한 양의 유화제가 각각의 작은 방울 주위에 완벽한 단분자층을 형성한다면 그 유화액은 안정될 것이다. 그러나 보호받지 못한 표면이 서로 접촉하고 있다면 작은 방울끼리 서로 합쳐지게 될 것이다. 이와 같이 사용 중에 유화 상태가 그대로 유지될 수 있을 만큼 충분한 양의 유화제를 함유하고 있는 유화액을 영구적 유화액이라 하며, 마요네즈가 그 예이다. 꿀이나 시럽을 넣어 만든 샐러드 드레싱은 크림 정도의 점성이 있어 유화액이 분리되는 것을 지연시킨다. 이러한 것을 반영구적 유화액이라 한다. 향신료와 같이 일시적인 유화제의 역할을 하는 것을 함유하고 있는 유화액을 일시적 유화액이라고 한다.

유화액의 안정성 : 유화액은 비록 영구적인 상태라 하더라도 높은 온도나 냉동 상태, 지나치게 저어주거나 흔들어 줄 때, 뚜껑을 열어 놓아 표면이 건조할 때, 소금을 첨가할 때, 또는 오랫동안 보관할 때 분리될 수도 있다.

3) 거품

거품(foam)은 비연속상이 기체이고 연속상이 액체 또는 고체인 콜로이드 용액이다. 조리 시 거품을 내는 데 가장 일반적으로 이용되는 것은 크림, 달걀흰자, 젤라틴, 농축우유 등이다.

거품의 형성 : 거품은 액체를 저어줄 때의 에너지가 액체의 표면장력을 방해하여, 기체방울을 둘러싸고 있는 얇은 막 속으로 액체를 퍼지게 함으로써 형성된다. 거품을 형성할 수 있는 액체는 표면장력이 낮아야 쉽게 퍼질 수 있다. 만약 표면장력이 높으면 확장에 대한 저항과 최소한의 표면을 노출하려는 강한 성질 때문에 거품을 형성하기가 매우 어렵다. 아이스크림과 같이 고체에 기체가 분산되어 있는 거품일 경우 고체물질은 기체를 둘러싸고 있는 세포벽의 견고성을 증가시킨다. 즉, 크림을 저으면 크림에 있는 지방 미립자가 세포벽에 안정성을 준다. 달걀흰자 거품의 경우 흰자 단백질의 변성이 세포벽에 안정성을 준다 (**그림 3-11**).

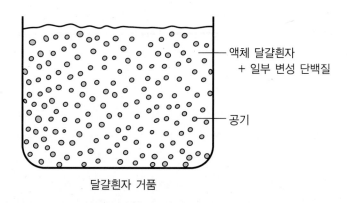

달걀흰자 거품

그림 3-11 달걀흰자 거품의 콜로이드 상태

거품은 조리된 음식의 텍스처와 부피를 좋게 해준다. 특히 빵이나 케이크를 구울 때 다공성의 텍스처를 형성해 주고 부피를 증가시킨다.

(3) 현탁액

분산의 또 다른 종류는 현탁액(suspension) 또는 부유 상태이다. 이는 고체입자가 액체 전체에 걸쳐 분산되어 있는 혼합물이다. 현탁액의 입자는 매우 크거나 복잡해서 물 속에 용해될 수도, 콜로이드 형태로 분산될 수도 없다. 이러한 물질은 인력에 의해 영향을 받고 결국은 분리되려는 경향을 갖는다. 찬물에 전분입자를 넣어 저어주면 부유 상태로 현탁되며 가만히 두면 용기 밑으로 가라앉게 된다. 이것을 저으면 다시 부유 상태가 되고 저어주면서 천천히 가열하면 농후한 상태가 된다.

7. 식품저장에 영향을 미치는 수분의 성질

(1) 수분활성도

수분활성도(water activity, A_w)는 어떤 임의의 온도에서 그 식품의 수증기압(P)과 순수한 물의 수증기압(P_0)의 비율(P/P_0)로 정의되며, 식품에 들어있는 물의 자유도를 나타내는 지표이다. 순수한 물의 수분활성도는 1이다.

과일, 채소, 육류는 수분함량이 높고 용질의 농도가 낮기 때문에 수분활성도가 0.95 정도로 높다. 반대로 곡류, 크래커, 설탕은 수분활성도가 0.1로 낮다. 박테리아, 효모, 곰팡이는 높은 수분활성도에서 잘 자라고 쉽게 번식한다. 그러므로 수분활성도가 높은 식품이나 음식들은 미생물에 의해서 변질되기 쉽다.

식품이나 조리된 음식의 저장방법 중에는 미생물이 자랄 수 없도록 수분활성도를 낮추는 방법들이 있다. 잼이나 젤리처럼 고농도의 당을 이용하거나 소금 절임, 탈수, 냉동 등을 할 때는 조직 내의 수분이 감소되어 수분활성도가 충분히 낮아져서 식품을 변질되게 하는 미생물의 성장을 억제한다. 소금은 설탕보다 수분활성도를 낮추는 데 더 효과적이다.

공기 중에 노출된 식품이 탈수되거나 수분을 흡수하는 것은 공기 중 상대습도와 식품의 수분활성도 사이의 관계에 의하여 영향을 받기 때문이다.

(2) 상대습도

상대습도(relative humidity, RH)는 어떤 온도에서 일정한 부피에 있는 공기 속의 수증기 양과 그 온도에서 공기가 가질 수 있는 최대 수증기 양의 비율이다. 식품의 경우에는 같은 온도에서 순수한 물의 수증기압에 대한 식품의 수증기압의 비(A_w)를 백분율로 나타낸다($RH = A_w \times 100$). 따뜻한 실내에서 며칠간 공기 중에 노출된 신선한 사과는 수분을 상실하여 결국에는 시들어버린다. 그러나 당이 농축되어 있는 건조과일은 같은 상황에서 뚜껑을 열고 보관했을 때 오히려 공기 중의 수분을 흡수한다.

제4장

식품의 성분

식품은 다양한 화학분자를 함유하고 있는 대단히 복잡한 물질로서 수분을 가장 많이 함유하고 있으며 탄수화물, 단백질, 지질, 무기질, 비타민 등의 영양성분과 색, 향기, 맛, 텍스처 특성을 주는 비영양성분으로 구성되어 있다. 효소는 단백질의 특수한 형태로서 가공되지 않은 식물이나 동물조직에 미량 함유되어 있다. 산, 향미물질, 색소 등도 식품의 구성분이다. 식품을 조리할 때 이 성분들에서 변화가 일어나는데, 예를 들어 과일, 채소, 육류 등에서는 수분이 용출되고 육류의 지방은 가열하면 녹는다. 또한 밥을 지을 때 쌀 전분은 호화라는 현상이 일어난다. 그러므로 식품을 조리할 때 일어나는 현상을 설명하기 위해서는 식품성분의 화학적 특성과 기능을 이해하는 것이 중요하다.

1. 탄수화물

탄수화물(carbohydrates)은 식품에 함유되어 있는 당분, 전분, 섬유소를 말하며 식물이 탄수화물의 주공급원이다. 탄소(C), 수소(H), 산소(O)로 이루어져 있으며 '수화된 탄소(hydrated carbon)'라는 뜻인데, 이는 탄소와 물(H_2O)을 함유하고 있기 때문이다. 탄수화물을 이루고 있는 수소와 산소 원자는 일반적으로 물에서와 같은 비율, 즉 수소 두 원자와 산소 한 원자를 가지며 대부분의 탄수화물의 일반식은 $C_x(H_2O)_y$이다. 여기서 x와 y는 두 개에서부터 수천 개까지 이를 수 있다. 탄수화물은 당질(saccharides)이라고도 하는데 이것은 가수분해에 의하여 단당류가 얻어지는 물질, 즉 비섬유성 탄수화물을 뜻한다.

탄수화물은 녹색식물에서 광합성에 의하여 형성된다. 광합성은 식물이 태양에너지를 이용하여 공기 중의 이산화탄소(CO_2)와 토양의 물을 단당류인 포도당으로 전환하는 과정이다. 산소는 이 광합성 과정 동안 식물에 의하여 발생된다.

$$6CO_2 + H_2O + Energy \xrightarrow{\text{광합성}} C_6H_{12}O_6 + 6O_2$$

세계적으로 볼 때 탄수화물 식품은 상대적으로 값이 싸고 수확률이 높으며 냉장할 필요 없이 저장이 가능하다. 이러한 특성 때문에 가장 경제적인 열량원이고, 주식으로 가장 많이 이용되는 식품이다. 탄수화물은 구성단위에 따라 단당류(monosaccharides), 이당류(disaccharides), 소당류(oligosaccharides), 다당류(polysaccharides)로 분류한다.

(1) 탄수화물의 분류

1) 단당류

　단당류(monosaccharides)는 가장 단순한 당으로, 사카라이드(saccharide)는 달다는 뜻이고 모노(mono)는 하나의 단위라는 뜻이다. 자연적인 식품은 대부분 탄소원자가 여섯 개인 당을 함유하는데 이것을 6탄당(hexose)이라 하고, 섬유소 또는 검류에 함유되어 있는 다섯 개의 탄소를 갖는 당류를 5탄당(pentose)이라 한다.

　단당류는 두 개 이상의 수산기(-OH)와 한 개의 알데하이드기(-CHO)나 케톤기(=CO)를 가지고 있으며 알데하이드기를 갖는 것을 알도오스(aldose), 케톤기를 갖는 것을 케토오스(ketose)라 한다. 6탄당 중 중요한 것은 포도당(glucose), 과당(fructose), 갈락토오스(galactose)이다. 이들 각 당류는 $C_6H_{12}O_6$로 표기되나 화학기의 위치에 따라 단맛이나 용해도와 같은 특성이 조금씩 다르다(**그림 4-1, 4-2**).

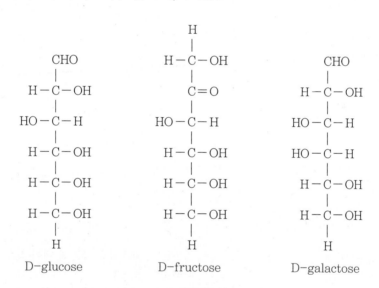

그림 4-1　6탄당의 직쇄구조

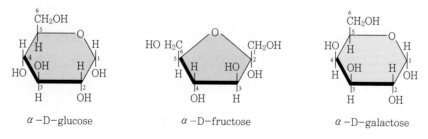

그림 4-2　6탄당의 환상 구조

당류를 명명할 때 'D'(alpha) 또는 'L'(beta)이라 하는데 이는 화학적인 공간 배치로 정의할 때 나타낸다. 대부분의 자연적인 당류는 D형에 속한다. 탄수화물의 종류와 급원식품은 **표 4-1**과 같다.

표 4-1 탄수화물의 종류와 급원

탄수화물	급원식품
단당류(monosaccharides)	
포도당(glucose, dextrose)	포도, 과일류, 과일 주스, 꿀
과당(fructose, levulose)	과일류, 꿀
갈락토오스(galactose)	우유
이당류(disaccharides)	
자당(sucrose)	사탕수수, 사탕무, 단풍당
맥아당(maltose)	곡류
젖당(lactose)	우유, 유청
소당류(oligosaccharides)	당밀, 콩류, 견과류, 씨앗
다당류(polysaccharides)	
전분(starch)	옥수수, 밀, 감자류, 기타 곡류
덱스트린(dextrin)	밀제품, 꿀
글라이코젠(glycogen)	간, 근육
셀룰로오스(cellulose)	식물류
헤미셀룰로오스(hemicellulose)	식물류
이눌린(inulin)	돼지감자
펙틴물질(pectin substances)	과일류, 채소류의 세포벽 내에 함유
검류(gums)	해조류, 식물류

포도당 : 식품에 가장 많이 분포되어 있는 단당류이다. 특히 과일류와 채소류에는 적은 양이라도 함유되어 있고 꿀에는 과당과 함께 들어있다. 전분에 들어있는 많은 복합 탄수화물의 기본 당 단위는 포도당이다. 공업적으로는 주로 옥수수·고구마·감자전분이 포도당의 원료로 이용되고 있다. 옥수수 시럽은 복합전분 분자의 분해나 가수분해에 의하여 생산되는 포도당이 주성분이다. 제조된 포도당은 감미료나 식용·의약용 등으로 쓰인다.

과당 : 과일과 벌꿀 속에 유리 상태로 존재하며 여러 다당류와 배당체의 주성분이기도 하다.

일반적인 당류 가운데 단맛이 가장 강하고 용해성이 높기 때문에 쉽게 결정화되지 않는다. 과당을 제조할 때는 설탕을 가수분해한 당액을 가공하여 생산하기도 하고, 전분을 주원료로 하여 이를 당화시켜 포도당액으로 만들어 생산하기도 한다. 흡습성이 크므로 케이크 등이 마르는 것을 방지하기 위해 사용하기도 한다.

갈락토오스 : 자연식품에는 존재하지 않으나 젖당을 만드는 성분 중 하나이다. 요구르트와 같은 발효유는 젖당의 가수분해로부터 형성되기도 한다.

2) 이당류

이당류(disaccharides)는 두 개의 단당류로 이루어진 것으로서(**그림 4-3**) 가수분해에 의하여 두 개의 단당류로 나누어진다. 이당류를 대표하는 것으로는 자당(설탕, sucrose), 맥아당(maltose), 젖당(유당, lactose)이 있다.

자당 : 사탕수수와 사탕무에 15~16% 함유되어 있으며 그 외 대부분의 식물에도 함유되어 있다. 한 분자의 포도당과 한 분자의 과당으로 구성되며 식품조리에서는 대부분 결정형으로 이용된다. 자당이 가수분해되면 포도당과 과당 사이에 있는 연결은 파괴되고 한 분자의 물이 반응에 첨가된다.

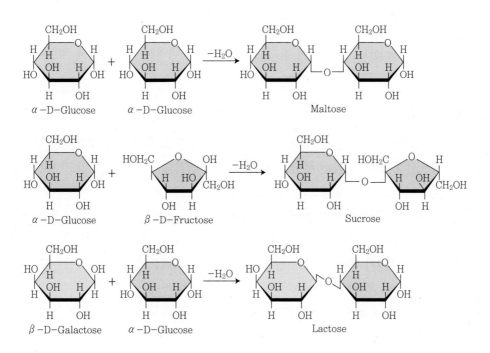

그림 4-3 이당류의 형성

이러한 결과로 같은 양의 포도당과 과당의 혼합물이 되는데 이것을 전화당(invert sugar)이라 하며, 식품 가공에 이용한다. 전화당을 사용하면 제품에 습기를 보유하게 되어 건조를 방지한다. 꿀은 전화당을 가장 많이 함유하고 있는데 이는 꿀벌이 꽃에 있는 자당을 단당류로 전환하기 때문이다.

맥아당 : 두 개의 포도당 분자가 서로 연결되어 있는 이당류이며 전분과 같은 복합 탄수화물이 분해될 때 생기는 가수분해 산물의 하나이다. 보리를 싹 틔우면 보리에 들어있는 효소인 디아스타아제(diastase)에 의하여 분해되며 이렇게 만들어진 엿기름은 식혜나 고추장을 만드는 데 쓰이고 식품산업에서도 많은 용도로 이용된다.

젖당 : 포도당과 갈락토오스로 이루어져 있으며 우유와 유제품에만 자연적으로 존재한다. 치즈를 만들 때의 부산물인 유청(whey)에는 젖당이 많이 함유되어 있다.

3) 소당류

소당류 또는 올리고당(oligosaccharides)은 단당류가 3개에서 10개의 단위로 결합된 탄수화물이다. 라피노오스(raffinose)와 스타키오스(stachyose)가 가장 일반적이다. 라피노오스는 포도당, 과당, 갈락토오스로 이루어진 3탄당이고, 스타키오스는 포도당, 과당, 두 분자의 갈락토오스로 이루어진 4탄당으로 말린 콩에 많이 함유되어 있다. 이들은 다른 당류보다 식품에서 적게 발견되나 전분과 같은 복합 탄수화물이 이당류나 단당류로 전환되는 중간과정에서 형성되기도 한다. 인체에서 소화되지 않으며 장내에서 박테리아에 의하여 분해되어 가스를 형성한다.

4) 다당류

다당류(polysaccharides)는 세 개 이상에서부터 수백 개 또는 수천 개까지의 단당류 단위가 여러 방법으로 연결되어 있는 복합 탄수화물이다. 연결쇄의 형태로는 길고 직선적인 것이 있는가 하면 가지가 달린 형태도 있다.

전분 : 식물의 광합성 작용으로 만들어진 포도당이 저장된 것이다. 식물의 기본적인 저장 탄수화물로서 종자, 뿌리, 괴경 등에 풍부하게 함유되어 있다. 수백 또는 수천 개의 포도당 분자가 전분 분자를 만들기 위하여 함께 연결되어 있다. 기본적으로 전분 분자에는 두 종류가 있는데 이것을 전분의 획분(fraction)이라고 한다. 획분의 하나는 길고 직선 형태의 분자로 아밀로오스(amylose)라고 하며 수백 또는 수천 개 이상의 포도당 단위가 α-1,4 결합에 의하여 연결되어 있다(**그림 4-4**).

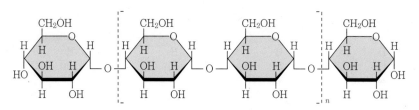

그림 4-4 아밀로오스

다른 하나는 가지가 많이 달리고 숲과 같은 형태의 분자인 아밀로펙틴(amylopectin)이다
(**그림 4-5**). 이것은 수많은 포도당 단위로 연결되어 있으며 α-1,4 결합으로 직선을 이루다
가 매 20~25개의 포도당 단위마다 α-1,6 결합을 이룬다. 대부분의 자연에 존재하는 전분
은 이들 두 획분의 혼합물이다. 이들 두 형태는 음식의 농후화와 젤화에 영향을 미치는 특성
을 가지고 있다.

전분 분자는 성장하고 있는 식물에서 생산되면서 입자라는 형태로 조밀하게 형성되며, 전분
입자는 보통 현미경으로 볼 수 있을 정도로 크다. 전분입자가 물에서 가열될 때는 많은 물을 흡
수하여 팽창하며, 팽창된 전분입자는 전분을 넣고 조리하는 음식에서 농후제로 작용한다.

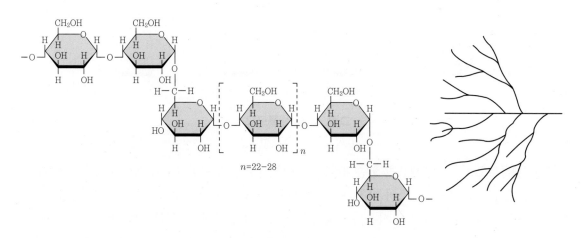

그림 4-5 아밀로펙틴

덱스트린 : 전분 분자가 건열 또는 효소나 산에 의하여 부분적으로 분해될 때 생기는 것이다
(**그림 4-6**). 파괴된 전분 분자의 큰 덩어리를 덱스트린이라고 보면 된다. 옥수수 시럽을 만
들 때, 빵을 토스트할 때, 밀가루나 쌀가루를 볶을 때, 또는 식빵을 구울 때 전분으로부터 형
성된다. 덱스트린은 전분보다 용해가 잘 되나 농후력이 덜하다.

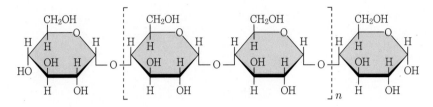

그림 4-6 덱스트린

글라이코젠 : 동물조직에 들어있기 때문에 동물전분이라고도 한다. 아밀로펙틴의 구조와 비슷하며 완전히 가수분해되면 포도당만으로 된다.

동물의 간은 글라이코젠을 저장하는데, 정상적인 혈당치를 유지하도록 가수분해될 때까지 저장한다. 근육 역시 일시적으로 글라이코젠을 저장한다.

셀룰로오스 : 섬유소라고도 하며 전분의 직쇄상 획분과 같이 많은 포도당 단위(2,000~13,000)가 서로 연결되어 있다. 그러나 셀룰로오스에 있는 포도당 분자는 전분에 있는 포도당 단위와는 다르게 β-1,4 결합으로 연결되어 있어 더 길고 강하며 식물조직의 구조를 지탱해 준다(**그림 4-7**).

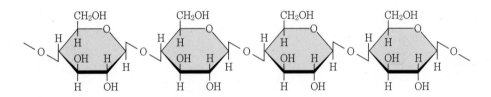

그림 4-7 셀룰로오스

헤미셀룰로오스 : 식물 세포벽에 존재하는 것으로 여러 가지 단당류로 만들어져 있는 다당류의 혼합물이다. 셀룰로오스와 마찬가지로 식물의 구조를 만드는 데 중요한 역할을 한다. 조리 시 중조와 같은 알칼리를 사용하면 용해되어 조직이 연화되는 원인물질이다.

이눌린 : 과당 단위의 다당류로서 돼지감자에 함유되어 있고 인체에서 소화되지 않는다.

펙틴물질 : 식물의 세포와 세포벽을 접착해 주는 것으로서 식물 세포 사이의 공간에서 발견되는 다당류이다. 당갈락토오스(sugar galactose)의 유도체인 갈락투론산(galacturonic acid)은 펙틴물질의 기본이 되는 구성물질이다. 이 분자 중 가장 큰 것은 프로토펙틴(protopectin)이며 이것은 미숙한 과일에 많이 들어있다. 물에 불용성이며 펙틴물질의 모체이다. 효소(protopectinase)에 의하여 가수분해가 진행되면 펙틴(pectin)이 되며(**그림 4-8**) 이것

은 잘 익은 과일에 많이 들어있다. 펙틴은 수용성으로 효소에 의하여 가수분해가 진행되어 일부가 메틸에스터화되어 있다. 잼, 젤리 등을 만들 때 당과 산에 의하여 젤을 형성한다. 가수분해가 더 진행되면서 펙틴은 펙트산(pectic acid)을 생산하는데 이것은 과숙한 과일에 많이 들어있다.

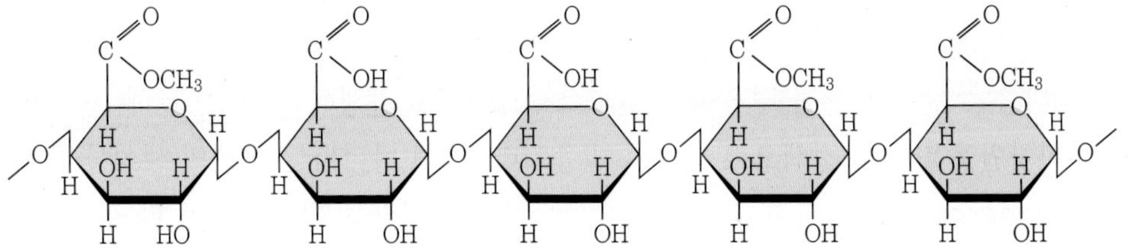

그림 4-8 펙틴

검류 : 하이드로콜로이드(hydrocolloid)라고도 불리우는 다당류군으로 식품을 가공할 때 중요한 기능을 갖고 있다. 이 다당류들은 물을 보유하도록 도와주고 증발률을 감소시키며 식품이 바람직한 농도가 되도록 하거나 가공식품의 흐르는 특성을 조절해 주는 작용을 한다. 예를 들어 기름을 조금 사용하는 저칼로리 샐러드 드레싱을 안정하게 하거나 걸쭉하게 만들 때, 또는 우유제품을 만들 때 검류를 사용한다.

한천(agar), 알진(algin), 카라기난(carrageenan) 등은 해조류에서 추출되며 구아 검(guar gum), 로커스트 빈 검(locust bean gum), 검 아라빅(gum arabic), 검 트라가칸트(gum tragacanth), 검 카라야(gum karaya) 등은 식물에서 추출한다. 이외에 화학적으로 변형시킨 메틸 셀룰로오스(methyl cellulose)와 소듐 카복시메틸 셀룰로오스(sodium carboxymethyl cellulose)가 있으며 미생물 유도체로 잔탄 검(xanthan gum)이 있다.

식이섬유 : 식이섬유(dietary fiber)는 인간의 소화효소로 소화되지 않는 다당류를 주체로 한 고분자 성분의 총체이다. 1g의 조섬유에는 2~3g의 식이섬유가 있다.

물에 녹지 않는 것과 물에 잘 녹는 것으로 분류되는데 불용성 식이섬유에는 식물의 세포벽을 구성하고 있는 셀룰로오스, 헤미셀룰로오스, 펙틴물질, 리그닌 등이 있다. 이 중 리그닌은 채소류의 억센 부분에 있는 비탄수화물 분자로 섬유소 혼합물의 한 분자라 할 수 있다. 수용성 식이섬유에는 수용성 펙틴, 검류, 해조 다당류, 그리고 다당류 유도체 등이 있다.

식이섬유는 거의 대부분 식물조직에 존재하지만 키틴과 키토산같이 게나 새우 껍질에 존재하는 것도 있다. 인체 내의 소화관에는 이들 분자를 파괴할 수 있는 효소가 없기 때문에 소화되지 못한다. 식이섬유 섭취의 중요성에 대하여 많은 연구가 이루어지고 있으며, 도정하지 않은 곡류나 싱싱한 채소와 과일류에 식이섬유가 많이 함유되어 있다.

(2) 탄수화물과 갈변

탄수화물로 인한 갈변(browning)에는 캐러멜반응(caramelization)과 마이야르반응(Maillard reaction)이 있다. 이들은 비효소적 갈변으로 당 또는 당과 관련된 물질에 의하여 일어난다. 갈변반응은 색과 향미를 변화시켜 주는데, 바람직한 것도 있고 그렇지 않은 것도 있다.

캐러멜반응은 당을 녹는점보다 높은 온도로 가열할 때 발생하며 탈수, 분해, 중합이라는 일련의 화학반응을 거쳐 갈색으로 변하는 반응이다. 이때 나타나는 갈색의 생성물을 캐러멜이라 한다. 알칼리를 첨가하면 분해 반응이 잘 일어나 휘발성 방향물질이 더 잘 생성되며, 식품의 조리나 가공 시 착색 또는 착향에 이용된다. 그러나 너무 지나치게 반응을 일으키면 쓴맛을 내고 대단히 진한 색이 된다.

마이야르반응은 당의 카보닐기와 아미노산 또는 단백질의 아미노기가 화학반응을 일으켜 갈색을 형성하는 것이다. 온도, pH, 습도 등이 최종 향미와 색에 영향을 미친다. 빵과 과자류의 껍질색, 육류 조리 시의 갈변, 커피를 볶을 때 일어나는 갈변 등이 마이야르 반응에 의한 것이다. 이 반응은 대체로 90℃에서 일어나지만 더 낮은 온도에서도 일어날 수 있다.

2. 단백질

단백질(protein)은 모든 살아있는 세포에서 발견되는 복합 분자이다. 'Protein'이란 이름은 그리스어인 'proteos'에서 온 것인데, 이것은 "가장 중요하다", "첫 번째이다"라는 뜻을 가지고 있다. 단백질은 동·식물성의 모든 식품에 널리 분포되어 있으며 인간의 생명유지와 성장을 위하여 필수적인 영양소이다. 식품조리에서 단백질은 중요한 기능을 하는데, 예를 들어 물을 결합하고, 젤을 형성하고, 농후제로서 작용하고, 거품을 만들고, 갈변을 돕는 것 등이다. 단백질 분자의 특수한 종류인 효소는 조리된 식품의 특성에 많은 영향을 미친다.

(1) 단백질의 구성

단백질은 탄소, 수소, 산소 이외에 질소를 함유하고 있는 유일한 열량영양소이며, 일부는 유황을 함유하고 있다. 단백질은 각종 아미노산이 수백 개 또는 수천 개로 결합되어 만들어진 큰 분자인데, 펩타이드(peptide) 결합이라는 특수한 화학적 결합으로 서로 연결되어 있으며 이것을 단백질의 1차 구조(primary structure)라 한다(**그림 4-9**). 펩타이드 결합은 단백질 구조의 주체가 되며 긴 사슬을 만들어 준다(**그림 4-10**).

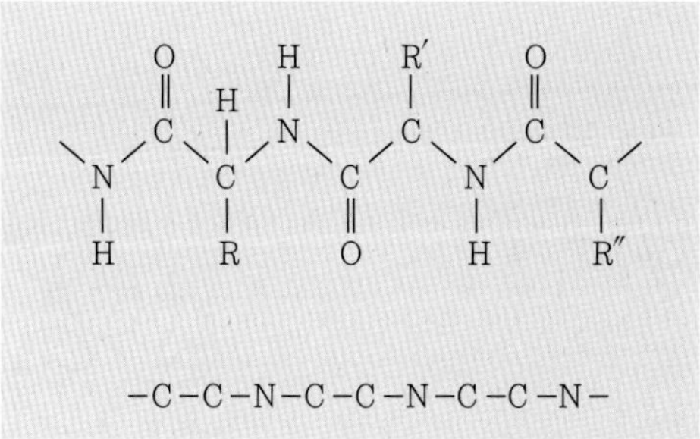

그림 4-9 단백질의 1차 구조

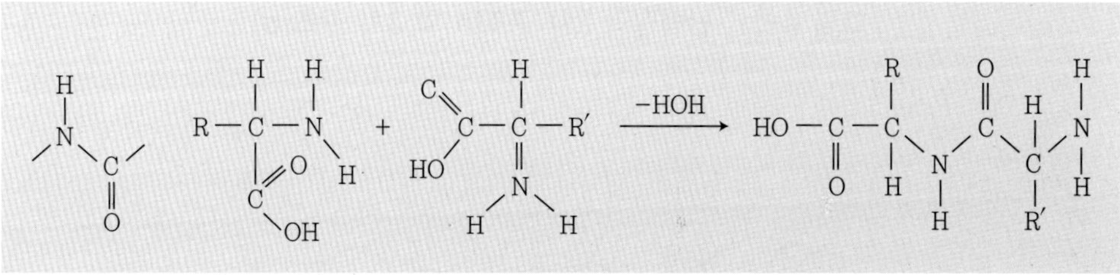

그림 4-10 단백질의 펩타이드 결합과 그 형성과정

단백질의 2차 구조(secondary structure)는 긴 펩타이드 사슬이 스프링같이 감겨져 있는 형태이다. 이러한 코일형태를 α-나선(alpha helix)이라 하고 수소결합에 의하여 이 나선구조를 유지하게 된다(**그림 4-11, a**).

펩타이드 사슬의 2차 구조는 더 치밀한 구조를 형성하기 위하여 불규칙한 형태로 겹쳐져서 단백질 분자의 3차 구조(tertiary structure)를 만드는데, 이는 각 단백질의 특성을 나타내는 최소 단위가 된다(**그림 4-11, b**). 단백질의 3차 구조는 수소결합, 이온결합, 소수성 상호작용, 이황화결합(disulfide bond)에 의해 안정화된다.

아미노산의 긴 사슬들이 감기고 겹쳐져서 둥근 모양의 단백질을 만드는데 이것을 4차 구조(quaternary structure)라 한다(**그림 4-12**).

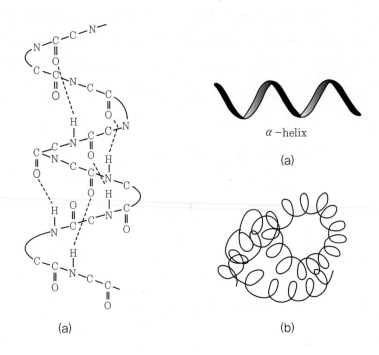

그림 4-11 단백질의 2차 구조(a)와 3차 구조(b)

그림 4-12 단백질의 4차 구조

(2) 아미노산

22개 정도의 아미노산은 단백질을 구성하는 데 사용된다. 이들 각각의 아미노산은 두 개의 화학기, 즉 아미노기($-NH_2$)와 카복실기($-COOH$)를 갖는다(**그림 4-13**).

아미노산의 일반적인 구조식에서 곁사슬(R기)은 단백질의 특성을 나타내 준다.

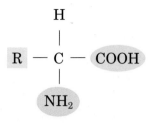

그림 4-13 아미노산

R기는 탄소수가 짧은 것도 있고 유황을 함유한 것도 있으며 아미노기 또는 산기를 갖는 것도 있고 환 구조를 갖는 것도 있다. 곁사슬(R기)의 예가 **표 4-2**에 나타나 있다. 펩타이드 결합은 한 아미노산의 아미노기와 다른 아미노산의 산 또는 카복실기 사이에서 일어나며 단백질 분자는 이러한 결합이 수없이 많이 형성되어 만들어진다.

표 4-2 일반적인 아미노산의 곁사슬구조

아미노산	곁사슬(R기)의 구조
Glycine	$-H$
Alanine	$-CH_3$
Serine	$-CH_2OH$
Cysteine	$-CH_2-SH$
Glutamic acid	$-CH_2-CH_2-\overset{\displaystyle O}{\overset{\|}{C}}-OH$
Lysine	$-CH_2-CH_2-CH_2-CH_2-NH_2$
Methionine	$-CH_2-CH_2-S-CH_3$
Tyrosine	$-CH_2-CH\begin{smallmatrix}CH-CH\\//\quad\backslash\backslash\\\quad\quad C-OH\\\backslash\quad/\\CH=CH\end{smallmatrix}$

(3) 단백질의 영양적 특성

적어도 8개 또는 9개의 아미노산은 성인의 조직을 유지하는 데 필수적인 아미노산이다. 즉, 식사를 통해 적절한 양을 공급하여야 한다. 이들 필수아미노산은 아이소루신(isoleucine), 루신(leucine), 라이신(lysine), 메싸이오닌(methionine), 페닐알라닌(phenylalanine), 쓰레오닌(threonine), 트립토판(tryptophan), 발린(valine)이며 히스티딘(histidine)까지 포함될 수 있다. 영아에게는 히스티딘이 필수아미노산이다. 다른 아미노산은 체내에 질소급원이 공급되면 합성될 수 있다.

단백질에서 필수아미노산의 평형은 그 단백질의 생물가를 결정한다. 생물가가 높은 단백질은 동물의 정상적인 성장과 생명현상을 유지하는 데 필요한 필수아미노산을 적당한 양으로 모두 가지고 있으며 이를 완전단백질이라 한다. 생물가가 높은 단백질식품으로는 우유, 치즈, 달걀, 육류, 생선 등이 있다. 단백질의 구성분 중 필수아미노산의 일부가 양적으로 불충분하게 함유되어 있는 것을 부분적 완전단백질이라 한다. 이런 종류의 단백질만을 섭취하면 성장이 잘 되지 않는다. 필수아미노산이 하나 이상 결핍되어 있는 단백질을 불완전단백질이라 하며 생물가가 낮다. 식물성 식품의 단백질은 필수아미노산 중 한두 개가 결여되거나 양이 충분하지 못하여 생물가가 낮으나 콩은 예외이다. 콩은 질이 좋은 단백질을 많이 함유하고 있다.

생물가가 낮은 단백질 식품은 다른 단백질 급원과 결합하면 상호 부족한 것을 보충해 주는 효과가 있다. 곡류에 적은 양의 동물성 식품이라도 혼합하면 단백질의 효율이 더 높아진다. 곡류와 콩류 역시 혼합하면 질이 좋은 단백질이 될 수 있다.

(4) 조리에서의 단백질의 기능

조리 시 식품의 단백질은 수화, 변성과 응고, 효소적 반응, 완충작용, 갈변반응 등 여러 가지 중요한 반응에 관여한다.

1) 수화

단백질이 물에 녹고 물을 끌어당기는 일련의 과정을 수화(hydration)라 한다. 단백질이 수화됨으로써 젤 형성 능력이 생겨 후식류의 조리나 제과제빵 시 결착제, 안정제, 농후제로 이용될 수 있다.

2) 완충작용

아미노기는 염기 또는 알칼리로서 작용하고 카복실기는 산으로 작용한다. 이 두 가지 기가 같은 아미노산 또는 단백질 구조에 존재하기 때문에 아미노산과 단백질은 산과 염기 두 가지로 작용할 수 있으므로 양성물질(amphoteric)이라 한다. 이것은 식품을 조리할 때 음식의 질에 영향을 미칠 수 있는 산도나 알칼리도의 완충제(buffers)로서 완충작용(buffer action)을 할 수 있으므로 식품조리의 관점에서 볼 때 중요한 특성이다.

등전점 : 양성 전해질의 용액이나 콜로이드 입자들이 양이온 부분과 음이온 부분의 농도가 같게 될 때의 수소이온 농도이다. 아미노기와 카복실기가 동등하게 이온화될 때 단백질의 충전이 중성이 되는 점인 등전점(isoelectric point)에 도달하게 된다. 단백질은 이러한 등전점을 가지고 있기 때문에 구조적으로 특이하다. 대부분의 단백질은 pH 4.5~7.0에서 등전점을 가지나, 단백질마다 등전점이 모두 다르다. 단백질의 용해도는 등전점에서 가장 낮다.

3) 변성과 응고

큰 복합 단백질 분자는 식품 가공과 조리과정 중 변화가 올 수 있다. 열을 가하거나 휘저어 주거나 또는 자외선을 조사하면 단백질 분자가 물리적으로 변화하게 된다. 즉, 3차 구조에서 2차 구조로 풀리게 된다. 이렇게 되면 단백질의 용해성이 감소되고 특히 효소인 경우에는 촉매반응 능력을 잃어버리게 된다. 이러한 현상을 변성(denaturation)이라고 한다. 만약 변성의 원인이 지속되면 겹쳐지지 않은 분자의 부분이 새로운 분자 형태를 만들기 위하여 다른 방법으로 재결합한다. 응고(coagulation)는 단백질 분자가 서로 결합하여 젤이나 고체 상태를 만드는 것을 말한다. 변성과 응고는 단백질 분자에서의 물리적인 변화이다(**그림 4-14**).

자연적인 상태   변성된 상태   응고된 상태

그림 4-14 단백질의 변성과 응고

식품을 조리할 때 열을 가하면 단백질이 변성 또는 응고된다. 예를 들어 육류를 익히면 육류 단백질이 변성된다. 또한 단백질은 기계적으로 저어주는 것에 의하여 변성될 수 있다. 예를 들어 달걀흰자를 저어 거품을 만들 때 달걀흰자 단백질의 변성과 응고가 발생한다. 산도의 변화, 무기염의 농도 변화, 그리고 냉동 역시 변성의 원인이 된다.

3. 지질

지질(lipids)이라는 용어는 물에 불용성이고 기름과 같은 느낌을 갖거나 이와 비슷한 특성을 갖는 물질들을 광범위하게 표현하는 데 쓰인다. 지질은 탄수화물과 마찬가지로 탄소, 수소, 산소로 이루어져 있다. 그러나 탄수화물보다 산소가 더 적고 수소는 더 많은 비율로 구성되어 있으므로 지질과 탄수화물의 열량가에 큰 차이가 있다. 즉, 지질은 1g당 9kcal의 열량을, 탄수화물은 1g당 4kcal의 열량을 낸다.

지질은 포만감을 주며 필수지방산인 리놀레산(linoleic acid)을 공급해 주고, 식품을 조리할 때 부드럽게 하거나 열의 전도체 역할을 하며 음식의 향미를 증진시킨다.

(1) 지질의 구성

지질은 탄소, 수소, 산소로 이루어져 있는데 종류에 따라서는 인, 질소, 또는 유황을 갖고 있는 것도 있다. 지질이 가수분해되면 한 분자의 글리세롤과 지방산으로 분해된다. 지방산과 알코올의 에스터를 단순지질, 지방산과 알코올 외에 다른 물질이 포함된 에스터를 복합지질, 단순 또는 복합지질이 분해되어 생성된 생성물을 유도지질이라 한다.

1) 글리세롤

글리세롤(glycerol)은 수용성으로서 세 개의 수산기(-OH)를 가지고 있으며(**그림 4-15**) 각각의 수산기의 수소는 지방산과 에스터 결합을 할 수 있다. 에스터 결합은 산과 알코올의 반응으로부터 형성되는 것이다. 결합되는 지방산은 같은 것일 수도 있고 다른 것일 수도 있다. 대부분의 식품에 함유된 지방은 종류가 다른 지방산으로 결합되어 있다.

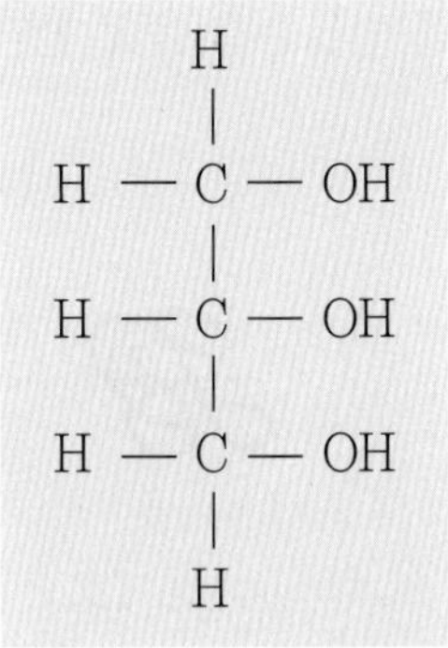

그림 4-15 글리세롤

2) 지방산

지방산은 카복실기(-COOH)를 가지고 있는 유기물질이며 일반적으로 탄소원자를 짝수로 가지고 있다. 지방산은 탄소원자의 수(길이)와 포화 정도(탄소원자 사이의 이중결합 수)에 따라 분류한다.

지방산에 있는 탄소 사슬은 탄소 두 개의 짧은 것에서부터 탄소 24개 이상의 긴 것이 있다. 지방산 중 가장 짧은 것은 탄소원자 두 개를 가지고 있는 아세트산(식초의 신맛을 내는 산)이며 식품에 함유된 것 중 가장 긴 것은 탄소원자가 20개인 아라키돈산(arachidonic acid)이다. 탄소사슬의 길이에 따라 탄소 8개 정도를 갖는 짧은 길이의 지방산(short chain), 탄소 8~16개인 중간 길이의 지방산(medium chain), 탄소 16개 이상을 갖는 길이가 긴 지방산(long chain)으로 나눌 수 있다.

지방산은 종류에 따라 포화 정도가 다르다. 어떤 지방산은 탄소원자가 결합할 수 있을 만큼의 수소원자를 모두 갖고 있으므로 탄소원자 사이에 이중결합이 없고 더 이상의 수소와 결합할 수 없다. 이것을 포화지방산(saturated fatty acid)이라 한다(**그림 4-16**). 이와는 달리 탄소원자 사이에 이중결합을 갖는 지방산을 불포화지방산(unsaturated fatty acid)이라 한다(**그림 4-17**).

포화지방산의 예로는 버터에 들어있는 부티르산(butyric acid), 소기름의 주성분인 스테아르산(stearic acid), 그리고 육류 지방, 식물성 기름, 코코아 버터에 널리 분포되어 있는 팔미트산(palmitic acid)이다. 올레산(oleic acid)은 하나의 이중결합을 갖고 있으며 단일불포화지방산(monounsaturated fatty acid, MUFA)이라 한다. 리놀레산, 리놀렌산, 그리고 아라키돈산은 각각 2, 3, 4개의 이중결합을 가지고 있으며 이중결합을 둘 이상 가지고 있는 지방산을 고도불포화지방산(polyunsaturated fatty acid, PUFA)이라 한다.

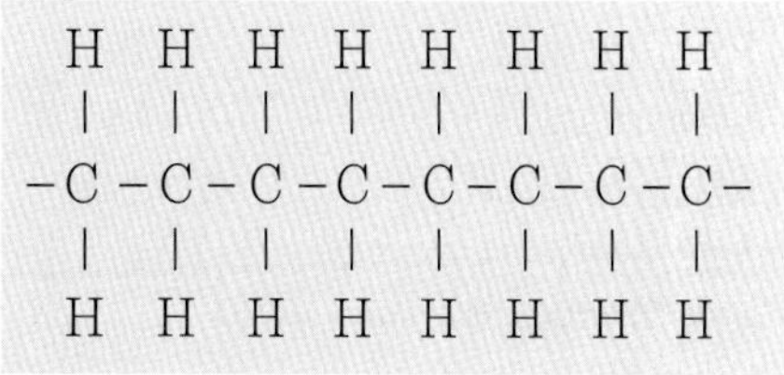

식품에 함유된 일반적인 지방산의 이름과 탄소 길이를 **표 4-3**에서 볼 수 있다.

그림 4-16 포화지방산

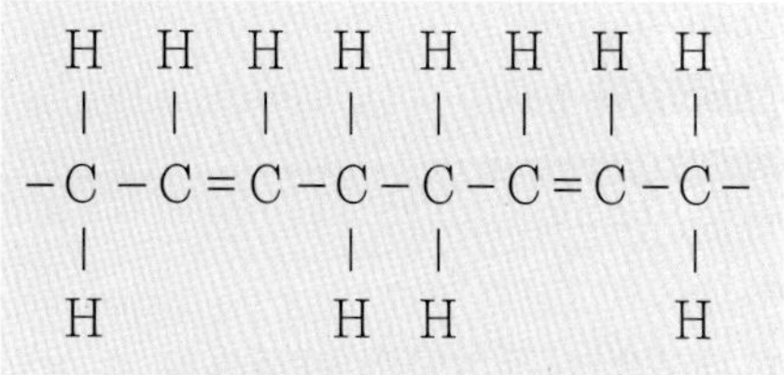

그림 4-17 불포화지방산

인체는 이중결합 두 개를 가지고 있는 리놀레산을 합성할 수 없다. 그러므로 리놀레산은 어린이와 어른 모두에게 필수지방산이라 할 수 있으므로 이것은 식사를 통해 섭취하여야 한다. 리놀레산의 좋은 급원은 옥수수유, 면실유, 대두유와 같은 식물성 기름이며 이들은 50~53%의 리놀레산을 갖는다. 옥수수유는 올리브유보다 더 많은 리놀레산을 갖고 있다.

P/S ratio : 포화지방산에 대한 불포화지방산의 비율이다. P/S ratio가 높을수록 식품의 불포화지방산 비율이 더 높다.

시스(cis)와 트랜스(trans) 지방산 : 이중결합에서의 화학적인 결합 형태에 의하여 정의된다. 시스 지방산은 이중결합에서 같은 방향으로 수소 결합이 있고 U자 형태를 이룬다. 트랜스

표 4-3 식품에 존재하는 일반적인 지방산

일반명칭	탄소 원자수	이중 결합수	화학구조
Saturated fatty acid			
Butyric acid	4	0	$CH_3CH_2CH_2COOH$
Caproic acid	6	0	$CH_3CH_2CH_2CH_2CH_2COOH$
Caprylic acid	8	0	$CH_3CH_2CH_2CH_2CH_2CH_2CH_2COOH$
Capric acid	10	0	$CH_3CH_2CH_2CH_2CH_2CH_2CH_2CH_2CH_2COOH$
Lauric acid	12	0	$CH_3CH_2CH_2CH_2CH_2CH_2CH_2CH_2CH_2CH_2CH_2COOH$
Myristic acid	14	0	$CH_3(CH_2)_{12}COOH$
Palmitic acid	16	0	$CH_3(CH_2)_{14}COOH$
Stearic acid	18	0	$CH_3(CH_2)_{16}COOH$
Arachidic acid	20	0	$CH_3(CH_2)_{18}COOH$
Monounsaturated fatty acid			
Palmitoleic acid	16	1	$CH_3(CH_2)_5CH=CH(CH_2)_7COOH$
Oleic acid	18	1	$CH_3(CH_2)_7CH=CH(CH_2)_7COOH$
Polyunsaturated fatty acid			
Linoleic acid	18	2	$CH_3(CH_2)_4CH=CHCH_2CH=CH(CH_2)_7COOH$
Linolenic acid	18	3	$CH_3CH_2CH=CHCH_2CH=CHCH_2CH=CH(CH_2)_4COOH$
Arachidonic acid	20	4	$CH_3(CH_2)_4(CH=CHCH_2)_4CH_2CH_2COOH$

지방산은 이중결합의 양쪽으로 수소 결합이 있는 형태이다(**그림 4-18**). 자연에 있는 대부분의 지방산은 시스형이나, 트랜스형이 조금 존재하기도 한다. 트랜스 지방산은 식물성 기름을 마가린, 쇼트닝 같은 가공식품으로 가공하는 과정에서 수소와 결합해 만들어지는 지방산이다.

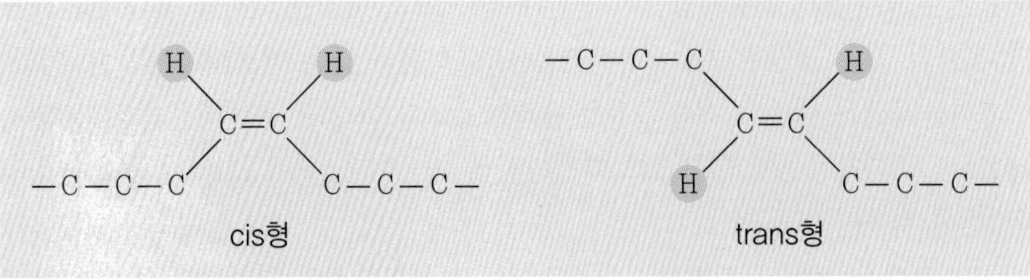

그림 4-18 Cis와 trans 지방산

올리브유, 대두유 등 식물성 기름이라도 상온에 뚜껑을 열어두거나 햇빛이 많은 곳에 두면 트랜스 지방산으로 변질될 수 있으니 주의해야 한다. 트랜스 지방산은 융점이 더 높다.

트랜스 지방산을 많이 섭취할 경우, 포화지방산과 마찬가지로 해로운 콜레스테롤인 저밀도지단백질(LDL)이 많아져 심장병, 동맥경화증 등의 질환이 생긴다. 또 간암, 위암, 대장암, 유방암, 당뇨병과도 관련이 있는 것으로 밝혀지는 등 트랜스 지방산의 유해성을 경고하는 연구 결과들이 잇따르고 있다. 이런 위험성 때문에 미국식품의약국(FDA)을 비롯해 세계 각 국에서 트랜스 지방산 함량 표시제를 의무화하는 방안이 추진되고 있다.

세계보건기구(WHO)와 미국심장협회(AHA)는 하루 섭취 열량 중 트랜스 지방이 1%를 넘지 않도록 권고하고 있다.

식품 가운데는 마가린, 쇼트닝, 마요네즈 소스, 파이, 피자, 도넛, 케이크, 쿠키, 크래커, 팝콘, 수프, 유제품, 어육제품 등에 많이 들어있는 것으로 알려져 있다.

식품에 트랜스 지방산을 넣는 이유는 맛 때문으로, 고소해지고 바삭바삭해진다.

오메가(omega)-6와 오메가-3지방산 : 다중불포화지방산으로 오메가-6 지방산은 분자의 메틸기 끝에서 6번째 탄소로부터 이중결합이 시작되는 지방산이다. 오메가-3 지방산은 세 번째 탄소로부터 첫 번째 이중결합이 시작되는 지방산이다(**그림 4-19**). 오메가-3 지방산은 체내에서의 관상동맥질환 예방과 연관이 있어 그 중요성이 인정되고 있다.

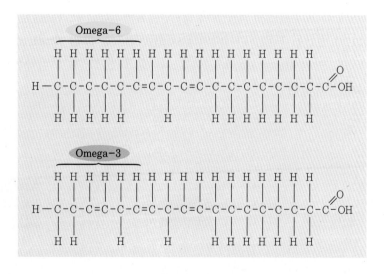

그림 4-19 Omega-6와 omega-3 지방산

오메가-3 지방산인 EPA는 탄소 20개에 이중결합이 5개인 것이고 DHA는 탄소수 22, 이중결합 6개인 고도불포화지방산이다(**그림 4-20**). 등 푸른 생선에 많이 함유되어 있다.

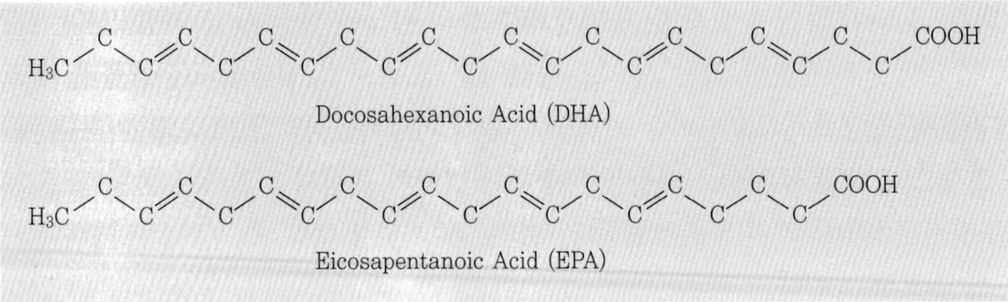

그림 4-20 DHA와 EPA

(2) 글리세라이드

식품에 존재하는 지질은 글리세롤(glycerol) 분자와 에스터 결합하고 있는 지방산의 숫자를 기초로 하여 분류된다. 즉, 하나의 지방산이 글리세롤에 결합되면 모노글리세라이드(monoglycerides, **그림 4-21**, **a**)라 하고, 두 개의 지방산이 결합되면 다이글리세라이드(diglycerides, **그림 4-21**, **b**)라 한다. 식품에서 모노·다이글리세라이드의 함량은 아주 적다. 이들은 유화성이 크며 인체에서 흡수율이 낮다. 식품에 있는 지방의 가장 일반적인 형태는 세 개의 지방산이 결합된 트리글리세라이드(triglycerides, **그림 4-21**, **c**) 또는 중성지방(neutral fat)이며, 아실기(acyl group, R-C-)를 갖고 있으므로 트리아실글리세라이드(triacylglycerides)라고도 한다.

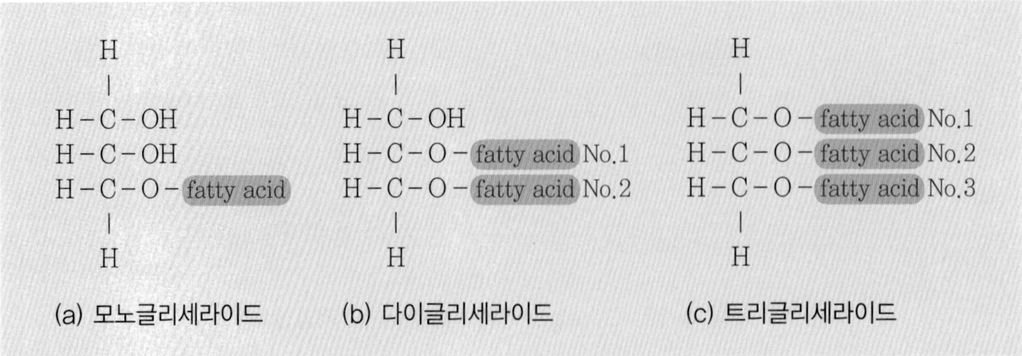

그림 4-21 글리세라이드

트리글리세라이드는 글리세롤의 세 개의 수산기에 세 개의 지방산이 결합되어 있다. 수산기 각각의 수소는 지방산과 에스터 결합을 하며 이 에스터 결합은 산과 알코올의 반응에 의하여 형성된 것이다.

트리글리세라이드 분자의 형태는 두 가지로 나누어 볼 수 있는데, 지방산 세 개가 서로 같은 형태일 수도 있고 다를 수도 있다. 같은 지방산 세개가 결합된 것을 단순 트리글리세라이드라 한다. 그러나 일반적으로 식품에 들어있는 트리글리세라이드는 혼합된 형태이다. 즉 각각 다른 지방산을 갖는 형태로 세 개가 다 다를 수도 있고 둘은 같고 하나는 다를 수도 있다.

(3) 인지질

인지질(phospholipids)은 식품에 상대적으로 적은 양이지만 특별히 유화제로서 중요한 역할을 한다. 그 중 레시틴은 여러 가공식품에서 식품첨가물로 사용되는 인지질이다. 크림을 휘저어 만든 버터밀크에 들어있는 인지질은 제과제빵 시 유화제로 작용하고, 달걀노른자에 들어있는 인지질은 마요네즈를 만들 때 유화제로 작용한다.

구조적으로 볼 때 인지질은 트리글리세라이드와 많이 비슷하여 두 지방산에 에스터 결합으로 부착된 글리세롤을 갖는다. 그러나 트리글리세라이드와 다른 점은 세 번째 지방산 대신 인산(phosphoric acid)기가 글리세롤에 연결되어 있는 것이다. 또한, 콜린과 같은 질소염 역시 인산과 결합되어 있다(**그림 4-22**).

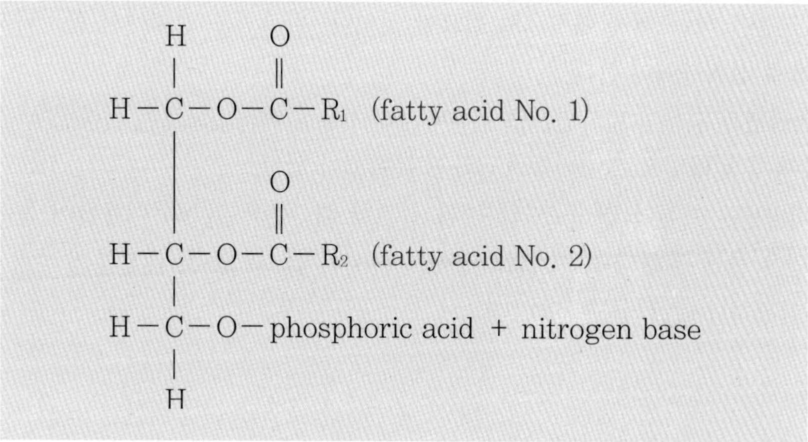

$$
\begin{array}{c}
\text{H} \qquad\quad \text{O} \\
| \qquad\quad\ \| \\
\text{H}-\text{C}-\text{O}-\text{C}-\text{R}_1 \quad \text{(fatty acid No. 1)} \\
| \\
\text{O} \\
\| \\
\text{H}-\text{C}-\text{O}-\text{C}-\text{R}_2 \quad \text{(fatty acid No. 2)} \\
| \\
\text{H}-\text{C}-\text{O}-\text{phosphoric acid} + \text{nitrogen base} \\
| \\
\text{H}
\end{array}
$$

그림 4-22 인지질

(4) 스테롤

식품에 함유된 중요한 스테롤(sterol)은 콜레스테롤(cholesterol)과 어고스테롤(ergosterol)이다. 콜레스테롤은 가장 널리 알려진 스테롤이며 동물성 식품에서만 발견된다. 육류의 내장, 어류, 조개류, 가금류, 달걀노른자, 유지방에 들어있다. 콜레스테롤은 인체의 세포에 필수성분이지만 혈액에 너무 많으면 관상동맥질환에 영향을 미치게 된다. 어고스테롤은 버섯류에 들어있는 스테롤로 자외선을 쬐면 비타민 D_2로 전환된다.

식물은 콜레스테롤을 만들지 못한다. 그러나 과일류와 채소류는 파이토스테롤(phytosterols)이라 하는 스테롤을 소량 함유하고 있는데, 일반적으로 이 스테롤은 인체 소화관에서 잘 흡수되지 않고 콜레스테롤 흡수를 방해할 수 있다.

4. 비타민과 무기질

(1) 비타민

비타민(vitamin)은 동·식물의 조직에 미량 함유되어 있는 유기물질로 생명현상을 유지하고 대사 작용을 하는 데 절대적으로 필요한 것이다. 비타민은 인체에서 합성되지 않기 때문에 음식으로 섭취하여야 한다.

지용성 비타민과 수용성 비타민으로 분류하는데 지용성 비타민으로는 비타민 A·D·E·K가 있고, 수용성 비타민으로는 비타민 C와 B 복합체가 있다.

지용성 비타민은 기름과 같이 조리하거나 섭취할 때, 체내 흡수와 이용률이 높아진다. 수용성 비타민은 물에 용해되므로 조리과정에서 손실이 클 수 있다. 대부분의 수용성 비타민은 산에는 안정하나 알칼리에는 약하다.

(2) 무기질

식품을 구성하고 있는 무기질(mineral)은 인체의 신진대사와 구성을 위하여 필수적인 성분이다. 많은 양이 요구되는 무기질로는 칼슘, 인, 마그네슘, 유황이 있는데 이들은 영양적으로 아주 중요하다. 나트륨, 칼륨, 염소는 전해질로서 신진대사에서 수분평형을 유지하도록 해준다.

미량무기질은 적은 양이 필요하지만 인체에 필수적이다. 현재까지 알려진 것들은 철, 아이오딘, 아연, 구리, 망간, 셀레늄, 몰리브덴, 불소, 크롬, 코발트 등이다. 식품에 따라 무기질이 강화되기도 하는데 칼슘을 첨가한 우유가 그 예이다.

산성식품과 알칼리성식품 : 산성식품과 알칼리성식품은 pH를 이용한 일반적인 구분법과는 다르게 구분된다. 식품을 태운 재의 성분(회분, 무기질)이 우리 몸에서 산으로 작용할 것인가, 염기로 작용할 것인가를 기준으로 한다. 즉 염소, 인, 황, 요오드, 브롬, 불소와 같은 산 생성원소를 많이 포함하고 있는 식품은 산성식품이며, 나트륨, 칼슘, 철, 칼륨, 마그네슘 등의 알칼리 생성원소를 많이 함유하고 있는 식품들은 알칼리성식품으로 분류한다.

산성식품에는 육류, 어패류, 곡류, 유지류, 달걀 등이 있으며, 알칼리성식품에는 채소류, 과일류, 해조류, 감자, 우유, 식초 등이 있다. 우유는 축산물이지만 칼슘 등의 무기질이 많이 들어있어 알칼리성식품이며, 이와 같은 이유로 오렌지 등의 과일도 신맛을 내지만 알칼리성 식품이다. 신체는 항상성을 유지해야 건강하기 때문에 어느 한쪽으로 기울어지지 않도록 평소에 산성식품과 알칼리성식품을 균형 있게 섭취하는 것이 중요하다.

5. 효소

효소(enzyme)는 특별한 기능을 갖는 단백질 분자로 동·식물의 살아 있는 세포에 의하여 생산되고, 그 자체는 변화를 하지 않지만 화학반응을 촉진시키는 촉매로서 작용한다. 식물과 동물의 신진대사가 일어나는 복잡한 과정에서부터 동물의 소화관 안에 있는 음식의 소화에까지 관여한다. 동·식물 조직에 있는 효소는 동물이 도살되었을 때 또는 식물조직이 수확되었을 때도 작용을 멈추지 않는다. 그러므로 식품을 조리할 때 효소의 특성을 이해하여야 한다.

(1) 효소의 명명과 반응기전

효소는 일반적으로 효소가 작용하는 기질이나 물질의 이름을 따서 명명하고 끝에 −ase를 붙인다. 예를 들어 락테이스(lactase)는 젖당을 가수분해해주는 효소이고 말테이스(maltase)

는 맥아당이 포도당이 되도록 가수분해를 촉매해준다. 효소가 작용하여 얻은 산물에 이름을 붙이는 경우도 있다. 예를 들어 자당(설탕)이 가수분해되어 포도당과 과당이 동일한 양인 혼합물을 생산하는데 이 혼합물을 전화당(invert sugar)이라 하며 이때 작용하는 효소를 수크레이스(sucrase) 또는 인버테이스(invertase)라고 한다.

효소는 처음에는 효소가 작용할 기질과 결합하여 enzyme-substrate(E-S) 혼합물이라는 중간물질을 형성한다. 이 반응이 완성될 때 효소는 산물로부터 분리되고 기질의 또 다른 분자와 반응하게 된다.

$$Enzyme(E) \ + \ Substrate(S) \longrightarrow \ E-S \longrightarrow \ E \ + \ Product(P)$$

(2) 효소의 형태

효소는 그들이 촉매하는 반응의 형태에 따라 나눌 수 있다. 예를 들어 어떤 효소는 가수분해 반응을 촉매하기 때문에 가수분해효소라 하고, 어떤 효소는 산화-환원작용에 관여하므로 산화-환원효소라고 한다. 가수분해는 분자 안에 있는 화학적 결합의 파괴와 분리에 관여하는 화학반응이다. 그리고 물 분자의 수소와 산소원자가 두 개의 새로운 분자가 형성되도록 가해진다. 이러한 가수분해적 효소에는 단백질을 가수분해하는 효소(protease 또는 proteinase), 지방을 가수분해하는 효소(lipase), 전분을 가수분해하는 효소(amylase)가 있다. 산화-환원을 촉매하는 효소들은 보통 산화효소(oxidase) 또는 탈수소효소(dehydrogenase)라 한다.

식물조직에 있는 가수분해적 효소는 식품을 조리할 때 중요한 영향을 미친다. 예를 들어 브로멜린(bromelin)은 파인애플에 들어있는 단백질 분해효소인데 신선한 파인애플을 젤라틴에 첨가하면 젤라틴을 액체화시키는 원인이 된다. 따라서 파인애플을 젤라틴 혼합물에 넣어 응고시키기 위해서는 가열하여 단백질 가수분해효소인 브로멜린을 파괴시켜야 한다. 브로멜린은 단백질 분해작용 때문에 육류 연화제로 사용된다. 파파야에서 얻는 파파인(papain) 역시 단백질을 분해시키는 작용을 하여 덜 연한 육류를 연화시킨다. 육류 연화제로 사용되는 효소는 육류 안에 빨리 침투하지 못하고 표면만을 연화시킬 수도 있다. 식물조직에 있는 산화효소 중에는 신선한 과일이나 채소를 잘랐을 때 갈색화 시키는 것도 있다. 레닌(rennin)은 송아지의 제4위 점막에 있는 우유를 응고시키는 효소로 이를 주원료로 하여 만든 응고효소제제를 레넷(rennet)이라 한다. 레넷은 치즈 제조에 이용된다.

(3) 효소활성

각각의 효소는 온도, pH, 기질의 양, 그리고 효소의 양이 적절한 상태일 때 작용하게 되는데 이들은 모두 효소의 작용에 중요한 영향을 미친다.

효소의 활성이 가장 크고 변성이 일어나지 않는 최적 온도 범위는 효소에 따라 차이가 있으며 일반적으로 30~60℃ 범위이다. 예를 들어 레닌의 최적온도는 40~42℃이고, 파파인의 활성을 위한 최적온도는 60~70℃이며 70℃ 이상이 되면 불활성화 된다.

각 효소마다 그 효소의 활성을 위한 최적 pH가 있다. 즉, 레닌은 pH가 5.8 정도일 때 가장 효과적으로 우유를 응고시킨다. 만약 pH가 강알칼리이면 응고는 일어나지 않는다.

식품을 처리하거나 가공 조리하는 동안 효소의 작용이 바람직한 것도 있고 바람직하지 않은 것도 있다. 예를 들어 각종 발효식품이나 전분의 당화 과정에서 효소의 작용이 필요하나 과일이나 채소류의 갈변현상은 바람직하지 않다.

(4) 효소적 갈변

효소적 갈변은 마이야르반응과 전혀 다른 기전이다. 이 반응에는 산소, 효소(polyphenolase), 기질(페놀 화합물)이 존재하여야 한다. 또 다른 형태로는 타이로시네이스(tyrosinase)가 아미노산인 타이로신(tyrosine)을 산화하여 짙은색의 멜라닌을 형성하는 것이다(**그림 4-23**).

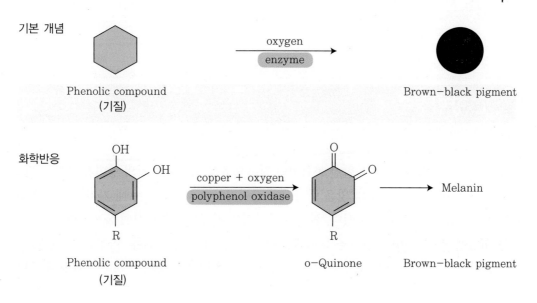

그림 4-23 효소적 갈변

이 현상은 양송이를 비롯한 몇 종류의 과일과 채소의 변색에서 볼 수 있다.

정상적으로 세포구조는 과일의 페놀 화합물로부터 효소를 분리한다. 그러나 채소나 과일이 멍이 들거나 잘리면 페놀과 효소는 산소에 노출되고 갈변이 일어나도록 반응하며, 구리가 존재하면 반응이 촉진된다. 모든 과일과 채소가 페놀 화합물을 함유하는 것은 아니나 사과, 배, 바나나, 복숭아, 가지 등은 껍질을 벗기거나 자르면 빨리 갈변하고 감자는 연한 핑크나 회색으로 변한다.

6. 색소

식품에는 영양성분은 아니지만 여러 가지 색소가 들어 있어 식품을 조리할 때 색에 대한 성질을 잘 이해하여야 한다. 조리된 음식의 외관은 색에 의하여 영향을 받기 때문이다. 색소는 조리과정에서 열, 산, 알칼리, 금속 등에 의하여 영향을 받는다. 식물성 식품의 색소로는 카로티노이드(carotenoid), 클로로필(chlorophyll), 플라보노이드(flavonoids) 등이 있으며 동물성 식품의 색소로는 헤모글로빈(hemoglobin)과 마이오글로빈(myoglobin)이 있다.

동·식물 조직에 들어있는 색소의 성질에 대하여는 각 장에서 설명된다.

7. 향미성분

향미(flavor)는 냄새와 맛을 합친 복합적인 감각으로서 조리된 음식의 향미가 좋아야 완전한 음식으로 평가된다. 식품의 맛은 복합적인 것이지만 기본적으로는 네 가지 맛, 즉 짠맛, 단맛, 신맛, 쓴맛으로 나눌 수 있다. 짠맛은 중성염의 전해물질에 의하여 느껴지며 일반적으로는 식염에 의한 것이다. 단맛을 느끼게 하는 물질은 당류, 알코올류, 아민류, 알데하이드류 등을 들 수 있으며 신맛 성분은 주로 유기산이다. 쓴맛을 나타내는 성분은 배당체, 알칼로이드, 케톤류, 무기염류 등을 들 수 있다. 기타 탄닌과 아미노산 등도 여러 가지 맛에 관여한다.

음식의 온도는 향미에 크게 영향을 주는 조건이 된다. 맛을 느끼는 것은 사람에 따라 다르지만 일반적으로 신맛은 25℃, 단맛은 35℃, 짠맛은 37℃에서 가장 강하게 느껴진다. 또한 음식마다 가장 좋은 맛을 주는 온도가 있어 맥주는 10℃, 포도주는 15℃, 커피나 홍차는 65℃에서 가장 맛이 좋다.

8. 식물생리활성 물질

식물생리활성 물질은 영양소 이외에 생리활성을 나타내는 피토케미칼(phytochemicals)로 항암성을 가지고 있다. 대부분의 색소와 향미성분이 여기에 속한다. 예를 들어 양파, 마늘, 파 등의 알릴 설파이드(allyl sulfide), 녹황색 채소와 과일, 짙은 녹색 잎채소의 카로티노이드(carotenoid), 대부분의 채소와 과일에 함유된 플라보노이드(flavonoids), 꽃 채소류의 인돌(indole), 토마토와 그레이프 프루트의 라이코펜(lycopene), 거의 모든 채소와 과일류의 페놀류(phenols), 감귤류의 리모노이드(limonoid), 녹차, 포도, 포도주의 폴리페놀(polyphenol), 콩류의 사포닌(saponin)과 아이소플라본(isoflavone) 등이다.

전분

식물에서 탄수화물의 저장형태인 전분(starch)은 자연에 가장 풍부하게 존재하는 물질 중 하나이다. 전분을 가장 많이 함유하고 있는 부위는 씨앗과 뿌리이다. 그러므로 식품전분의 가장 보편적인 공급원은 쌀, 밀, 옥수수 등의 곡류와 칡, 타피오카, 감자, 고구마 등의 근경, 괴경류와 여러 가지 콩 종류들이다. 특히 우리나라에서 일반적으로 많이 이용되는 것은 옥수수전분과 감자전분이다. 전분은 그 자체로 이용되거나 조리할 때 또는 식품산업에서 안정제, 결합제, 텍스처 증진제로 이용된다.

전분이라는 말은 두 가지 뜻으로 사용된다. 즉 포도당이 결합되어 형성된 분자, 또는 식물세포에 이들 전분 분자가 여러 개 모여서 입자의 형태로 되어 있는 것을 말한다. 전분으로 조리를 한다고 할 때는 입자의 형태로 되어 있는 것을 뜻한다.

식품 가공이나 조리에는 옥수수전분, 타피오카전분, 감자전분, 고구마전분 등이 많이 이용된다. 전분의 종류에 따라 성질이 다르기 때문에 가공이나 조리에 이용할 때에는 목적에 맞는 전분을 이용하는 것이 좋다.

1. 전분의 구성

(1) 전분 분자

전분의 분자는 수백 또는 수천 개 이상의 포도당이 결합되어 있는 다당류이다. 전분 분자에는 아밀로오스(amylose)와 아밀로펙틴(amylopectin)이라는 두 가지 형태가 있다.

1) 아밀로오스

아밀로오스는 포도당이 α-1,4 결합으로 된 긴 사슬 모양의 분자이고 직선상의 중합체이다. 수많은 포도당 분자가 함께 고리를 이루고 있다(**그림 5-1**). 결합된 포도당의 수가 적을수록 물에 잘 용해되나 전분에서와 같이 많은 수의 포도당이 결합되면 조리 시 용해성이 낮은 특징을 가지고 있다. 아밀로오스의 실제 길이는 식품에 따라 다양하며 일반적으로 곡류전분은 두류전분이나 감자전분보다 짧아서 분해되기 쉽다.

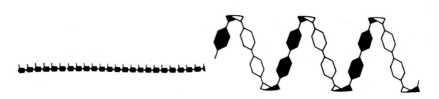

그림 5-1 아밀로오스

식품에 있어서 아밀로오스의 중요한 특징 중 하나는 지질, 알코올, 아이오딘과 같은 물질과 복합체를 이루는 것이다. 아밀로오스가 용액 중에 존재할 때는 6분자의 포도당이 단위가 되어 다소 유연한 나선구조 형태를 보인다. 나선형으로 된 아밀로오스 배열에 아이오딘을 첨가하면 아이오딘이 나선구조 내로 들어가 머물러 있게 되며 청색이 된다. 나선구조 내의 6개의 D-글루코오스(glucose) 단위는 한 분자의 아이오딘 원자와 결합할 수 있으며 이 아이오딘 테스트는 어떤 물질 속에 아밀로오스의 존재를 확인할 때 사용된다. 만약 아밀로오스 분자의 길이가 길면 아이오딘-전분 복합체는 청색을 나타내지만 짧으면 적색을 나타낸다.

전분의 종류에 따라 아밀로오스 함량에 차이가 있다. 뿌리와 줄기식물의 전분들은 곡류전분보다 아밀로오스를 약간 적게 함유하고 있다. 옥수수전분은 24~28%, 밀전분은 25~26%, 감자전분은 20~30% 정도의 아밀로오스를 함유하고 있다. 타피오카전분의 아밀로오스 함량은 17%로서 일반적으로 사용되는 전분 중 아밀로오스 함량이 가장 낮다.

품종개량을 하여 아밀로오스 함량이 높은 전분을 생산하기도 한다. 예를 들어 아밀로오스 함량을 높인 옥수수(amylomaize)는 약 70%의 아밀로오스를 함유한다. 이러한 전분은 다른 재료를 엉기게 하거나 피막을 형성하는 능력이 있다. 캔디와 같은 것을 저장할 때 전분으로 얇은 필름을 만들어 포장하는데, 이것은 성분이 전분이기 때문에 그대로 먹을 수 있다.

전분의 아밀로오스 분획(fraction)은 가열하여 차게 식혔을 때 젤화되는 특성이 있다. 이렇게 생성된 젤은 어느 정도 단단하며 모양을 그대로 유지한다.

아밀로오스가 많이 함유된 전분은 호화온도가 높고 노화되기 쉽다. 대신 점도가 높아 소량으로도 젤 형성 능력이 좋으므로 점도를 높이고 젤화시키는 목적으로 사용된다. 현재 국내에서는 옥수수전분이 주를 이루고 있다.

2) 아밀로펙틴

아밀로펙틴 또한 D-글루코오스의 중합체이다. 직선형인 아밀로오스와는 달리 아밀로펙틴의 분자는 가지 모양을 이루어 마치 숲과 같은 형태로 이루어져 있다. 94~96% 정도의

$\alpha-1,4$ 결합과 4~6%의 $\alpha-1,6$ 결합을 갖는 가지구조로 매 15~30 포도당 단위마다 가지를 친다(**그림 5-2**).

전분 혼합물을 가열하면 걸죽해지는 것은 아밀로펙틴 때문이며 아밀로오스처럼 젤화되지 않는다. 아이오딘 테스트를 하면 적자색(자줏빛 붉은색)을 나타낸다.

대부분의 천연전분은 이 두 획분의 혼합물이다. 아밀로펙틴은 아밀로오스보다 더 많이 들어있어 대부분의 전분입자의 20~25% 정도가 아밀로오스이고 75~80% 정도가 아밀로펙틴이다. 그러나 옥수수, 쌀, 조 등 몇 종류의 곡류처럼 아밀로오스가 거의 없는 품종이 있는데 이러한 것들을 찰 품종이라고 한다. 이들은 아밀로펙틴만을 함유하고 아밀로오스가 거의 없기 때문에 젤화가 일어나지 않고 걸죽한 상태를 나타낸다.

아밀로펙틴을 많이 함유한 전분은 점탄성과 팽화력이 높아 호화액이 투명하고 점도의 안정성이 좋다. 호화온도가 낮고 끓이는 시간이 단축되며 노화가 빨리 일어나지 않는다. 부드럽고 쫄깃하고 매끄러운 텍스처를 준다.

타피오카전분은 카사바 나무의 뿌리로 만든 전분으로 아밀로펙틴 함량이 높아 호화온도가 낮으며 투명성이 높고 노화가 빨리 일어나지 않는다.

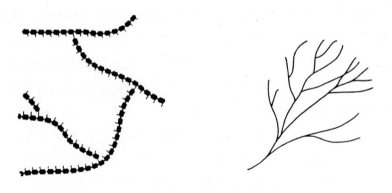

그림 5-2 아밀로펙틴

(2) 전분입자

전분은 모든 다당류 중에서 입자형태로 존재하는 유일한 다당류이다. 식물의 세포 내에서 전분 분자가 합성되면 입자라고 하는 아주 작고 조직적인 단위로 세포 안에 질서 있게 저장된다. 아밀로오스와 아밀로펙틴 분자로 구성된 이들 입자는 세포의 백색체(leucoplast) 내에 저장된다. 전분은 각각의 특징을 가지고 있는데 예를 들어 밀전분입자는 작은 원형과 큰 원형인 두 가지의 형태를 가지고 있고 쌀전분입자는 크기가 가장 작고 다각형이며 감자전분의 입자는 가장 크고 원형이다. 옥수수전분입자는 크기가 크고 모양이 조개껍질과 비슷하다 (**그림 5-3**).

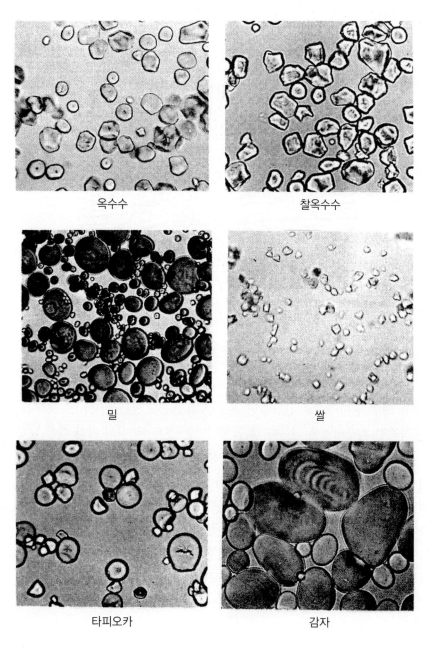

옥수수	찰옥수수
밀	쌀
타피오카	감자

그림 5-3 전분입자의 형태

전분을 현미경으로 보면 내부층의 중심에 검은 점이 있는데 이것을 하일럼(hilum)이라 부른다. 이것은 일종의 구멍으로 이 구멍을 중심으로 아밀로오스와 아밀로펙틴 분자가 서로 단단하게 연결되어 내부조직을 형성한다(**그림 5-4**). 어떤 부분은 결정구조로 되어 있고 또 어떤 부분은 비결정구조로 되어 하일럼을 중심으로 둥글게 층을 형성하고 있기 때문에 현미경으로 보면 동심원의 선을 볼 수 있다. 각 층 내의 분자는 수소결합에 의해서 결합된다.

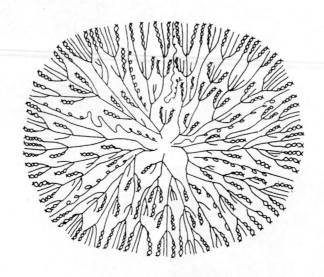

그림 5-4 전분입자의 배열

전분입자를 편광 현미경으로 관찰하면 복굴절성(double refraction)을 보이는데 이는 입자 내의 규칙적인 분자배열에 의한다. 복굴절이라는 것은 두 개의 약간 다른 방향으로 빛이 굴절되는 것을 말한다. 이러한 복굴절성은 생전분에서만 보이며 전분에 물을 넣어 가열하면 빛의 굴절 원인인 결정면이 변형되어 복굴절을 볼 수 없다.

또한 일반적으로 전분의 X선 회절도(X-ray diffraction pattern)는 생전분인 β 전분의 경우 A, B, C형을 나타낸다. A형은 주로 쌀, 옥수수 같은 곡류전분이 나타내는 결정형이며, B형은 감자, 밤 등의 전분, C형은 고구마, 칡, 완두, 타피오카 등의 전분이 나타내는 형태이다. 호화된 α 전분은 모두 V형, 노화되면 모두 B형을 나타낸다(**그림 5-5**).

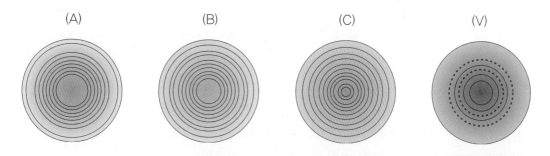

그림 5-5 전분의 X선 회절도

2. 전분의 특성

(1) 가수분해

전분은 산, 알칼리, 효소 등에 의하여 가수분해(hydrolysis)되나 조리하는 과정에서는 산과 효소에 의하여 가수분해된다. 전분 분자의 기본적인 구조는 포도당이므로 전분이 가수분해되면 포도당을 생산한다. 중간 단계에서 덱스트린이라고 하는 전분 분자의 큰 덩어리로 분해되는데 이것도 다당류로 분류될 정도로 큰 분자이다. 그 다음 단계는 몇 개의 포도당 단위를 갖는 올리고당이 되며 마지막으로 이당류인 맥아당이 된다. 전분에 산을 넣고 가열하거나 엿기름을 넣어 효소(amylase)의 최적 온도를 맞추어 주면 전분이 서서히 가수분해되는데 이러한 과정을 당화라 한다. 식혜는 쌀의 전분을 부분적으로 당화시킨 것이고 물엿, 조청, 엿은 쌀을 완전히 당화시켜서 농축한 것이다. 묽은 산을 넣고 가열하여도 분해가 촉진된다.

(2) 호화

호화(gelatinization)는 전분에 물을 가하여 가열할 때 일어나는 물리적 변화이다. 호화에 이용되는 수분은 감자나 고구마를 구울 때와 같이 식품 자체에 존재하는 것일 수도 있고 조리할 때 가하는 물일 수도 있다.

전분입자는 찬물에 녹지 않는다. 그러나 열을 가하면 온도가 상승함에 따라 전분 분자는 열에너지를 받아 격렬하게 움직이게 되고 분자 간의 수소결합이 끊어지게 된다. 이렇게 되면 입자 속으로 물의 침투를 촉진시켜 입자 주위의 물이 아밀로오스 분자 내로 이동하게 된다. 처음에는 밀도가 낮은 비결정 부분으로 들어가지만 온도가 상승함에 따라 결정부분으로까지 도달해 물의 침투로 팽윤이 일어나며 입자의 구조는 크게 달라진다.

물을 흡수하여 팽윤한 전분입자는 최고 농후 상태로 될 때까지의 점도와 걸쭉한 정도가 증가하며 복굴절성을 잃는다. 또한 가열이 계속됨에 따라 투명도가 증가한다.

걸쭉해진다는 것은 팽윤된 입자에서 전분 분자의 조각이 떨어져 나오는 것을 뜻한다. 그러므로 가열한 전분용액이 최고의 점성을 가졌을 때는 전분 분자의 조각이 가장 많이 용출되고 전분입자 내부에 많은 공간이 생긴 상태다.

전분의 종류에 따라 입자 크기가 클수록 저온에서 팽윤되기 시작한다. 감자전분의 입자는 크기 때문에 상당히 낮은 온도에서 호화되어 최고의 점도를 보인다. 밀전분과 옥수수전분의 점도를 증가시키기 위해서는 더 높은 온도까지 가열해야 한다.

전분은 대부분 95℃ 정도에서 호화가 완성된다. 호화된 후에는 일반적으로 곡류전분이 감자와 같은 괴경류의 전분보다 덜 투명하다.

1) 전분의 호화에 영향을 미치는 인자

전분의 종류 : 전분의 종류에 따라 걸쭉해지는 정도가 다르며 또한 전분의 입자가 클수록 빨리 호화된다. 감자전분은 다른 전분보다 효과가 크며 밀전분은 일반적으로 사용되는 전분 중 가장 효과가 낮다. 가정에서 일반적으로 사용하는 밀가루는 순수한 밀전분보다 효과가 낮은데 이는 단백질을 함유하고 있기 때문이다. 감자전분은 곡류전분이 호화되었을 때보다 훨씬 더 투명하며 찰전분은 찰전분이 아닌 것보다 더 투명하다. 전분이 호화되면 끈적거리게 되는데 끈적거리는 정도는 괴경전분이 곡류전분보다 더 심하다.

가열온도와 시간 : 전분 혼합물을 불 위에서 직접 가열하여 끓는 온도까지 빨리 도달하도록 하여야 하며 걸쭉해질 때까지 계속 저은 후 잠깐 동안 뜸을 들인다. 빨리 가열된 전분풀은 천천히 가열한 것보다 더 걸쭉해진다. 분산된 전분의 양이 많으면 그렇지 않은 것보다 더 낮은 온도에서 더 높은 점성을 보인다. 왜냐하면 호화의 초기 단계에서 팽윤할 수 있는 입자가 더 많기 때문이다.

젓기 : 전분 혼합물을 조리하는 동안 일정한 농도의 부드러운 음식을 만들기 위해서는 초기 단계부터 저어주는 것이 바람직하다. 그러나 젓는 정도가 너무 심하거나 너무 오랫동안 저으면 전분입자의 붕괴가 일어나서 점도가 낮아지고 미끈거리게 되거나 입안에서 풀 느낌이

난다. 그러므로 젓는 것은 필요한 만큼만 최소로 하여야 한다. 죽을 끓이거나 소스나 크림수프를 만들 때 이러한 현상을 볼 수 있다.

산도(pH) : 전분에 산을 가하여 가열하면 점도가 낮아지고 호화가 잘 되지 않는다. 과일을 넣고 만든 파이 속이나 탕수육 소스를 만들 때와 같이 전분 혼합물에 레몬즙이나 식초와 같은 산 성분을 넣어주면 pH 4 이하에서 가수분해 반응이 일어나고 전분 분자가 조금 더 작은 분자로 쪼개져서 묽어진다.

설탕이 많이 들어 있으면 산의 영향을 덜 받게 되는데, 이는 설탕이 전분입자의 팽윤을 제한하여 산에 의한 가수분해가 덜 일어나기 때문이다.

전분에 산을 첨가하고자 할 때는 전분이 완전히 호화된 후에 넣어야 묽게 되는 것을 방지할 수 있다.

다른 성분 : 조리를 할 때 다른 여러 재료가 전분과 함께 이용되는데 이들 재료 중 어떤 것은 호화에 현저한 영향을 미친다. 예를 들어 설탕은 전분이 호화되는 온도를 상승시킨다. 즉, 당의 흡습성으로 인하여 전분이 호화되는데 필요한 물을 당이 흡수하게 됨으로써 호화에 필요한 물이 경쟁적으로 사용되기 때문에 전분입자의 팽윤이 늦어지고 호화온도가 올라가게 된다. 그러므로 설탕을 많이 넣어야 할 경우에는 조리 전에 설탕을 조금만 첨가하고 나머지 설탕은 전분이 호화된 후 첨가하여야만 점도가 영향을 덜 받게 된다.

지방과 단백질은 전분을 둘러싸는 경향이 있으므로 전분입자의 수화를 지연시키고 점도의 정도를 더 낮게 한다.

(3) 젤화

젤화(gelation)는 전분입자가 호화된 후 전분풀(starch paste)을 식히면 굳는 현상을 말한다. 젤 형성은 풀이 식는 동안 계속해서 일어난다. 전분입자가 호화된 후 식으면 혼합물 안에 있는 전분의 분자 사이에 수소결합이 형성된다. 아밀로펙틴 분자의 가지 사이에 형성된 결합은 아주 약해서 전분풀의 단단한 정도에 실제로 거의 영향을 미치지 않는다. 그러나 아밀로오스 분자의 긴 직쇄 사이에 결합한 것은 상대적으로 강하고 결합이 쉽게 형성된다. 이러한 결합이 젤을 발달시키는 삼차원 그물 모양 조직을 형성한다.

1) 젤의 강도에 영향을 미치는 인자

전분의 종류 : 아밀로오스가 없는 찰전분은 젤을 형성하지 못한다. 옥수수전분같이 아밀로오스 함량이 상대적으로 많은 전분은 아밀로오스 함량이 적은 전분보다 더 단단한 젤을 형성한다. 감자전분은 부드러운 젤을 형성한다. 곡류의 가루들은 농후제로서 사용되기도 하나

순수한 전분이 아니기 때문에 젤 형성력이 전분보다 약하다.

가열정도와 젓기 : 최적의 젤 강도를 위하여 전분풀은 아밀로오스가 충분히 방출될 때까지 가열하는 것이 필요하나 입자가 조직으로부터 분리되기 전까지여야 한다. 너무 지나치게 휘 젓는다거나 가열시간이 길어지면 분리가 일어나 풀같은 텍스처가 되고 묽은 젤을 형성한다. 최대의 젤 강도를 위해서는 전분 혼합물이 방해받지 않고 식어야 한다. 젤 형성 기간 동안 저으면 미리 형성된 수소결합을 분열시키고 젤을 약화시킨다.

다른 성분의 영향 : 당과 산을 첨가하면 젤 형성이 부드럽게 되며 젤의 투명함을 증가시킨 다. 또한 산이 첨가된 시간, pH, 당의 농도, 또는 언제 첨가되었느냐에 따라서도 달라진다. 지방과 단백질은 호화개시 온도를 높게 하여 젤의 강도를 증가시킨다. 식염이나 글루탐산일 나트륨(MSG) 등을 첨가했을 때는 젤의 강도가 저하되어 점도가 낮아진다.

(4) 노화

젤 형성이 완성된 후 전분 혼합물을 가만히 두면 내부에서는 직쇄상 아밀로오스 분자 사이 에 많은 결합이 형성되어 아밀로오스와 아밀로펙틴 분자들이 팽윤된 입자 내에서 잘 조직된 결정 영역을 형성한다. 이렇게 되면 아밀로오스 분자가 서로 잡아당김으로써 젤의 그물모양 구조는 주저앉고 물은 젤 밖으로 밀려나게 된다. 이와 같이 젤 구조로부터 물이 빠져 나오는 현상을 시너레시스(syneresis)라 하는데, 이 현상은 전분젤이 오래될수록 전분 분자의 결합 이 증가되어 발생한다. 이와 같이 오래된 전분젤 안에서 아밀로오스 분자의 집합이 증가하 는 것을 노화(retrogradation)라 한다.

노화가 일어나면 호화전분(α-starch)이 생전분(β-starch)의 구조와 유사한 물질로 변화 하는데 여기에 관여하는 것은 온도, 수분함량, pH, 전분 분자의 종류 등이다.

1) 전분의 노화 속도에 영향을 주는 요인

전분의 종류 : 쌀, 밀, 옥수수 등과 같이 입자 크기가 작은 곡류전분은 노화가 빨리 일어난 다. 감자, 고구마 등의 전분은 노화 속도가 느린 편이다. 아밀로오스 함량이 높은 전분은 노 화가 빨리 일어나고 아밀로펙틴이 많은 것은 가지 형태의 구조로 인하여 분자 간 수소결합 을 방해하므로 노화를 빨리 일으키지 않는다. 따라서 찹쌀로 지은 밥이나 떡은 멥쌀로 만든 것보다 빨리 굳지 않는다. 찹쌀가루는 특히 냉동식품에 유용한데 이러한 찰전분이 결정영역 을 거의 형성하지 않기 때문이다. 또한 찹쌀가루에 들어있는 단백질이 냉동-해동 안정성에 미치는 효과가 크다.

수분함량과 온도 : 전분의 노화는 수분함량이 30~60%이고 온도가 0~4℃일 때 가장 쉽게

일어난다. 겨울철에 밥, 빵, 떡 등이 빨리 굳는 것이 이러한 이유 때문이다. 수분함량이 60% 이상, 15% 이하일 때에는 노화가 일어나기 어렵고 80℃ 이상 또는 0℃ 이하의 온도에서는 노화가 일어나지 않는다. 그러므로 밥, 빵, 떡류를 저장할 때는 냉동고에 보관하는 것이 좋다. 급격히 탈수시키면 호화된 상태 그대로 건조시킬 수 있다.

pH : 알칼리성에서는 노화가 억제되며 강한 산성에서는 노화속도가 촉진된다.

(5) 호정화

전분에 물을 가하지 않고 160℃ 이상으로 가열하면 여러 단계의 가용성 전분을 거쳐 덱스트린으로 분해되는 화학적인 현상을 호정화(dextrinization)라 한다. 건열로 생성된 덱스트린을 피로덱스트린(pyrodextrin)이라 한다. 호정화되면 전분보다 좀 더 수용성이 되며 점성은 낮아지고, 소화가 잘 된다.

또한 색과 풍미가 바뀌어 비효소적 갈변이 일어나고 볶은 냄새가 나는데 지나치게 가열하면 탄 냄새가 난다. 밀가루 뿌린 고기를 구웠을 때, 식빵을 토스트할 때, 전분 입힌 음식을 튀겼을 때, 밀가루를 볶았을 때(roux), 미숫가루를 만들 때, 팝콘, 누룽지, 뻥튀기 등에서 이 현상을 볼 수 있다. 밀가루를 갈색이 나게 볶아 그레이비(gravy)를 만들면 농도가 상대적으로 묽게 되는데, 이때 흰 밀가루를 조금 섞어 사용하면 걸쭉한 그레이비를 만들 수 있다.

3. 변성전분

전분은 종류에 따라 그 구성과 분자구조가 달라서 식품조리에서도 기능이 다를 수 있으므로 용도에 맞는 전분을 선택해야 한다. 천연전분은 식품 가공에 이용할 때 한계가 있으므로 식품공업에서 특별한 목적에 적합하도록 물리 · 화학적인 방법 또는 효소로 천연전분을 처리하여 만드는데, 이러한 전분을 변성전분(modified starch)이라 한다. 즉, 변성전분은 식품 가공에 사용하기 위하여 특별히 만든 것이라 할 수 있다.

변성전분의 종류는 처리하는 방법에 따라 산처리전분, 산화전분, 덱스트린류, 가교전분, 호화전분 등이 있다. 이렇게 만들어진 변성전분은 저장기간 동안 노화현상이 덜 일어나며 안정제로 사용된다.

예를 들어 애플파이의 필링에 변성전분을 이용하면 시너레시스 현상을 막을 수 있으며 이유식에 이용하면 냉장 보관해도 노화가 일어나지 않는다.

4. 저항성전분

저항성전분(resistant starch, RS)은 소화에 대하여 저항성이 있는 전분이라는 뜻이다. 전분 속에 식이섬유가 30~90% 들어있기 때문에 포도당으로만 구성된 일반적인 전분과는 달리 인체 내에서 소화·흡수되지 않는다. 체내에서 지방연소에 도움이 되며 콩, 감자, 보리, 밀, 옥수수, 바나나 등에 들어있다.

5. 전분의 조리

전분을 넣어 조리할 때 뜨거운 액체에 전분을 직접 넣고 가열하면 덩어리가 생기기 쉽다. 이를 방지하기 위한 세 가지 방법이 있는데, 우선 찬물에 먼저 전분을 섞고 이것을 뜨거운 물에 부어 열을 가하며 계속 저어주는 것이다. 이 방법은 곡류의 조리나 그레이비, 탕수육 소스를 만들 때 사용할 수 있다.

전분을 설탕과 섞어서 조리하여도 덩어리를 방지할 수 있으며, 푸딩(pudding)이나 파이 속(pie filling)을 만들 때 적용된다.

다른 방법으로는 소스나 수프를 만들 때 가장 많이 적용하는 것으로, 지방을 녹이고 밀가루를 섞어 루(roux)를 만들어 준 다음 액체를 가하는 방법이다.

열을 가하면 전분입자는 팽창하고 혼합물은 끈끈하게 된다. 이때 두꺼운 소스 팬이나 이중 팬을 이용하는 것이 좋은데, 그 이유는 더 천천히 조리되기는 하지만 균일한 소스가 되고 눌러붙지 않으며 덜 저어주어도 되기 때문이다. 혼합물이 걸쭉하게 되면 3~5분간 뜸을 들이는데 이 단계에서는 가끔씩 저어준다. 전분 혼합물이 일단 걸쭉해진 후에는 너무 많이 저어주면 묽어진다.

전분의 양에 비해 너무 많은 설탕을 넣으면 전분입자의 팽창력이나 농후력이 감소된다.

레몬주스나 식초와 같은 산도 전분의 농후력을 감소시키는 경향이 있다. 이것을 방지하기 위하여 혼합물이 농후하게 된 후에 산을 넣는다.

사용하는 액체의 종류는 농후작용에 거의 영향을 주지 않는다. 우유가 주로 사용되고 물, 육수, 채소 삶은 물, 과즙 등이 사용된다.

걸쭉하게 된 혼합물을 식히면 점점 되게 된다. 금방 사용하지 않을 것은 냉장하는데, 뚜껑을 덮어 보관하고 오랜 기간 두지 않는다.

(1) 소스

소스는 지방, 밀가루, 액체로 만들어진 걸쭉한 것이다. 액체는 우유 또는 육수(stock)를 사용하며, 잘 만들어진 소스는 부드럽고 덩어리진 것이 없어야 한다. 만드는 방법은 다음과 같다. 우선 지방을 녹이고 밀가루를 넣어 잘 저어야 하는데, 이렇게 함으로써 전분입자를 분리시키고 뜨거운 액체를 가했을 때 덩어리지는 것이 덜해진다. 이 지방과 밀가루의 혼합물을 루(roux)라 한다. 여기에 우유나 다른 액체를 가하면서 끓을 때까지 계속 저어준다. 이 혼합물은 중간 정도 이상의 온도에서 조리하여야만 전분의 맛이 덜해진다.

(2) 묵

묵은 전분의 젤화를 이용하여 만든 우리나라 고유의 전통 식품이다. 모든 전분은 가열하면 호화되고 식으면 굳으나, 그릇에 쏟거나 칼로 썰었을 때 모양을 유지하지 못하는 것도 있다. 일반적으로 녹두, 메밀, 도토리전분이 묵이 잘 된다. 묵이 될 수 있는 전분과 될 수 없는 전분의 차이는 아밀로오스 함량과 아밀로오스 분자 길이의 차이 때문으로 알려져 있다. 아밀로오스 분자의 길이가 중간 정도인

도토리

것이 호화된 전분입자와 입자 사이를 연결하여 입체적 그물조직을 형성하기 때문이다. 묵의 질에 영향을 주는 중요한 요인 중 하나는 전분의 농도이다. 같은 전분이라도 농도가 너무 낮으면 호화시킨 후 식혔을 때 젤화되지 않고, 농도가 너무 높으면 쉽게 젤화되기는 하나 단단하여 맛이 없다.

대개 물을 가루의 5~6배 정도로 하여 묵을 쑤면 좋다. 전분가루를 물에 풀어 나무주걱으로 잘 저어가면서 눌러 붙지 않게 묵을 쑨다. 마지막에 소금과 식용유를 조금 넣고 잘 섞은 후 뜸을 약간 들인다. 응고시킬 그릇의 밑바닥에 찬물을 약간 바른 후 쏟아 굳힌다.

제6장

곡류

곡류(cereals)란 식물학상 화본과에 속하는 열매를 식용으로 하는 식물을 말한다. 식용으로 가장 중요한 곡류는 쌀, 맥류(보리, 밀, 호밀, 라이밀, 귀리), 잡곡류(조, 수수, 기장, 옥수수, 메밀, 기타 잡곡류)로 분류한다. 곡류는 알갱이 자체를 먹기도 하고 가루, 전분, 가공품으로 이용하기도 한다.

곡류의 재배 기원은 확실치 않으나 유사 이전부터 인류가 식용으로 이용하였을 것으로 추측된다. 전 세계적으로 보면 곡류의 생산량이 가장 많으며, 각 지역의 기후 풍토에 알맞은 것이 주로 재배되고 단위면적당 생산량이 많기 때문에 식품 열량원 중 가장 경제적이다.

곡류는 식량으로 이용될 뿐만 아니라 전분공업 원료로도 널리 이용되고 있다.

1. 곡류의 구조

모든 곡류의 열매는 비슷한 구조를 갖는다. 곡류 입자는 왕겨로 둘러싸여 있고 그 내부는 크게 겨층(bran), 배유(endosperm), 배아(embryo)의 세 부분으로 나눌 수 있다. 몇 가지 곡류의 구조를 **그림 6-1**에서 볼 수 있다.

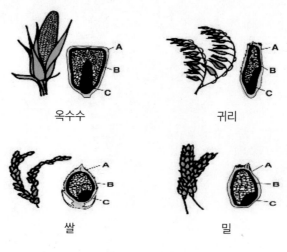

옥수수　　　　　귀리

쌀　　　　　밀

A : 겨층　　B : 배유　　C : 배아

그림 6-1 곡류의 구조

왕겨를 벗기면 겨층이 나오는데 겨층을 벗기는 과정을 도정이라 한다. 겨층은 배유와 배아를 보호하는 부분으로 대부분 섬유소이고 단백질, 지방, 비타민 B_1, 무기질을 조금 함유한다. 겨층의 가장 안쪽, 즉 배유의 가장 바깥쪽은 상당량의 영양소를 함유하나 도정 중에 많이 깎여져 나간다.

배유는 낟알의 대부분을 차지하는 가식부분으로 가장 큰 중심부분이고 전분입자의 저장고라 할 수 있으며 단백질도 많이 함유하고 있다. 미량의 지방질과 비타민이 있고 섬유소는 거의 함유되어 있지 않다.

배아는 곡류 낟알의 2~3%를 차지하며 지질, 단백질, 무기질, 비타민이 풍부하다. 도정이나 가공과정에서 핵이 깨지면 공기 중의 산소에 노출되어 산화되기 때문에 곡류의 저장기간이 단축되고 벌레들의 영향을 받기 쉽다.

2. 곡류의 성분

곡류는 영양학적인 관점에서 볼 때 매우 유용한 식품이다. 경제적인 열량공급원이며 전분, 단백질, 비타민, 무기질, 섬유소의 중요한 공급원이다. 배아에 들어있는 지질의 지방산은 올레산(oleic acid)과 리놀레산(linoleic acid)으로 주로 구성되어 있고 레시틴도 함유되어 있다. 곡류의 단백질은 일반적으로 생물가가 낮고, 필수아미노산인 라이신(lysine), 트레오닌(threonine), 트립토판(tryptophan)이 부족하다.

그러나 곡류에 부족한 아미노산을 보충해 줄 수 있는 다른 단백질 식품과 함께 섭취하면 전체 단백질의 질을 효과적으로 높일 수 있다. 즉, 동물성 단백질과 함께 섭취하거나 콩을 혼합하는 것도 좋은 방법이다.

곡류에는 비타민 B군이 많이 함유되어 있으나 비타민 A·C·D는 거의 없다. 그러나 곡류가 싹을 틔울 때 비타민 C가 발견되기도 한다. 비타민 B군 중 싸이아민(thiamine)은 라이보플라빈(riboflavin)보다 많이 함유되어 있으나 도정과 조리과정 중 손실되기 쉽다. 노란색의 옥수수는 다른 곡류와는 달리 체내에서 비타민 A로 전환되는 카로틴(carotene)을 함유한다.

도정하지 않은 곡류에는 상당량의 무기질이 있지만 많은 양의 섬유소와 피트산(phytic acid)이 있어 이들과 결합되므로 잘 이용되지 못한다.

곡류입자에는 여러 가지 효소가 함유되어 있어 곡류를 저장·가공·조리할 때 품질에 영향을 미치며 특히 지방분해 효소인 라이페이스(lipase)는 곡류를 저장할 때 산패의 원인이 되기도 한다.

3. 곡류의 강화

곡류를 도정할 때 비타민과 무기질은 많이 감소되고 배유의 전분과 단백질이 주성분으로 남게 된다. 특히 철분, 싸이아민, 나이아신, 라이보플라빈이 주로 제거되기 때문에 잘 정제된 곡류와 가루는 도정할 때 손실된 영양소를 강화하는 것이 좋다. 미국에서는 법적으로 규정하여 흰 쌀, 흰 밀가루, 마카로니, 스파게티, 아침 식사용 곡류 등에 영양소를 강화하거나 강화하도록 권장한다. 비타민 B군과 철분은 필수 강화 성분이고 이 성분이 다 포함되어야 '강화' 표시를 할 수 있다. 칼슘과 비타민 D는 강화할 수도 있고 그렇지 않을 수도 있다. 백미를 싸이아민과 라이보플라빈 용액에 담갔다가 건조시켜 강화미를 만들기도 한다. 가루에 강화한다고 해도 전곡과 똑같은 영양가로 보충시켜 줄 수는 없고 도정하는 동안 손실된 것을 어느 정도는 강화할 수 있다.

콩은 필수아미노산 중 메싸이오닌(methionine)의 함량이 낮은 반면 쌀은 라이신과 트립토판이 부족하고 메싸이오닌이 충분히 있어서 쌀에 콩을 섞어 섭취하면 필수아미노산의 균형을 이룰 수 있다.

4. 곡류의 종류

(1) 쌀

쌀의 원산지는 아시아 대륙 동남부의 인도에서 중국 남부에 걸친 열대와 아열대 지역이다. 우리나라로의 도입 연대는 분명치 않으나 기원전 5세기경으로 보고 있다.

품종 : 세계적으로 벼 품종은 많지만 크게 자포니카형(일본형, japonica)과 인디카형(인도형, indica)으로 구분한다. 자포니카형은 쌀의 입자가 둥글고 짧으며 단단하여 밥을 지으면 점성이 높다. 우리나라, 일본, 대만, 중국 남북부, 이집트, 이탈리아, 스페인, 브라질, 미국의 캘리포니아 등에서

자포니카형 인디카형

생산된다. 인디카형은 쌀알이 길고 가늘며 부서지기 쉽고 점성이 낮으며 베트남, 파키스탄, 타이, 멕시코, 미국 남부, 남미 북부 등에서 생산된다.

아밀로오스 함량 : 쌀에는 전분의 성질이 다른 멥쌀과 찹쌀이 있다. 멥쌀은 반투명하고 찹쌀은 유백색을 띤다. 멥쌀은 전분 중 아밀로오스가 20~25%, 아밀로펙틴이 75~80%이고 찹쌀은 거의 아밀로펙틴이다. 찹쌀전분은 아밀로펙틴으로 인하여 점성이 강하고, 반대로 멥쌀은 아밀로오스가 찹

멥쌀 찹쌀

쌀보다 많으므로 점성이 약하다. 전분의 아이오딘 반응을 보면 멥쌀은 청자색을 띠나 찹쌀은 적자색을 띤다.

도정 : 탈곡에 의해서 겉껍질인 왕겨를 벗긴 것을 현미라 하고 현미를 도정한 것을 정백미라 한다. 겨층이 벗겨진 정도를 도정도라 하며 현미를 100으로 하였을 때 백미의 도정도는 92%이다. 7분도미는 70%의 겨를 제거한 것이다. 완전히 벗긴 것을 10분도미, 반 정도 벗긴 것을 5분도미라 한다.

현미 찰현미

수확하여 찧은 지 6개월 이내의 쌀을 햅쌀이라 하며, 외관상 더 투명하고 신선한 냄새를 갖는다.

유색미 : 근래에는 현미의 호분층에 색소와 향기를 갖는 유색미 또는 향미(scented rice)가 재배되고 있다. 안토시아닌을 함유한 흑미, 클로로필을 함유한 녹미, 탄닌과 카로티노이드를 함유한 적미 등이 있으며 이들은 향기성분도 갖고 있다. 이들 색소의 건강 기능성이 알려지면서 그 수요가 증가하고 있다. 향미는 보통 쌀에 5~10% 정도 섞어서 밥을 지으면 구수한 밥냄새를 나

흑미

게 하면서 밥맛을 향상시켜 준다. 이외에 가공처리할 때 기능성 성분을 함유시킨 쌀이나 특수 목적용 쌀이 재배되고 있다.

영양성분 : 현미에는 주성분인 전분 외에 단백질, 지방, 비타민 $B_1 \cdot B_2$, 섬유소 등이 함유되어 있다. 그에 비해 정백미는 대부분이 전분으로 다른 성분은 적다. 현미의 표피는 물이 통하기 어려워 소화가 좋지 않으므로, 도정도가 높을수록 단백질, 지방, 비타민, 무기질 등이

감소하지만 오히려 소화는 더 잘 된다.

쌀의 단백질은 주로 글루텔린(glutelin)으로 오리제닌(oryzenin)이라 하며, 아미노산 중 아지닌(arginine)은 풍부하나 라이신과 트립토판이 부족하다. 찹쌀은 멥쌀보다 단백질과 지방이 약간 많다.

지방은 주로 배아에 함유되어 있기 때문에, 현미에는 2.3% 정도 들어 있고 백미에는 그 함량이 매우 적다. 쌀 지방 성분의 50% 이상은 올레산이고 나머지는 리놀레산과 팔미트산이다.

쌀 입자의 외층에는 무기질이 풍부하나 내부에는 적다. 인, 칼륨, 마그네슘 등은 많고 칼슘과 철분은 부족하다.

쌀에는 비타민 B군이 주로 함유되어 있고 그 외의 비타민은 함량이 적다. 비타민 B군 또한 외피와 배아 부분에 주로 함유되어 있어 백미에는 그 함량이 적다. 그나마 백미에 남아 있는 비타민 B군도 물에 씻고 밥을 짓는 동안에 손실된다.

제분 : 쌀을 떡이나 과자류의 가공원료로 사용할 경우에는 분쇄하여 쌀가루로 만들어서 이용하게 되며 분쇄된 쌀가루의 입도 분포는 쌀가루의 물리화학적 특성을 변화시킴으로써 가공제품의 품질에 직접적인 영향을 미친다. 현재 이용되는 제분 방법은 건식제분법과 습식제분법이 있다. 떡을 만들기 위한 가루는 습식제분법을 사용하고, 대부분의 상업용 쌀가루는 건식제분법으로 제분한다.

(2) 밀

밀은 세계에서 가장 광범위하게 경작되는 식물 중의 하나로 기후가 온화하고 건조한 지역에서 잘 자란다. 밀은 매우 오래된 작물로 기원전 15000~10000년부터 중동에서 재배되었고 우리나라에서는 삼한시대부터 재배된 것으로 보인다.

밀은 품종, 기후, 토양 등에 따라 품질이 다르며 같은 종류의 밀이라도 제분과정, 정제과정 등에 따라서 특성이 달라질 수 있다.

파종시기에 따라 봄밀과 겨울밀, 밀알의 단단한 정도에 따라 경질밀과 연질밀, 종피 색에 따라 적색 밀과 백색 밀로 분류한다. 봄밀은 봄에 파종하여 6~7월에 수확하고, 겨울밀은 따뜻한 지방에서 가을에 파종하여 이듬해 6~7월에 수확한다.

밀

우리나라에서는 밀가루 단백질인 글루텐 함량에 따라 강력분, 중력분, 박력분으로 분류한다. 글루텐 함량은 강력분 13% 이상, 중력분 10~12%, 박력분 9% 이하이다.

이탈리아가 원산지인 듀럼밀은 매우 단단하고 단백질이 많이 함유되어 있어 빵을 만들 수 없고, 주로 마카로니와 스파게티 등의 파스타를 만드는 데 쓰인다. 라이밀(triticale)은 밀과 호밀의 이종교배로 만들어진 새로운 품종으로 밀과 호밀의 중간 성질을 가지며 밀보다 내한성과 생장력이 왕성하다. 밀보다 단백질 함량이 높고 아미노산의 질적인 균형이 더 잘 이루어져 있다.

밀의 탄수화물은 70~78%로 대부분이 전분이고 섬유소나 무기질이 적다. 밀의 비타민 B_1은 현미보다 적으나 쌀과 달리 배유에도 함유되어 있어 제분하더라도 50~70%는 남는다. 그러나 빵을 만드는 동안 15~20%는 손실되고 구우면 다시 10% 정도 손실된다. 빵을 만들 때 중조나 탄산암모늄 등의 알칼리를 사용하면 비타민 B_1은 거의 손실된다.

밀가루에 대한 설명은 제8장에서 자세히 언급된다.

(3) 보리

보리는 쌀, 밀, 옥수수 다음으로 많이 생산되는 곡류로 석기시대에 이미 재배되었을 정도로 그 재배 역사가 가장 오래된 곡류 중 하나이다.

보리는 성숙 후에도 껍질이 종실에 밀착하여 분리되지 않는 껍질보리와 성숙 후 껍질이 종실에서 잘 분리되는 쌀보리로 나눌 수 있다. 또한 파종 시기에 따라 가을보리와 봄보리로 구분하는데 우리나라에서는 대부분 가을보리를 재배한다.

압맥

겉껍질을 제거한 보리를 현맥이라 하는데 섬유질이 많아 먹기에 좋지 않다. 소화율을 높이기 위하여 보리쌀을 고열 증기로 쬐여서 부드럽게 한 다음 기계로 눌러 만든 것이 압맥이고, 보리의 중심부를 2등분한 것을 할맥이라 한다. 이들은 수분 흡수가 빠르고 소화가 잘 된다.

할맥

보리쌀의 단백질, 지방질 함량은 밀과 큰 차이가 없으나 탄수화물은 75% 정도로 밀보다 적고 섬유소가 특히 많다. 맥주보리는 전분이 75% 이상이고 단백질이 10% 정도이다. 보리의 주단백질을 호데인(hordein)이라 한다. 비타민류는 배유의 내부에도 분포되어 있으므로 도정하더라도 손실은 비교적 적다.

엿기름

보리는 단백질이 적고 글루텐이 형성되지 않으므로 빵을 만들어도 부풀지 않는다. 맥아(엿기름)의 β-아밀레이스는 당화효소로서 식혜, 엿, 고추장 등을 만들 때 이용된다.

(4) 호밀

호밀의 재배 역사는 2000년쯤 되며 유럽에서 많이 재배되어 빵을 만드는 데 이용하였다.

호밀

밀보다 품질이 못하나 추위에 훨씬 강하고 적응력이 높다. 호밀의 성분은 탄수화물이 주성분으로 70% 정도 차지하고 단백질 11%, 지질 2%, 섬유소 2% 정도이며 비타민 B군도 풍부하다. 글루텐을 형성하지 못하므로 빵이 덜 부풀고 색도 검어서 품질이 떨어진다.

(5) 귀리

귀리는 밀이나 보리보다는 재배역사가 길지 않다. 러시아, 폴란드를 포함한 유럽과 미국 등에서 많이 생산된다. 우리나라에서는 식량으로 재배되는 것이 거의 없는 실정이다.

귀리   오트밀

모양은 보리와 비슷하고 다른 곡류에 비하여 단백질(13%), 지질(5.4%)이 풍부하여 독특한 맛이 있고 비타민 B군도 많으며 소화율이 높다.

귀리는 통째 또는 낟알을 증기 가열하여 플레이크를 만들어(오트밀) 죽을 쑤거나 밥을 지어 먹기도 한다.

(6) 조

조는 아시아 지역이 원산지이며 인도, 아프리카, 중국, 러시아 등지의 건조한 지대에서 주식으로 쓰이고 있다. 우리나라에서도 예로부터 조를 중요한 곡물로 여겨왔으며, 토양이 척박하고 온도가 높은 지역에서 잘 자라 제주도에서 많이 재배하고 있다.

차조   메조

좁쌀의 성분으로는 섬유소, 무기질, 칼슘, 비타민 $B_1 \cdot B_2$가 많다. 단백질 중 프롤라민(prolamine)이 많고 소화율이 좋다. 아밀로펙틴의 함량에 따라 차조와 메조로 구분되며 차조는 메조보다 단백질과 지질 함량이 높다. 밥, 떡, 죽, 엿, 술 등에 이용한다.

(7) 옥수수

옥수수의 원산지는 멕시코 또는 온두라스이며, 현재 세계 3대 곡류에 들어간다. 재배가 용이하고 생산량이 많기 때문에 사료로 많이 사용되며 옥수수유, 전분, 포도당, 물엿 등을 만드는 데 쓰인다. 옥수수의 주요 단백질인 제인(zein)은 필수아미노산이 거의 없고 나이아신도 적으므로 옥수수를 주식으로 하는 열대 주민에게는 피부병의 일종인 펠라그라(pellagra)

가 많으나 씨눈에는 비타민 E를 많이 함유한 좋은 기름이 들어있다.

옥수수는 사료용, 전분 제조용, 생식용, 통조림용, 팝콘용, 찰옥수수 등 그 종류가 많다.

옥수수　　　　찰옥수수

(8) 메밀

메밀은 중앙 또는 동북아시아가 원산지로 추정되는데, 서늘하고 습하며 건조토양 등의 척박한 땅에서도 잘 자란다. 메밀가루에는 단백질이 많고 곡물에 부족하기 쉬운 트립토판, 라이신 등의 필수아미노산 함량이 많으며 혈관의 저항을 강하게 하는 루틴(rutin)을 함유하고 있다. 가루는 국수나 묵을 만드는 데 쓰인다.

메밀

5. 곡류의 가공 형태

곡류는 아침 식사용, 국수, 파스타 등 여러 가지 형태로 가공되어 판매되고 있다.

(1) 아침 식사용 곡류

아침 식사용 곡류는 곡물의 종류와 가공방법에 따라 다양하다. 가공 형태로는 압출성형한 것, 플레이크(flake), 작게 자른 것, 팽화한 것, 조각낸 것 등이 있고 날것, 부분 조리한 것, 완전 조리한 것과 시럽, 당밀, 꿀 등을 입힌 것도 있다. 날것은 물이나 우유에 끓여 먹고 이미 호화된 것은 조리할 필요 없이 물이나 우유를 부어 먹을 수 있다. 대부분의 아침 식사용 곡류에는 비타민과 무기질이 강화되어 있다.

(2) 국수

국수는 곡물을 가루 내어 반죽한 것을 가늘고 길게 뽑은 것을 총칭하는 우리말이다. 재료로는 밀가루가 가장 보편적이며 메밀가루와 쌀가루 등도 이용되고 있다. 국수류는 기본적으로 반죽을 길게 빼는 방법과 압출하는 방법에 의하여 제조되며, 우리나라 국수류는 대부분

길게 빼는 방법으로 만든다. 우리나라에서는 일반적으로 국수라고 할 때 메밀국수를 지칭한다. 조선시대 이후의 문헌에 등장한 국수는 60여 종에 이른다. 당면은 기본 원료가 전분으로서 전분면에 속한다. 현재 시판되는 국수류에는 건면류, 생면류, 즉석면류 등이 있다.

(3) 파스타

파스타(pasta)는 이탈리아어 'impastare'가 어원으로 '반죽하다'라는 뜻인데, 밀가루에 물을 넣어 반죽한 것의 총칭이다. 파스타에는 우리나라에서 가장 대중화된 스파게티를 비롯하여, 라자냐, 링귀니, 페투치니, 버미셀리, 라비올리, 마카로니, 푸실리, 펜네 등 형태에 따라 다양한 종류가 있다(**그림 6-2**).

파스타는 글루텐이 많이 함유된 듀럼밀을 거칠게 갈아서 만든 세몰리나를 가지고 만들며, 여러 가지 모양과 크기로 생산된다. 품질이 좋은 파스타는 단백질 함량이 더 많은 것으로 만든 것이다. 듀럼 밀가루는 단백질 함량이 많으므로 파스타를 만들 때 기계적인 반죽과 조작에 가장 적합하고 조리할 때도 그 모양을 그대로 유지한다. 듀럼밀은 카로티노이드 색소가 많으므로 파스타에 좋은 색을 준다. 다양한 재료가 첨가될 수 있으며 흔히 달걀을 첨가해 노란색을 낸다. 달걀이 적어도 5.5%(무게 비) 첨가된 것을 누들(noodle)이라고 한다. 당근, 토마토, 비트 등의 채소 퓌레를 반죽에 섞어 색을 더 좋게 하기도 한다.

그림 6-2 다양한 종류의 파스타

6. 곡류의 조리

곡류를 조리하는 주목적은 맛을 좋게 하고 소화율을 증가시키기 위한 것이다. 곡류 조리에서 필수적인 것은 전분의 호화와 향미 증진이다. 전분이 호화되려면 적당한 수분과 충분히 높은 온도가 필요하다. 곡류의 종류, 저장정도, 가열방법, 가열용기, 양에 따라 수분 요구량이 다르다. 수분함량이 적은 곡류는 조리 시 수분이 더 필요하다. 오븐에서 익히기, 중탕하기, 직접 불에서 끓이기 등 가열방법에 따라 수분 필요량이 다른데 중탕해서 익히는 것은 수분이 적게 필요하다. 가열용기의 뚜껑이 허술하거나 열전도율이 빠른 용기일수록 많은 물을 필요로 한다. 낮은 온도로 서서히 가열하는 것보다 높은 온도로 짧은 시간 가열할 때 더 많은 물이 필요하며, 한꺼번에 많은 양을 끓일 때보다 적은 양을 끓일 때 수분이 더 필요하다. 압력솥이나 집단급식소에서 사용하는 증기 재킷 솥은 물의 양이 적게 필요하다.

곡류전분의 호화를 위하여 충분히 높은 온도가 유지되어야 하는데, 끓은 후 98~100℃의 온도를 20분 정도 유지한다.

(1) 밥

세계 인구의 40%에 가까운 사람들이 쌀을 주식으로 하고 있으며, 특히 우리나라의 주식 가운데에서도 가장 기본이 되는 음식이다. 조리법도 다양하고 밥의 종류 또한 다양하여 대표적인 것이 흰밥이고 잡곡을 섞은 잡곡밥과 밤밥, 무밥, 콩나물밥, 굴밥, 김치밥 등 별미 밥이 있다. 잡곡을 넣어 밥을 지으면 비타민 B군의 보충과 필수아미노산의 보완 및 섬유소의 섭취를 증가시킬 수 있다.

밥이 된다는 것은 결정상인 생쌀의 전분입자 결합이 물을 부어 가열함으로써 점차 분자운동이 활발해져 운동에너지가 결합에너지보다 커지면서 입자가 붕괴되고 결정상의 전분이 비결정상으로 되는 것이다. 밥을 지으면 쌀의 β-전분(생전분)이 α-전분(호화전분)으로 되는데 완전히 α화하려면 적당한 수분과 온도가 필요하다. 밥을 지을 때는 쌀의 종류, 쌀의 양, 건조 정도에 따라 물의 양, 용기의 크기, 불의 조절, 밥 짓는 시간 등이 결정된다.

밥을 맛있게 지으려면 좋은 쌀과 좋은 물이 필수적이지만 짓는 방법도 매우 중요하다. 요즈음은 전기밥솥의 보급으로 예전과 같이 화력 조절과 뜸들이기 등 온도 조절의 어려움은 덜해졌지만 밥을 잘 짓는 방법은 여전히 쉽지 않다. 전기밥솥이라 하더라도 밥이 다 된 후 여분의 수분이 증발해서 수분평형이 이루어져야 밥맛이 더 좋아지므로 전원이 끊어진 뒤 3~4분 지난 후에 다시 한번 스위치를 켜는 것과 같은 요령이 필요하다.

어떤 종류의 조리 기구를 사용하더라도 밥이 되는 원리는 동일하다. 단 물의 양, 가열시간, 끓는 시간, 뜸들이기 등에 약간의 차이가 있을 뿐이다.

1) 쌀 불리기

맛있는 밥을 짓기 위해서는 쌀을 씻어서 물에 불린 다음 짓는 것이 좋다. 쌀을 물에 담가 두면 물은 서서히 쌀 입자 내에 침투하여 전분 내의 비결정 분자와 결합한다. 이 때문에 쌀 알은 팽창하고 부피를 증가시킨다. 물을 충분히 흡수한 쌀알은 가열 시 열전도가 쉬워 호화 가 잘 일어난다. 전분을 α화하려면 30% 정도의 물이 필요한데 쌀을 씻는 동안 10% 정도의 수분을 흡수하고, 담가두는 동안 20~30%의 수분흡수가 일어난다. 온도가 높으면 흡수시간이 빠르고 온도가 낮으면 흡수시간이 늦다. 30~90분이 지나면 흡수는 포화 상태가 되므로 여름에는 30분, 겨울에는 90분 정도 물에 불린다. 찹쌀은 멥쌀보다 물을 흡수하는 시간이 조금 더 걸린다. 현미는 치밀한 쌀겨층으로 싸여 있으므로 쌀겨층을 통한 수분 흡수 및 취반 속도가 백미와 다르다.

2) 밥 짓기

물의 양 : 물의 양은 쌀의 종류, 건조 상태, 침지시간에 따라 다르며 햅쌀보다 묵은 쌀이 더 많은 물을 필요로 한다. 쌀 중량의 1.5배가 필요하며 쌀 용적으로는 1.2배 정도가 필요하다. 햅쌀이나 불린 쌀의 경우에는 쌀 용적의 1.0배로 한다.

말리지 않은 콩이나 팥 또는 말린 좁쌀일 경우 쌀과 그대로 섞으면 되나, 말린 콩이나 팥은 전처리가 필요하다. 즉, 콩은 미리 불리고 팥은 미리 삶아서 안친다. 보리는 통보리일 경우 미리 삶으나 압착한 것은 그대로 이용한다. 밥물의 양은 쌀밥을 할 때와 큰 차이가 없다.

밤이나 감자를 섞을 경우 밥물은 쌀에 대해서만 부으면 충분하나 콩나물밥, 무밥, 김치밥을 지을 때는 흰밥보다 밥물을 적게 붓는다. 콩나물밥을 지을 때는 콩나물의 부피로 인하여 쌀의 위까지 물이 덮일 수 없기 때문에 콩나물을 쌀 위에 놓는 것이 좋다.

가열 : 가열시간은 쌀의 양이나 불의 세기 등에 따라 다르며 밥이 되는 단계는 온도 상승기, 끓이기, 뜸들이기의 세 단계로 나눌 수 있다. 직접 불 위에서 끓이는 방법을 예로 들면 다음과 같은 단계로 설명할 수 있다.

온도가 상승하기 시작하면 쌀이 수분을 흡수하여 팽윤하고 60~65℃에서 호화가 시작된다. 이 때 강한 화력에서 10~15분간 끓인다. 쌀이 계속 수분을 흡수하면 끈기가 생기며 쌀 입자는 움직이지 않는다. 이때 내부의 온도는 100℃ 정도이며 화력을 중간 정도로 줄여 5분 정도 유지시킨다. 쌀 입자가 호화팽윤하면 유리수분이 흡수된다. 쌀 입자의 내부가 완전히 팽윤하도록 화력을 약하게 조절하여, 보온인 상태에서 15~20분 정도 뜸을 들인 후 불을 끄고 일정시간 둔다.

보온 : 밥을 지은 후에 보온을 유지하지 않으면 공기나 취반기구 등에 의해 밥의 부패가 시작된다. 부패균의 번식을 막기 위한 온도는 10℃ 이하나 65℃ 이상이다. 전기밥솥의 경우 65℃ 이상으로 보온이 되지만, 보온시간이 너무 길어지면 갈변현상이 일어나고 밥맛이 떨어진다.

3) 취반기기

전기밥솥 : 밥솥 기능만 가진 전기밥솥은 취사가 끝나면 자동으로 열원이 끊어진다. 밥물의 양은 1.5배 정도로 하며, 10~15분 정도 되면 끓기 시작하여 15~20분 후에 완성된다. 뜸 들이는 시간은 10~12분이며 열원이 끊어진 후 1분 정도 취사버튼을 눌러 두었다가 잘 섞는다.

보온 겸용 전기밥솥 : 취사된 후 자동으로 보온이 되는 전기밥솥이다. 밥솥 내부 온도는 60~70℃ 정도로 유지된다.

압력밥솥 : 밥 짓는 동안 솥 안의 온도가 110~120℃로 유지된다. 밥물의 양은 전기밥솥보다 적게 붓는다. 화력은 강하게 하여 5분 정도 지나면 추가 움직이기 시작한다. 2~3분 후 화력을 줄이고 약 5분 정도 두었다가 불을 끄고 3분 정도 뜸을 들인다. 증기가 완전히 빠진 후 뚜껑을 연다.

4) 쌀밥의 맛에 영향을 주는 인자

밥맛은 밥을 먹으면서 느끼는 여러 가지 감각을 종합적으로 표현한 말로 밥맛이 좋다 또는 나쁘다는 말은 개인의 기호와 성향에 따라 다를 수 있다. 우리나라 사람들은 끈기가 있고 탄성이 있는 쌀을 선호한다. 잘된 밥은 쌀알이 잘 퍼지면서 밥알 하나하나의 모양이 뚜렷하고 윤기가 있으며 차진 상태로 보여야 한다.

밥의 맛은 쌀의 종류, 수분함량, 저장 정도, 물의 양, 용기의 크기, 불의 조절, 밥짓는 시간 등에 의하여 영향을 받는다. 따라서 밥맛을 좋게 하려면 이런 조건들이 적당히 어우러져야 한다.

묵은 쌀일수록 쌀의 지방이 산패되어 좋지 않은 냄새가 난다. 또한 쌀의 pH가 낮아지고 맛을 내는 물질인 포도당, 수용성 질소 물질 등이 감소한다. 지나치게 오래 건조된 쌀은 물을 부으면 갑자기 수분을 흡수하므로 불균등한 팽창을 하고 조직이 파괴되며 질감이 나빠진다. 밥짓기에 앞서 쌀을 물에 불리면 빨리 퍼져 훨씬 맛있는 밥이 된다. 밥짓는 물이 중성이나 약알칼리성(pH 7~8)일 때 밥의 외관이나 맛이 좋아지므로 밥을 지을 때 약간의 소금

(0.03% 정도)을 넣으면 맛이 좀 더 좋아진다.

쌀밥의 맛에 관련된 쌀 자체의 요인으로는 쌀의 아밀로오스 함량, 입자의 구조적인 차이, 단백질 함량 등이 있다. 우리나라와 일본에서는 아밀로오스 함량이 낮은 것을 좋아한다. 영양적으로는 단백질 함량이 높은 것이 좋으나 밥맛의 관점에서 보면 단백질 함량이 낮을수록 밥맛이 좋은 쌀로 간주된다.

5) 밥의 노화

밥의 상태는 소화가 쉬운 α-전분이 되는 것인데, 전분입자 사이에 물을 포함하고 있는 젤을 오래 방치하면 β-전분으로 되돌아가 소화가 나쁘게 된다.

α-전분이 β-전분으로 되는 현상을 전분의 노화(retrogradation) 또는 β화라 하며 이 현상은 수분함량이 30~60%일 때와 0~4℃에서 가장 잘 일어난다. 밥을 냉장고에 보관할 경우 밥의 노화속도가 빨라지는 것은 이 때문이다. α-전분을 급속히 냉동하여 전분의 분자운동을 제한하거나, 수분을 15% 이하로 탈수, 건조하면 안정한 α-전분으로 고정시킬 수 있다.

전분의 노화현상은 열에 의하여 가역적 반응을 일으키므로 노화된 젤을 65℃ 정도로 가열하면 다시 원래의 상태로 회복된다.

(2) 죽

곡식의 낟알이나 가루를 오랫동안 끓여 완전히 호화시킨 유동식의 조리법을 죽이라 한다. 그러므로 죽은 "쑨다"라고 표현한다. 밥 짓는 방법과 다른 점은 쌀을 물에 담가두는 시간이 2~3시간으로 더 길며, 밥은 센불에서 끓이지만 죽은 중간불에서 오래 끓인다는 것이다.

죽은 주식, 별미식, 보양식, 환자식 등으로 이용되며 종류 또한 다양하다. 물의 양에 따라 묽은 정도가 달라진다. 일반적인 죽은 쌀 분량의 6~7배의 물을 넣어 쑤며, 죽을 끓이는 동안 지나치게 젓거나 불의 세기가 너무 약하면 유리수가 생겨 물이 겉돌게 된다.

잣죽, 깨죽 등과 같이 쌀을 갈아서 끓이는 죽은 더 세심한 주의가 필요하다. 가열하는 동안 덩어리지지 않도록 잘 저어 주어야 하나 너무 지나치게 저어주거나 가열시간이 길어지면 전분입자가 조직으로부터 분리 또는 붕괴되어 묽게 되거나 풀같은 느낌을 준다.

(3) 떡

우리나라는 예로부터 곡물음식이 가장 많이 개발되어 왔으며 그 중 떡은 우리 민족이 즐겨 먹는 곡류 가공품이다. 떡의 주재료는 쌀이지만 잡곡으로도 가루를 내어 여러 종류의 떡을 만들어 왔다.

일반적으로 쌀로 떡을 만들면 입자가 치밀해져 소화액의 침투가 어려우므로 밥보다 소화가 더 늦게 된다. 그러나 쑥이나 수리취와 같은 산채류를 혼합하여 떡을 하게 되면 조직이 덜 치밀하게 되어 소화액의 침투가 잘 된다.

떡의 품질에 영향을 미치는 요인은 쌀의 수침시간, 쌀의 수침 시 수분 흡수량, 전분의 특성 및 저장 상태, 제분기의 종류와 제분방법 등이다.

수침 후 분말화된 쌀가루 고형물의 90% 이상은 전분으로 구성되어 있으므로 쌀가루의 특성은 기본적으로 쌀전분의 특성에 의존하게 된다. 쌀의 수침 시 수분흡수 속도는 쌀의 품종, 저장시간, 침지온도와 시간에 따라 다르다. 연구에 의하면 떡을 만들 때 쌀의 수침시간을 8시간으로 한 것이 가장 좋은 관능평가를 받았다.

(4) 국수

우리나라의 국수는 중력분으로 만드는 것이기 때문에 이탈리아의 파스타와 비교하여 삶는 시간이 더 짧다. 삶을 때는 물이 국수 무게의 6~7배 정도가 될 만큼 충분히 사용한다. 물이 끓을 때 국수를 넣고, 끓기 시작하여 국수가 떠오르면 찬물을 조금 넣어 다시 한번 끓여준다. 이는 국수가 떠오른 뒤 너무 세게 가열할 경우 거품이 많이 일어 표면이 거칠어지는 것을 방지하고 쫄깃한 느낌을 주기 위함이다. 삶은 뒤 찬물에 씻음으로써 전분의 맛을 감소시키고 호화를 멈추게 하여 더 쫄깃한 맛을 준다.

(5) 파스타

우리나라 국수보다 더 오래 삶아야 한다. 파스타를 익힐 때는 소금을 조금 넣고 끓인 물에서 익혀주며 끓이는 동안 서로 달라붙지 않게 저어준다. 다 익은 것은 찬물에 씻을 필요 없이 물기를 빼준다. 이렇게 함으로써 비타민과 무기질의 손실을 막을 수 있다. 그러나 전분의 끈적거림을 없애기 위해서 씻는 경우도 있다. 파스타를 익히는 시간은 파스타의 크기, 모양, 수분함량 정도, 재료의 형태에 따라 다르며 대략 8~20분간이다. 삶는 물에 기름을 조금 넣거나 익힌 파스타를 버터나 마가린에 살짝 볶아주면 전분의 끈적함이 감소한다.

제7장

서류

땅속줄기나 뿌리 일부가 비대해져서 괴경, 구경, 구근을 이루고 전분이나 기타 다당류를 저장하는 덩이식물을 서류라 한다. 일반적으로 지하 괴경, 구경, 구근 등을 사용하는 식물은 근채류로 분류하지만 그중에서 전분의 함량이 특히 많아 열량원 식품으로 볼 수 있는 감자, 고구마 등은 따로 구분하여 서류에 포함시킨다. 산성 식품인 다른 전분류 식품과는 달리 단백질, 지질, 비타민의 함량은 적지만 칼륨이나 칼슘 등 무기질의 함량이 비교적 높아 알칼리성 식품으로 분류된다. 감자, 고구마 외에 토란, 참마, 돼지감자, 곤약, 카사바 등도 서류에 속한다. 서류식품은 탄수화물이 주성분인 것이 곡류와 같으나 곡류와 비교하면 수분함량이 70~80%로 높아서 냉해에 약하고 발아되기 쉬워 저장성은 많이 떨어진다. 그대로 조리에 이용되기도 하지만 전분, 물엿, 포도당, 과자, 주정 등의 제조 시 가공원료로도 널리 이용되고 있다.

1. 감자

감자는 가지과에 속하는 1년생 식물로 저온성 식품이며, 남미 안데스 산맥의 고원지대가 원산지이다. 우리나라에는 조선시대(1824~1825)에 전파된 것으로 보인다. 가장 바깥쪽에 외피가 있고 주로 그 내부의 후피(厚皮)에 전분입자가 저장된다.

(1) 감자의 품종과 텍스처

감자는 서늘한 곳에서 잘 자라는 고랭지 작물로 우리나라에서는 강원도에서 많이 재배하고 있다. 감자는 품종에 따라 껍질 색깔, 모양, 씨눈의 깊이, 감자 속의 색깔, 전분 함량, 육질(분질, 점질, 중간질)이 다르다. 우리나라에서 가장 많이 재배되는 품종으로는 수미와 남작, 두 가지가 있다. 수미는 다른 감자들과 달리 감자의 눈이 표면에 돌출되어 있어 껍질을 벗길 때 폐기량이 적으며, 점질감자이다.
남작은 수확량이 좋으며 표피가 희고 매끄럽다. 눈이 얕고 적으며 육색은 희고 분질상이다.

감자는 조리 후의 텍스처에 따라 분질

감자

자색감자

감자(mealy potato)와 점질감자(waxy potato)로 분류되며 음식에 따라 이용되는 종류가 다르다. 분질과 점질은 감자세포의 크기, 세포 내의 전분 함량, 전분입자의 크기, 펙틴질의 특성 등에 따라 다르다. 전분 함량이 많을수록, 또 전분입자가 클수록 분질이 되기 쉬우며 단백질이 많으면 점질이 되기 쉽다. 감자의 분질이나 점질 정도를 간단히 알아보는 방법으로 감자의 비중을 비교해 보는 방법이 있다. 분질 또는 점질 감자는 비중에 차이가 있기 때문에 소금물에 넣어 구분할 수 있다. 즉, 물과 소금의 비율을 11 : 1로 만든 소금물에 감자를 담가 보아 가라앉으면 비중이 큰 분질감자(mealy potato)이다. 분질감자는 전분 함량이 많고 수분이 적은 것이다. 소금물에서 감자가 뜨면 비중이 낮은 점질감자로서 전분 함량이 적고 수분이 많다.

분질감자는 가열하면 흰색을 띠며 윤기가 없고 파삭파삭한 느낌을 준다. 구이, 튀김, 매시드 포테이토(mashed potato)를 하거나 쪄 먹는 데 적합하다. 점질감자는 먹을 때 촉촉하고 끈기가 있게 느껴지는 차진 감자이다. 가열해도 자체의 모양을 잘 보존하므로 샐러드나 조림, 국, 또는 모양이 중요한 음식을 만들 때 적당하다. 이와 같은 텍스처의 차이는 전분 함량의 차이뿐만 아니라 감자를 가열했을 때 세포의 결합 상태에 따라 달라지기도 한다. 즉 분질감자는 세포가 하나 또는 몇 개씩 붙은 채 분리되고, 점질감자는 세포가 거의 분리되지 않고 단단하게 결합되어 있다.

(2) 감자의 성분

감자의 주성분은 전분으로 65~80%에 이르며 미숙할 때는 당분으로 존재하다가 성장하면서 전분으로 바뀐다. 비타민 B_1 · C, 그리고 칼륨, 인과 같은 무기질의 급원이기도 하다. 칼슘과 나트륨은 거의 존재하지 않는다. 감자는 고구마보다 수분함량이 약간 높고 전분 함량은 약간 낮다. 당의 함량도 고구마보다 적어 덜 달다. 감자는 품종과 토질에 따라 당의 함량이 다르다. 감자는 살이 노란 것일수록 전분 함량이 낮고 단백질함량이 높으며 품종 또는 부위에 따라서 전분입자의 크기와 수가 다르다. 감자에 들어있는 비타민과 무기질은 주로 껍질 바로 아래에 함유되어 있기 때문에 껍질을 벗길 때 많이 손실된다. 또한 신선한 감자에는 비타민 C가 들어 있는데, 양은 많지 않으나 전분입자 사이에 싸여 있어 안정성이 높다. 감자를 삶을 때는 조리수의 양을 적게 하여 영양소의 유출을 막아주어야 하며 비타민 B_1과 C는 조리시간이 길수록 많이 파괴된다.

감자는 햇빛을 받거나 싹이 나면 솔라닌(solanine)이라는 물질이 생기는데, 이는 당 알칼로이드의 일종으로 가수분해하면 독성을 형성하여 식중독을 일으킨다. 따라서 보관 시에는 덮개를 이용하여 햇빛을 차단해 주는 것이 좋다. 솔라닌은 눈 부분에 가장 많고 껍질 부분에도 상당량 존재한다. 그러므로 껍질이 녹색으로 변한 것이나 싹이 난 것은 고르지 않는 것이 좋다. 껍질을 벗기면 약 70%가 제거되며 솔라닌은 열에 약하므로 가열하면 파괴된다.

(3) 감자의 갈변

감자는 껍질을 벗겨서 두거나 썰면 절단면이 갈색으로 변한다. 이것은 산화효소인 타이로시네이스(tyrosinase)가 감자 속의 아미노산인 타이로신(tyrosine)에 작용하여 멜라닌 색소를 형성하기 때문이다. 그러므로 껍질 벗긴 감자를 물 속에 담가 산소와의 접촉을 방지하거나 감자를 가열하면 효소가 불활성화되어 갈변을 방지할 수 있다. 그러나 익힌 후에도 서서히 검게 변색하는 것은 타이로신을 다량 함유하고 있는 감자이다.

(4) 감자의 저장

감자는 품종과 토질에 따라 당의 함량이 다른데, 이는 저장하는 온도에 따라서도 달라진다. 감자를 10℃ 이하의 찬 곳에서 저장하면 전분은 아밀레이스와 말테이스의 작용으로 분해되어 당분으로 변한다. 당분이 증가되면 단맛은 증가하지만 질척해져서 굽거나 삶을 때는 적당치 않다. 그러므로 냉장고보다는 서늘하고 통풍이 잘되는 그늘에 보관하는 것이 좋다.

(5) 감자의 조리

1) 찌기

찌는 감자는 분질인 것이 좋으며 잘 영근 감자가 좋다. 찐 후 물기가 없고 파삭파삭하여야 한다. 껍질을 벗긴 감자를 물에 오래 담가두면 표면의 세포로 수분이 침투해 찐 후에 질척해지기 쉽다. 감자를 삶을 때에는 감자가 잠길 만큼 물을 부은 다음 소금을 조금 넣고 삶는다. 다 익으면 여분의 물을 따라 버리고 솥 밑에 남은 물기를 모두 증발시킨다. 뜨거울 때 먹어야 맛이 있다.

2) 굽기

감자를 씻어 물기를 닦은 다음 은박지로 싸서 약 200℃ 정도의 오븐에 넣어 약 1시간 동안 굽는다. 분질감자가 적당하다.

3) 매시드 포테이토

매시드 포테이토(mashed potato)는 감자를 삶아 으깨어 따뜻한 우유, 버터, 소금, 후춧가루를 넣고 잘 섞어 준 것이다. 매시드 포테이토를 할 때 삶은 감자를 지나치게 많이 으깨면 전분입자가 밖으로 터져 나와 점성이 높아지므로 주의해야 한다.

4) 프렌치프라이드 포테이토

감자를 가늘고 길게 썰어 기름에 튀긴 것으로 특히 미국에서는 어린이들의 빼놓을 수 없는 간식 중 하나이다. 감자를 조금 삶아서 튀기거나 생감자를 튀기는 방법이 있다. 삶아서 튀기면 튀기는 시간은 단축되나 생감자를 튀기는 것이 맛이 더 좋다. 저온(150~160℃)에서 한 번 튀기고 고온(180℃)에서 다시 한 번 튀기면 더 맛이 있다. 겉은 아삭아삭하고 엷은 갈색이며 속은 완전히 물러야 잘 된 것이다. 감자를 튀길 때는 감자 내 당의 함량과 튀김 기름 온도가 중요하다. 당의 함량이 높은 감자는 감자가 충분히 익기 전에 갈변이 일어나므로 지나치게 검은색이 될 수 있다.

2. 고구마

고구마의 기원은 확실치 않으나 기원전 3000년경에 멕시코 지역에서 재배되었고 콜럼버스의 미 대륙 발견으로 유럽에 전파되기 시작하였다고 추정한다. 1593년경에 중국에 전파되어 우리나라에는 조선 시대 영조 39년 일본으로부터 들어와 구황식품으로 이용되었다고 전해진다.

고구마의 가장 바깥층에는 색깔을 나타내는 주피가 있으며, 그 다음 전분입자가 함유된 피층이 있고 내부는 대부분 전분으로 되어 있는 유조직이 있다.

(1) 고구마의 품종과 텍스처

고구마는 메꽃과에 속하는 1년생 식물로 전 세계적으로 다양한 품종이 있다. 고구마는 모양과 색깔별로 여러 가지 품종이 있는데, 흔히 구분할 때는 분질고구마(일명 밤고구마)와 점

밤고구마

호박고구마(물고구마)

질고구마(일명 물고구마)로 나눈다. 분질의 고구마는 찌거나 구웠을 때 육질이 약간 단단하며 물기가 없어 마치 밤을 삶아 놓은 것과 같은 텍스처이다. 이와 반대로 점질고구마는 당함량이 많고 수분이 많아 찌거나 구웠을 때 말랑말랑하고 물기가 많아 질척한 느낌을 준다. 이와 같은 차이는 전분 특성의 차인 것으로 보인다.

밤고구마　　호박고구마

가열 후 절단면 비교

근래에는 고구마의 품종 개량이 많이 이루어져서 가장 일반적인 것이 물고구마와 호박을 접목하여 육성한 호박고구마이다. 익히면 속이 짙은 주황색을 띤다. 이것은 수분과 당분이 많아 찌거나 구우면 말랑말랑하고 단맛이 많이 난다. 그 외 자색고구마도 생산되고 있다.

(2) 고구마의 성분

고구마는 감자보다 수분함량이 약간 낮고 전분 함량이 높다. 당분함량도 감자의 4~5배 정도 되므로 감자보다 더 달다. 주성분은 전분이고, 포도당, 과당, 펜토산, 이노시톨(inositol), 점성물질, 단백질, 섬유소 등이 함유되어 있다. 특히 섬유소의 함량이 많아 장의 연동운동을 촉진시킨다. 일반적으로 익어감에 따라 전분이 감소되고 당이 증가한다. 고구마의 주요 단백질은 글로불린의 일종인 이포메인(ipomain)이며, 감자와는 달리 비타민 A의 전구체인 카로틴, 비타민 C와 무기질이 풍부하다. 특히 노란빛이 진한 것일수록 카로틴의 함량이 많고 흰 것은 적다. 카로틴의 90%가 β-카로틴이다. 고구마는 같은 품종이라도 생육조건에 따라 모양, 껍질의 색, 육질, 그리고 성분에 차이가 있다.

날고구마를 잘랐을 때 하얀색의 점액을 볼 수 있는데 이것은 수지배당체인 얄라핀(jalapin)이라는 성분이다. 얄라핀은 물에 녹지 않으며 공기 중에 방치하면 검게 변한다. 고구마를 잘라두면 절단면이 폴리페놀 산화효소(polyphenol oxidase)의 작용에 의해 갈색으로 변한다. 고구마를 가열한 후 건조시킬 때 표면에 생기는 하얀 가루는 주로 맥아당이다. 고구마는 감자와 마찬가지로 칼륨이 많으며 알칼리성 식품이다.

(3) 고구마의 저장

고구마는 저장하면 시일이 경과함에 따라 당이 증가하고 조직이 연해진다. 이는 β-아밀레이스가 전분을 분해하여 맥아당으로 만들기 때문이다. 저장 온도는 12~15℃가 적당하며, 이보다 낮거나 높을 경우 저장 중 부패나 중량 감소의 원인이 된다.

(4) 고구마의 조리

고구마를 찌거나 구웠을 때 다른 조리방법에 비해 단맛이 많이 증가하는 이유는 β-아밀레이스가 55~65℃에서 전분을 분해하여 맥아당으로 만들기 때문이다. 그러므로 고구마의 단맛을 강하게 하기 위해서는 저온으로 서서히 가열하는 것이 좋다. 전자레인지에서 고구마를 익히면 단시간에 익기 때문에 효소가 작용할 시간이 부족하여 당분이 잘 형성되지 않아 단맛이 덜하다. 고구마는 찌기, 굽기, 튀김 등 감자와 거의 같은 용도로 이용된다.

3. 마

마

마(yam)는 마과에 속하는 다년생의 넝쿨식물 또는 그의 식용 덩이줄기의 총칭이다. 산우, 서여라고도 하며 동남아시아에서 오스트레일리아에 이르는 지역과 아프리카 및 남아메리카 등 고온다습한 지역이 주산지이다. 예로부터 강장식품으로 널리 알려져 왔으며 10여 종이 식용으로 재배되고 있다. 마의 주성분은 전분이며 당분, 펜토산, 만난과 함께 단백질, 무기질, 비타민 C, 비타민 B_1 등의 영양성분을 함유하고 있다. 마의 점성을 나타내는 성분은 뮤신(mucin)이라는 당단백질로, 만난(mannan)과 글로불린(globulin)이 결합된 것이다. 마는 갈아주면 갈색으로 변할 수 있는데 이는 타이로신이라는 아미노산이 타이로시네이스의 작용으로 갈변하기 때문이다.

우리나라에서 재배되는 식용 마는 뿌리 모양에 따라 긴마, 단마 및 참마로 구분한다. 가장 일반적인 것은 참마로 수분이 많고 점성이 적으며 사각사각한 텍스처를 가지고 있다. 마는 생으로 먹거나, 굽거나 삶거나 쪄서 먹기도 하며, 죽을 끓이거나 갈아서 전을 부치기도 한다. 또한 가루로 만들어 여러 가지 음식에 이용하기도 한다.

4. 토란

뿌리에 전분이 많으며 동남아시아에서는 주식으로 이용하기도 한다. 주성분은 전분이고 덱스트린과 자당이 들어있어 토란 고유의 단맛을 낸다. 미끈미끈한 성분은 갈락탄(galactan)이라는 당질인데 소금물 또는 쌀뜨물에 넣고 삶아 주면 일부 제거된다.

토란 뿌리　　토란잎

　　우리나라에서는 주로 추석 때 국을 끓여 먹으며, 부침 또는 가루로 이용한다.

5. 카사바

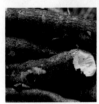

카사바

　　카사바(cassava)는 타피오카(tapioca)라고도 한다. 원산지는 중남미 일대이며 이 지방에서는 탄수화물의 중요한 공급원이다. 많은 품종이 있는데 잘 알려진 것으로는 쓴맛을 내는 품종과 단맛을 내는 품종이 있다. 다른 서류에 비하여 단백질 함량이 떨어지고 탄수화물 함량은 훨씬 많으므로 전분 재료로 많이 사용한다. 단맛을 내는 품종은 고구마처럼 삶아서 먹기도 한다.

6. 돼지감자

돼지감자

　　돼지감자(Jerusalem artichoke)는 일명 뚱딴지라고도 불리며, 국화과에 속하는 1년생 초본으로 식물체와 꽃은 해바라기와 비슷하다. 뿌리는 여러 개의 작은 감자가 혹을 이루고 있는 모양이며 표면 색깔은 백색~황색 또는 적자색을 띤다. 수분이 많고 이눌린을 15% 정도 함유하고 있다. 이눌린은 과당으로 이루어진 다당류로서 사람은 소화를 시키지 못하나 돼지는 소화시킬 수 있다. 특유의 불쾌한 냄새가 있어 식용하기에 부적당하나 된장이나 겨로 절여서 먹으면 맛이 좋아진다. 유럽에서는 샐러드로 이용하는 경우도 있다. 과당이나 엿의 원료로 이용된다.

밀가루와
제과제빵

가루(flour)는 특히 밀가루를 의미하는 경우가 많으나 용어 자체의 의미로 보면 곡류의 종류에 관계없이 제분하여 얻는 것을 말한다. 우리가 사용하는 가루로는 밀가루, 쌀가루, 옥수수가루, 보릿가루, 메밀가루, 호밀가루, 귀리가루 등 여러 종류가 있으나 점탄성과 팽창시키는 특성을 가지고 있는 가루는 밀가루뿐이다. 그러므로 제과제빵에 단독으로 사용할 수 있는 것은 밀가루밖에 없으며, 다른 가루는 밀가루와 함께 섞어서 사용한다. 제과제빵은 재료의 계량, 다루는 기술, 오븐의 온도 조절, 그리고 사용된 재료의 종류와 비율에 대한 지식 등 여러 가지 요인에 따라 다른 결과를 가져온다. 그러므로 밀가루의 특성과 함께 제과제빵의 원리, 기본 재료의 특성, 그리고 혼합방법에 대해 이해하여야 한다.

1. 밀가루 단백질의 특성

밀가루 단백질은 빵의 구조 형성에 가장 중요한 역할을 한다. 밀가루를 반죽하면 밀가루 단백질 중 글리아딘(gliadin)과 글루테닌(glutenin)이 서로 엉겨서 3차원의 그물 모양의 글루텐(gluten)을 형성하며 점탄성을 나타낸다(**그림 8-1**). 글리아딘은 70% 알코올에 용해되는 단백질이며 반죽이 유동적이고 끈적끈적하도록 해준다. 글루테닌은 물이나 알코올에 불용성인 단백질이며 반죽에 탄성을 준다. 글루테닌의 분자는 글리아딘 분자보다 더 크며 그물 모양 구조에 가장 영향을 미치는 결합은 다이설파이드(disulfide, S-S)결합이다. 밀가루 상태일 때는 두 가지가 거의 동량으로 따로따로 존재하지만 밀가루에 물을 넣어 잘 섞은 후 반죽하면 불용성 단백질인 글루텐이 생긴다.

글루텐은 밀가루와 물을 섞어 반죽한 것에서 추출할 수 있다. 반죽을 헝겊이나 체에 밭쳐 계속해서 물로 씻어주면 전분이 제거되면서 점탄성이 있는 검질상의 물질이 남게 되는데 이것이 글루텐이다. 이것을 오븐에서 구우면 수분이 증발되면서 크게 부푼다. 이는 글리아딘과 글루테닌이 물을 흡수하면서 가는 실 모양으로 결합하여 만든 그물 모양의 구조가 가열 시 팽창되기 때문이다(**그림 8-2**).

효모를 넣어 만든 빵에서는 글루텐이 최대 강도로 늘어나서 최고의 부피로 부풀며 미세한 조직을 만든다. 그러나 케이크류는 글루텐의 발달이 지연되어 더 부드러운 조직을 얻게 된다.

글리아딘

글루테닌

글루텐(글리아딘+글루테닌)

그림 8-1 밀가루 단백질과 글루텐의 형성

박력분   중력분   강력분

그림 8-2 밀가루에서 추출한 글루텐과 구웠을 때의 모양

2. 밀가루의 종류

밀가루는 밀의 종류, 사용된 전립의 부분, 가루의 혼합 등에 따라 성분이 다르다. 밀가루 단백질인 글루텐 함량에 따라 강력분, 중력분, 박력분으로 나누며, 글루텐 함량이 높은 것은 강도와 가스 보유율도 크고 약한 크림색을 띤다.

사용 목적에 따라 전립 밀가루, 제빵용 밀가루, 페이스트리용 밀가루, 케이크용 밀가루, 인스턴트 밀가루, 팽창제 함유 밀가루, 글루텐 밀가루 등이 있다.

밀가루의 색깔은 회분에 의하여 영향을 받기도 하는데 겨층의 혼입률이 높을수록 회분함량이 증가하여 색상이 떨어지게 된다. 따라서 밀가루 색상을 선명하게 하고 제빵류의 질감과 부피를 좋게 하기 위하여 보통 표백과정을 거친다.

(1) 글루텐 함량에 따른 분류

우리나라에서는 미국이나 호주에서 수입한 경질밀과 연질밀을 적당히 혼합하여 제분함으로써 용도에 맞게 글루텐 함량이 조절된 밀가루를 만들어 낸다.

1) 강력분

글루텐 함량이 13% 이상이며 경질밀로 만든다. 점탄성이 커서 탄력이 있고 질기며 수분흡수율과 흡착력이 크고 제빵 시 많이 부푼다. 주로 마카로니, 스파게티, 피자, 식빵, 국수 등을 만들 때 이용한다.

2) 중력분

글루텐 함량이 10~12% 정도로 경질밀과 연질밀의 혼합분이다. 특성이 강력분과 박력분의 중간 정도인 밀가루로 두 가지 밀가루 모두를 대신하여 사용할 수 있다. 가장 일반적인 밀가루이며 가정에서도 다목적으로 이용한다.

3) 박력분

글루텐 함량이 9% 이하이며 연질밀로 만든다. 점탄성이 약하고 물과의 흡착력이 약하다. 주로 케이크나 쿠키, 튀김옷 등을 만들 때 이용하는 것이 좋다.

(2) 사용 목적에 따른 종류

1) 전립 밀가루

밀의 외피를 포함하여 낱알이 전부 포함되도록 하여 제분한 것으로 겨층, 배아, 배유를 모두 함유한 것이다. 배아 부분의 지방성분이 그대로 함유되어 있기 때문에 저장 중에 산패될 수 있으므로 냉장 보관한다. 외피를 포함하므로 식이섬유의 함량이 높다.

2) 흰 밀가루

제빵용 밀가루 : 단백질 함량이 높아서 강한 점탄성을 지니며 효모 빵을 만들기에 적합하다.

페이스트리와 케이크용 밀가루 : 연질밀로 만드는데 페이스트리, 쿠키, 케이크를 만들기에 적합하다.

글루텐 밀가루 : 글루텐의 함량을 41% 수준까지 증가시켜 점탄성을 증가시킨 것으로 제빵에 적합하다.

3) 기능성을 개선한 밀가루

숙성 밀가루 : 바로 제분한 밀가루는 희지 않고 제품의 품질이 좋지 않기 때문에 몇개월 동안 숙성시킨다. 숙성하는 동안 자연적으로 공기 중의 산소에 의해서 표백된다. 이것은 저장 장소가 커야 하고 노동력 또한 증가하므로 가격이 더 비싸다.

표백 밀가루 : 밀가루를 염소가스나 과산화벤조일(benzoyl peroxide)로 표백한다. 이러한 과정에서 밀가루의 카로티노이드 색소를 산화하여 더 희게 하고 글루텐의 상태를 더 좋게 한다. 또 제품의 부피, 텍스처, 껍질 구조를 더 좋게 한다. 케이크용 밀가루는 항상 표백하며 다목적용은 표백을 하기도 하고 하지 않기도 한다.

인스턴트 밀가루 : 뭉쳐지지 않고 찬 액체에도 잘 섞이도록 만든 것이다. 일반적인 밀가루보다 입자가 더 크고 균일하며 습기를 더 천천히 흡수한다. 계량하기 전에 체에 칠 필요가 없어 계량이 손쉽다.

팽창제 함유 밀가루 : 보통 연질밀로 만드는데 케이크류를 만들기에 적당한 비율로 소금과 베이킹파우더를 첨가한 것이다. 구입하여 액체를 넣고 반죽하기만 하면 된다.

강화 밀가루 : 흰 밀가루에 비타민 $B_1 \cdot B_2$, 나이아신, 엽산, 그리고 무기질인 철분을 강화한 것이다. 칼슘은 강화할 수도 있고 하지 않을 수도 있다.

3. 제과제빵의 원리

(1) 반죽의 분류와 형성

밀가루 반죽은 밀가루와 액체의 비율에 따라 묽은 정도가 달라지며, 이 정도에 따라 묽은 반죽(batter)과 된 반죽(dough)으로 크게 분류한다.

묽은 반죽은 다시 아주 묽은 반죽(pour batter)과 약간 묽은 반죽(drop batter)으로 나눌 수 있다. 아주 묽은 반죽은 밀가루 1컵에 액체 2/3~1컵이 들어가며 케이크류를 만들기에 적당한 반죽이다. 약간 묽은 반죽은 밀가루 1컵에 액체가 1/2~3/4컵 정도 들어가며 머핀과 같은 속성 빵(quick bread)을 만들 때 이용된다. 된 반죽은 평평한 면에서 손으로 만지거나 반죽할 수 있는 정도의 것이다. 이는 효모 빵, 파이 껍질, 밀어서 만드는 쿠키 등을 만들 때 적당하다.

밀가루와 물로부터의 반죽 형성에는 수화와 글루텐 형성이라는 복잡한 과정이 포함된다. 첫 번째는 밀가루 입자가 물에 닿자마자 일어나는 수화의 단계이고 두 번째는 반죽으로 인한 글루텐 형성 단계이다. 글루텐은 그물 모양을 형성하여 전분입자를 끼워 넣으며 부피, 텍스처, 그리고 모양을 만들어 주는 역할을 한다.

(2) 팽창제

반죽이 팽창한다는 것은 색깔이 연해지고 작은 구멍이 많이 생긴다는 뜻이다. 대부분의 빵이나 케이크류는 구우면 팽창하게 되는데, 가열하는 동안 가스를 생성하면서 발생하거나 재료를 혼합하는 과정에서 발생한다. 주된 팽창제는 공기, 증기, 이산화탄소이다. 이들 중 하나의 작용이 우세한 제품도 있지만 대부분의 제품에서는 두 가지 또는 세 가지가 함께 중요한 역할을 한다.

이산화탄소는 반죽을 팽창시키는 데 대단히 중요한 역할을 한다. 반죽에서 이산화탄소를 발생시키는 물질은 생물적 팽창제와 화학적 팽창제가 있다. 생물적 팽창제는 효모와 같이 반죽의 당을 분해하고 이산화탄소를 발생시켜 반죽의 부피를 증가시키는 것을 말하며, 화학적 팽창제는 화학적으로 이산화탄소를 발생하는 물질로서 베이킹소다, 베이킹파우더, 암모늄 카보네이트가 있다.

1) 물리적 팽창제

공기 : 달걀을 거품 낼 때, 반죽을 할 때, 밀가루를 체에 칠 때, 지방과 설탕을 함께 넣어 크리밍할 때, 또는 묽은 반죽을 젓는 과정에서 밀가루 혼합물 속으로 혼입된다.

증기 : 모든 제과제빵용 반죽은 수분을 함유하고 있어서 가열하게 되면 증기가 발생하면서 어느 정도까지는 팽창된다. 파퍼버(popover)와 크림퍼프(cream puffs)같은 제품은 거의 전적으로 증기에 의해서 팽창되는데, 이러한 혼합물은 대체로 액체가 많이 들어있는 것으로 고온에서 굽기 시작하면 빨리 증기를 형성한다.

증기로 전환될 수 있는 재료로는 물, 물 이외의 액체, 달걀 등이 있다. 엔젤 케이크(angel cake)를 만들 때 넣는 달걀흰자는 반죽을 많이 팽창시킬 수 있을 만큼의 충분한 물을 함유하고 있다. 심지어는 파이 껍질과 같이 단단한 반죽도 증기에 의해 일부 팽창된다. 우리나라의 떡류 중 증편도 증기를 이용하여 부풀리는 떡이다.

2) 생물적 팽창제

제빵에서 미생물을 이용한 생물적인 팽창제로 쓰이는 것은 주로 효모와 박테리아이다. 효모와 박테리아가 당에 작용하여 이산화탄소를 생산하는 것을 발효라 한다.

효모 : 효모는 당을 발효시켜 에틸알코올과 이산화탄소를 형성하는데 알코올은 휘발성이므로 굽는 동안 가열에 의해서 휘발된다.

$$\text{효모} + \underset{\text{glucose}}{C_6H_{12}O_6} \longrightarrow \underset{\text{ethyl alcohol}}{2C_2H_5OH} + 2CO_2 \uparrow$$

효모는 빵 반죽에서 주로 호기적으로 작용하며 밀가루에 존재하는 당, 반죽에 첨가되는 설탕, 효모의 효소작용으로 분해되는 당 등을 이용한다. 당은 발효를 촉진하여 이산화탄소를 생성하므로 설탕을 넣지 않으면 발효시간이 더 길어지게 된다.

효모는 다른 미생물과 마찬가지로 발효를 위한 최적 조건을 맞추어 주는 것이 중요한데 최적온도는 27~29℃이고 최적 pH는 4~6이다. 이 온도보다 높으면 다른 세균이 번식하여 반죽에 신맛을 주며 좋지 않은 향미를 부여한다.

효모의 종류에는 압착효모(compressed yeast), 활성건조효모(dry yeast), 속성팽창건조효모(instant quick-

드라이 이스트

인스턴트 이스트

rising dry yeast)가 있다. 압착효모는 수분함량이 약 70%이며 효모와 전분 혼합물을 케이크 형태로 압착한 것이다. 이 효모는 냉장 유통 기간이 5주 정도이므로 변질을 지연시키기 위해 반드시 냉장 보관해야 한다. 만약 끈적끈적하고 갈색이 나며 겉이 마르거나 치즈 냄새가 나면 사용해서는 안 된다. 저장수명이 짧으나 사용하기 전에 재수화시킬 필요가 없으므로 산업적으로 많이 사용된다.

활성건조효모는 압착효모와 달리 수분함량이 적고(7~8%) 저장수명이 대단히 길기 때문에 가정에서 많이 사용된다. 실온에서는 밀봉된 상태로 6개월, 냉장온도에서는 2년 이상 저장할 수 있다. 사용할 때 수화시켜 효모를 원상복구시켜야 하므로 시간이 좀 더 걸린다. 저장기간이 길어지면 활성을 잃게 되므로 포장에 유효기간을 표시하는데, 유효기간이 지난 것을 사용하면 제품의 품질이 좋지 않으므로 사용하지 않는 것이 좋다.

속성팽창건조효모(instant quick-rising dry yeast)는 수화하지 않고 그대로 반죽에 첨가할 수 있는데 공기 중에서 불안정하므로 개봉한 것은 반드시 냉장 보관한다.

박테리아 : 이산화탄소를 발생하는 유익한 박테리아는 사워 도우(sour dough)와 염 팽창 빵에서 팽창제로 이용된다. 박테리아는 구워진 제품에 약간의 신맛을 준다.

3) 화학적 팽창제

베이킹소다 : 화학적인 팽창제로 일찍부터 사용되어 온 것 중의 하나로 중조 또는 식소다(sodium bicarbonate, baking soda)로 알려져 있다. 이를 가열하면 탄산나트륨(sodium carbonate, Na_2CO_3), 물, 이산화탄소가 생성된다.

$$2NaHCO_3 \xrightarrow{heat} Na_2CO_3 + H_2O + CO_2$$

baking soda   sodium carbonate

이 반응은 열이 혼합물 속까지 전달되어 들어가야 하므로 시간이 오래 걸린다. 그리고 반죽을 알칼리성으로 만들기 때문에 좋지 못한 향미를 발생시키며 밀가루의 플라보노이드(flavonoids) 색소를 갈색으로 변하게 한다. 따라서 구운 제품에 갈색 반점이 생기며 약간 노란색을 띤다. 또한 지방산과 이 염이 결합되면 쓴맛이 난다.

이러한 문제점을 보완하기 위하여 베이킹소다에 산을 결합시켜주면 다음의 반응이 일어나면서 이산화탄소와 물이 생기는데 혼합비율을 잘 맞춰 주어야 한다.

베이킹소다

$$\text{NaHCO}_3 + \text{HX} \xrightarrow{\text{H}_2\text{O}} \text{NaX} + \text{H}_2\text{CO}_3$$

baking soda · · · · · acid · · · · · · · · · · · · salt · · · · carbonic acid

$$\text{H}_2\text{CO}_3 \longrightarrow \text{H}_2\text{O} + \text{CO}_2$$

일반적으로 버터 밀크(butter milk)와 신맛 우유(sour milk) 속의 젖산, 또는 과일에 있는 유기산이 베이킹소다와 반응할 수 있다. 베이킹소다를 산과 반응시키려면 반드시 물이 있어야 하므로 너무 오래 건조시킨 것은 반응이 잘 일어나지 않는다. 또한 베이킹소다가 너무 젖은 상태에서는 빵을 굽기도 전에 이산화탄소가 방출되므로 베이킹소다를 이용할 때는 항상 마른 재료에 섞은 다음 액체를 섞어주어야 하며, 일단 섞은 뒤에는 바로 구워야 좋은 제품을 만들 수 있다.

베이킹파우더 : 베이킹파우더는 베이킹소다와 산 또는 산염의 혼합물로서 베이킹소다를 사용하였을 때 쓴맛이 나고 반죽이 갈색으로 변하는 단점을 보완하기 위해 만들어진 것이며 전분을 함유하고 있다. 산은 알칼리와 반응하여 중화시키기 위한 것이며 전분은 습기 흡수를 방지하여 산과 알칼리가 쉽게 반응하지 않도록 하기 위한 것이다.

베이킹파우더

베이킹파우더는 그 안에 함유되어 있는 산의 형태에 따라 몇 가지 종류가 있다. 즉, 주석산(tartaric acid)을 함유한 것, 인산을 함유한 것, 그리고 이 두 가지 산을 함께 함유한 것으로 분류할 수 있으며 이들의 작용에 따라 한 번 반응하는 것(single acting powder)과 두 번 반응하는 것(double acting powder)이 있다.

한 번 반응하는 베이킹파우더는 주석영(cream of tartar)과 주석산을 함유하고 있는데 이들은 찬물에 녹는 성질이 있다. 그러므로 마른 재료가 물에 젖게 되면 즉시 이산화탄소를 발생하므로 이산화탄소의 손실과 부피 감소를 막기 위해서는 재빨리 반죽해야만 한다.

$$\text{NaHCO}_3 + \text{KHC}_4\text{H}_4\text{O}_6 \xrightarrow{\text{H}_2\text{O}} \text{KNaC}_4\text{H}_4\text{O}_6 + \text{H}_2\text{O} + \text{CO}_2$$

baking soda · · · potassium acid · · · · · · potassium sodium
· · · · · · · · · · · · · tartrate · · · · · · · · · · · · · · tartrate

$$2\text{NaHCO}_3 + \text{H}_2\text{C}_4\text{H}_4\text{O}_6 \longrightarrow \text{Na}_2\text{C}_4\text{H}_4\text{O}_6 + 2\text{H}_2\text{O} + 2\text{CO}_2$$

baking soda · · · tartaric acid · · · · · · sodium tartrate

두 번 반응하는 베이킹파우더는 SAS-phosphate powder라고도 한다. 이것은 두 번에 걸쳐 반응이 일어나는데 처음에는 재료가 물에 닿자마자 한 번 이산화탄소를 발생시킨다.

$$8NaHCO_3 + 3CaH_4(PO_4)_2 \longrightarrow 4Na_2HPO_4 + Ca_3(PO_4)_2 + 8H_2O + 8CO_2$$

baking soda   monocalcium phosphate   disodium phosphate   tricalcium phosphate

그런 다음 가열하는 동안에 다시 한번 발생시켜 반죽을 팽창시킨다. 그 이유는 찬물과 뜨거운 물에서 각각 용해되는 산화합물을 하나씩 함유하고 있기 때문이다.

$$Na_2Al_{12}(SO_4)_4 + 6H_2O \xrightarrow{heat} 2Al(OH)_3 + Na_2SO_4 + 3H_2SO_4$$

sodium aluminum sulfate   aluminum hydroxide   sodium sulfate   sulfuric acid

$$6NaHCO_3 + 3H_2SO_4 \xrightarrow{H_2O} 3Na_2SO_4 + 6H_2O + 6CO_2$$

baking soda   sulfuric acid   sodium sulfate

(3) 재료의 기능

제과제빵에서 밀가루 반죽의 기본 구조와 제품의 품질은 재료에 의해서 크게 좌우된다. 기본 재료로는 밀가루, 팽창제, 액체, 지방, 달걀, 소금, 설탕 등이 있다. 앞에서 설명한 밀가루와 팽창제를 제외한 나머지 재료의 역할은 다음과 같다.

1) 액체

밀가루 반죽에 들어가는 액체의 역할은 다양하다. 즉, 전분과 글루텐을 수화하고 설탕, 소금, 베이킹파우더 등을 용해시켜 잘 섞이도록 하며 팽창제의 작용을 촉진하여 이산화탄소를 형성하게 한다. 밀가루 반죽의 전형적인 구조는 액체가 들어가서 단백질 입자를 수화시켜 글루텐을 형성해야만 이루어진다. 액체는 전분의 호화에도 꼭 필요하며 지방을 고루 분산시키고, 가열하면 증기를 형성함으로써 팽창제의 역할도 한다. 액체로 쓰일 수 있는 것은 물, 감자 삶은 물, 우유, 과일즙이며 달걀흰자의 수분도 이러한 작용을 한다.

효모 빵에서 감자 삶은 물은 효모의 작용을 촉진시킨다. 삶은 감자에 들어있는 전분은 이미 호화된 상태이므로 반죽에 들어가면 밀가루 속의 아밀레이스(amylase)에 의해 즉시 분해된다. 우유는 사용하기 전에 반드시 미지근하게 데워서 사용한다. 만약 그대로 사용하면 효모의 활동을 방해하는 세균의 작용으로 발효과정에서 반죽이 부드러워지고 잘 부풀지 않으며 빵을 구운 후 입자에 불규칙적인 구멍이 많이 생기고 조직이 거칠거칠하게 된다.

액체를 넣는 양은 제품의 특성에 영향을 미치는데 너무 적은 양의 액체를 넣으면 반죽이 뻣뻣하고 잘 부풀지 않아 부피가 작으며, 지나치게 많이 넣으면 글루텐 조직이 약해져서 반죽의 강도를 약하게 하므로 많이 팽창하지 못한다.

2) 지방

밀가루 반죽에서 지방의 중요한 역할은 글루텐의 그물조직을 연화시켜 부드럽게 하고 크리밍할 때 공기가 유입되어 부풀게 하며 향미를 좋게 해 주는 것이다. 지방은 반죽에서 밀가루 입자를 둘러쌈으로써 서로 부착되지 못하게 분리시켜 글루텐의 형성을 억제하기 때문에 반죽이 부드럽고 밀었을 때 얇은 층이 생기며 구운 후 바삭해지도록 하는데 이를 쇼트닝성(shortening property)이라 한다.

쇼트닝 작용은 지방의 종류와 여러 가지 인자에 따라 다양하다. 예를 들어 반죽에 지방을 넣는 방법, 분포 정도, 지방과 혼합물의 온도, 유화제의 유무, 혼합 방법, 그리고 지방의 가공 방법과 종류에 따라서 달라진다.

실온에서 고체로 보이는 지방이라도 그 안에는 고체지방 결정체와 액체기름을 함께 가지고 있다. 즉, 액체 부분이 작은 결정체의 그물 안에 갇혀 있다. 이러한 특이한 혼합으로 인해 지방은 모양이 만들어질 수 있고 으깨어질 수 있다. 이러한 성질을 가소성(plasticity)이라 한다. 고체지방 부분의 결정체의 형태와 크기는 제과제빵 시 지방의 작용에 영향을 미친다. 가소성 있는 지방은 크리밍을 할 수 있고 이를 통하여 공기를 주입할 수 있다.

가소성이 큰 지방일수록 더 잘 펴지며 가소성이 적은 지방보다 밀가루 입자 표면을 잘 덮어 줄 수 있다. 온도에 따라 가소성은 변화가 있는데 버터의 경우 18℃에서는 22~28℃보다 가소성이 적으므로 고온에서 더 부드럽게 되고 잘 녹는다.

버터와 마가린은 80%가 지방이고 18% 정도가 수분이며 라드, 쇼트닝, 액체기름은 100%의 지방을 가지고 있다. 동량을 사용했을 때 후자의 경우 적은 양으로도 쇼트닝성이 크지만 흘러나오는 경향이 있다.

지방은 크림을 형성하는 능력이 있어 팽창제 역할을 하는

| 버터 | 마가린 |

데 크리밍 과정 중 지방에 공기가 유입되어 제품의 부피를 증가시키는 역할을 한다. 액체기름은 크림을 형성할 수 없으므로 제품의 부피를 팽창시키는 역할을 하지 못한다. 일반적으로 크리밍하는 과정은 설탕과 함께 지방을 계속 저어주어 반죽 속에 공기를 다량 함유하게 함으로써 제품의 조직을 좋게 해준다.

3) 달걀

달걀은 반죽에서 여러 가지 중요한 역할을 한다. 달걀흰자는 거품성(foaming)을 가지고 있어 반죽에 공기를 주입하는 수단으로 쓰이기도 한다. 달걀흰자 단백질은 저어주면 응고되면서 공기방울들이 세포벽을 둘러싸 구조가 단단하고 견고하게 된다. 이때 달걀흰자는 구조적으로 안정된 기포를 형성하며, 계속해서 저어주면 세포벽이 점점 얇아지면서 어느 지점까지 부드러워진다. 일단 저어준 달걀흰자는 반죽 속에 넣을 때 조심스럽게 저어야 그 거품성을 유지할 수 있다. 이렇게 거품을 형성하면 팽창제로 작용해 제품의 부피를 증가시킨다.

달걀노른자는 반죽에 색과 향미를 좋게 해 주며 지방과 물을 잘 섞이게 하는 유화제로 사용되어 지방을 반죽 속에 고르게 분산시킨다. 또한 달걀 단백질은 가열하면 응고되기 때문에 제품을 더 단단하게 해주는 역할을 한다.

4) 소금

소금은 제품의 향미를 향상시켜 주며 적당량 사용하면 글루텐의 강도를 높여주어 반죽이 더 단단해지고 점탄성이 좋아진다. 그러나 팽창제로 효모를 사용하는 경우 지나치게 많이 사용하면 설탕을 이용한 효모의 발효작용을 억제한다.

5) 설탕

설탕은 밀가루 반죽에서 여러 가지 작용을 한다. 반죽에 단맛을 주며, 제품의 표면을 갈변시킬 수 있다. 오븐에서 고온으로 가열하면 반죽의 표면이 건조하게 되면서 캐러멜반응(caramelization)이 일어나게 된다. 또한 효모를 사용할 경우 효모의 먹이로 쓰여 발효를 촉진시키며, 반죽의 글루텐 형성을 방해하므로 연화효과가 있다. 이는 설탕이 물을 붙잡아서 글루텐 형성에 소량의 물만 이용되므로 글루텐이 잘 형성되지 않기 때문이며 따라서 설탕을 넣은 반죽은 더 많이 반죽해 주어야 글루텐이 형성된다. 설탕이 적당량 첨가되면 글루텐이 연화되고 효모에 의해 이산화탄소가 쉽게 팽창되므로 밀가루 반죽이 잘 부풀게 된다.

설탕은 달걀 단백질의 응고온도와 전분의 호화온도를 높여준다. 이러한 성질은 설탕이 많이 들어가는 케이크와 같은 제품에 있어서 중요하다.

수분이 적은 제품에서는 바삭바삭한 효과도 준다. 황설탕은 특히 독특한 향미를 주고 흰설탕보다 보습성이 높아 더 오랫동안 촉촉하게 해준다. 기타 꿀, 당밀, 시럽과 같은 감미료가 설탕 대신 효모의 발효에 이용되기도 한다.

6) 첨가제

제과제빵 시 일정한 품질을 유지하고 저장성을 높이기 위하여 여러 가지 첨가제가 사용된다. 이들은 반죽의 물성을 개량해 주는 성분들로서 한 성분이 한가지 기능만 갖는 것이 아니고 복합적인 기능을 갖는다.

밀가루를 인위적으로 숙성시키는 숙성제에는 산화제, 환원제, 효소제 등이 있는데 산화제로는 브롬산 칼륨, 아스코브산 등이 이용된다. 이들은 글루텐을 강화시키고 반죽 상태를 조절하며 부피를 증가시킨다. 시스테인(cysteine)과 글루타싸이온(glutathione)은 환원제로 이용되며 산화제와 반대로 글루텐을 연화시키는 작용을 한다. 레시틴(lecithin), 모노글리세라이드(monoglyceride), 다이글리세라이드(diglyceride)는 유화제로 이용된다.

4. 제과제빵

(1) 효모 빵

1) 원리

효모 빵(yeast breads)은 효모를 사용하여 팽창시킨 것으로 반죽의 당질을 발효시켜서 만든다. 발효과정에 주로 관여하는 것은 효모이나 밀가루에 존재하는 박테리아도 일부 관여한다. 박테리아는 성장할 때 부산물로 젖산을 생성하여 반죽을 산성이 되게 한다. 반죽을 하여 발효시킨 후 이산화탄소와 수증기를 보유한 반죽을 구우면 단백질을 응고시켜 구조를 형성하며 전분은 호화되고 특유의 향과 맛이 생성된다.

2) 재료

기본 재료는 밀가루, 액체, 효모이고 소금, 설탕, 달걀, 지방이 부재료로 첨가된다. 밀가루는 강력분 또는 중력분을 사용하여야 글루텐 형성이 잘 되어 빵이 많이 부풀고 탄성이 생긴다. 각 재료의 기능은 앞쪽에 언급되어 있다.

3) 반죽 방법

반죽하는 방법 또는 반죽 정도에 따라서도 제품의 품질이 달라질 수 있다. 반죽을 덜 하면 조직이 치밀하고 팽창이 덜 일어나며, 지나치게 반죽하면 조직이 거칠고 글루텐 구조가 끊어져 부피가 작아지며 벽이 두껍게 된다(**그림 8-3**).

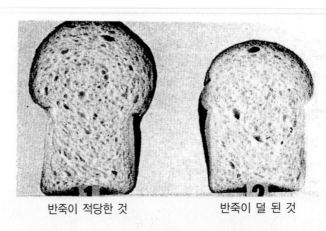

반죽이 적당한 것   반죽이 덜 된 것

그림 8-3 반죽 정도에 따른 식빵의 형태

반죽(kneading)은 글루텐 형성을 최대로 하기 위하여 필요한 단계이다. 반죽은 발효시키기 전과 발효시킨 후 원하는 모양을 만들기 전에 2회 정도 해준다. 반죽을 하는 목적은 지나치게 발생된 이산화탄소를 제거함으로써 글루텐 조직이 지나치게 늘어나는 것과 호기성인 효모가 죽는 것을 방지하기 위한 것으로, 가능한 한 소량씩 반죽하는 것이 좋다. 이는 다량으로 반죽할 경우 반죽이 마르고 발효시간이 길어질 수 있기 때문이다. 반죽할 때에는 반죽이 찢어지거나 지나치게 늘어나지 않도록 한다. 반죽이 지나치면 글루텐이 손상되고 반죽의 탄성이 감소된다. 끈적끈적하던 반죽이 부드럽고 매끄러워지며 표면에 작은 공기 방울들이 생길 때까지 반죽해야 한다. 일반적으로 글루텐이 적절하게 형성되는 데는 10~15분이 소요된다.

일단 발효가 되어 초기 반죽 부피의 두 배가 되면 가스빼기를 해준다. 이때 반죽을 세게 치면 글루텐 조직이 찢어지므로 부드럽게 주먹으로 눌러 가스를 빼주고, 뒤집으면서 반죽의 끝을 중앙으로 접어 넣어주며 반죽한다.

가스빼기의 목적은 과량의 가스를 방출시켜 가스구멍이 너무 커지거나 입자가 고르지 않게 되는 것을 방지하는 데 있다. 가스빼기를 하여 다시 한 번 반죽을 하고 성형하여 따뜻한 곳에 두면 다시 거의 두 배로 부풀게 되는데 이때는 많은 수의 효모가 성장하였기 때문에 첫번째보다 짧은 시간이 소요된다.

그러나 박력분을 이용할 경우 글루텐의 양이 적게 한정되어 있으므로 오히려 반죽이 약해지고 지나치게 늘어날 수 있기 때문에 2차 발효는 시키지 않는다.

효모 빵을 반죽하는 방법으로는 전통적인 방법인 직접반죽법(straight dough method)과 스펀지(반죽)법(sponge dough method)이 많이 이용되고, 이외에 액체 발효법(liquid ferment method), 연속 제빵법(continuous bread-making process), 냉장법(cool rise method)과 냉동법(frozen method) 등이 있다.

직접반죽법 : 모든 재료를 한꺼번에 섞은 다음 반죽에 탄력이 생길 때까지 반죽해 주는 방법으로서 반죽이 다 되면 따뜻한 곳에 두었다가 반죽이 처음의 두 배로 커지면 다시 반죽하여 또 다시 두 배로 부풀면 구워내는 반죽법이다.

스펀지(반죽)법 : 우선 효모와 액체를 잘 섞어서 밀가루의 일부를 넣어 빡빡한 반죽을 만든 다음 따뜻한 곳에서 기포가 생기거나 가벼워질 때까지 둔다. 여기에 설탕, 소금, 지방 그리고 남은 밀가루를 모두 섞어 반죽하고 발효시키는 방법이다. 직접반죽법과는 약간 향미가 다른 빵을 만들어 낸다. 이 방법으로 박력분을 사용하면 발효기간이 길어져 반죽의 글루텐을 약화시키기 때문에 적당하지 않다.

액체 발효법 : 효모, 물, 다양한 양의 밀가루(0~60%), 그리고 효모의 영양분을 넣어 1~3시간 정도 두어 가스가 발생되면 발효된 액체와 모든 재료를 섞어서 성형하는 방법이다. 이 방법은 발효시간이 없기 때문에 비용도 적게 들고 조리공간이 좁아도 되는 장점이 있다.

연속 제빵법 : 믹서에서 액체반죽에 연속적으로 다른 재료를 넣어 발효시키는 방법이다. 이 방법은 초기 발효과정이 생략되므로 시간이 절약되는 장점이 있다. 효모의 사용량은 50~100%이고 항산화제로 아스코브산(ascorbic acid)을 첨가한다. 이 방법의 단점은 향미가 부족하며 껍질이 약하다는 것이다.

냉장법과 냉동법 : 미지근하게 데운 우유 대신 찬 우유를 그대로 사용하며 세게 저어주고 반죽이 끝난 뒤 냉장고에서 서서히 반죽을 부풀리는 방법이다. 냉장법은 다량의 반죽을 만들어 냉장 보관하며 성형속도에 맞추어 이용한다. 냉동법은 냉장법과 동일하게 반죽한 것을 냉동시킨 후 −20℃에서 보관하며 필요에 따라 해동하여 이용하는 방법으로서 이스트의 활동을 억제하여 반죽을 장기적으로 보관하며 사용할 수 있는 장점이 있다.

4) 효모 빵의 실패 요인

효모 빵이 바람직하지 않게 되었을 때는 **표 8-1**과 같은 원인을 생각할 수 있다.

표 8-1 효모 빵의 실패 요인

빵의 상태	원인
무거운 것	좋지 않은 밀가루를 사용할 때 발효시간이 적절하지 않을 때 반죽의 발효가 너무 지나칠 때
껍질이 두껍거나 거친 것	소금 양이 많을 때 발효가 덜 되었을 때 지나치게 반죽 하였을 때 설탕의 양이 적을 때
껍질의 색이 짙은 것	신선하지 않은 효모를 사용할 때 좋지 않은 밀가루를 사용할 때 오븐의 온도가 낮을 때
껍질에 줄무늬가 생긴 것	반죽이 덜 되었을 때 모양을 만들기 전에 반죽이 건조할 때
부서지는 것	글루텐이 부족한 밀가루를 사용할 때 지나치게 발효될 때
텍스처가 거친 것	좋지 않은 밀가루를 사용할 때 신선하지 않은 효모를 사용할 때 오븐의 온도가 낮을 때
신맛이 나는 것	지나치게 발효될 때 덜 구워졌을 때

(2) 속성 빵

1) 원리

속성 빵(quick breads)은 공기, 증기, 화학적 팽창제의 작용으로 제품이 만들어진다. 비교적 많은 양의 팽창제가 쓰이는데 팽창제로는 베이킹소다 또는 베이킹파우더가 주로 사용된다.

2) 재료

속성 빵은 글루텐이 잘 형성되지 않아서 효모 빵보다 부서지기 쉽다. 따라서 박력분보다 단백질 함량이 많은 중력분이 좋은데 이는 공기, 증기, 이산화탄소 등을 충분히 유지시켜 제품의 부피를 크게 해줄 수 있기 때문이다. 액체로 주로 쓰이는 것은 우유인데 우유는 제품의 갈변을 일으킬 수 있는 장점이 있다. 재료 중 지방은 글루텐의 연화와 제품의 외관과 향미를 좋게 해주고, 설탕은 주로 향미를 좋게 하며 조직을 부드럽게 하고 색에 영향을 미친다. 소금은 맛을 증진시키기 위하여 쓰인다.

3) 종류

속성 빵의 반죽에는 묽은 것(batter)과 된 것(dough)의 두 가지 형태가 있다. 묽은 반죽으로 만드는 것에는 파퍼버, 팬케이크, 와플, 머핀 등이 있으며 된 반죽으로 만드는 것으로는 비스킷, 페이스트리, 크림퍼프, 토르티야(tortillas) 등이 있다.

4) 혼합과 반죽방법

좋은 품질의 제품을 만들기 위해서는 재료의 비율도 중요하지만 섞는 방법도 매우 중요하다. 궁극적으로는 모든 재료를 골고루 섞어주는 것이 목표이며 그 방법으로는 비스킷 방법(biscuit method), 머핀 방법(muffin method), 크림법(creaming method)이 있다.

비스킷 방법 : 마른 재료를 혼합하여 체에 친 후 여기에 지방을 넣어 지방이 일정한 입자 상태로 될 때까지 페이스트리 블렌더(pastry blender)로 잘게 자른다. 모든 액체는 한번에 넣고 섞은 후 반죽한다. 이 방법은 비스킷과 같이 켜가 생기는 속성 빵을 만드는 데 이용된다.

머핀 방법 : 가장 많이 이용되는 방법으로 속성 빵 중 팬케이크, 와플, 머핀, 파퍼버, 프리터 등을 만들 때 사용하는 방법이다. 즉, 마른 재료를 체에 쳐서 잘 섞어 두고 달걀 푼 것, 기름, 액체를 혼합하여 마른 재료와 섞어주는 방법으로서 밀가루가 젖을 정도로만 조심스럽게 섞어 주어야 한다. 반죽을 지나치게 하면 글루텐이 형성되어 바람직하지 않은 제품이 만들어진다(**그림 8-4**).

크림법 : 지방과 설탕을 크리밍한 후 거품 낸 달걀을 넣어 잘 섞어주고 마른 재료를 넣어서 혼합하는 전통적인 방법이다. 이 방법은 속성 빵의 텍스처와 껍질을 가장 좋은 상태로 만들어 준다.

(3) 케이크

케이크는 반죽 특성에 따라 반죽형 케이크(batter type cake), 거품형 케이크(foam type cake), 시폰형 케이크(chiffon type cake)로 나눌 수 있다.

마른 재료가 젖을 정도로만 반죽한 것

조금 많이 저어준 것(터널이 생김)

지나치게 저어준 것(터널이 생기고 윗부분이 뾰족하게 됨)

그림 8-4 반죽 정도에 따른 머핀의 모양

1) 원리

케이크의 반죽은 묽은 반죽(drop batter)에 속하며 기본 재료들은 다른 밀가루 반죽들과 유사하나 처리하는 방법에서 차이가 있다. 지방이 들어간 버터 케이크와 지방이 들어가지 않은 스펀지 또는 엔젤 케이크, 달걀흰자를 거품 내어 가볍게 만든 시폰 케이크 등은 모두 재료의 비율이 적당하게 잘 맞아야 부드럽게 될 수 있다.

2) 재료

밀가루로는 중력분도 이용할 수 있으나 박력분보다는 덜 부드럽게 된다. 밀가루의 입자는 곱고 균일한 것이어야 더 부드럽게 만들 수 있다.

액체로는 우유가 가장 많이 쓰이며 때로는 과일 주스도 사용된다. 액체가 지나치게 많이 들어가면 케이크의 부피가 작고 너무 촉촉한 텍스처를 가지게 되며, 적게 들어가면 케이크가 잘 마르고 빨리 상하게 된다.

지방은 여러 가지 형태로 케이크에 사용되는데 가장 많이 사용되는 것은 버터이다. 버터는 맛이나 색 등에서 우수하나 값이 비싸고 크리밍할 때 공기를 포함시키는 양이 적으므로 쇼트닝을 많이 이용한다. 쇼트닝은 지방 결정의 형태가 안정한 β'(beta prime) 형태이므로 작고 수많은 결정이 포함되어 있다. 그러므로 크리밍을 했을 때 곱고 수많은 공기방울을 보유하게 된다.

설탕은 반죽의 단백질을 연화시키는 작용을 하나 지나치게 많으면 부피가 작아지고 껍질 부분이 건조해진다. 설탕 대신 시럽을 이용하면 케이크의 외관과 맛이 달라지는데, 예를 들어 꿀을 넣으면 과당이 많이 들어있으므로 촉촉한 상태를 오랫동안 유지하게 되나 덜 부풀어서 무겁고 조직이 치밀해진다.

팽창제로는 주로 베이킹소다나 베이킹파우더와 같은 화학적 팽창제가 쓰여 이로 인해 생기는 이산화탄소 때문에 케이크가 부풀게 되는데, 이외에도 달걀흰자를 거품 낼 때 생기는 공기와 지방을 크리밍하는 과정에서 생기는 공기 등이 팽창제 역할을 한다.

달걀은 케이크의 색과 향미를 좋게 해주며 달걀 단백질의 응고로 조직을 형성하는 역할을 한다. 그리고 달걀노른자에 있는 레시틴은 유화제 역할을 하고 달걀흰자는 거품을 형성하며 반죽에 공기를 주입시켜 팽창을 돕는다.

3) 종류

케이크는 반죽 특성에 따라 반죽형 케이크(batter type cake), 거품형 케이크(foam type cake), 시폰형 케이크(chiffon type cake)로 나눌 수 있다. 반죽형 케이크에는 레이어 케이크(버터 케이크), 파운드 케이크, 초콜릿 케이크, 데블스 푸드 케이크 등이 있고, 거품형 케이크에는 스펀지 케이크, 롤 케이크, 엔젤 푸드 케이크 등이 있다. 그리고 버터 케이크와 거품형 케이크를 혼합한 시폰 케이크가 있다.

반죽형 케이크 중 레이어 케이크에는 달걀 전체를 사용하는 옐로우 레이어 케이크와 달걀흰자만을 사용하는 화이트 레이어 케이크가 있다. 버터 케이크는 비교적 많은 양의 지방을 함유한 것이다. 단맛이 강하고 부드러우며 껍질 부분이 얇게 되어 있는데 윗부분이 뾰족하지 않고 약간 둥글며 공기구멍은 작고 균일하게 펴져 있는 것이 특징이다.

거품형 케이크는 기본적으로 지방을 사용하지 않는 케이크로서 많은 양의 달걀을 사용하여 만든 것이다. 공기와 증기가 팽창제의 역할을 하는데 부피가 크며 공기구멍이 고르고 껍질이 얇고 부드럽고 폭신폭신한 것이 특징이다. 스펀지 케이크는 달걀 전체를 사용하여 만든 것이며 엔젤 푸드 케이크는 많은 양의 달걀흰자를 거품 내어 부피를 증가시켜 주는 것이다.

시폰 케이크는 지방이 들어간 케이크와 들어가지 않은 케이크의 혼합물인데 달걀노른자는 거품을 내지 않고 흰자는 거품을 내어 다른 재료와 혼합하여 만든 것으로 쫄깃한 텍스처와 부피감을 얻을 수 있다.

4) 혼합방법

① 반죽형 케이크

반죽형(batter type) 케이크를 혼합하는 방법으로는 크림법(creaming method), 블렌딩법(blending method), 단단계법(single-stage method), 이단계법(two-stage method) 등이 있다.

크림법 : 전통적으로 가장 많이 사용하는 방법으로 이 방법은 주로 설탕이 적게 들어가는 반죽에 이용된다. 우선 지방과 설탕을 함께 섞어 가볍고 폭신해질 때까지 크리밍한 후 크리밍이 끝나면 달걀을 넣고 재료가 잘 섞일 때까지 계속 잘 섞는다. 다음으로 체에 친 밀가루에 소금과 베이킹파우더를 넣어 체에 한 번 더 쳐서 크리밍한 것에 두 번에 나누어 넣어준다. 이 방법은 시간이 많이 걸리지만 매우 부드럽고 입자가 고운 케이크를 만들 수 있다. 크리밍하는 동안에 설탕 결정과 지방이 부드럽고 가벼운 형태로 잘 섞이게 되는데, 이렇게 크리밍이 잘 된 반죽은 입자가 고운 케이크가 된다.

블렌딩법 : 밀가루와 지방을 크리밍하여 거품을 낸 뒤에 설탕, 소금, 베이킹파우더, 그리고 우유를 절반 넣어 섞은 뒤 달걀과 남은 우유를 넣어 섞는 방법이다.

단단계법 : 모든 재료를 한꺼번에 섞어서 혼합하는 방법이다. 액체의 반량과 달걀을 제외하고 혼합한 후 나중에 섞어주기도 한다.

이단계법 : 쇼트닝을 많이 넣는 케이크의 제조에 이용되는 방법으로 크림법의 변형이다. 액체 재료를 두 번에 나누어 넣는다.

② 거품형 케이크

거품형(foam type) 케이크는 달걀의 기포성과 응고성을 이용하여 부풀린 케이크로 달걀 흰자가 최종 부피를 이루는 역할을 한다. 전란을 거품 내는 방법인 스펀지법(spongemethod)이 주된 방법이나 달걀흰자와 노른자를 분리하여 거품을 내는 방법도 있다. 또한 모든 재료를 한꺼번에 넣어 섞어 주는 단단계법(single-stage method)이 있다.

거품을 내는 방법으로는 달걀과 설탕을 혼합하여 중탕으로 데운 후 거품을 내거나 중탕하지 않고 그대로 거품을 낸다.

③ 시폰형 케이크

시폰형(chiffon type) 케이크는 흰자와 노른자를 나누어서 노른자는 거품 내지 않고 흰자만 거품 내어 화학적 팽창제를 첨가하여 만드는 방법으로 반죽형과 거품형을 혼합한 형태이다.

5) 케이크의 실패 요인

케이크류는 재료, 반죽방법, 굽는 방법이 부적절할 경우 좋은 제품이 만들어질 수 없다. 잘못된 케이크의 상태와 그 원인은 **표 8-2**와 같다.

(4) 쿠키

쿠키는 케이크와 유사한 것으로, 지방으로는 버터, 쇼트닝, 마가린 등을 사용하며 밀가루는 주로 중력분을 사용한다. 반죽 특성에 따라 분류하면 케이크와 유사하게 반죽형 쿠키와 거품형 쿠키로 나누며 박력분을 사용하기도 한다.

베이킹 팬은 가장자리가 낮은 것일수록 좋으며 케이크보다 약간 높은 온도로 굽는다.

1) 혼합방법에 따른 종류

반죽형 쿠키(batter type cookies)와 거품형 쿠키(foam type cookies)로 나누어지며 쿠키의 종류는 사용하는 재료의 종류와 양, 반죽 방법, 모양 등에 따라 다양하다.

반죽형 쿠키 : 반죽형 쿠키로는 수분과 달걀의 함량이 높아 부드러운 드롭 쿠키(drop cookies), 적은 액체를 사용하여 만드는 바삭바삭한 스냅 쿠키(snap cookies) 또는 슈가 쿠키(sugar cookies), 스냅 쿠키보다 많은 지방을 사용하는 쇼트 브레드 쿠키(short bread cookies)가 있다.

거품형 쿠키 : 거품형 쿠키에는 머랭에 몇가지 재료를 혼합하여 낮은 온도에서 구운 머랭 쿠키(meringue cookies)와 스펀지 케이크 반죽과 유사하나 밀가루를 더 많이 사용한 스펀지 쿠키(sponge cookies)가 있다.

표 8-2 케이크의 실패 원인

케이크의 상태	원인
가운데가 푹 꺼진 것	설탕, 지방, 베이킹파우더의 양이 지나치게 많을 때 혼합방법이 부적당할 때 오븐의 온도가 낮을 때 굽는 초기 부풀기 전에 오븐의 문을 열었을 때
껍질이 말라 보이는 것	밀가루 또는 달걀의 양이 너무 많을 때 설탕의 양이 너무 적을 때 지나치게 반죽했을 때 너무 오래 구웠을 때
껍질의 색이 짙은 것	베이킹소다의 양이 많을 때 꿀을 넣었을 때 너무 오래 구웠을 때 오븐의 너무 위쪽이나 아래쪽에 팬을 넣었을 때
찐득찐득하고 결정체가 보이는 것	설탕이 너무 많을 때
텍스처가 거칠거칠한 것	베이킹파우더 또는 설탕이 많을 때 오븐의 온도가 낮을 때 혼합방법이 적절치 않을 때
덜 부푼 것	베이킹파우더의 양이 너무 적을 때 굽는 동안 오븐의 온도가 너무 낮을 때 설탕과 지방의 양이 적절치 않을 때
위쪽이 튀어나온 것	밀가루의 양이 많을 때 설탕, 지방, 액체의 양이 적을 때 지나치게 반죽했을 때 팬이 너무 깊을 때
윗부분이 갈라진 것	밀가루 양이 너무 많을 때 액체 양이 부족할 때 오븐의 온도가 너무 높을 때 팬을 오븐의 너무 위쪽에 놓았을 때
내부에 큰 구멍이나 터널이 생긴 것	지나치게 반죽했을 때 베이킹파우더의 양이 너무 많을 때
쓴맛이 있는 것	베이킹파우더의 양이 너무 많을 때
밑 부분에 두꺼운 층이 생긴 것	반죽이 충분하지 않을 때 액체와 달걀이 너무 많을 때

제9장

당류

당류(sugar)는 물에 녹아 단 맛을 내는 탄수화물을 통틀어 이르는 말로 이 중 단맛을 내는 조미료를 감미료(sweetners)라 한다. 감미료에는 천연 감미료와 대체 감미료가 있다. 당류는 기본적인 맛 중에서 사람이 가장 호감을 느끼는 맛인 단맛을 주는 물질들이다. 설탕을 비롯한 감미료에 대한 일반적인 느낌은 청량감, 만족감, 기분 좋은 느낌이다. 기원전 50000년경에 만들어진 동굴 벽화에 꿀 항아리를 머리로 나르는 여인의 벽화가 있는 것으로 보아 인류가 단맛을 즐기기 시작한 역사는 아주 오래된 것으로 보인다. 문헌에는 기원전 4세기경 유럽에서 설탕을 사용한 기록이 있다.

단맛은 다양한 종류의 식품과 잘 어울리는 맛이므로 식품의 조리에 널리 이용된다. 당은 감미료로서 이용될 뿐만 아니라 식품의 비효소적 갈변에 중요한 영향을 미친다. 예를 들어 빵을 구울 때에 빵 표면의 색깔 변화는 바람직한 현상이나 분유의 변색은 바람직하지 않다. 설탕은 빵 제품들의 부피와 텍스처를 좋게 해 주고 달걀흰자의 거품을 안정되게 만들어 주는 역할을 하며 잼과 젤리를 만들 때는 젤 형성을 도와주는 역할을 한다. 또한 사탕류를 만들 때 기본적인 재료가 된다.

1. 당의 종류

(1) 천연 감미료

1) 설탕

설탕은 동서양을 막론하고 식생활에서 가장 오랫동안 널리 사용되고 있는 천연 감미료이며 어느 감미료보다도 다양한 특성을 가지고 있다. 원료의 60%가 열대지방에서 재배하는 사탕수수이며 나머지는 온대지방에서 자라는 사탕무에서 추출하여 생산한다. 여러 번에 걸쳐서 분리한 갈색의 원당(설탕 결정체)을 한데 모아 정제과정을 거쳐 백색의 순수한 설탕 결정체를 얻는다.

과립설탕 : 시판되는 설탕 중 가장 널리 이용되는 것으로서 테이블 슈가(table sugar)라고도 하며 일반적으로 설탕이라고 할 때는 이것을 일컫는다. 사탕수수나 사탕무의 즙을 추출하고 여러 단계를 거쳐 불순물을 제거하여 결정체로 만든

사탕수수   사탕무

것이다.

가루설탕 : 굵은 설탕을 곱게 분쇄하여 만들며 덩어리지는 것을 방지하기 위하여 약간의 옥수수전분을 첨가한다. 일반적으로 조리에는 많이 이용하지 않으나 케이크에 설탕을 입힐 때와 기타 제과류에 사용된다.

각설탕

각설탕 : 굵은 설탕에 약간의 시럽을 넣어 사각 모양으로 만든 것으로 음료에 주로 사용된다.

황설탕 : 설탕의 제조과정 중 희게 정제하기 전 단계에서 만든 것으로, 당밀의 막이 입혀진 결정체로 구성되어 있다. 희게 정제한 설탕에 비해 독특한 방향을 가지며 3.5% 정도의 전화당과 약간의 유기산을 함유하고 있다. 연한 노란색에서부터 짙은 갈색까지 여러 종류가 있으며 정제할수록 색깔이 연해진다. 독특한 방향을 내기 위해 케이크나 쿠키 등에 사용하고, 우리나라 음식 중 약식을 만들 때도 황설탕을 넣으면 향이나 색이 더 좋아진다.

황설탕

각설탕 공예

2) 시럽

설탕과 마찬가지로 시럽은 식품 가공과 조리에 감미료로 사용된다. 다량의 당(약 80%)을 함유하고 있는 액체로 설탕보다 가격이 비싸다. 시럽은 독특한 향미를 갖고 있다.

당밀 : 사탕수수의 즙으로부터 설탕을 정제하는 과정에서 얻는 부산물로 25% 정도의 수분과 5% 정도의 회분을 함유하고 있다. 70% 정도의 자당, 포도당, 과당의 혼합물이며 이 중 자당을 가장 많이 함유하고 있다.

단풍나무 시럽 : 단풍나무에서 얻은 즙을 증발시켜 만든 것으로 수분이 35% 정도이다. 독특한 향미로 시럽 중 비교적 가격이 비싸다.

옥수수 시럽 : 옥수수전분에 묽은 산을 가하여 가수분해한 것으로 75%의 탄수화물과 25%의 수분을 함유한다. 그러나 당의 비율은 제조과정에 따라 다르며 포도당, 맥아당, 덱스트린의 혼합물이다. 효소를 이용

단풍나무 시럽

하여 포도당 함량이 더 많은 옥수수 시럽을 만들 수 있다. 이것은 점도가 낮고 감미는 더 높으며 식품산업계에서 청량음료 제조에 널리 사용하고 있다. 또한 가공된 곡류, 초콜릿 제품, 통조림 과일, 냉동후식 등에 사용된다.

3) 꿀

우리나라에서는 오랜 옛날부터 꿀을 소중한 감미료로서 여길 뿐만 아니라 불로장수의 비

약이라 할 만큼 귀한 식품으로 여겨왔다. 벌꿀은 수많은 꿀벌이 꽃의 꿀과 분비물을 모아 여기에 체내의 소화효소를 넣어 자당이 포도당과 과당, 즉 전화당으로 변화되도록 한 것이다. 꿀을 채취한 꽃의 종류와 식물의 종류에 따라 벌꿀의 향미와 색이 다르며 그 성분 조성에도 차이가 있다.

일반적으로 색이 진한 꿀일수록 맛이 강하고 색이 엷을수록 맛도 약하다. 미국에서는 클로버와 오렌지꽃 등에서, 우리나라에서는 아카시아꽃, 싸리꽃, 밤꽃, 유채꽃 등에서 꿀을 많이 얻는다. 가장 일반적인 것은 아카시아 꿀이고 유채 꿀은 제주도에서 생산되며 밤 꿀은 색이 가장 검고 쓴맛이 많다.

벌꿀은 보통 수분이 20%, 포도당과 과당이 75% 내외, 자당이 5% 내외이며, 미량성분으로는 단백질, 비타민류, 무기질, 효소, 화분립, 왁스질 등이 있다. 벌꿀은 과당 함유량이 높으나 포도당과 과당의 비율에 따라서 꿀의 특성이 달라진다.

즉, 과당의 비율이 포도당보다 높은 아카시아 꿀과 밤 꿀은 저장 시 결정이 잘 생기지 않으나, 싸리 꿀이나 유채 꿀은 반대로 포도당의 비율이 높아서 저장 시 결정이 잘 생긴다. 이 결정은 가열하면 없어진다. 꿀을 온도가 높은 곳에 보관하면 품질이 나빠질 수 있다. 꿀은 설탕보다 흡습성이 강하기 때문에 오랫동안 수분을 유지하여 건조하지 않게 보관하는 음식에 사용된다. 약과나 약식에는 꿀을 넣어 만들며 케이크나 쿠키에도 사용한다.

4) 조청

찹쌀, 멥쌀, 조, 수수, 고구마 등 그 지방에서 많이 생산되는 곡류의 맥아를 당화시켜 오랫동안 가열하여 수분을 증발시켜 농축한 것이다. 수분함량은 18% 정도이며 맥아당, 포도당의 혼합물이다. 이것을 수분 1% 정도로 농축시키면 검은색의 고체가 되는데 이것이 강엿이다.

(2) 대체 감미료

감미료로서 가장 많이 사용되어 온 것은 설탕이지만 근래에는 다양한 종류의 대체 감미료가 개발되고 있다.

대체 감미료는 원료에 따라 탄수화물계와 비탄수화물계로 나누며 탄수화물계에는 자당, 젖당 또는 전분에 효소를 작용시킨 것과 전분당에 수소반응을 시킨 당알코올계(sugar alcohol)가 있다. 과일과 채소에서 발견되거나 당을 가수분해하여 합성하기도 한다. 솔비톨, 만니톨, 말티톨, 자일리톨, 락티톨 등이 있다. 당알코올은 단맛을 내면서도 천천히 흡수되므로 여러 다이어트 식품의 재료로 유용하다. 또한 입안에서 녹았을 때 시원한 느낌을 주므로 추잉검, 캔디, 기침약 등에 설탕 대신 사용한다.

그러나 식품에 이용한 당알코올은 다른 당류보다 장내를 서서히 통과하기 때문에 설사, 복통, 가스를 유발할 수 있다. 이러한 이유로 솔비톨을 30g 이상 함유한 제품은 권장되지 않으며 자일리톨도 제한된 양만을 다이어트 식품에 이용하도록 한다.

비탄수화물계 감미료로는 아스파탐, 사카린과 같은 합성 감미료와 식물에서 추출한 스테비오사이드와 같은 천연 감미료가 있다.

1) 솔비톨

포도당을 환원시킨 당알코올의 일종으로 설탕의 60~70%의 감미도를 지니고 있고 청량음료, 제과, 합성주, 어육 등에 사용되고 있다. 솔비톨은 감미료로서보다 오히려 어육, 축·수산물의 단백질 변성 방지용으로 많이 이용하고 있다.

2) 락티톨

저칼로리 감미료로 감미도는 설탕의 30~40% 정도이나 설탕과 매우 유사한 맛과 특성을 내며 대사 시에 인슐린이 필요하지 않다. 락티톨은 젖당을 환원시켜 정제하여 결정화한 것이다.

3) 올리고당

탄수화물을 분자량의 크기에 따라 분류하였을 경우 중간 정도의 분자량을 가진 물질을 총칭하는 이름으로 단당이 2~10개 결합된 탄수화물을 말한다. 대부분의 올리고당은 식물체 내 구성분으로 존재하지만 최근에는 박테리아가 생산하는 효소를 이용하여 자당, 젖당, 포도당, 전분으로부터 다양한 기능을 가진 올리고당을 생산하여 많은 식품에 첨가하고 있다. 올리고당은 만드는 방법에 따라 종류가 다양한데, 예를 들어 대두 중에 함유된 가용성 당류를 분리한 것을 대두 올리고당이라 한다.

올리고당은 설탕과 물리적인 특성이 비슷하고 감미도도 비슷하기 때문에 설탕 대체물로 사용하고 있으나 생리적인 특성이 다르다. 즉 인체의 소장에서 효소에 의해 가수분해되지 않거나 극히 일부가 가수분해되고 그대로 대장까지 도달하여 박테리아에 의해 분해된다.

저칼로리(약 2kcal/g)이며 인슐린 분비에 영향을 주지 않고, 부패물질 감소 등의 장점이 있으나 인체에 다량으로 흡수되었을 때 대장에서 미생물에 의하여 발효되기 때문에 탄산가스가 생성되어 복부팽만을 일으키거나 장내를 서서히 통과할 때 삼투압을 유발하여 설사를 일으킬 수 있다. 그러므로 효과적인 1일 섭취량은 3~5g 정도라 한다.

4) 아스파탐

비영양 합성 감미료이다. 아스파탐은 1981년 미국 FDA(식품의약국)로부터 공식 승인을 받은 후 40여 개국에서 시판되고 있으며 그 사용량이 크게 증가하고 있다. 열에 약하므로 식품조리에는 많이 쓰이지 않고 주로 음료에 사용되고 있다. 아스파트산(aspartic acid)과 페닐알라닌(phenylalanine)으로 이루어진 감미료로 상대 감미도는 설탕의 약 120~200배이다.

5) 사카린

뉴슈가

사카린은 우리 체내에 흡수되지 못하므로 에너지원이 아니다. 설탕보다 300배 이상 단맛을 내지만 뒷맛이 쓰다. 1992년 유해성 논란 때문에 절임류, 청량음료, 어육가공품, 특수영양식품 등 일부 식품에만 나트륨염의 형태로 설탕 대신 사용할 수 있도록 사용범위가 대폭 축소되었다. 그러나 2001년 이후 미국 FDA는 안전한 물질로 선언하였다. 사카린은 발암성 논쟁으로 세계를 떠들썩하게 했지만 지금은 CODEX · 미국 · EU · 일본이 모두 사용을 허용한 인공감미료다. 우리도 젓갈, 김치, 음료, 어육가공품, 뻥튀기에 넣는 것이 가능하다.

6) 수크랄로오스

수크랄로오스(sucralose)는 1976년에 발견되었고 1996년 미국 FDA에 의하여 입증되었다. 자당의 변성된 형태이며 설탕보다 600배 달다. 미국과 캐나다에서는 'Splenda'라는 이름으

표 9-1 국내에서 생산되는 감미료 비교표

	설탕	과당시럽	솔비톨	아스파탐	스테비오사이드
분자식	$C_{12}H_{22}O_{11}$	$C_6H_{12}O_6$	$C_6H_{14}O_6$	$C_{14}H_{18}N_2O_5$	$C_{36}H_{60}O_{18}$
원료및 제법	사탕수수나 사탕무에서 추출	옥수수전분을 이성화시킴	포도당에 수소반응시킴	아스파트산과 페닐알라닌 합성	스테비아 건엽에서 추출
성질	백색 결정	투명 시럽, 당류 중 수용성이 가장 큼	백색 결정, 무색 무취, 약상 및 분말, 융점 92℃	백색 결정	회백색 결정, 분말, 융점 196~198℃
감미도	1	0.75	0.6~0.7	120~200	200~250
감미의 질	기준	연한 감미	연한 감미	설탕과 유사한 맛	약간 쓴맛
용해도	양호	양호	양호	양호	불량
용도	제과, 제빵, 음료, 통조림, 빙과 등 거의 모든 식품	음료, 빙과, 통조림, 과자	의약품, 일부의 식품, 접착제, 유화제	다이어트식품, 커피, 제과, 제빵, 음료, 껌	다이어트식품, 어육, 연제품, 장류, 통조림, 음료

로 시중에서 판매되고 있으며 소프트드링크, 케이크, 머핀, 주스, 껌 등에 이용되고 있다.

7) 스테비오사이드

다년생 초본 스테비아에 함유되어 있는 배당체로 감미도는 설탕의 200~250배이다. 이것은 인체 내에서 분해, 흡수가 전혀 되지 않아 칼로리를 내지 않으며 내산성과 내열성이 우수하나 설탕보다 감미질이 떨어진다. 천연 대체 감미료로서 현재 널리 사용되고 있으며 우리나라에서는 특히 희석식 알코올음료(소주)에 감미를 내기 위하여 사용하고 있다.

2. 당의 특성

(1) 단맛

모든 당은 조리 시 단맛을 부여한다. 그러나 당의 종류에 따라 단맛의 정도가 다르다. 당류의 상대적인 감미도는 **표 9-2**와 같다. 상대적인 감미도를 비교하기 위해서는 10% 설탕 용액의 단맛을 100으로 하여 감미의 표준물질로 삼는다. 왜냐하면 설탕은 유리 상태의 카르보닐기가 없어서 이성질체가 존재하지 않는 비환원당이므로 온도변화에 의한 감미도의 변화가 적기 때문이다. 감미도의 순서는 온도나 이들을 넣고 만든 제품에 따라 다르다. 과당은

표 9-2 당류의 상대적인 감미도

당류	상대적인 감미도
과당	173
전화당	130
자당	100
포도당	74
맥아당	32
갈락토오스	32
젖당	16

약간의 산이 첨가되었을 때나 차게 먹을 때 최대 감미를 나타내고 온도가 올라감에 따라 단 맛이 약해진다.

(2) 용해도

용해도는 물 100ml에 녹을 수 있는 설탕의 g수로 나타낸다. 당은 친수기인 −OH기를 가 지고 있으므로 물에 쉽게 용해되나 당의 종류에 따라 용해도가 다르다. 이당류 중 자당은 가 장 잘 용해되며 젖당이 가장 덜 녹는다. 단당류 중에서는 과당이 용해성이 가장 크며 자당보 다 더 잘 용해된다. 실온에서 상대적인 용해도를 보면 과당, 자당, 포도당, 맥아당, 젖당의 순이다. 50℃에서의 당류의 용해도를 **표 9-3**에서 볼 수 있다.

표 9-3 50℃에서 당류의 용해도

당류	100ml의 물에 용해되는 당(g)
과당	86.9
자당	72.2
포도당	65.0
맥아당	58.3
젖당	29.8

당류의 용해도는 입안에서의 느낌과 텍스처에 영향을 미친다. 용해도가 가장 큰 과당은 결 정을 형성하기가 가장 어렵고 용해도가 가장 낮은 젖당은 쉽게 결정화된다.

용해시키는 물의 온도가 높아지면 모든 당의 용해도도 증가한다. 적은 양의 설탕을 물에 넣고 저으면 설탕은 녹고 용액은 투명해진다. 이러한 상태에서 설탕을 더 넣으면 녹을 수 있 기 때문에 불포화용액이라 한다. 특정한 온도에서 녹을 수 있는 설탕이 모두 녹아 있을 때를 포화용액이라 하고 어떤 특정한 온도에서 녹을 수 있는 것보다 더 많은 용질을 갖고 있을 때 를 과포화용액이라고 한다.

(3) 결정체의 형성

당의 결정화는 캔디를 만들 때 반드시 필요한 과정이다. 결정화가 어떻게 되느냐에 따라 제품의 품질이 결정된다. 설탕은 과포화 상태에서 결정이 생긴다. 과포화용액을 형성하기 위해서는 실온에서 이 용액을 끓는 온도까지 가열하여 설탕을 완전히 용해시킨다. 조심스럽게 방해하지 않고 실온까지 식히면 이 용액은 점점 포화 상태에서 과포화 상태로 된다. 과포화 상태는 불안정한 상태이므로 결정화가 잘 일어날 수 있다.

(4) 설탕의 융점과 갈변

당을 가열하면 녹아서 액체 상태가 되며 이 이상으로 가열하면 변화가 일어난다. 자당은 160℃ 정도에서 녹아 맑은 액체가 되는데 계속 가열하면 점점 변화가 일어나 170℃ 정도가 되면 갈색으로 된다. 이 현상을 캐러멜반응이라 하는데 캐러멜향이 나며 갈색을 띤다. 캐러멜반응은 비효소적 갈변이며 수분이 제거되고 중합체를 형성하는 복잡한 화학적 반응이다. 캐러멜화가 지나치게 일어나면 쓴맛을 내며 반응 정도는 당의 종류에 따라 다르다. 갈락토오스와 포도당은 자당과 같은 온도에서 갈변되나 과당은 110℃에서, 맥아당은 180℃ 정도에서 갈변된다.

(5) 흡습성

당류는 흡습성이 강하여 공기 중에 노출되면 덩어리지기 쉽다. 과당은 다른 당보다 더 흡습성이 크다. 그러므로 과당 함량이 높은 꿀이나 당밀을 넣어 만든 케이크나 쿠키는 더 많은 습기를 흡수하게 된다.

(6) 설탕 용액의 비점

당용액의 비점(boiling point)은 순수한 물보다 높은데, 특히 당용액의 농도가 높을수록 상승한다(**표 9-4**). 당용액은 농축될수록 증기압이 낮아져 공기 중의 수분을 잘 흡수한다. 특히 대기의 습도가 높은 경우 더욱 심하므로 비 오는 날이나 습도가 높은 날 당용액을 가열하면 수분의 증발이 서서히 일어나 온도를 높이는 데 시간이 걸리고 사탕을 만들면 끈적끈적해진다.

(7) 발효

젖당을 제외한 대부분의 당은 효모에 의하여 발효되어 탄산가스와 알코올을 생산한다. 이 반응은 제빵에 중요하며 탄산가스와 알코올은 굽는 동안 휘발된다.

(8) 식품의 저장

식품의 저장 시 당 함량이 높으면 미생물의 번식을 억제하므로 잼, 젤리, 과일 통조림

표 9-4 당용액의 농도에 따른 비점의 상승

자당(%)	물(%)	비점(℃)
0	100	100
40	60	101
60	40	103
80	20	112
90	10	123
99.6	0.4	170

등에 이용한다.

(9) 산에 의한 가수분해

이당류는 약산에 의하여 가수분해되어 단당류를 생산한다. 자당은 산에 의하여 쉽게 가수분해되어 포도당과 과당의 혼합물인 전화당이 되지만 맥아당과 젖당은 천천히 반응한다.

당용액의 산 가수분해 정도는 용액의 가열정도, 사용된 산의 종류와 농도, 가열정도와 가열시간에 따라 다르다. 가열하면 반응이 촉진되므로 오랫동안 천천히 가열하면 가수분해가 더 잘 일어난다. 산도가 높을수록 이 반응이 더 잘 일어나는데 예를 들어 설탕에 레몬즙이나 주석영(cream of tartar)을 넣어 가열하는 경우에 반응이 잘 일어난다.

(10) 효소에 의한 가수분해

수크레이스(sucrase) 또는 인버테이스(invertase)는 자당을 가수분해하여 포도당과 과당으로 만들기 때문에 다량의 사탕을 만들 때 당의 결정화를 막기 위하여 이와 같은 효소를 사용한다. 즉, 효소의 사용은 미세한 결정을 만들기 위함이다.

(11) 알칼리에 의한 파괴

모든 알칼리는 당류를 파괴하므로 사탕 제조에 중요하다. 설탕용액을 끓일 때 베이킹소다와 같은 알칼리를 넣은 물을 섞으면 설탕의 파괴가 일어난다. 그 결과로 갈색의 산물을 얻게 되고 오래 가열하면 쓴맛과 강한 향미가 난다.

3. 캔디의 원리

당은 물에 잘 용해되어 진용액을 만들며, 여러 농도의 당용액은 조리에 많이 이용되고 있다. 앞에서 당의 종류와 성질에 관하여 자세히 언급하였으므로 여기에서는 결정형 캔디의 원리를 설명하고자 한다. 결정형 캔디를 만들 때에는 당용액의 결정 형성이 가장 중요하다.

(1) 결정 형성에 영향을 주는 요인

1) 핵의 존재

결정 형성은 반드시 과포화용액일 때만 나타나며 반드시 핵이 존재하여야 결정이 생긴다. 용액이 농축될수록 핵의 형성을 촉진한다.

핵의 크기에 따라 결정 형성 속도나 결정 크기가 달라져 핵이 크면 빠른 속도로 결정이 형성되며 크기가 작으면 서서히 형성된다.

2) 용질의 종류

설탕은 포도당에 비해 빨리 결정을 형성하며 결정 크기도 다르다. 포도당은 서서히 결정화되며 결정 크기도 크지 않다.

3) 용액의 농도

농축될수록 결정이 잘 형성된다.

4) 온도

농축된 설탕용액의 온도가 40℃ 정도로 식은 후 저어주면 미세한 결정이 형성된다.

5) 젓는 속도

젓는 속도가 빠를수록 미세한 결정이 형성된다.

(2) 결정 형성에 영향을 주는 물질

용질인 설탕 이외에 다른 물질이 존재하면 결정체의 크기가 작아진다. 즉, 가열하는 동안 설탕이 가수분해되어 전화당이 생기면 미세한 결정체가 생긴다.

결정 형성을 방해하거나 미세한 결정을 형성하도록 하는 물질로는 주석영, 전화당, 시럽, 꿀, 달걀흰자, 버터, 초콜릿, 우유 등이 있다.

4. 캔디 만들기

(1) 결정형 캔디

결정형 캔디 중에는 퐁당(fondant), 퍼지(fudge), 디비니티(divinity) 등이 있다. 결정 형성을 작게 하는 것이 원칙이며 결정의 크기에 따라 텍스처가 다른 캔디를 만들 수 있다. 결정형 캔디를 만드는 기본 방법은 다음과 같다.

1) 퐁당

퐁당(fondant)은 설탕용액으로 만든 부드럽고 매끈한 사탕이다. 좋은 퐁당을 만들기 위하여는 완전한 당용액이 만들어져야 하며, 원하는 상태까지 용액을 농축시키며 미세한 결정이 형성되도록 한다.

설탕용액 : 설탕을 충분히 용해시킨다. 용기 주위에 설탕 결정이 묻어 있지 않도록 한다.

가열온도 : 112~115℃까지 가열하여 농축시킨다. 온도를 조금 낮추면 사탕이 부드럽게 되며 온도를 조금 높여 주면 더 단단하게 된다. 이때 온도뿐만 아니라 가열시간도 중요한데, 지나치게 서서히 가열하면 전화당이 많이 생겨 결정화하기 힘들어진다.

젓기와 만들기 : 가열 농축된 용액은 다른 용기에 붓는다. 이때 젓거나 주걱으로 긁으면 안 된다. 40℃까지 식힌 후 젓기 시작한다. 처음에는 뿌옇게 되다가 갑자기 덩어리가 되며 단단해진다. 너무 단단하면 부드러울 때까지 손으로 반죽한다. 결정이 만들어지면 모양을 만들어 기름종이에 싼다. 반죽에 주석영을 조금 섞으면 눈처럼 희어지고, 옥수수 시럽을 조금 넣어 만들면 크림색을 띤다. 몇가지 상태에서의 당 결정체를 **그림 9-1, 9-2, 9-3**에서 볼 수 있다.

숙성 : 퐁당을 만든 후 뚜껑 있는 그릇에 담아 약 24시간 정도 저장해 두면 수분의 평형을 이루어 더 부드럽게 되는데 이것을 숙성이라고 한다.

그림 9-1 설탕용액을 115℃까지 끓여 104℃로 식힌 후 저었을 때의 당 결정체

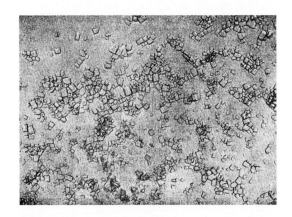

그림 9-2 설탕용액을 115℃까지 끓여 40℃로 식힌 후 저었을 때의 당 결정체

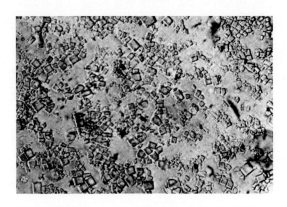

그림 9-3 주석영을 넣은 설탕용액을 115℃까지 끓여 40℃로 식힌 후 저었을 때의 당 결정체

2) 퍼지

퍼지(fudge)를 만드는 원리는 퐁당과 같다. 기본 재료는 같으나 버터나 마가린을 넣고 물 대신 우유를 넣으며 우유는 주로 농축유를 사용한다. 초콜릿과 바닐라가 첨가되고 설탕, 우유, 초콜릿, 옥수수 시럽을 함께 섞어 설탕이 녹을 때까지 가열한다. 그 다음 단계부터는 퐁당 만들 때와 같으며 다른 점은 설탕용액이 끓는점(117℃)에 도달한 후에 버터와 바닐라를 넣는다는 것이다. 퍼지는 일반적으로 49℃까지 식힌다. 젓는 방법은 퐁당과 같으며 젓는 동안 공기가 들어가므로 색이 연해진다. 저은 다음 기름을 얇게 바른 팬에 쏟아 놓은 후 길게 또는 사각으로 자른다.

3) 디비니티

디비니티(divinity)는 용액을 좀 더 농축시킨 후(127℃까지) 뜨거울 때 달걀흰자 거품을 넣어 저어주며 만든다. 혼합물은 기름 묻은 스푼으로 떠서 기름종이 위에나 기름을 얇게 바른 팬에 떨어뜨린다.

(2) 비결정형 캔디

이 캔디는 높은 온도에서 처리하여 결정이 생기지 못하도록 하며 결정 방해 물질을 넣거나 설탕시럽의 농도를 고농도로 하여 결정이 없는 상태로 만든 것이다.

비결정형 캔디에는 세 가지 형태, 즉 끈적끈적한 것(캐러멜), 단단한 것(태피, 브리틀), 부풀린 것(마시멜로)이 있다.

1) 캐러멜

캐러멜(caramel)은 설탕, 옥수수 시럽, 버터, 무당 또는 가당연유로 만든 것으로 끈적끈적한 텍스처를 가진다. 가열할 때 주의할 점은 혼합물이 눌어붙지 않도록 하는 것이다. 캐러멜은 이름처럼 캐러멜화 반응이 일어난 것이 아니라 마이야르 반응에 의하여 갈색과 특유의 향미가 생성된다고 할 수 있다.

2) 브리틀

브리틀(brittles)은 시럽이 다량 첨가된 당용액을 고온으로 가열하여 얇게 펴서 만든 것이다. 버터, 견과류, 베이킹소다를 넣으며 견과류를 넣을 때는 시럽이 식기 전에 넣는다. 향미와 색은 설탕의 캐러멜화에 의한 것이다. 베이킹소다를 시럽에 넣어 탄산가스를 발생시켰기 때문에 다공성을 나타낸다.

3) 태피

설탕시럽에 주석영, 식초, 레몬즙을 넣어 만든 것을 태피(taffy)라 한다. 산 대신에 포도당, 옥수수 시럽, 당밀을 넣을 수도 있다. 태피는 캐러멜보다 더 단단하고 더 높은 조리온도를 요한다.

4) 누가

질깃질깃하고 캐러멜보다 더 스펀지 같은 텍스처를 갖는 사탕을 누가(nougats)라 한다. 설탕시럽에 달걀흰자 거품을 넣어 만든 것으로 꿀이나 견과류를 넣는다.

5) 마시멜로

마시멜로(marshmallow)는 116℃까지 가열한 설탕 용액에 젤라틴과 달걀흰자 거품을 넣어 만든 것이다.

(3) 냉수 시험

온도계가 없을 때 캔디의 조리 온도 또는 시럽의 농도를 알기 위해서는 시럽을 조금 떠서 냉수에 떨어뜨려 본다(**표 9-5**). 조리의 마지막 단계에서 하여야 하며 이때 끓이는 냄비는 불 위에서 내려놓고 시험하여야 한다.

표 9-5 캔디시럽의 냉수 시험

냉수에서의 형태	온도	용도
5cm 정도의 실을 형성한다(thread).	110~112℃	시럽
모양 유지가 어렵다(soft ball).	112~117℃	퐁당, 퍼지, 파노차
형태를 겨우 유지할 수 있다(firm ball).	118~121℃	캐러멜, 누가
손으로 눌렀을 때 모양이 달라질 수 있는 정도의 덩어리를 형성한다(hard ball).	121~130℃	디비니티, 마시멜로
단단한 실을 형성한다(soft crack).	132~143℃	버터스카치, 태피
쉽게 부러지는 실을 형성한다(hard crack).	149~153℃	브리틀, 단단한 사탕
갈색의 점성 액체를 형성한다(caramel).	170℃	색을 내기 위한 캐러멜

제10장

육류

육류(meats)는 식용하는 모든 동물의 고기를 일컫는다. 국가나 민족에 따라 육류에 대한 기호도가 다르며 우리나라에서 주로 식용하는 육류는 쇠고기와 돼지고기이다. 중국에서는 돼지고기의 기호도가 가장 높으며 인도의 힌두교도들은 소를 신성시하여 소를 먹지 않고 회교도는 돼지를 부정한 것으로 여겨 식용하지 않는 대신 양고기를 애용하고 있다. 중동에서는 낙타, 호주에서는 캥거루를 식용하기도 한다.

우리가 식용하고 있는 육류 중 특히 쇠고기는 도살 후 숙성이라는 과정을 거쳐서 먹게 된다. 이 과정을 거쳐야 조리 후 부드럽고 맛이 있다. 근래에는 우리나라에서도 소나 돼지의 사료에 여러 가지 특수성분을 첨가하여 고기의 질을 높이고자 하는 시도가 계속되고 있으며 그 중 시판되고 있는 것도 있다.

육류는 조리 중 많은 변화가 일어나므로 구조와 성분에 관하여 이해하는 것이 중요하다.

1. 육류의 분류

소는 나이와 성에 따라 거세한 수소, 황소, 송아지 등으로 구분할 수 있다. 한우는 우리나라 고유 품종의 토종소 또는 누렁소를 말하고, 젖소와 육우는 외국 품종으로 우리나라에서 태어나 키운 것 또는 생우로 수입하여 6개월 이상 기른 것을 말한다. 수입육은 냉동 상태로 수입하거나 생우로 수입해 6개월 미만으로 기른 것이며 젖소와 육우로 나뉜다. 젖소는 송아지를 낳은 경험이 있는 젖소 암소에서 생성된 고기이고, 육우는 교잡종, 육용종, 젖소 수소, 송아지를 낳은 경험이 없는 젖소에서 생성된 고기이다.

돼지는 4개월 이하(pig)와 4개월 이상(hog)으로 구분한다.

양은 14개월 이하의 어린 양의 고기(lamb)와 14개월 이상의 성숙한 양의 고기(mutton)로 구분한다.

2. 육류의 구조

육류는 근육조직, 결합조직, 지방조직, 뼈로 구성되어 있다(**그림 10-1**). 육류의 근육은 근섬유의 많은 다발들로 구성되어 있다. 결합조직은 근육 사이에 분포되어 있고 세포를 서로 결합해 주며 주변 근육 이외에도 힘줄(건)과 인대에 들어있다. 지방조직 함량은 등급과 부위에 따라 변화가 크며 육류의 품질에 영향을 미친다. 뼈는 육류의 전체 구조에 있어서 필수적인 부분이다.

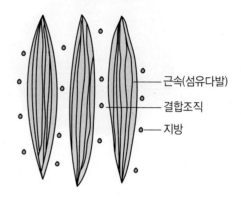

근속(섬유다발)
결합조직
지방

그림 10-1 육류의 구조

(1) 근육조직

동물의 근육조직은 횡문근, 평활근, 심근으로 구성되어 있는데, 가식부위는 대부분 횡문근으로 이루어져 있다. 근육조직은 근육의 단면도(**그림 10-2**)에서와 같이 주요 단백질인 마이오신(myosin)과 액틴(actin)이 기본이 되어 규칙적으로 배열된 마이오필라멘트(myofilaments)를 이루고, 마이오필라멘트가 모여 실처럼 가느다란(1~2μm) 근원섬유(myofibril)가 되며, 근원섬유가 약 2,000개 가량 모이면 근육의 가장 기본 단위인 원통 모양의 근섬유(muscle fiber)라 불리우는 근육세포(muscle cells)가 된다. 근육세포가 여러 개 모이면 근섬유 다발이 되고, 이러한 근섬유의 다발이 또 여러 개 모이면 근속을 형성하며, 근속이 다시 여러 개 모여서 근육막으로 둘러싸임으로써 근육이 형성된다.

> 마이오필라멘트(마이오신, 액틴) → 근원섬유 → 근섬유(근육세포) → 근속 → 근육

근섬유 내에는 점도가 높은 액체가 있는데 이를 근장(sarcoplasm)이라 하며, 근장에는 단백질, 무기질, 비타민, 효소, 미토콘드리아, 마이오글로빈(myoglobin) 등이 존재한다. 근장에 녹아있는 주요 단백질은 미오겐(myogen)으로 구상단백질이며 수용성이다.

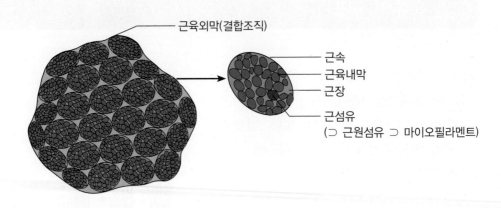

그림 10-2 근육의 단면도

모든 근원섬유는 전자현미경으로 보면 굵은 섬유와 가느다란 섬유가 평행의 일직선으로 배치되어 어둡고 밝은 선이 규칙적으로 배열되어 보인다. 이는 마이오필라멘트가 근절(sarcomere)이라는 구조로 연속되어 있기 때문인데, 이를 이루는 구조물로는 H-역(H-zone), A-대(A-band), I-대(I-band), Z-선(Z-line)이 있다.

두껍고 어두운 부분을 A-대, 암대라 하고, A-대 중에서도 마이오신만 있는 중앙면을 H-역이라 한다. 가늘고 밝은 부분을 I-대, 명대라 하는데, I-대는 다시 두 개의 가늘고 어두운 Z-선으로 양분된다. Z-선과 Z-선 사이를 근절이라 하며 근육수축의 단위가 된다. 두꺼운 부분인 암대(A-대)는 마이오신과 액틴이 중첩된 부위이며, 가느다란 섬유인 명대(I-대)는 주로 액틴으로 구성되어 있다.

근육이 수축할 때 굵은 섬유와 가는 섬유가 미끄러져 들어가서 서로 겹치므로 근절이 짧아져 길이가 짧아지고, 가교를 형성하여 액토마이오신(actomyosin)이라는 새로운 단백질을 형성한다(**그림 10-3**).

근육조직의 단백질인 마이오신과 액틴은 섬유상 단백질이며, 염용성 단백질로 약 3%의 소금용액에서 용출되어 나와 서로 결합하여 액토마이오신을 형성한 후 망상구조의 젤을 형성하는데, 어류의 경우 이러한 원리로 어묵을 만든다.

(2) 결합조직

결합조직은 근육조직이나 지방조직을 둘러싸고 있는 막 또는 다른 조직과 결합시켜 주는 힘줄, 건 등을 말하는데, 근육세포를 여러 크기의 다발로 묶어주며 근육조직을 뼈에 부착시

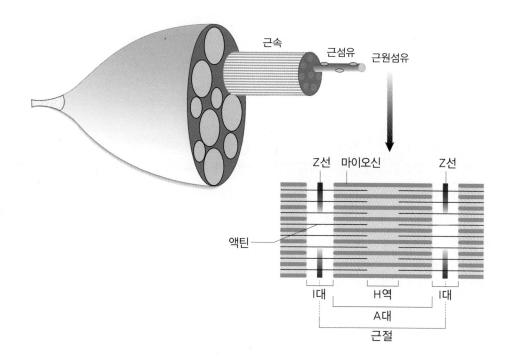

근속
근섬유
근원섬유

Z선 마이오신 Z선

액틴

I대 H역 I대
A대
근절

그림 10-3 근육의 구조

켜 준다. 일반적으로 결합조직에는 세포와 세포 사이를 메우거나 구조를 형성하는 물질인 기질이 들어있다. 이 기질 안에는 길고 강한 섬유들인 콜라젠(collagen)과 엘라스틴(elastin) 이라는 단백질이 함유되어 있다. 콜라젠을 함유하는 결합조직은 희게 보이고 엘라스틴을 함 유한 것은 노랗게 보인다. 대부분의 결합조직에는 콜라젠이 엘라스틴보다 훨씬 많다. 콜라 젠은 프롤린(proline), 하이드록시프롤린(hydroxyproline), 글라이신(glycine)이 세 가닥으 로 꼬인 형태이다. 또 다른 형태의 결합조직 섬유는 레티쿨린(reticulin)이다. 이것은 아주 작은 섬유로 구성되어 있으며 근육세포 주위에 섬세한 그물 모양 조직을 형성한다.

동물의 결합조직은 동물의 연령, 종류, 성별, 운동량, 사료의 종류 등에 따라 영향을 받는 데, 결합조직의 양이 많을수록 고기가 질겨진다.

어린 동물의 근육은 늙은 동물의 근육보다 더 연하다. 동물이 성장함에 따라 결합조직이 더 많아지고 더 강해지기 때문에 동물의 나이가 많을수록 연한 정도는 감소한다. 그러나 송 아지의 경우는 근육에 비하여 상대적으로 높은 비율의 결합조직이 있는데 그 이유는 근육 자체가 발달하기 위한 시간이 부족했기 때문이다. 수컷에 비해 암컷의 고기가 더 연하고, 동 물의 신체운동량이 적은 부위(등심, 안심, 갈비 부위)의 근육이 결합조직을 덜 함유하여 운동량이 많은 부위(목이나 다리 부분)의 근육보다 더 부드럽다. 동물이 운동을 하는 데 사용되는 근육에서 결합조직은 더 많이 발달하기 때문이다. 돼지는 거의 운동을 시키지 않으므로 결합조직이 덜 발달하여 고기가 연하다.

(3) 지방조직

동물의 지방조직은 많은 지방세포를 함유하는 결합조직으로 만들어진다. 이 세포들은 지방조직을 형성하기 위하여 결합조직의 그물구조 안에 위치하고 있다. 동물의 피하와 선기관 주위에서 지방축적이 발견되며 동물이 살찌면 지방세포는 근육사이에 모이고 근육조직의 마블링(marbling)을 형성하게 된다. 근육조직에 분포된 지방을 마블링이라 하고 마블링이 잘 된 육류는 품질이 좋다고 한다.

동물의 나이, 식이, 운동량이 육류의 지방함량에 영향을 미친다. 잘 먹고 운동량이 적고 빠르게 성장한 동물일수록 지방함량이 더 높다. 돼지는 다른 동물보다 더 빠르게 지방을 축적한다.

지방조직의 색은 동물의 나이에 따라 바뀌며 나이를 먹은 동물의 지방은 카로티노이드색소가 축적되므로 더 노랗게 된다.

(4) 뼈

뼈의 상태는 동물의 나이에 따라 달라 어린 동물의 뼈는 연하고 분홍빛을 띠며 성숙한 동물의 뼈는 단단하고 백색이다.

3. 육류의 성분

육류는 주로 수분, 단백질, 지질, 무기질로 구성되어 있고 비타민류, 색소, 맛 성분을 조금 함유하고 있다. 간에는 글라이코젠(glycogen)의 형태로, 그리고 혈액에는 포도당의 형태로 당질이 함유되어 있다.

(1) 수분

육류의 수분함량은 조직 무게의 약 75%이며 육류의 텍스처에 매우 중요하다. 근육세포 안에는 적은 양의 물이 젤 형태로 단백질과 밀접하게 결합되어 있어 강한 기계적인 작용이나 물리적 힘에도 단단하게 결합된 채 남아 있다. 결합되지 않고 남아 있는 대부분의 물은 자유 수라 하고 근섬유 내에 존재하며 일부는 결합조직과 근장 내에 존재한다.

고기에 절단, 마쇄, 압축, 가열과 같은 외부적 힘을 가하는 동안 그 자체의 수분을 보유하는 능력을 물결합 능력(water-holding capacity)이라 한다. 근육의 물결합 능력은 냉동육을 해동할 때, 신선한 고기를 냉장할 때, 가공, 또는 조리 시의 증발손실 등으로 감소된다. 조리된 육류제품의 다즙성과 연한 정도는 물결합 능력에 의하여 좌우된다.

(2) 지질

육류에 함유된 지질의 양은 동물의 종류, 영양 상태, 부위에 따라 변화가 많다. 또한 종류가 같은 육류라 하더라도 부위에 따라 지질의 구성분에 차이가 난다. 대부분의 지방산은 포화지방산과 불포화지방산인데 포화지방산의 정도가 증가함에 따라 지방의 단단한 정도가 증가한다. 돼지고기, 쇠고기, 양고기의 순으로 포화지방산을 함유하고 있으므로 양고기 지방이 쇠고기 지방보다 더 단단하다. 부드러운 지질에는 불포화지방산이 더 많이 함유되어 있다. 돼지 지방의 녹는 온도는 28~48℃이며 소의 지방은 40~50℃이다.

(3) 단백질

근육단백질은 16~22% 함유되어 있으며 근육의 주된 고형물이 된다. 세포 내 단백질은 마이오신과 액틴이 주된 것이며, 다른 단백질은 대부분 수용성이고 적은 양이 함유되어 있다. 세포단백질은 영양적으로 아주 좋으나 조리에 의하여 결합조직으로부터 형성된 젤라틴은 생물가가 낮다. 정상적인 조리과정은 단백질의 질에 거의 영향을 미치지 않으나 지나친 가열은 생물가를 감소시킬 수 있다.

(4) 당질

고기에 함유된 당질의 양은 적지만 텍스처와 맛에 중요하다. 사후 숙성 동안 글라이코젠이 젖산으로 전환되어 고기의 마지막 pH를 결정하여 고기의 물결합 능력, 연한 정도, 색에 영향을 미친다.

(5) 비타민과 무기질

육류는 여러 종류의 비타민을 함유하는데 살코기는 비타민 $B_1 \cdot B_2 \cdot$ 나이아신과 같은 비타민의 좋은 급원이다. 돼지고기는 특히 비타민 B_1이 풍부하다. 간과 콩팥은 비타민 B_2의 좋은 급원이고 다른 조직보다 나이아신이 풍부하다. 모든 육류는 아미노산인 트립토판을 함유하는데 이것은 체내에서 나이아신의 전구체로서 작용한다. 간은 비타민 A의 가장 좋은 급원이다. 육류는 이외에도 철분, 아연, 인산, 구리 등의 무기질을 공급해 준다.

육류를 조리할 때 물에 용해되는 무기질은 국물을 먹음으로써 섭취할 수 있다. 그러나 조리 또는 가공 시 발생하는 비타민 B_1의 손실은 심한 가열처리와 관련이 있는 것으로 보인다. 통조림한 고기는 조리한 고기보다 비타민 B_1을 적게 함유하는데 이것은 통조림을 만들 때 살균하기 위하여 높은 온도로 처리하기 때문이다. 조리된 고기의 비타민 B_1 평균 보유율은 65% 정도이다. 비타민 B_2와 나이아신은 비타민 B_1보다 열에 의하여 덜 파괴된다.

(6) 추출물

추출물(extractives)은 비단백태 질소화합물, 즉 단백질이 아닌 질소성분을 말한다. 기본적인 추출물은 크레아틴(creatine)과 크레아티닌(creatinine)이고, 요소(urea), 요산(uric acid), 기타의 성분도 소량 함유되어 있다. 또한 숙성 시에 ATP가 분해되면서 생성되는 AMP, IMP 등의 핵산계 물질이 고기의 향미에 영향을 준다. 추출물은 나이가 더 먹은 동물일수록, 그리고 운동을 더 많이 한 부위일수록 많다. 이 성분들은 육류의 향미성분으로서 중요하다.

4. 육류의 색소

육류의 색소는 마이오글로빈과 헤모글로빈이다. 육류의 색 차이는 붉은 육색소의 3/4을 차지하는 마이오글로빈의 농도에 따라 다르며, 나머지는 혈액의 헤모글로빈에 따라 다르다. 이들 색소는 신진대사 과정 동안 산소를 공급하기 위하여 산소와 가역적으로 결합한다. 그러나 숨이 끊기면 조직에 산소공급이 중단되어 산소와 더 이상 결합하지 못한다.

(1) 화학구조

두 색소의 화학구조는 비슷하며 두 가지 모두 글로빈(globin)과 철을 함유한 색소인 헴

(heme, **그림 10-4**)을 함유하지만 마이오글로빈의 헴 함유량이 더 적다. 헤모글로빈 분자는 네 개의 헴단백질 단위를 포함하는 반면 마이오글로빈은 하나만 포함한다. 헴은 포피린환(porphyrin ring)으로 구성된 피롤(pyrrol)기 네 개로 이루어져 있다. 포피린환 중앙에는 네 개의 피롤기의 질소와 공유결합된 철이 있다.

헤모글로빈은 혈류에 산소를 운반하고 마이오글로빈은 근육세포에 산소를 보유하는 일을 한다.

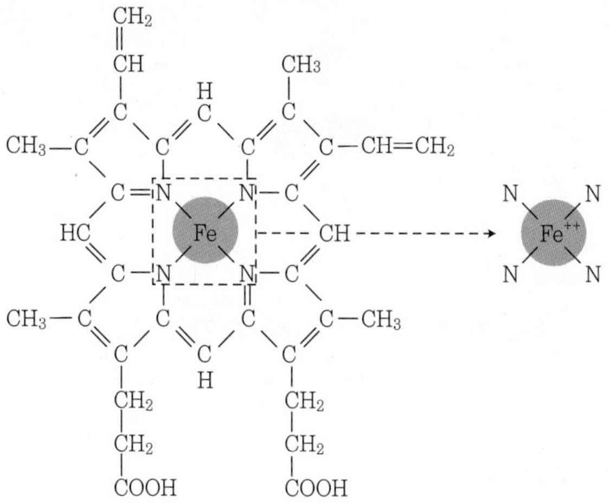

그림 10-4 헴의 구조

(2) 마이오글로빈의 농도

산소요구량이 많은 심장과 같은 조직 안에서 마이오글로빈은 상대적으로 많은 양이 존재하며 더 짙은 색을 띤다. 근육 안에서의 마이오글로빈 양은 동물의 나이가 많을수록 증가하여 소의 근육은 송아지 근육보다 더 짙은 색을 띤다. 또한, 동물의 종류에 따라서도 달라 돼지고기 근육은 일반적으로 소보다 더 적은 양의 마이오글로빈을 함유하므로 색깔이 더 연하다. 같은 동물이라도 운동을 많이 한 근육의 색이 그렇지 않은 경우보다 훨씬 짙다.

(3) 산소에 의한 마이오글로빈의 변화

동물이 도살되면 마이오글로빈은 처음에는 환원형으로 되고 자줏빛을 띤다. 산소와 결합하거나 산화되면 선홍색인 옥시마이오글로빈(oxymyoglobin)이 된다. 어느 정도 저장된 후 환원물질이 조직에서 더 이상 생산되지 않으면 마이오글로빈이나 옥시마이오글로빈 산화형으로 변하기 때문에 근육의 색은 갈색이 되는데 이것을 메트마이오글로빈(metmyoglobin)이라 한다(**그림 10-5**). 산소를 이용하는 미생물과 높은 온도, 정육점에서 사용하는 형광등은 메트마이오글로빈의 형성을 촉진한다. 산화가 더 계속되면 헴 색소가 분해되어 녹색 화합물인 헤미크롬(hemichrome)을 생성한다.

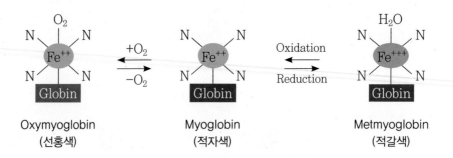

그림 10-5 가열하지 않은 고기의 색소 변화

(4) 가열에 의한 색소 변화

덜 익은 고기의 적색소는 날고기에 존재하는 것과 같은 옥시마이오글로빈이다. 40~50℃ 범위 안에서 옥시마이오글로빈의 글로빈은 변성되고 제1철은 제2철로 산화된다. 익힌 고기의 색소는 산화된 형태이다(**그림 10-6**).

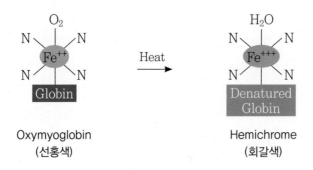

그림 10-6 가열한 고기의 색소 변화

(5) 가공에 의한 색소 변화

마이오글로빈은 산소뿐만이 아니라 일산화질소(nitric oxide)와도 결합할 수 있다. 육류의 가공품인 베이컨이나 햄의 마이오글로빈에 발색제로 아질산염을 첨가하면 일산화질소와 결합하여 선홍색인 나이트로소마이오글로빈(nitrosomyoglobin)이 되고, 이를 가열하면 나이트로소마이오크롬(nitrosomyochrome)이라는 진한 분홍색이 되어 육색이 고정된다(**그림 10-7**).

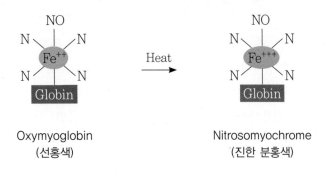

Oxymyoglobin
(선홍색)

Nitrosomyochrome
(진한 분홍색)

그림 10-7 절인 고기의 색소 변화

5. 육류의 검역과 유통

우리나라에서는 식용의 목적으로 도살하기 전 생체검사와 해체검사 등의 도축검사를 받아 이상이 있는 부분은 폐기된다. 검시원에 의해서 도축장의 검사도 함께 받아 위생검사를 철저히 한다.

각종 검사가 완료되면 식용육에는 검인이 찍히게 되는데 검인스탬프의 색소는 식용색소로 허가받은 색소이다. 쇠고기의 도축검사인은 **그림 10-8**과 같으며, 색깔에 따라 쇠고기의 종류를 구분한다. 검인이 찍힌 고기의 부위는 일단 도매용으로 절단되어 일정기간 저장되었다가 소비자 용도에 따라 판매된다.

한우(적색)   육우(녹색)   젖소(청색)

그림 10-8 쇠고기의 도축검사인

축산물 등급제도는 정부가 정한 일정 기준에 따라 축산물의 품질을 구분하여 품질을 차별화함으로써 소비자에게 구매지표를 제공하고, 생산자에게는 보다 좋은 품질의 축산물을 생산하게 하여, 축산물 유통을 원활하게 하는 생산자, 유통업자, 소비자 모두를 위한 제도이다. 출하 → 도축 → 위생검사(예냉) → 등급판정 → 경매(등급별) → 소매점(등급판정확인서 비치)의 순서로 진행된다.

6. 쇠고기의 부위별 명칭과 용도

(1) 쇠고기의 분할 상태별 부위명

쇠고기의 부위별 명칭은 **그림 10-9, 10-10**과 같다. 소는 10개 부위로 대분할하고 다시 39개 부위로 소분할하여 판매한다(**표 10-1**).

① **목심(Neck)** 불고기
② **앞다리(Blad/Cold)** 불고기
③ **등심(Loin)** 구이, 스테이크
④ **채끝(Strip Loin)** 구이, 스테이크
⑤ **갈비(Rib)** 불갈비, 찜갈비, 탕
⑥ **안심(Trender-Loin)** 구이, 스테이크
⑦ **설도(Butt & Rump)** 산적, 불고기, 육포
⑧ **우둔(Topside/Inside)** 산적, 불고기, 육포
⑨ **양지(Bssket & Flank)** 국거리, 편육
⑩ **사태(Shin/Shank)** 장조림, 탕, 찜

그림 10-9   우리나라의 쇠고기 부위명과 용도

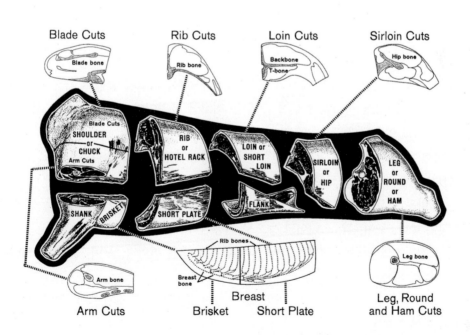

그림 10-10   미국의 쇠고기 부위명

표 10-1 쇠고기의 분할 상태에 따른 부위명

대분할 부위명	소분할 부위명
안심	안심살 (1)
등심	윗등심살, 아래등심살, 꽃등심살, 살치살 (4)
채끝	채끝살 (1)
목심	목심살 (1)
앞다리	꾸리살, 갈비덧살, 부채살, 앞다리살, 부채덮개살 (5)
우둔	우둔살, 홍두깨살 (2)
설도	보섭살, 설깃살, 도가니살, 설깃머리살, 삼각살 (5)
양지	양지머리, 업진살, 차돌박이, 치마살, 업진안살, 치마양지, 앞치마살 (7)
사태	아롱사태, 뭉치사태, 앞사태, 뒷사태, 상박살 (5)
갈비	본갈비, 꽃갈비, 참갈비, 갈비살, 마구리, 토시살, 안창살, 제비추리 (8)
10개 부위	39개 부위

(2) 부위별 특징과 용도

안심 : 등심 안쪽의 연한 고기로 육질이 곱고 지방이 적다. 쇠고기 중에서 가장 부드러우며 소 한 마리에서 겨우 2% 정도밖에 얻을 수 없는 최고급 부위이다. 불고기, 구이, 볶음, 스테이크, 로스구이로 이용된다.

등심 : 갈비뼈 위쪽 등 부분의 고기로 육질이 곱고 지방이 많아 부드럽다. 전체 고기의 20%를 차지한다. 안심과 같은 용도로 쓰인다.

채끝 : 등심 바로 뒷부분의 고기로 육질이 연하고 지방이 조금 있다. 구울 때는 두껍게 썰어서 굽는 것이 좋다. 구이, 찜, 스테이크 등으로 이용된다.

목심 : 약간 질기지만 지방이 적당히 박혀있어 향미가 좋은 편이다. 구이, 불고기, 스테이크 등에 이용된다.

앞다리 : 고기의 결이 곱고 힘줄이나 막이 많이 있어 부분적으로 질긴 것도 있다. 탕, 장조림, 불고기 등에 이용된다.

우둔 : 고기의 결이 약간 굵은 편이나 근육막이 적어 연한 편이다. 육포, 육회, 장조림, 산적, 불고기에 이용된다.

설도 : 육질은 우둔과 비슷하며 향미가 좋다. 산적, 장조림, 육포, 불고기 등에 이용된다.

양지 : 앞가슴으로부터 복부 아랫부분까지이며 운동량이 많은 부위로 결합조직이 많다. 지방이 별로 없고 마이오글로빈이 많기 때문에 색깔이 붉다. 핵산, 아미노산 등의 맛 성분이 많아 육수를 내기에 좋으며 편육 등에 이용된다.

사태 : 앞뒷다리 상박부위로 근육이 발달되어 있어 육질이 질긴 편이나 장시간 물에 넣어 가열하면 연해진다. 국, 탕, 찜, 조림 등에 이용된다.

갈비 : 옆구리 늑골을 감싸고 있는 부위로서 육질은 근육조직과 지방조직이 삼중으로 형성되어 있다. 기름이 많고 살은 연하며 맛이 좋다. 구이, 찜, 탕에 이용된다.

1) 기타 부위

도가니 : 살코기가 거의 없는 물렁뼈이며 뼈가 작은 것이 좋다. 국에 이용된다.

사골 : 다리뼈로 짧은 앞 사골과 긴 사골이 있는데 암소의 앞 사골이 특히 좋다고 한다. 뼈가 얇고 속 내용이 알찬 것이라야 맛있는 맛이 많이 용출된다. 곰국에 이용된다.

꼬리와 족 : 곰국, 찜, 족편을 만드는 데 이용된다.

내장 : 염통, 간, 천엽, 양(위), 콩팥, 곱창 등의 내장은 구이, 전, 전골이나 회로 이용한다. 기타 쇠머리, 혀, 등골 등은 편육이나 찜으로 이용한다.

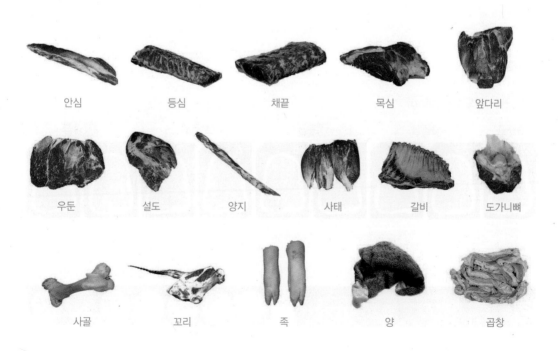

안심	등심	채끝	목심	앞다리
우둔	설도	양지	사태	갈비	도가니뼈
사골	꼬리	족	양	곱창

(3) 쇠고기의 등급기준

쇠고기는 중량에 따라 A, B, C 등급으로 나누고 쇠고기의 품질에 따라 1++등급(1++A, 1++B, 1++C), 1+등급(1+A, 1+B, 1+C), 1등급(1A, 1B, 1C), 2등급(2A, 2B, 2C), 3등급(3A, 3B, 3C)으로 판정하는데 **그림 10-11**과 같다.

미국의 경우에는 8개의 등급으로 나누는데, 최상의 등급이 프라임(prime)이며, 다음으로 초이스(choice), 셀렉트(select), 스탠다드(standard), 커머셜(commercial), 유틸리티(utility), 커터(cutter), 캐너(canner)의 순으로 판정한다.

등급의 종류

육량＼육질	1++	1+	1	2	3	등외
A	1++ A	1+ A	1 A	2 A	3 A	
B	1++ B	1+ B	1 B	2 B	3 B	D
C	1++ C	1+ C	1 C	2 C	3 C	
등외						

육질등급

● 근내지방도(Marbling)

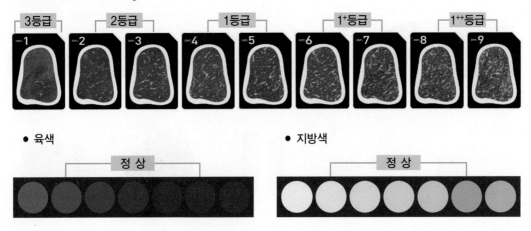

● 육색 ● 지방색

그림 10-11 쇠고기의 등급기준

7. 돼지고기의 부위별 명칭과 용도

(1) 돼지고기의 분할 상태별 부위명

돼지고기의 부위별 명칭은 **그림 10-12**와 같다. 돼지는 7개 부위로 대분할하고 다시 22개 부위로 소분할하여 판매한다(**표 10-2**).

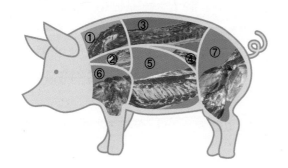

① **목심(Neck)** 구이, 수육
② **갈비(Rib)** 불갈비, 갈비찜
③ **등심(Loin)** 돈가스, 스테이크
④ **안심(Trender-Loin)** 안심가스, 구이
⑤ **삼겹살(Belly)** 구이, 베이컨
⑥ **앞다리(Blad/Cold)** 불고기, 장조림, 보쌈
⑦ **뒷다리(Ham)** 산적, 불고기, 장조림

그림 10-12 우리나라의 돼지고기 부위명

표 10-2 돼지고기의 분할 상태에 따른 부위명

대분할 부위명	소분할 부위명
안심	안심살 (1)
등심	등심살, 알등심살, 등심덧살 (3)
목심	목심살 (1)
앞다리	앞다리살, 앞사태살, 항정살 (3)
뒷다리	볼기살, 설깃살, 도가니살, 홍두깨살, 보섭살, 뒷사태살 (6)
삼겹살	삼겹살, 갈매기살, 등갈비, 토시살, 오돌삼겹 (5)
갈비	갈비, 갈비살, 마구리 (3)
7개 부위	22개 부위

(2) 부위별 특징과 용도

안심 : 허리 부분 안쪽에 위치하며 약간의 지방이 있다. 등심보다 더 부드럽고 연하다. 장조림, 돈가스, 탕수육, 구이, 스테이크, 로스 등에 이용된다.

등심 : 표피 쪽에 두터운 지방층이 덮인 근육으로 고기의 결이 고운 편이다. 운동량이 적은 부위라 부드러우며 지방도 적다. 돈가스, 탕수육, 스테이크, 폭찹 등에 이용된다.

목심 : 등심에서 목 쪽으로 이어지는 부위로서 여러 개의 근육이 모여있다. 근육막 사이에 지방이 적당히 박혀있어 향미가 좋다. 로스, 불고기, 보쌈, 브레이즈 등에 이용된다.

앞다리 : 돼지 앞다리 부분으로 뼈를 감싸고 있고 운동을 많이 하는 부분이다. 다른 부위에 비해 조금 질기다. 불고기, 찌개, 보쌈 등에 이용된다.

뒷다리 : 지방이 표면 전체에 있지만 근육 사이에는 거의 없다. 지방함량이 낮으며 표피는 얇고 부드럽다. 다른 부위에 비해 엷은 색깔이며 튀김, 불고기, 장조림 등으로 이용된다. 뼈를 제거하지 않은 상태로는 주로 훈제된 햄 종류를 만든다.

삼겹살 : 우리나라에서는 목심과 함께 가장 인기가 있는 부위이다. 살과 지방이 보통 3겹으로 되어 있다. 구이, 베이컨 등에 이용된다.

갈비 : 옆구리 늑골의 첫 번째부터 다섯 번째 부위를 말하며 근육 내 지방이 잘 박혀있어 향미가 좋다. 불갈비, 찜, 바비큐 등에 이용된다.

| 안심 | 등심 | 목심 | 앞다리 |

| 뒷다리 | 삼겹살 | 갈비 |

(3) 돼지고기의 등급기준

돼지고기의 등급은 육질등급과 규격등급으로 구분하여 판정한다. 육질등급은 근내지방도, 육색, 지방, 조직감에 따라 1^+, 1, 2등급으로 하며 규격등급은 도체중, 등지방두께, 비육 상태, 외관 상태를 종합적으로 고려하여 A, B, C등급으로 판정하는데, 2013년부터 육질등급과 규격등급을 통합하여 1^+, 1, 2, 등외의 4개 등급으로 단순화된다. 등급기준은 **그림 10-13**과 같다.

근내지방도에 의한 등급기준

육색기준에 의한 등급

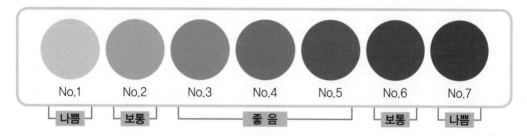

그림 10-13 돼지고기의 등급기준

8. 육류의 사후변화와 숙성

(1) 사후경직

동물이 도살되기 직전의 근육은 부드럽고 유연하다. 도살 후 6~24시간 안에 세포 내에서의 신진대사가 중단됨으로써 근육이 뻣뻣해지는데 이것을 사후경직(rigor mortis)이라 한다. 도살 후 1~2일이 지나면 자연적으로 경직이 풀어진다. 사망에 의해 순환이 정지되어 산소를 운반하는 혈액의 공급이 중단되면 근육은 혐기적으로 되어 고에너지 물질인 ATP를 더 이상 일정 수준으로 유지할 수 없게 된다. ATP가 손실되면 글라이코젠에서 젖산으로 혐기적 전환이 촉진되며 pH의 저하가 일어난다. 살아있는 조직의 pH는 7.0~7.2 범위이나 도살 후 조직에 산소의 공급이 중단되고 혐기적 해당작용으로 생산된 젖산이 축적되어 pH가 약 5.5로 떨어지면, 근육이 수축되어 질기고 단단해진다. 즉, 사후경직 상태가 되면 pH와 글라이코젠은 감소하고 젖산은 증가한다. 또한, 근육단백질인 액틴과 마이오신은 서로 결합하여 액토마이오신을 형성해 근육은 더 이상 확장될 수 없고 질겨진다.

동물이 사후경직되는 시기는 여러 요인에 의하여 영향을 받는다. 냉장 상태 하에 있으면 사후경직은 서서히 시작되고, 그 밖에 동물의 종류, 나이, 도살 직전의 활동 정도 역시 경직의 시작에 영향을 미친다. 또한 소와 같이 큰 동물은 작은 동물보다 경직이 더 천천히 시작되고 더 오래 지속된다. 만약 도살 후 즉시 경직이 되기 전에 고기를 조리하면 부드러울 것이다. 그러나 조리과정이 느리면 가열하는 동안에 경직이 일어날 수 있고 조리된 고기는 부드럽지 않게 된다.

(2) 숙성

만약 도살 후 고기를 1~2일간 냉장하면 사후경직이 지남으로써 부드러워지기 시작하며 더 오랫동안 두면 숙성(aging)이 일어난다. 숙성이 시작되면 부드러움이 증가하고 ATP의 분해로 생긴 핵산물질을 비롯해 크레아틴, 크레아티닌, 요소, 요산, 아미노산, 핵산물질 등의 맛 성분이 증가함에 따라 향미가 좋아진다. 또한, 다즙성이 좋아지고 갈변이 더 잘 되며 낮은 조리온도에서도 내부의 붉은색을 잃어버린다. 너무 오랫동안 숙성하면 강한 풍미나 좋지 않은 냄새가 나게 된다. 이러한 현상의 가장 큰 이유는 숙성하는 동안 근섬유에 있는 단백질이 효소에 의하여 파괴되기 때문이다.

쇠고기의 숙성은 결합조직 성분인 점질단백질(mucoprotein)을 어느 정도 분해시킨다. 쇠고기는 보통 2℃ 정도에서 숙성되나 16℃ 정도에서 숙성하는 것이 2℃보다 더 빨리 부드러워진다는 연구도 있다. 더 높은 온도에서의 더 빠른 숙성은 미생물의 번식이 일어날 수도 있다.

육류 중에서는 쇠고기가 주로 숙성되는 고기이다. 송아지 고기는 숙성해도 더 좋아지지 않고 지방이 없으므로 표면이 마르기 쉽다. 돼지고기는 부드럽기 때문에 질긴 것이 문제가 되지 않는다.

9. 육류의 연화

(1) 연화에 영향을 미치는 요인

결합조직의 양이 많을수록 고기가 단단하고 질기며, 숙성 정도에 따라 연한 정도도 영향을 받아 숙성이 잘 된 근육이 더 연하다.

동물의 지방은 고기의 부드러움을 증가시킨다. 마블링은 쇠고기의 부드러움과 맛에 큰 영향을 미치는데, 마블링이 감소함에 따라 연화도가 감소하고 다즙성과 향미 또한 감소한다.

조리온도와 조리시간이 영향을 미쳐 높은 온도에서 오랫동안 가열할수록 근육섬유가 질겨진다. 결합조직에 물을 가하고 80℃ 이상으로 가열하면 콜라젠은 분해되어 젤라틴 분자를 생산하나, 엘라스틴은 거의 분해되지 않는다. 그러므로 덜 연한 고기를 습열조리하면 콜라젠의 분해로 부드러움이 증가된다.

(2) 육류의 연화 방법

1) 기계적인 방법

근섬유와 결합조직은 두들겨 주거나 잘라주는 방법으로 연하게 할 수 있다.

2) 효소에 의한 방법

파파야의 파파인(papain), 파인애플의 브로멜린(bromelin), 무화과의 피신(ficin), 키위의 액티니딘(actinidin), 배의 프로테아제(protease) 등의 단백질 분해효소가 고기 연화에 사용된다. 이 효소들은 사용방법에 따라 효

파파야

무화과

과가 달라지는데 육류의 표면에 뿌렸을 때는 0.5~2.0mm 정도만 통과하기 때문에 뿌린 후 포크로 찔러주면 더 깊이 들어갈 수 있다. 이들 효소들은 근육세포 단백질뿐만 아니라 결합조직에도 작용한다. 그러므로 과다하게 사용하면 다즙성이 감소하고 푸석푸석한 텍스처가 된다. 효소의 활동은 실온에서는 거의 일어나지 않고 60~70℃ 정도에서 활성이 최적화되는데, 이 온도는 조리하는 동안에 도달할 수 있다.

3) 산에 의한 방법

토마토, 식초, 포도주 등에 담그는 방법(marinade)을 적용하면 수분 보유율이 커져 더 연해진다. 그러나 향미가 변하고 색이 검게 되며 수용성 성분의 손실이 일어날 수 있다.

4) 염에 의한 방법

간장이나 소금을 적당히 사용하면 단백질의 수화를 증가시켜 더 연하게 된다. 그러나 15% 이상의 지나친 염의 사용은 탈수작용과 중량의 손실을 일으켜 오히려 육류가 질겨질 수 있다.

10. 육류의 품질 특성과 보관

(1) 품질 특성

좋은 쇠고기의 살코기 빛깔은 표면이 선명한 붉은색을 갖고 부드러운 느낌을 주며 지방은 단단하다. 선홍색의 쇠고기는 대체로 연한 어린 쇠고기이다. 신선하지 않은 것은 더 짙은 붉은색이고 거칠거칠한 느낌을 준다. 결이 곱고 윤기가 나는 육질이 좋은데, 고기의 결은 암소와 어린 소가 고운 편이다. 지방의 색은 흰색에서 연노랑색 범위가 정상이다. 늙은 소일수록 지방의 색이 미황색 또는 황색이다.

신선한 돼지고기의 살은 회색을 띠는 분홍색이 좋은 것이며 진한 암적색은 늙은 돼지고기이거나 오래 보관된 고기일 수 있다. 결이 곱고 탄력이 있는 고기가 좋은 것이다. 뼈는 부드럽고 붉은색이며 스펀지 같은 느낌을 준다. 품질이 좋지 않은 돼지고기는 살코기나 외부에 과다한 지방이 있고 살코기의 색이 더 진하며 거칠게 보이고 뼈는 덜 붉은색이다.

현재 우리나라의 쇠고기 총 소비량 중 수입육의 시장 점유율이 점점 높아지고 있다. 한우와 수입육을 식별하기는 쉽지 않으나 다음의 몇가지로 비교할 수 있다. 한우는 지방이 적은 편이고 고기의 색깔은 선홍색을 띠며 수입육에 비해 뼈의 크기가 작은 편이다. 앞다리의 사골이 가늘고 지방의 색깔은 흰색이며 고기의 색깔 변화 속도가 느리다. 반면 수입육은 한우에 비해 지방이 많으며 육색은 한우보다 진한 검붉은색이다. 뼈가 크고 사골도 굵은 편이며 갈비의 폭이 넓다. 해빙하면 육색의 변화 속도가 한우보다 빠르다. 참고로 농축산물의 국산과 수입산에 대한 원산지 식별 정보는 국립농산물품질관리원(http://www.naqs.go.kr)에서 제공하고 있어 쉽게 확인할 수 있다.

(2) 육류의 보관

시중에서 판매되고 있는 고기는 포장되어 있는 것이 많다. 포장에 사용된 필름은 일반적으로 산소가 들어갈 수 있는 것이기 때문에 고기의 색깔이 선명한 붉은색이다. 수분이 있는 고기 표면에는 박테리아가 번식할 수 있다. 따라서 항상 냉장 또는 냉동 보관하는 것이 좋다.

1) 냉장 · 냉동

구매한 후 1~2일 안에 소비할 것이라면 포장된 채로 냉장 보관하면 되고 만약 더 오랫동안 보관할 것이라면 냉동 보관하여야 한다. 포장되어 있지 않은 고기를 구입하였을 때는 포장용 봉투나 알루미늄 포일에 한 번에 먹을 양만큼 나누어 싸서 냉동한다.

다진 고기나 내장은 특히 상하기 쉬우므로 냉동하는 것이 아니면 1~2일 안에 조리하여야 한다. 냉동할 때에는 포장지가 고기에 밀착하도록 한다. 육류의 권장 저장기간은 **표 10-3**과 같다.

표 10-3 육류의 저장기간

육류	저장기간	
	냉장실(2~4℃)	냉동실(-18℃ 이하)
쇠고기	3~5일	6~12개월
돼지고기	3~5일	6~9개월
쇠고기 다진 것	1~2일	3~4개월
돼지고기 다진 것	1~2일	1~3개월
내장	1~2일	3~4개월

2) 해동

냉동육을 냉장 해동할 때에는 냉동실에서 꺼낸 후 12~15시간 정도(최대 72시간 이내)로 5℃ 이하의 냉장고 내 전용칸에서 서서히 자연 해동하도록 하는 것이 좋고, 해동 후 온도는 5℃ 이하로 유지하여야 한다. 이때 혼동되지 않도록 해동 중이라는 표시를 해두는 것이 좋다. 찬물에 담가 해동할 때에는 랩에 꼭 싸서 21℃ 이하의 흐르는 찬물에서 4시간 이내에 해동시킨다. 냉동육은 급히 해동시킬수록 육즙 손실이 심해지므로 주의한다.

해동된 고기는 재동결하지 않도록 한다. 냉동과 해동이 반복되면 조직이 파괴되고 다즙성과 풍미 등의 품질이 떨어질 뿐만 아니라 산패가 쉽게 되므로 적정량을 해동하여 사용한다. 해동된 고기는 신선 냉장육보다 산패 가능성이 높으므로 빠른 시간 내에 조리하여야 한다.

해동 시 나오는 침출 해동수로 인해 주변이 오염되지 않도록 주의한다.

11. 가공육

가공육은 육류를 저장하기 위하여 가공한 것으로 햄, 베이컨, 소시지 등이 있다. 한때 육가공품의 제조에 소금이 많은 양 사용되었으나 지금은 소금 이외에 아질산나트륨, 설탕, 조미료 등을 사용한다. 가공에 사용되는 소금은 나쁜 미생물의 번식을 억제하고 향미를 좋게 해 준다. 이때 인산이 사용되기도 하는데 이것은 고기가 줄어드는 것을 방지한다.

아질산은 고기의 붉은 색소인 마이오글로빈과 반응하여 선홍색의 나이트로소마이오글로빈(nitrosomyoglobin)을 생성한다. 이것은 가열하는 동안 진한 분홍색으로 변하며 나이트로소마이오크롬(nitrosomyochrome)이라 한다.

아질산염은 지나치게 많은 양을 사용하면 독성이 있는 것으로 알려져 있어 그 사용에 대해 논란이 있다. 이는 나이트로사민(nitrosamine)이라는 발암물질이 가공식품에서 형성되거나 위산에 의하여 위에서 형성될 수 있기 때문으로 아질산은 제한된 양만을 사용할 수 있다. 아질산은 색깔을 고정하는 것 이외에도 향미를 증진시키고 보툴리누스균(*Clostridium botulinum*)의 번식을 억제한다.

햄과 베이컨은 돼지고기로 훈연한 제품이고 소시지는 다진 고기와 조미료, 전분, 향신료 등이 사용된 제품으로 그 종류가 다양하다. 소시지는 제조방법에 따라 훈연 또는 가열조리한 가열 소시지, 가열조리하지 않은 비가열 소시지, 장기 저장이 가능하도록 건조시킨 건조 소시지 등으로 구분할 수 있다.

12. 조리에 의한 육류의 변화

육류의 조리는 가열하는 온도나 시간에 따라서 정도의 차이는 있으나 근섬유와 결합조직의 변화, 지방조직의 변화, 색과 향미의 변화, 용적의 수축이 일어나며 영양가에 변화가 생긴다.

(1) 근섬유의 변화

육류의 근육단백질은 가열하면 변성이 일어나므로 질겨진다. 각각의 근육은 가열될 때 결합조직의 양에 영향을 받지만 근섬유 자체도 각각 다르게 영향을 받는다. 육류를 가열하면 50~60℃에서 고기의 수축을 눈으로 확인할 수 있는데, 이는 열에 의해 근섬유가 더욱 짧아지고 단백질이 응고되기 때문이다.

육류의 가열온도가 높을수록, 그리고 가열시간이 길어질수록 근섬유의 수축이 더 크게 일어나고, 수분이 빠져나와 보수성이 감소해 질겨진다. 그러므로 고기를 구울 때는 결합조직이 적고 연한 부위를 선택하는 것이 좋고, 낮은 온도에서 가열하는 것이 높은 온도에서 굽는 것보다 수축이 덜 일어나 부드럽다.

(2) 결합조직의 분해

육류의 조각을 작게 하여 익힐 때 40~60℃에서 단백질의 변성과 응고가 일어나면서 섬유의 길이가 짧아져 근육이 수축되어 부드러운 정도가 감소하지만, 결합조직의 대부분을 구성하고 있는 콜라젠은 60℃이상에서 가열하면 부드러운 정도가 점점 증가한다. 그 이유는 물을 넣고 계속 가열하면 65℃에서 결합조직의 주요 단백질인 콜라젠이 서서히 분해되기 시작하여 80℃에서 젤라틴으로 가수분해되면서 부드러워지기 때문이다. 그러므로 결합조직이 많은 질긴 고기는 장시간 습열조리하면 좀 더 부드러워진다.

(3) 지방의 변화

고기가 가열되면 지방은 녹고 근육 단백질의 보수력은 낮아져 육즙과 연화가 감소되고 고기의 무게와 부피도 감소하게 된다.

(4) 색의 변화

육안으로 보았을 때 조리된 고기의 색깔은 60~65℃와 75~80℃ 사이에서 변한다. 고기의 내부 온도가 증가하면 붉은색은 감소한다. 육색소인 마이오글로빈은 60℃ 부근에서 변성되고 다른 단백질의 변성은 80℃에서 완성되는 것으로 보인다.

(5) 향미의 변화

육류의 맛 성분은 유리아미노산, 아미노화합물, 유리지방산, 암모니아, 황화수소, 이노신(inosine), 크레아티닌(creatinine), 당단백질 등인데 고기를 가열하면 이들 성분이 분해되어 독특한 향미를 형성한다.

고기 냄새에 관여하는 인자는 자연적으로 가지고 있는 성분 이외에 단백질 분해와 변성, 지방 용해, 당의 캐러멜 반응, 유기산, 질소함유 물질 등이다. 탄수화물은 조금 함유되어 있으나 단백질과 마이야르반응을 일으켜 갈변되며 고기에 특수한 향미를 준다. 조리한 고기를 2일 이상 냉장고에 보관하거나 남은 고기를 가열할 때는 좋지 않은 냄새(warmed-over flavor)가 나게 된다. 그 이유는 고기의 불포화지방산의 산화 때문인 것으로 보인다.

육류의 향미는 조리방법에 의하여 영향을 받는데 조리시간이 길면 향미를 충분히 낼 수 있고 이때 덜 부드러운 부위의 향미가 더 좋다. 고기를 구울 때 양념을 하면 향미가 증진된다. 만약 양념에 소금이 포함되어 있으면 고기가 약간 갈변된 후에 첨가한다. 그 이유는 소금이 육즙을 빠지게 하고 갈변을 지연시키기 때문이다. 고기를 조리할 때 나오는 즙을 끼얹거나 마리네이드를 하면 수분과 향미를 보유하게 하는 데 효과적이다. 가열하기 전에 양념을 하는 것도 향미를 증가시킨다.

(6) 조리 손실

조리 손실(cooking loss)은 무게의 감소뿐만 아니라 영양소의 감소를 포함한다. 육류의 조리과정 중 고기의 내부 온도가 증가할수록 조리 손실도 증가한다. 무게의 감소는 지방과 육즙의 유출, 보수성의 감소, 다른 휘발성 물질의 증발 때문에 일어난다. 고기가 조리된 마지막 내부 온도가 전체 무게 손실에 영향을 미친다. 무게 손실은 내부 온도가 증가함에 따라 증가하며 건열법보다 습열법에서 더 크다. 뚜껑 없는 팬에서 고기를 구울 때 고기의 표면으로부터 상당량의 수분 증발이 일어난다. 그러나 물이나 증기에서 조리할 때보다 영양소와 향미물질은 더 많이 남는다. 수분이 증발되면 무기질과 추출물은 고기의 표면에 모이므로 구운 고기의 내부보다 바깥쪽의 향미가 더 좋다.

고기에는 지방이 일정하지 않게 분포되어 있기 때문에 지방의 손실은 다른 성분보다 덜하다. 고기의 내부로 열이 침투하는 속도가 늦기 때문에 고기 표면 가까이에 있는 지방일수록 안쪽에 있는 것보다 더 손실된다. 녹은 기름이 전부 손실되는 것은 아니고 안쪽으로 침투해 들어갈 수도 있다. 고기 바깥쪽의 지방층이 증발을 방지하므로 수분 손실을 감소시킬 수 있다.

조리된 고기에는 육즙이 많아야 하는데 고기의 질, 마블링의 양, 숙성과 같은 요인에 따라 즙의 상태가 달라진다. 즉, 숙성된 고기는 숙성하지 않은 고기보다 즙이 많고 어린 동물의 고기일수록 늙은 동물의 고기보다 즙이 많다. 마블링이 잘 된 부위는 그렇지 않은 부위보다 즙의 양이 많다.

(7) 영양가의 변화

육류는 조리방법에 따라 비타민 B군(비타민 $B_1 \cdot B_2$, 나이아신)의 보유율에 영향을 받으며, 특히 습열조리를 오래 하면 비타민이 파괴되거나 물에 용해된다. 찌거나 끓이는 방법과 같은 습열조리는 조리수로 인하여 비타민 손실이 가장 큰데, 물에서 조리하는 동안 조리시간이 길어질수록 더 큰 손실이 일어난다. 비타민 B_2와 나이아신은 비타민 B_1보다 열에 의한 파괴가 덜 일어난다. 조리 중 비타민의 손실이 생기기는 하지만 조리된 육류는 여전히 비타민의 좋은 급원이다.

13. 육류의 조리

육류의 조리 목적은 고기의 맛을 향상시키고, 근육을 연하게 하여 소화가 잘 되게 하고, 고기에 오염되어 있는 세균과 기생충을 없애 위생적으로 하기 위함이다.

조리하기 전에 고기의 표면을 물에 씻을 수 있으나 수용성 물질이 용출될 수 있으므로 물 속에 담가두는 것은 좋지 않다. 검사하기 위하여 찍은 스탬프는 안전한 식물성 염료이기 때문에 제거하지 않아도 된다.

육류는 생것일 때 기생충이나 박테리아에 감염되어 있을 수 있기 때문에 조리하는 것이 안전하다.

육류를 조리할 때는 부위의 특성을 알아서 적절한 조리법을 적용하는 것이 중요하며, 바람직한 색, 향미, 텍스처를 갖도록 해야 한다. 고기 조각의 크기, 모양, 종류, 가열기구 등에 의하여 가열에 의한 영향이 달라질 수 있다. 일반적으로 근육조직은 가열에 의하여 수축되고 질겨지며 결합조직은 부드러워진다. 가열시간과 온도가 고려되어야 하는데 콜라젠의 분해는 시간에 더 영향을 받으며 근섬유의 단단함은 온도에 의하여 더 영향을 받는다.

육류의 조리방법은 습열법과 건열법으로 나눌 수 있다.

습열법은 국, 찜, 조림과 같이 물에 조리하거나 압력냄비에서 조리하는 것으로 덜 연한 부위에 적당한 방법이다. 결합조직 속의 콜라겐이 젤라틴으로 가수분해됨으로써 연하게 된다.

질긴 고기를 조리하기 전에 식초나 레몬즙과 식용유를 섞은 액체인 마리네이드에 2~3일 담가두면 연화될 수 있다. 이렇게 처리된 고기의 수분함량은 그렇지 않은 고기보다 높다.

건열법은 구이와 같이 물을 사용하지 않는 조리법이다. 튀김 역시 조리하는 동안 물이 아닌 기름이 육류의 표면과 접촉하기 때문에 건열법이라 할 수 있다. 건열법에 적당한 부위는 부드러운 부위이며 결합조직을 많이 갖고 있지 않으므로 긴 시간 조리할 필요가 없다. 오랜 시간 조리하면 오히려 질겨진다. 덜 연한 부위를 구울 때는 불을 낮게 하여 시간을 길게 하면 된다. 전자레인지에서 조리할 때 부드러운 부위는 건열법으로 적당하나 덜 부드러운 부위는 전자파의 파워를 낮게 하여 조리한다.

(1) 습열조리

1) 육수

양지, 사태와 같은 질긴 부위 또는 꼬리나 사골을 끓여 국물의 맛을 낸다. 고기를 찬물에 넣고 끓이기 시작하며 이때 생기는 거품은 맛과 외관을 좋지 않게 하므로 걷어낸다. 국물에 용출되는 맛 성분은 수용성 단백질, 지질, 무기질, 추출물, 젤라틴 등이다. 약한 불에서 장시간 끓여야 맛 성분이 충분히 용출된다. 사골을 끓일 때 국물이 뽀얗게 되는 것은 뼈에서 우러나는 인지질의 유화작용 때문이다. 물에 담가 핏물을 뺀 후 끓이며 물을 넉넉히 부어 센 불에서 한 번 끓이다가 거품이 나면 따라 버린 후 다시 물을 부어 끓인다. 끓기 시작하면 약한 불에서 오래 끓여야만 충분히 우러난다. 도가니, 꼬리, 족도 같은 방법으로 한다. 국물을 만들 때 방향채소를 넣으면 향이 더 좋으며 국물이 식은 다음 굳어진 지방층은 걷어낸다.

2) 찜

찜은 물을 부어 잘 무르게 익힌 음식이므로 질긴 부위의 고기를 이용하는 방법이다. 재료는 큼직하게 썰어서 뚜껑을 덮고 약한 불에서 오래 끓인다. 간은 약간 싱거운 듯하게 하는 것이 좋으며 고기가 어느 정도 연해진 뒤에 양념을 한다. 고기가 연해지기 전에 양념을 하면 간장의 염분이 삼투압에 의해 고기 내부로 침투되어 고기의 즙이 많이 용출되고 부드럽지 않게 된다. 가압냄비를 사용하면 조리시간을 단축시킬 수 있다.

3) 조림

조림은 재료에 간을 조금 세게 하여 부드럽게 익힌 것이다. 조림을 할 때에는 약한 불에서 천천히 조려야 충분한 맛을 내며 조림에 알맞은 조미료 또는 향신료를 사용한다. 즉, 돼지고기 조림에 생강즙을 넣으면 냄새를 없애는 데 좋다. 우리나라의 쇠고기 조림방법으로는 장조림이 대표적이다. 장조림은 대접살, 우둔, 사태 등이 적당하며 고기를 큼직하게 썰어 잠길 만큼 물을 붓고 어느 정도 연해질 때까지 서서히 익힌다. 이후 양념간장을 넣고 더 연하게 한 다음 나머지 간장을 넣어 조린다. 만약 처음부터 간장을 넣으면 고기가 부드러워지지 않는다.

4) 편육 또는 수육

쇠머리, 우설, 양지머리, 업진, 사태 등은 결합조직이 적당히 발달되어 있어 편육으로 많이 이용한다. 물이 끓기 시작하면 고기를 넣어 육류의 표면단백질을 빨리 응고시켜 추출물이 국물로 용출되는 것을 최대로 방지하여야만 맛이 있다. 대파, 통마늘, 생강, 양파, 커피가루 등을 넣고 익혀 뜨거울 때 수육으로 먹어도 좋으며, 베보자기로 싸서 무거운 것으로 눌러주어 편육을 만들어 먹어도 된다. 썰 때에는 결의 반대 방향으로 썰어야 더 부드럽다. 돼지고기로 만든 제육은 새우젓과 함께 먹으면 맛이 잘 어울리며, 소화도 잘된다.

5) 브레이징

습열조리 방법인 브레이징(braising)은 덜 부드러운 고기를 조리하는 방법이다. 기름에 지지거나 구워서 고기 표면을 먼저 갈색으로 한 다음 물을 조금 가하여 브레이징한다. 이때 물은 콜라겐이 가수분해하는 데 필요하다. 팬은 뚜껑을 덮고 약한 불에서 고기가 부드러워질 때까지 조리한다. 조리에 소요되는 시간은 고기의 특성과 조각의 크기에 따라 다르다.

6) 스튜잉

브레이징과 마찬가지로 습열조리 방법이지만 물을 조금 더 많이 사용한다. 스튜잉(stewing)하기 전에 고기를 갈색화하면 향미와 색을 더 좋게 할 수 있다.

질긴 부위의 고기를 토막 내어 채소와 소량의 물이나 액체를 넣어 약한 불에서 끓인다. 채소는 고기가 어느 정도 익은 뒤에 넣어야 모양과 색깔을 유지할 수 있다. 토마토 또는 토마토 주스를 넣고 끓이면 토마토의 산이 고기의 콜라겐을 신속히 젤라틴화하여 고기를 더욱 연하게 해준다. 그러나 육류단백질이 익기 전에 토마토를 넣으면 토마토의 색소인 라이코펜(lycopene)과 단백질이 결합하여 고기의 색이 좋지 않은 붉은색으로 변하므로 응고 후에 토마토를 넣어 준다. 만약 채소를 넣게 되면 고기가 부드러워진 후에 넣어서 끓여야만 채소가 지나치게 익는 것을 방지할 수 있다.

7) 압력조리

압력냄비에서의 조리는 덜 부드러운 고기를 조리하는 습열 방법이다. 일반적인 끓는점보다 온도가 높기 때문에 조리시간이 짧다.

(2) 건열조리

1) 구이

구이에는 직화법과 간접법이 있다. 직화법은 석쇠를 사용하므로 육류가 지닌 원래의 맛이 잘 보존되는 방법이다. 간접법은 철판이나 알루미늄 포일을 가열하여 그 위에서 굽는 방법이다. 육류단백질은 40℃를 전후하여 응고되기 시작하며 고기의 맛은 이 단백질의 응고점 전후가 가장 좋다. 그러므로 너무 강한 불에 굽지 않도록 하고 익기 전에 여러 번 뒤집으면 맛이 덜해지므로 주의한다. 양념한 고기를 구울 때 나는 맛있는 냄새는 당과 단백질, 아미노산 등의 반응으로 생기는 물질의 냄새이다. 고기를 양념할 때 배즙을 넣어 양념장을 만들어 사용하면 연화 효과가 크다. 배즙을 간장과 동량으로 사용하면 간이 짜게 되는 것도 조절할 수 있다. 고기에 칼집을 넣거나 칼등으로 두드려 주는 것은 쇠고기 근섬유를 끊어주는 좋은 방법이다. 고기를 양념장에 재우기 전 설탕에 미리 10~20분 정도 재워두면 설탕에 의해 육류의 수분 보유 상태가 증가되어 연육효과가 커진다. 참기름을 먼저 넣으면 피막을 형성하여 양념의 염분이 근육 속에 침투되는 것을 방해하므로 굽기 직전에 넣는 것이 좋다. 그러므로 불고기를 할 때 양념은 설탕, 간장, 참기름 순서로 넣어 주는 것이 바람직하다.

2) 로스팅

가장 간단한 육류 조리 중 하나로 큰 고기 덩어리를 석쇠에 놓아 오븐 속에서 굽는 것이 로스팅(roasting)이다. 육류온도계를 이용하면 고기의 내부 온도와 익은 상태를 알 수 있는데, 온도계를 꽂을 때는 근육의 중앙에 있는 뼈나 지방에 닿지 않도록 가장 두꺼운 부분에 꽂아야 한다. 로스팅의 오븐 온도는 163℃가 가장 적당하다. 로스팅의 마지막 단계에서 오븐의 온도를 잠깐 높이면 더욱 갈색으로 될 수 있다. 육류의 지방함량은 로스팅 시간에 영향을 미쳐 지방함량이 적은 근육의 조리시간이 더 길다.

조리된 정도를 알아보는 방법으로는 최종 내부 온도 측정, 고기 무게에 따른 조리시간표(time/weight chart) 이용, 고기의 가운데를 눌러보아 단단한 정도 알아보기 등이 있다.

내부 온도와 고기의 익은 정도에 따라 레어(rare), 미디엄 레어(medium rae), 미디엄(medium), 미디엄 웰던(medium well-done), 웰던(well-done)의 5가지로 나눈다. 55~60℃는 덜 익은 것(rare)이고, 65~70℃는 중간 정도 익은 것(medium)이고, 78~80℃는 잘 익은 것(well-done)이다. 고기의 내부 온도가 너무 높거나 오븐 온도가 높으면 조리 손실률이 증가한다.

3) 브로일링과 팬 브로일링

가스, 숯불, 전기와 같은 열원에서 직접 익히는 방법을 브로일링(broiling)이라 하고 팬에서 익히는 방법을 팬 브로일링(pan broiling)이라 한다. 이는 스테이크나 불고기와 같이 작고 얇은 조각을 익히는 방법이다. 브로일링은 복사열을 이용하는 반면 팬 브로일링은 팬에 고기가 놓여져 전도에 의해 가열되는 것이다. 이 방법으로 조리할 때는 고기의 지방이 흘러나오는데 양이 많으면 따라 버려야 한다. 그렇지 않으면 튀김과 같이 된다. 이 두 방법은 고기의 내부가 지나치게 익지 않으면서도 표면이 갈색화되도록 가열하여야 한다. 부드러운 부위나 작은 조각으로 조리하기 때문에 조금 높은 온도라도 고기가 질겨지지 않는다. 덜 부드러운 부위일 때는 고기를 조금 두드려 주거나 연육소를 사용하고 조리온도를 조금 낮춰준다.

4) 튀김

튀김은 기름으로부터 고기로 열이 전달되는 것으로 기름의 온도가 높기 때문에 겉껍질이 고기의 외부에 쉽게 형성된다. 적은 양의 기름을 사용하거나(pan frying) 많은 양의 기름을 사용하는 방법(deep fat frying)이 있다. 육류는 튀김옷을 입히거나 또는 가루를 묻혀 튀기는데, 이러한 방법은 튀김옷을 갈색으로 만드는 데 효과적이다.

5) 전자레인지 조리

근래에는 전자레인지의 사용이 증가하여 육류도 이 방법으로 많이 조리한다. 전자레인지 조리의 장점은 재래식 방법과 비교하여 같은 정도로 조리를 할 때 에너지가 절약 되는 것이다. 전자레인지에서는 조리 손실이 더 일어날 수 있으나 현재의 전자레인지는 여러 수준의 에너지 출력이 가능하므로 맛과 연화도를 증가시킬 수 있다.

전자레인지에서는 균일하게 가열되지 않을 수 있으므로 돼지고기 가열 시에는 살균을 위하여 충분히 가열하여야 한다.

단, 고기는 전자레인지에서 조리하면 갈변되지 않는다. 이 문제를 해결하기 위해서 재래식 방법으로 미리 갈변을 일으킨 후 전자레인지에서 조리를 하는 방법이 제안되고 있으며 새로운 전자레인지의 개발도 이루어지고 있다.

전자레인지에서 조리한 육류의 향미는 재래식 방법보다는 좋지 않다. 그 이유는 향미가 충분히 조성될 시간이 짧기 때문이다. 그러나 조리하여 냉장 혹은 냉동한 육류의 재가열 또는 해동에 아주 효과적이다.

제11장

가금류

가금류(poultry)는 사람이 식용하기 위하여 사육되는 모든 종류의 조류를 말한다. 닭, 칠면조, 오리, 거위, 메추리, 꿩, 비둘기 등이 있으며 우리나라에서는 닭고기를, 미국에서는 칠면조를, 중국에서는 오리고기를 많이 식용한다.

닭고기는 전 세계적으로 백색육의 선호도가 증가함에 따라 소비량이 증가하는 추세이며 영양적으로 볼 때 질이 좋은 단백질과 비타민 $B_1 \cdot B_2$, 나이아신 등의 좋은 공급원이 된다. 또한 쇠고기나 돼지고기보다 지방함량이 낮고 불포화지방산이 다량 함유되어 있으며 근육섬유가 가늘어 육질이 연하다. 오골계는 살과 내장은 물론 뼈까지 검은색인 닭이다.

오리고기는 껍질과 근육조직이 부드럽고 담백한 맛이 나고 첨가하는 재료에 따라 독특한 맛을 느낄 수 있으며, 필수아미노산과 불포화지방산 함량이 높다.

1. 가금류의 분류

가금류는 나이와 고기의 연한 정도에 따라 분류된다. 예를 들어 미국 시장에서 판매하고 있는 가금류는 **표 11-1**에서와 같이 성별, 성장기간, 무게에 따라 구분된다. 미국에서는 USDA에서 위생과 품질 상태(형태, 살코기, 지방, 상처 등의 상태)를 검사하여 검인을 찍고 등급을 나누어 판매하고 있다. A, B, C 세 등급으로 나누는데 **그림 11-1**과 같다.

우리나라에서 닭고기 등급기준은 통닭(닭도체)과 부분육을 대상으로 품질을 평가하여 1^+, 1, 2등급으로 구분한다. 중량에 따른 호수를 기준으로 소(5~6호), 중소(7~9호), 중(10~12호), 대(13~14호), 특대(15~17호)의 규격으로 구분하는데 **그림 11-2**와 같다. 2012년 7월부터는 오리고기에도 1^+, 1, 2등급으로 나누어 등급제를 실시하고 있다.

2. 가금류의 성분

가금류의 성분은 다른 육류와 비슷하다. 단백질은 필수아미노산을 많이 함유하고 불포화지방산이 많다. 지방은 어린 것일수록 적으며 부위별로 보면 껍질에 가장 많고 근육에는 거의 없다. 또한 비타민 $B_1 \cdot B_2$, 나이아신 등과 같은 비타민 B군과 레티놀의 좋은 공급원이다.

표 11-1 가금류의 분류

종류	성별	무게(kg)	성장기간
닭			
Cornish game hen	암컷, 수컷	0.9 이하	5~7주
Broiler 또는 fryer	암컷, 수컷	0.9~1.1	9~12주
Roaster	암컷, 수컷	1.4~2.3	3~5개월
Capon	거세한 수컷	1.8~3.6	8개월 이하
Fowl	암컷	1.1~2.3	1년 이상
Cock 또는 Rooster	수컷		10개월 이상
칠면조			
Fryer-roaster	암컷, 수컷	1.8~3.6	10주
Young hen	암컷	3.6~6.8	4~7개월
Breeder hen	암컷	9.1~10.3	7~12개월
Young tom	수컷	11.4~13.7	5~6개월
Mature breeder	수컷	22.8~25.1	6~12개월
오리			
Fryer duckling	암컷, 수컷	0.9~1.8	2~3개월
Young duck	암컷, 수컷	1.8~2.2	4~9개월

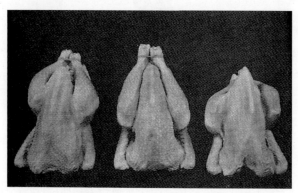

U.S. Grade A   U.S. Grade B   U.S. Grade C

그림 11-1 닭의 등급(미국)

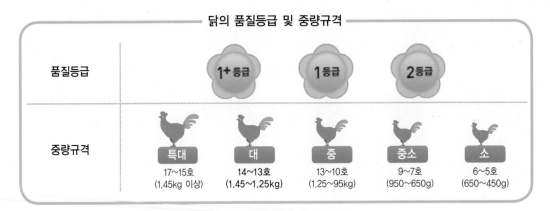

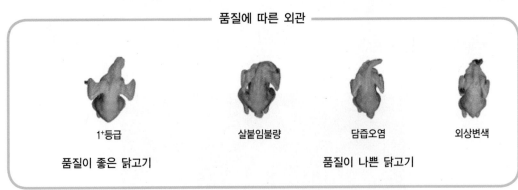

그림 11-2 닭의 등급(우리나라)

철분함량은 쇠고기, 돼지고기, 양고기보다 적게 들어있는데 이는 근육색소인 마이오글로
빈의 함량이 가금류에 더 적기 때문이다. 그리고 다른 육류에 비하여 근육섬유가 가늘고 연
하여 소화 · 흡수가 빠르며 특히 가슴살은 더 부드럽고 섬유의 길이가 짧다.

가금류에 있어서 결합조직의 양은 성장 정도에 따라 차이가 많이 있는데, 특히 수컷이며 성장이 많이 된 가금류일수록 많이 들어있어 조직이 질기다.

3. 닭고기의 부위별 명칭과 용도

(1) 닭고기의 부위별 명칭

닭고기의 부위별 명칭은 **그림 11-3**과 같다.

① 안심, 가슴살
② 윗다리살
③ 아랫다리살
④ 윗날개살
⑤ 아랫날개살

그림 11-3 우리나라의 닭고기 부위명

(2) 부위별 특징과 용도

다리살 : 다리는 색이 붉고 독특한 향미가 있는데 이는 가장 운동을 많이 하는 부분으로 탄력이 있고 단단하기 때문이다. 약간 질긴 듯하나 맛이 좋으며 튀김이나 구이에 이용된다.

가슴살 : 지방분이 매우 적어 향미와 짙은맛이 부족하며 조리 시 퍽퍽한 상태가 된다. 지방질 섭취를 제한해야 하는 사람에게 좋으며 가슴살에는 힘줄이 있으므로 조리하기 전에 반드시 떼어내고 쓴다. 샐러드, 초무침, 튀김 등에 이용된다.

안심 : 안심은 가슴살에 포함되기도 하는 것으로, 소나 돼지고기의 안심 부위에 해당된다.

지방이 매우 적어 맛이 담백하다.

날개살 : 날갯죽지로부터 날개 끝까지를 말한다. 지방분이 많고 맛이 진하다. 치킨 커틀릿, 구이, 튀김, 로스트, 전골, 국, 소테 등에 이용된다.

4. 가금류의 저장

가금류는 살모넬라 감염이 쉽기 때문에 손질하는 과정에서 주의를 기울여야 한다. 가금류 조리 시 이용한 칼이나 도마는 다른 식품을 다루기 전에 철저하게 깨끗이 닦고 살균하여 사용해야 한다. 특히 샐러드와 같이 가열하지 않는 음식일 경우에는 더욱 주의해야 한다.

가금류는 잘 포장해서 냉장 또는 냉동보관해야 한다. 냉장고에서 단기간 저장할 때도 포장을 뜯었다가 다시 포장하여 보관하면 반복해서 만지는 과정에서 세균이 증가할 수 있다.

신선한 가금류는 구입한 후 가능한 한 곧 조리하도록 한다. 그러나 조리한 가금류는 완전히 익혔다 해도 조리하는 동안에 감염될 수 있는 여러 미생물에 의해 독소가 생성될 수 있기 때문에 되도록 조리한 직후 먹어야 하며, 냉장고에 저장할 때도 1~2일 안에 항상 신속하게 먹어야 하고 더 오래 두었다 먹을 때는 반드시 -18℃ 이하로 냉동저장해야 한다. 가금류를 냉동할 때는 내장 부분을 제거하여야 내장에 들어있는 효소의 작용으로 품질이 나빠지는 것을 막을 수 있다.

조리한 가금류를 냉동하면 생닭을 냉동했을 때보다 향미와 조직이 더 나빠진다. 닭에 여러 가지 재료를 채워 넣어 조리할 경우 채우는 즉시 조리해야 하며, 그대로 두면 냉장 또는 냉동할 때 걸리는 시간이 너무 길어지고 속을 채운 닭고기는 세균의 온상이 되므로 좋지 않다.

냉동한 가금류는 냉장고로 옮겨 서서히 해동시켜 반 정도 녹았을 때 조리하는 것이 좋다. 미지근한 물에서 해동하면 품질이 나빠지고 상할 수 있으므로 급히 해동해야 할 때에는 비닐봉지에 넣어 밀봉한 후 찬물에 담가 해동하는 것이 좋다. 이때 해동한 것은 다시 냉동시키지 말아야 한다.

5. 구입요령

신선한 닭고기는 고기가 단단하며 껍질막이 투명하고 윤기가 흐르고 탄력이 있다. 고기의 색이 전체적으로 너무 흰 것은 피하고 껍질이 잘 붙어 있으며 썬 단면이 뭉개지지 않고 윤기가 나는 것을 구입하는 것이 좋다. 또한 껍질의 털구멍이 울퉁불퉁하게 튀어나온 것이 좋은 것이다. 껍질에 주름이 있거나 축 늘어진 것, 윤기 없이 말라 보이는 것은 살이 찌지 못한 것으로 맛이 없다. 손으로 들어보아 약간 묵직한 느낌이 드는 것이 좋다.

6. 뼈의 변색

냉동되었던 어린 가금류를 조리하면 흔히 뼈가 매우 어두운 색깔로 변하는 것을 볼 수 있다. 이것은 냉동과 해동을 하는 과정에서 골수의 적혈구가 파괴되어 암적색으로 나타나기 때문인데, 조리하는 동안 적색은 갈색으로 바뀌게 된다. 그러나 이러한 색 변화가 향미에 영향을 주지는 않는다. 이러한 변화를 방지하기 위해서는 해동하지 않고 냉동된 가금류를 직접 조리하면 되는데 이렇게 조리하면 해동해서 조리한 것보다 훨씬 변색이 적게 일어날 수 있다. 가금류를 전자레인지에서 직접 신속하게 조리하면 다른 조리방법에 비해 변색을 막을 수 있다.

7. 가금류의 조리

가금류의 조리원리는 다른 육류와 크게 다르지 않다. 주로 건열법(굽기, 튀기기, 로스팅)은 어리고 연한 가금류의 조리에 적합하며 습열법(끓이기, 삶기, 찌기, 졸이기)은 성장이 많이 되고 질긴 고기를 연하게 만들고자 할 때 적합하다. 성장이 많이 된 가금류를 습열조리하면 어린 것보다 오히려 향미가 우수하여 맛이 더 좋아진다.

지방이나 콜레스테롤의 섭취를 줄이기 위해서는 기름을 제거하고 껍질을 벗긴다. 껍질은 조리하기 전이나 후에 벗겨낼 수 있다. 닭고기는 껍질에 지방이 많으므로 양념이 고기 속까지 침투되게 하려면 포크로 찔러 껍질에 구멍을 뚫어 주면 좋다.

맛있는 가금류를 먹기 위해서는 적당히 숙성되고 지방이 분포되어 있는 것으로 조리해야 한다. 냉동한 것은 즉석에서 잡은 것보다 연하므로 조리시간이 짧아도 잘 무른다. 가금류는 강한 불에 조리하면 단백질이 질겨지고 크게 수축하며 육즙이 손실된다. 따라서 적당히 낮은 불로 조리하는 것이 더 연하고 육즙이 많게 된다. 오븐에서 구울 때에는 건조되는 것을 막기 위해서 가끔 껍질에 기름을 발라주어야 한다.

생닭은 향미가 적거나 거의 없지만 조리하는 동안에 많아지는데 이는 닭에 다량 존재하는 휘발성 카보닐과 황화합물에서 기인하는 것으로 보인다. 가금류 중 특히 칠면조를 재가열할 때 이취(warmed-over flavor)가 나는데 이는 지방의 산패 때문이라고 한다.

육류와 달리 가금류는 완전히 익혀서 먹어야 하는데 이는 가금류가 살모넬라(*Salmonella*), 연쇄상구균(*Streptococci*), 그리고 포도상구균(*Staphylococcus*)의 세 가지 위험한 미생물에 감염되기 쉽기 때문이다. 완전히 익혀서 먹을 경우 이러한 미생물은 죽게 된다. 그러나 조리 전후에 포도상구균이 감염되어 유해한 독소를 생성할 수 있기 때문에 가금류는 항상 가능한 한 조리한 직후에 바로 먹어야 한다. 지나치게 많이 만지거나 오랜 시간 그대로 두었다가 먹을 경우 매우 위험할 수 있다.

우리나라에서는 예부터 무더운 여름에 더위를 이기기 위하여 삼계탕, 닭죽, 닭칼국수, 닭개장 등의 닭 음식을 먹어왔다.

(1) 습열조리

닭죽 : 닭을 푹 삶은 물의 기름을 걷어내고 불린 쌀을 넣어 끓인 것이다. 찹쌀을 넣어도 되며 인삼이나 마늘을 넣어도 좋다.

삼계탕 : 닭의 뱃속에 찹쌀, 수삼, 마늘, 대추를 넣고 익힌 것이다. 닭 껍질은 벗겨내고 국물은 식혀서 기름기를 걷어낸다.

영계백숙 : 어린 닭에 마늘, 파의 흰 부분을 넣어 푹 삶아낸 것이다.

이 밖의 우리나라 음식에 닭을 토막 내어 양념한 후 찜, 볶음, 조림, 구이 등을 한 것이 있다.

(2) 건열조리

구이 : 닭을 1/2, 1/4, 또는 작은 조각으로 잘라 팬에서 갈색이 되도록 굽는 것이다.

로스팅 : 뱃속을 여러 종류의 스터핑(stuffing)으로 채우거나 또는 채우지 않고 163℃ 정도의 오븐에서 굽는다. 내부의 익은 정도를 알기 위하여 온도계를 이용하기도 한다.

튀김 : 어린 닭을 조각 내어 튀김옷을 입히고 165~175℃의 기름에서 튀겨 낸 것이다.

제12장

알류

알류(eggs)는 달걀, 메추리알, 오리알, 칠면조알 등 모든 조류의 알을 말하며 모두 식용으로 이용 가능하지만 달걀이 가장 많이 이용되고 있다. 그러므로 이 장에서는 달걀에 대하여 설명하고자 한다. 달걀은 '생명의 시작'이라는 상징적인 의미를 갖기도 하며 준(準) 완전식품으로서의 가치도 높이 평가받고 있다.

달걀은 다양한 기능성 때문에 식품조리에서 여러 가지 중요한 역할을 한다. 즉, 만두속이나 튀김옷에서와 같이 결착제(binding agent)로서, 엔젤 케이크나 머랭을 만들 때 기포제(foaming agent)로서, 유화액을 만들 때 유화제(emulsifying agent)로서, 음식을 응고시키는 응고제(coagulation agent)로서, 셔벗이나 캔디를 만들 때 결정 형성을 방해하는 간섭제로서, 육수를 깨끗하게 하거나 커피를 끓일 때 불순물을 제거하는 청정제(clarifying agent)로서 작용한다.

이외에도 음식의 색, 향미, 텍스처를 좋게 해 준다. 또한 완숙란, 수란, 스크램블드 에그와 같이 달걀 자체로 먹을 때 영양가를 공급함은 물론 먹는 즐거움을 준다. 달걀은 질이 좋은 단백질을 함유하고 있어 식품단백질의 생물가를 평가할 때 표준으로 삼고 있다.

| 달걀 | 메추리알 | 오리알 | 타조알 |

1. 달걀의 구조

달걀의 구조는 **그림 12-1**과 같이 껍질, 껍질막, 노른자, 노른자막, 흰자, 기실, 알끈 등으로 이루어져 있다.

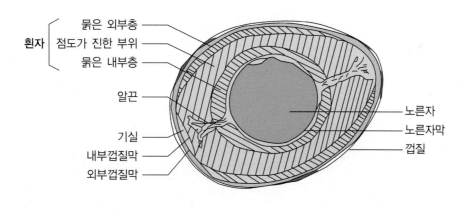

묽은 외부층
흰자 점도가 진한 부위
묽은 내부층
알끈
기실
내부껍질막
외부껍질막
노른자
노른자막
껍질

그림 12-1 달걀의 구조

(1) 껍질

껍질의 색은 닭의 품종에 따라 백색 또는 갈색인데 이 색과 영양가는 관련이 없다. 껍질은 달걀 무게의 12%를 차지하며 내부를 보호하는 역할을 한다. 수천 개의 기공을 가지고 있어 공기의 유통과 탄산가스와 수분 증발을 조절하고 있다. 산란 직후의 껍질 표면에는 점액물질이 덮여 있는데 이것은 곧 건조되어 깔깔한 촉감을 주는 껍질 외피(cuticle)가 된다. 이는 수분 증발과 달걀 내부로의 잡균의 오염을 방지해 주는 역할을 한다. 달걀을 보관할 때 물로 씻으면 표피층이 벗겨져 미생물이 내부로 침투할 수 있다. 그러나 불순물이 묻어 있는 달걀도 세균 침입의 원인이 되므로 지저분한 달걀은 한 번 씻어 사용한다. 상품화된 달걀은 물에 한 번 씻기 때문에 식용유로 얇은 막을 만들어 주기도 한다.

껍질의 조성성분을 보면 탄산칼슘이 94% 정도이며 이외에 탄산마그네슘과 인산칼슘이 각각 1% 정도씩으로 조성되어 있다. 이러한 성분 때문에 김장 김치를 담글 때나 오이지를 담글 때 달걀 껍질을 사용하면 이들의 텍스처를 오랫동안 유지시켜 준다는 실험보고도 있다. 사료 중에 칼슘이 부족하면 껍질은 얇고 약하게 된다.

(2) 껍질막

껍질막은 껍질의 바로 안쪽에 강하게 부착되어 있는 것으로 두 층의 막으로 이루어져 있다. 껍질막은 박테리아가 달걀 내부로 침투하는 것을 방지해 준다. 이들 막은 주로 뮤신(mucin)과 케라틴(keratin)이라는 성분으로 구성되어 있다.

(3) 기실

달걀의 둥근 쪽 내부에 두 개의 껍질막 사이에 있는 공기주머니를 기실(air cell)이라 한다. 산란 후 시일이 경과하면 두 층의 껍질막이 떨어져 공간을 만들게 되어 기실이 커진다.

(4) 달걀흰자

달걀흰자는 점도가 높고 불투명하여 달걀 전체 무게의 60% 정도를 차지한다. 흰자가 약간 푸르스름한 색을 띠는 것은 리보플라빈(riboflavin) 색소 때문이다. 달걀흰자는 점도가 높고 진한 농후난백과 점도가 낮고 묽은 수양난백 두 층을 포함하여 세 층으로 이루어져 있다. 수양난백은 달걀노른자를 둘러싸고 있는 묽은 내부층과 껍질막 근처에 위치하고 있는 묽은 외부층으로 이루어져 있으며 농후난백은 그 사이에 존재한다.

알끈이 있는 부위를 제외하고는 점도가 묽은 바깥쪽 흰자가 껍질막과 접하고 있다. 이와 같이 흰자는 껍질막과 노른자의 중간에 있으며 특수한 그물구조로 되어있는 점도가 진한 흰자가 미생물의 침입을 막는다. 흰자의 점도는 산란 후 시일이 오래 지날수록, 그리고 탄산가스의 손실이 많을수록 점점 묽어지게 되어 농후난백보다 수양난백이 많아진다.

(5) 알끈

알끈(chalaza)은 나선상의 구조를 하고 있는 달걀흰자의 변성물이며 노른자를 중간에 고정시키는 역할을 한다. 알끈의 단단한 정도는 신선한 달걀의 지표가 된다.

(6) 달걀노른자

노른자는 알끈에 의하여 달걀의 중심 부분에 위치하며 진하고 옅은 색이 서로 교차하여 층을 이루고 있고 인단백질인 비텔린(vitelline) 막으로 둘러싸여 있다. 산란 후 시간이 경과함에 따라 이 노른자막은 약하게 되어 터지기 쉽다.

유정란은 노른자 표면의 중간에 직경 2~3mm의 백색 원반 모양의 배반(germinal disc)이 있고 무정란은 난자가 있던 곳에 백색 반점만 보인다. 배반으로부터 노른자의 중심부위에 걸쳐 보이는 백색의 긴 부분을 라테브라(latebra)라 하며 이것을 함유한 노른자는 옅은 색이다. 이 부분은 열에 잘 응고되지 않는다.

2. 달걀의 성분

(1) 단백질

달걀흰자의 성분은 수분이 많으나 이외의 주요 구성분은 단백질이다. 오브알부민(ovalbumin)은 달걀흰자의 가장 중요한 단백질로 전체 고형물의 54%를 차지한다. 이것은 쉽게 변성되고 조리를 할 때 음식의 구조를 형성해 준다.

오보트랜스페린(ovotransferrin 또는 conalbumin)은 회분과 결합되어 있는 단백질로 박테리아의 성장을 방해한다. 이 단백질은 달걀흰자 고형물의 12%를 차지하며 물리적인 조작에 의하여 쉽게 변성되지 않지만 철분과 결합되어 있지 않을 때는 열에 의하여 쉽게 변성된다. 오보뮤코이드(ovomucoid)는 달걀흰자 고형물의 11%를 차지하고 있으며 열변성에 적합하고 단백질 분해효소인 트립신의 활성을 방해한다. 오보뮤신(ovomucin)은 다른 단백질보다 함량이 적지만(3.5%) 거품을 안정시키고 오래된 달걀의 변성과 흰자가 묽어지는 데 관여한다. 아비딘은 달걀흰자에 적은 양(0.5%)이 함유되어 있는 단백질인데 영양적으로 볼 때 중요한 의미가 있다. 즉, 달걀흰자를 가열하지 않았을 때 아비딘은 비타민 B군인 비오틴(biotin)과 결착하여 비오틴이 인체에서 흡수되지 못하게 한다. 달걀흰자를 날것으로 계속 많이 섭취할 때 이러한 현상이 일어날 수 있다. 그러나 익힐 경우에는 아비딘은 불활성화되어 문제가 되지 않는다.

달걀노른자에도 여러 종류의 단백질이 함유되어 있는데 그 특성은 많이 알려져 있지 않다. 가장 중요한 노른자 단백질은 고밀도의 지단백질(lipovitellin과 lipovitellinin)이다. 이외에 인단백질인 포스비틴(phosvitin)과, 수용성이며 유황을 함유한 리베틴(livetin)이 있다.

달걀 1개는 완전 단백질을 7g 정도 함유하며, 다른 식품과 비교할 때 표준으로 이용된다.

(2) 탄수화물

탄수화물은 포도당, 만노오스, 갈락토오스의 형태로 적은 양이 들어있으나 달걀의 중요한 성분이다. 왜냐하면 포도당과 갈락토오스는 단백질과 작용하여 마이야르반응을 일으킴으로써 갈변의 원인이 되기 때문이다. 건조한 달걀흰자나 완숙과 같이 조리한 달걀흰자의 색이 변하는 것은 이러한 이유 때문으로, 바람직하지 않은 반응이다.

(3) 지질

달걀의 지질은 노른자에 농축되어 있다. 노른자의 1/3 정도는 지방인데 트리글리세라이드 (65.5%), 인지질(28.3%), 콜레스테롤(5.2%)이다. 인지질은 레시틴(lecithin)과 세팔린(cephalin)으로 구성되어 있으며, 이 중 레시틴은 자연적인 유화제이다. 콜레스테롤에 대한 우려 때문에 노른자 중 콜레스테롤의 함량을 줄이려는 시도가 많이 이루어지고 있다.

사료는 노른자 지질의 지방산 조성에 영향을 미치며 특히 리놀레산과 올레산의 양에 영향을 미친다. 사료의 조절로 우리나라에서도 여러 종류의 달걀을 시판하고 있다.

(4) 무기질

노른자는 무기질 중 인, 아이오딘, 아연, 철을 함유한다. 그러나 노른자의 철은 철 흡수를 방해하는 노른자 단백질인 포스비틴(phosvitin) 때문에 잘 흡수되지 않는다.

달걀흰자에는 유황성분이 함유되어 있어 달걀을 은제품에 담았을 때 은제품이 검은색으로 변한다.

(5) 비타민

달걀흰자에는 비타민 B_2가 함유되어 있는데 이것은 사료에 따라 어느 정도 영향을 받는다. 노른자는 지용성 비타민인 비타민 A를 함유하고 있다. 달걀은 이외에도 비타민 D, 엽산, 판토텐산, 비타민 B_{12}의 좋은 급원이다.

3. 달걀의 색소

노른자의 색소는 카로티노이드이다. 노른자의 색은 사료의 종류에 따라 차이가 나는데 노란 옥수수나 푸른 풀을 많이 먹으면 색이 짙어지고 보리나 밀을 많이 먹으면 색이 연해진다. 색이 짙다고 해서 비타민 A 함량이 꼭 높다고는 할 수 없다. β-카로틴이 많이 함유된 사료를 먹었을 때는 비타민 A로 전환될 수 있다.

4. 달걀의 저장 중 변화

신선한 달걀은 비중이 1.08~1.09로 10%의 소금물에 담그면 가라앉는다. 신선란을 평평한 그릇에 깨뜨렸을 때 노른자는 둥글고 높은 모양을 하며 흰자는 점도가 높다. 달걀흰자의 pH는 산란 직후 약 7.6이며 노른자는 pH 6.0이다. 달걀은 산란 직후부터 질이 떨어지기 시작하여 궁극적으로는 변패를 초래하는 변화가 시작된다. 시일이 경과함에 따라 기실이 커지며 노른자가 확대되고 노른자막이 약해지며 달걀흰자는 묽어지게 된다. 달걀은 보다 알칼리화되고 냄새와 향미가 떨어지게 된다. 이러한 변화는 저장온도가 높을수록 커진다. 기실의 크기는 수분의 상실을 나타낸다. 껍질을 통한 수분 상실 외에도 달걀흰자로부터 노른자로 수분 이동이 일어난다. 이러한 이유로 오래된 달걀은 노른자의 점도가 떨어지고 묽어져 넓게 퍼지며 비텔린막이 약해져서 깨뜨리면 노른자가 납작해진다. 알끈이 노른자를 더 이상 중심에 고정시키지 못하여 노른자가 움직이게 된다.

pH 변화는 달걀흰자의 기능적 특성에 영향을 미친다. 달걀 흰자의 pH는 산란 직후의 7.6에서 저장 중 탄산가스의 상실로 점점 증가하여 9.7까지 높아진다. 반면 노른자의 pH는 6.0으로 저장 중 변화가 비교적 완만하다.

달걀은 저장 중 냄새를 잘 흡수하므로 주의를 기울이지 않으면 불쾌한 냄새가 흡수되어 향미를 떨어뜨릴 수 있다. 가정에서 저장할 때는 냉장 상태의 달걀을 구입하여 냉장고에 보관하며 5주 이상 보관하지 않도록 하고 달걀의 둥근 끝부분이 위쪽으로 오도록 한다. 깨지거나 쓰다 남은 달걀은 빨리 사용하는 것이 좋다.

5. 달걀의 품질평가와 등급

(1) 품질평가

1) 외부적 평가(외관 판정)

외부적 품질 판정은 껍질의 모양, 난각의 상태, 단단함, 오염 여부 등으로 검사한다. 껍질의 색깔은 색깔별로 분류하는 데 쓰일 뿐이고 실제 품질과 등급기준에서는 고려되지 않는다.

2) 내부적 평가(투광 판정)

투시검란법(candling)을 이용하여 어두운 방에서 투광검란계 앞에 달걀을 놓고 회전시키며 달걀의 상태를 판정한다. 기실의 크기, 난황의 위치와 퍼진 정도, 이물질 유무 등을 평가한다. 노른자의 크기와 뚜렷함, 색깔, 이동성 등을 보고 이상란, 즉 달걀에 혈반과 불규칙한 무늬 등이 있는지 보며, 기실의 크기나 달걀흰자의 묽어진 정도 등을 보아 등급을 나눈다 (**그림 12-2**).

그림 12-2 투시검란법

3) 평가지표(할란 판정)

달걀을 깨뜨려서 품질을 평가하는 방법에는 호우 단위, 난황계수, 난백계수 등이 있다. 달걀을 깨뜨렸을 때 품질에 따른 외관은 **그림 12-3**과 같다.

호우 단위(Haugh unit, HU) : 흰자의 질을 측정하기 위하여 가장 보편적으로 이용되는 평가법으로 달걀을 깨뜨려 측정한다. 이것은 달걀 무게에 대한 농후난백의 높이를 측정하는 것으로서 달걀흰자의 질이 떨어질수록 호우 단위는 줄어들게 된다. 우리나라에서는 호우 단위

품질이 좋은 달걀

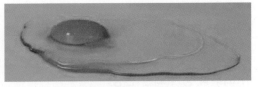

품질이 떨어지는 달걀

그림 12-3 달걀의 품질에 따른 외관

72 이상이면 A등급, 60~72 미만 B등급, 40~60 미만이면 C등급, 40 미만이면 D등급이다.

난황계수(yolk index) : 난황계수는 달걀을 평평한 판 위에 깨뜨린 후 노른자의 높이와 직경을 측정하여 높이를 평균 직경으로 나눈 수치이다. 신선한 달걀의 난황계수는 0.36~0.44이다. 호우 단위와 마찬가지로 달걀의 질이 나쁠 때 낮은 수치를 기록한다.

난백계수(albumin index) : 난백계수는 달걀을 평평한 판 위에 깨뜨린 후 농후난백의 높이를 측정하여 직경으로 나눈 수치로, 신선란의 난백계수는 0.14~0.17이다.

(2) 무게와 크기에 따른 평가(중량 규격)

우리나라에서는 중량 규격을 왕란, 특란, 대란, 중란, 소란으로 나눈다(**표 12-1**).

표 12-1 달걀의 중량규격(우리나라)

중량규격	왕란	특란	대란	중란	소란
중량	68g 이상	68g 미만~60g 이상	60g 미만~52g 이상	52g 미만~44g 이상	44g 미만

미국의 경우 달걀은 무게와 크기에 따라 판매되며 이 두 특성은 서로 관계가 있다. 미국에서는 달걀 1dozen(12개)의 무게를 온스(ounces)로 표시하는데 최소 중량이 15oz(425g)인 것을 peewee, 18oz(510g)인 것을 small, 21oz(595g)인 것을 medium, 24oz(680g)인 것을 large, 27oz(766g)인 것을 extra large, 30oz(851g)인 것을 jumbo라 한다(**그림 12-4**).

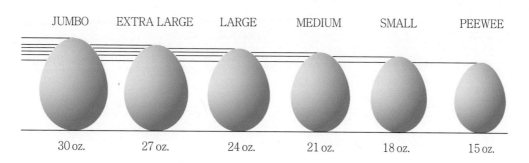

JUMBO	EXTRA LARGE	LARGE	MEDIUM	SMALL	PEEWEE
30 oz.	27 oz.	24 oz.	21 oz.	18 oz.	15 oz.

그림 12-4 달걀의 무게(1dozen당 최소 무게)와 크기에 따른 분류(미국)

조리방법에 달걀 몇 개라고 표시된 것은 medium이나 large를 뜻한다.

(3) 품질등급

우리나라에서는 세척한 달걀에 대해 위와 같이 외관, 투광 및 할란판정을 거쳐 품질등급을
1⁺, 1, 2, 3등급으로 나눈다(**그림 12-5, 표 12-2**).

달걀의 품질등급판정을 위한 외관·투광 및 할란판정의 기준은 **표 12-3**과 같다.

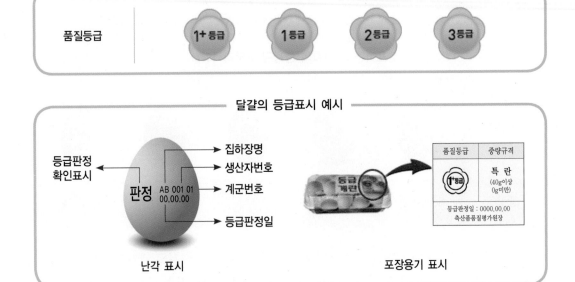

그림 12-5 달걀의 등급표시

표 12-2 달걀의 등급판정 결과

품질등급	등급판정 결과
1⁺등급	A급의 것이 70% 이상이고, B급 이상의 것이 90% 이상이며 D급의 것이 3% 이하이어야 함(나머지는 C급)
1등급	B급 이상의 것이 80% 이상이고, D급의 것이 5% 이하이어야 함(기타는 C급)
2등급	C급 이상의 것이 90% 이상(기타는 D급)
3등급	C급 이상의 것이 90% 미만(기타는 D급)

표 12-3 달걀의 품질등급판정을 위한 기준

구분		품질기준			
		A등급	B등급	C등급	D등급
외관판정	난각	청결하며 상처가 없고 달걀의 모양과 난각의 조직에 이상이 없는 것	청결하며 상처가 없고 달걀의 모양에 이상이 없으며 난각의 조직에 약간의 이상이 있는 것	약간 오염되거나 상처가 없으며 달걀의 모양과 난각의 조직에 이상이 있는 것	오염되어 있는 것, 상처가 있는 것, 달걀의 모양과 난각의 조직이 현저하게 불량한 것
투광판정	기실	깊이 4mm 이내	깊이 8mm 이내	깊이 12mm 이내	깊이 12mm 이상
	난황	중심에 위치하며 윤곽이 흐리나 퍼져 보이지 않는 것	거의 중심에 위치하며 윤곽이 뚜렷하고 약간 퍼져 보이는 것	중심에서 상당히 벗어나 있으며 현저하게 퍼져 보이는 것	중심에서 상당히 벗어나 있으며 완전히 퍼져 보이는 것
	난백	맑고 결착력이 강한 것	맑고 결착력이 약간 떨어진 것	맑고 결착력이 거의 없는 것	맑고 결착력이 전혀 없는 것
할란판정	난황	위로 솟음	약간 평평함	평평함	중심에서 완전히 벗어나 있는 것
	농후난백	많은 양의 난백이 난황을 에워싸고 있음	소량의 난백이 난황 주위에 퍼져 있음	거의 보이지 않음	이취가 나거나 변색되어 있는 것
	수양난백	약간 나타남	많이 나타남	아주 많이 나타남	
	이물질	크기 3mm 미만	크기 5mm 미만	크기 7mm 미만	크기 7mm 이상
	호우단위	72 이상	60 이상~72 미만	40 이상~60 미만	40 미만

미국에서는 등급이 무게와 크기, 신선한 정도에 따라 AA, A, B로 나뉘어 있다. 달걀을 등급별로 깨뜨렸을 때의 모양이 **그림 12-6**에 나타나 있다.

즉, AA등급은 가장 질이 좋은 것으로서 달걀을 깨뜨렸을 때 적은 면적을 차지한다. 많은

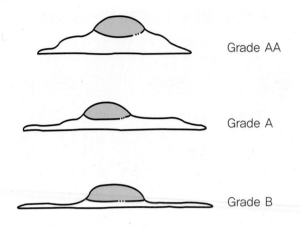

그림 12-6　달걀을 깨뜨렸을 때의 등급별 모양(미국)

양의 진한 흰자가 노른자를 감싸고 있고 묽은 흰자의 면적이 적은 편이며, 노른자는 둥글고 높다. B등급은 달걀을 깨뜨렸을 때 많은 면적을 차지하며 진한 흰자의 양은 적고 묽게 된 흰자의 양이 많으며 노른자는 평평하고 넓게 퍼진다. 그러나 등급의 차이가 영양가의 차이를 나타내 주는 것은 아니다.

6. 달걀의 기능

달걀은 영양적으로 양질의 단백질을 공급할 뿐 아니라 조리를 할 때 음식에 색, 향기, 점성, 응고성을 부여해 준다.

(1) 결착제

만두소, 크로켓 또는 전을 부칠 때 달걀을 사용하면 재료들이 잘 결착된다. 가열하면 단백질이 응고함으로써 식품을 원하는 형태로 결착시킬 수 있다. 크로켓을 만들 때와 같이 밀가루 위에 씌워 주어 빵가루를 잘 묻도록 해주기도 하며 반죽에 달걀을 넣어 튀김옷으로 사용하기도 한다.

(2) 기포제

달걀흰자에 거품을 내어 케이크나 오믈렛과 같은 혼합물에 섞으면 기포제 또는 팽창제로서의 역할을 하여 부피를 증가시키며 부드럽게 만들어 준다.

(3) 유화제

마요네즈, 케이크, 아이스크림을 만들 때 유화제로서 작용한다. 달걀노른자에 있는 지방에는 레시틴이 함유되어 있어 노른자는 흰자보다 네 배나 더 효과적이며 전란보다는 두 배 더 효과적이다.

(4) 응고제

달걀은 응고되면 음식을 걸쭉하게 하므로 농후제라고도 하며, 이러한 성질을 이용하여 알찜, 소스, 커스터드, 푸딩 등을 만든다.

(5) 간섭제

셔벗이나 캔디를 만들 때 거품을 낸 달걀흰자를 섞어주면 결정체 형성을 방해하여 미세하게 만든다.

(6) 청정제

육수가 끓을 때 달걀 푼 것을 넣으면 달걀 단백질이 응고될 때 국물 내의 불순물질을 같이 응고 침전시키므로 육수를 깨끗하게 만들 수 있다. 원두커피를 끓일 때도 마찬가지로 깨끗하게 만들 수 있다.

7. 조리 시 달걀의 특성

(1) 응고성

달걀은 가열하면 응고되므로 농후제 또는 젤 형성을 위하여 사용된다. 가열함에 따라 달걀 단백질은 변성되고 점차 집합되어 그물 모양을 형성한다. 그물 모양은 유황과 수소결합으로 교차결합함으로써 안정화된다.

달걀을 가열하면 달걀흰자는 60℃ 근처에서 반투명하게 되며 유백색이 된다. 온도가 상승하여 65℃ 정도가 되면 유동성을 잃고 응고된다. 노른자의 응고온도는 흰자보다 약간 높은 65℃에서 시작되며 70℃에서 완전 응고된다.

응고는 순간적으로 이루어지는 것이 아니고 서서히 진행되며 가열온도가 높을수록 빨리 응고된다. 만약 높은 온도에서 계속 가열하면 달걀은 질겨지고 단단해진다.

달걀 자체를 먹기 위하여 조리한 것에는 완숙란, 반숙란, 수란, 프라이드 에그, 스크램블드 에그, 오믈렛 등이 있다. 어떤 조리방법이든 낮은 온도에서 서서히 가열하는 것이 부드러운 텍스처를 만들며, 고온에서 가열할수록 가열시간은 단축되나 단단하고 질긴 텍스처를 만들 수 있고 수축이 심하게 일어난다. 프라이드 에그도 달걀흰자의 묽은 정도와 팬의 가열온도에 따라 모양이 좌우된다. 팬의 온도가 너무 낮으면 달걀이 과다하게 퍼지고, 너무 높으면 달걀흰자의 질감이 딱딱해지므로 팬의 온도는 126~137℃가 적당하다.

응고성은 첨가물에 의하여도 영향을 받는다.

설탕 : 설탕을 달걀 혼합물에 넣으면 응고온도를 높여주며 응고되었을 때 부드럽게 해준다.

소금과 산 : 소금과 산의 첨가는 응고온도를 낮춰준다. 달걀 혼합물에 레몬주스를 넣고 오래 가열하면 단백질의 큰 집합체가 작게 파괴되어 묽게 된다.

달걀흰자의 단백질인 오브알브민의 등전점은 pH 4.8이다. 물에 소금이나 식초를 가하여 달걀흰자의 pH를 등전점으로 접근시키면 응고가 쉽게 된다. 그러나 pH 4 이하 또는 강알칼리로 하면 응고는 일어나지 않는다. 수란은 끓는 물에 달걀을 깨어 넣어 익힌 것으로 달걀흰자가 묽게 된 것은 모양이 좋지 않다. 물에 소금이나 식초를 첨가하면 빨리 응고되나 표면의 광택을 상실할 수 있다.

전분 : 전분은 달걀 혼합물을 농후하게 만들어 준다. 달걀의 응고온도와 전분의 호화온도가 다르기 때문에 전분을 먼저 호화시킨 후 달걀 혼합물에 섞는다.

(2) 가열에 의한 변색

달걀을 100℃ 이상의 높은 온도에서 15분 이상으로 장시간 가열하면 노른자와 흰자 사이의 표면이 푸른색으로 변하여 보기 좋지 않으며 향미가 나빠진다. 이 현상은 달걀흰자의 황화수소(H_2S)가 노른자에 있는 철(Fe)과 결합하여 황화철(FeS)을 만들기 때문이다.

이러한 현상은 오래된 달걀일수록 더 잘 발생한다. 오래된 달걀은 탄산가스의 손실로 pH가 높아져 알칼리성이 되는데 이러한 상태에서 황화철이 더 빨리 형성된다.

이것을 방지하기 위해서는 가급적이면 신선란을 사용하고 가열시간을 알맞게 하며, 익은 후에는 바로 찬물에 담그는 것이 좋다. 찬물에 담그면 노른자로의 열전도를 줄일 수 있어 황화철의 형성을 감소시킬 수 있으며, 팽창되었던 난각 내의 막이 수축되어 껍질도 더 잘 벗겨진다.

(3) 기포성

달걀흰자를 잘 저어 주면 거품이 형성되며 이 기포성은 식품조리에 팽창제로 다양하게 이용된다. 즉 음식의 텍스처를 부드럽게 하고, 부피를 증가시키며, 큰 결정의 형성을 방해한다. 달걀흰자의 거품은 흰자를 저어줌으로써 형성된 콜로이드상의 현탁액이다. 이것은 달걀흰자의 물리적 변성이다. 쉽게 거품이 형성될 수 있는 이유는 달걀흰자의 표면장력이 낮고, 흰자를 저을 때 건조와 팽창으로 변성이 일어나 흰자를 불용성으로 만들어 거품막을 두껍게 만들고 안정화시키기 때문이다.

변성과정에서 단백질 분자들이 풀어져서 분자의 폴리펩타이드 곁사슬의 수산기가 표면에 배열된다. 지나치게 교반하면 너무 많은 공기를 함유하게 되어 단백질 막이 얇아지고 신축성이 떨어진다. 교반 정도에 따라 거품의 상태가 달라지므로 용도에 알맞게 교반하여야 한다(**표 12-4**).

1) 거품 형성에 영향을 주는 요인

교반 방법 : 거품 형성에는 전동교반기가 수동교반기보다 효과적인 것으로 나타났다. 교반시간이 길어질수록 거품의 용적과 안정성은 처음에는 증가하였다가 다시 줄어든다.

시간과 온도 : 거품을 내는 데 필요한 시간은 교반기의 종류와 속도에 따라 다르다. 고속 교반기의 경우 시간이 단축된다. 지나치게 오래 교반하면 거품은 작아지지만 보다 불안정하게 되어 가만히 두면 파열되서 굵은 거품을 형성한다. 달걀흰자는 고온에서 표면장력이 줄어들게 되므로 냉장온도보다 실온에서 쉽게 교반된다.

달걀흰자의 성질 : 묽게 된 흰자가 진한 흰자보다 쉽게 교반된다. 진한 흰자는 점점 묽게 되므로 신선란보다 오래된 달걀이 더 빨리 거품을 형성할 수 있다.

pH : pH는 거품 형성에 중요한 역할을 하며 주석산이 구연산이나 초산보다 거품의 안정성을 크게 한다. pH를 낮추면 액체와 거품 간의 표면장력에 관여하는 단백질 농도가 변화되어 거품이 열에 더 안정하게 된다.

물 : 달걀흰자에 전체 양의 40% 정도의 물을 첨가하면 거품의 용적은 증가하나 안정성은 떨어진다.

표 12-4 교반 정도에 따른 달걀흰자 거품의 특성과 용도

기포형성단계	교반 정도	특성	용도
1단계 (foamy)	약간 교반한 상태	· 약간의 거품 형성, 큰 공기방울, 투명하고 줄줄 흐른다.	청정제
2단계 (soft peaks)	부드러운 상태	· 거품이 이는 성질이 사라지고 공기방울이 작고 하얗게 변하며, 그릇을 기울이면 천천히 흐른다. · 외관은 광택이 나는 두꺼운 거품 형태로 수분이 있어 촉촉하다. · 교반기를 꺼내면 흰자가 따라오며 둥근 봉우리를 만든다.	소프트 머랭
3단계 (stiff peaks)	딱딱한 상태	· 거품이 매우 미세하고 탄력성이 있고 단단하다. · 그릇을 거꾸로 해도 흐르지 않고 안정도가 높다. · 교반기를 꺼내면 끝이 뾰족하게 유지되며 광택이 나고 매끈하다.	엔젤 케이크, 오믈렛, 수플레, 하드 머랭, 아이스크림
4단계 (dry peaks)	건조한 상태	· 매우 희며 투명함을 잃고 응고물이 생기기 시작하며, 건조하고 딱딱해서 거의 부스러질 정도이다. · 가만히 두면 바닥에서 천천히 액체가 분리되어 다른 식재료와 잘 섞이지 않으며, 지나치게 거품을 낸 상태로 조리에 적합하지 않다.	버터 바른 접시에 익힌 달걀(shirred egg), 분말 달걀 이용 시

지방 : 지방은 거품 형성을 방해한다. 전란에서 달걀흰자를 분리할 때 적은 양의 노른자만 섞여도 거품이 잘 형성되지 않는다.

소금 : 달걀흰자 또는 전란에 소금을 첨가하면 거품의 안정성을 방해한다. 전란의 경우 교반 전에 소금을 첨가하면 거품의 용적이 작아지고 봉우리가 생기지 않는다.

설탕 : 달걀흰자를 저을 때 설탕을 첨가하면 흰자단백질의 변성을 지연시켜 기포형성을 방해한다. 50%의 설탕을 미리 첨가하면 거품 형성에 걸리는 시간이 2배 이상 소요된다. 그러나, 설탕을 첨가하지 않았을 때보다 기포막을 더 부드럽게 하고 기포를 미세하게 만들어 보다 안정된 거품을 형성한다. 그러므로 달걀흰자에 설탕을 첨가할 때는 먼저 흰자를 교반하여 거품

이 형성된 다음에 서서히 설탕을 첨가하는 것이 좋다.

첨가물 : 달걀흰자의 거품성에 대한 계면활성제(표면장력이 작아지도록 작용하는 물질)와 안정제의 효과를 조사한 것을 보면 구아검 0.6%, 알진산 0.6%와 라우릴 황산 나트륨(SLS) 0.3%, 구연산염 트리에틸(TEC)을 각각 첨가했을 때 모든 첨가물들이 교반시간을 단축시켰고, 정도는 다르나 거품의 용적에 모두 긍정적인 효과를 보였다. 그러나 알진산염이 첨가된 머랭은 진득진득함을 나타내었다.

8. 달걀의 조리

조리된 달걀의 텍스처, 향미, 색을 좋게 하는 방법은 여러 가지가 있는데 조리 시 온도를 낮게 하거나 시간을 짧게 하는 것이 가장 중요하다. 달걀은 조리방법이 다양한데 건열조리법으로는 프라이드 에그, 스크램블드 에그, 오믈렛, 수플레, 머랭 등이 있고, 습열조리법으로는 완숙, 반숙, 찜, 수란, 커스터드 등이 있다.

(1) 완숙란

완숙란(hard boiled egg)을 위해서는 품질이 좋은 신선한 달걀을 사용하여야 한다. 물의 온도는 끓는점 이하로 유지하는 것이 좋으며 조리시간은 달걀흰자와 노른자가 응고되는 데 필요한 시간보다 더 길게 하지 않는다. 다 익으면 빨리 찬물에 넣어 식힌다.

만드는 방법으로는 찬물에 달걀을 넣고 뚜껑을 덮은 후 물이 끓기 시작하면 불을 끄고 25분 정도 익히는 방법과 끓는 물에 달걀을 넣고 85℃ 정도에서 약 18분 동안 유지시키는 방법이 있다. 가장 일반적인 방법으로 찬물에 달걀을 넣어 끓기 시작하면 약한 불로 줄이고 12분간 끓여주는 방법이 있는데, 이때 소금과 식초를 조금 넣어주면 달걀 껍질에 금이 생겨 흘러나온다 하더라도 빨리 응고될 수 있다.

잘 된 완숙란은 노른자까지 완전히 응고된 상태이며 응고된 달걀흰자가 연하고 하늘하늘 해야 한다.

(2) 반숙란

반숙란(soft boiled egg)은 흰자가 부드럽게 응고되고 노른자가 반고체로 익은 것이다. 이렇게 만들기 위해서는 찬물에 달걀을 넣고 물이 끓기 시작하면 불을 줄여 4~6분간 약한 불에서 끓인다. 반숙이 다 되면 완숙 때와 같은 방법으로 곧 찬물에 담근다.

(3) 수란

수란(poached egg)은 뜨거운 물이나 액체에 껍질 벗긴 달걀을 통째로 넣어 익힌 것이다. 신선한 달걀이라야 좋은 모양이 될 수 있다. 끓는 물에 달걀을 넣은 다음 85℃ 정도로 유지하여 완숙 또는 반숙의 원하는 상태로 익히면 된다. 이때 물에 소금이나 식초를 조금 넣어주면 흰자의 응고를 돕는다.

수란

(4) 프라이드 에그

팬의 온도를 조절하기 어렵기 때문에 프라이드 에그(fried egg)는 자칫 질기게 되기 쉽다. 팬에 넣는 기름의 양은 달걀이 달라붙지 않을 정도로만 하며 팬의 온도는 흰자가 서서히 응고될 정도라야 한다. 팬이 너무 뜨거우면 흰자가 질겨지고 기름이 분해된다. 완숙 또는 반숙의 원하는 상태로 거의 되었을 때 팬에 약간의 물을 넣고 뚜껑을 덮으면 수증기에 의해 가장자리가 딱딱해지는 것을 방지할 수 있다.

달걀은 익히는 정도에 따라 여러 종류의 명칭이 있다.

서니 사이드 업(sunny side up) : 흰자는 익고 노른자는 익지 않은 상태로 뒤집지 않은 상태이다.

오버 이지(over easy) : 흰자가 75% 정도 익었을 때 뒤집는다. 흰자가 완전히 익을 때까지 가열하지만 노른자는 익지 않은 상태이다.

오버 미디움(over medium) : 오버 이지와 같은 방법으로 하나 노른자가 조금 익은 상태이다.

오버 하드(over hard) : 오버 이지와 같은 방법으로 하되 노른자가 완전히 익은 상태이다.

(5) 달걀찜

잘된 달걀찜은 달걀을 잘 풀어 중탕하여 쪄낸 것으로 크림색을 나타내며 표면에 기공이 없이 매끈하고 먹었을 때 부드러워야 한다. 가열온도가 높을수록 빨리 응고되나, 단단하고 질긴 텍스처가 되며 녹변이 일어나 색이 좋지 않다. 중탕하는 물의 온도는 85~90℃가 좋으며 달걀을 풀 때 가능한 한 거품을 일으키지 않도록 하고 기호에 따라 소금 또는 새우젓국을 넣는다. 이러한 염의 첨가는 맛을 좋게 할 뿐만 아니라 달걀 단백질의 응고를 촉진한다.

첨가하는 물의 양은 원하는 텍스처에 따라 다른데, 달걀과 물의 양을 같은 양으로 하면 찜이 잘 부서지지 않는 상태가 되며 달걀의 2배의 물을 넣으면 연해서 좋으나 다른 그릇에 옮기기가 어렵다.

(6) 커스터드

커스터드(custard)는 달걀에 우유와 설탕을 넣어 중탕으로 찌거나(steamed custard), 180℃ 정도의 오븐에서 구워낸 것(baked custard)이며, 달걀찜과 같은 원리로 만들어야 한다.

(7) 스크램블드 에그

스크램블드 에그(scrambled egg)는 달걀을 잘 풀어 달걀 한 개당 우유 한 큰술 정도와 소금과 후춧가루를 조금 넣어 기름을 두른 팬에서 저으며 익혀낸 것이다. 잘된 스크램블드 에그는 촉촉하고 부드러워야 한다. 이러한 상태로 익히려면 팬의 온도가 너무 뜨겁지 않도록 한다. 잘게 썬 베이컨이나 셀러리, 당근, 양파와 같은 채소, 또는 사과를 넣어주면 향미를 더 좋게 할 수 있다.

스크램블드 에그

(8) 오믈렛

오믈렛(omelet)은 달걀에 우유, 크림, 또는 과즙을 넣어 만드는데 거품을 일으키지 않는 것(plain 또는 french)과 거품을 많이 일으켜 만드는 것(foamy 또는 puffy)이 있다. 어느 경우에나 단백질 응고 원리는 다른 달걀 음식과 같다. 치즈나 채소류를 속에 넣어도 좋다.

오믈렛

(9) 머랭

달걀흰자를 부드러운 거품이 생기도록 저은 후 설탕을 조금씩 넣으면서 계속 저어 적당히 굳은 거품이 되도록 한 것을 머랭(meringue)이라 한다. 이렇게 만든 것을 그대로, 또는 레몬파이와 같은 음식 위에 올려 오븐에서 구워낸다.

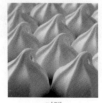

머랭

제13장

어패류

어패류(fish)는 어류(finfish)와 패류(shellfish)로 분류할 수 있다. 어류는 지느러미가 있으며 뼈로 구성된 골격을 가지고 있는 것을 말하고, 패류는 조개류로서 연체류와 갑각류를 포함한다.

우리나라는 삼면이 바다로 둘러싸여 있어 어종이 많고 해산물이 풍부하며 섭취량 또한 계속 증가하고 있다. 곡류를 주식으로 하는 우리나라에서 어패류는 동물성 단백질의 70% 이상을 충당하고 있어 영양에 기여하는 바가 크며, 각종 어패류를 이용한 발효식품인 젓갈 등이 발달되어 있다. 어패류는 육류 못지않은 양질의 단백질을 함유하고 있으며 특히 등 푸른 생선에는 DHA, EPA와 같은 오메가-3계의 불포화지방산이 풍부하다. 그러나 어패류는 생산량의 변동이 심하고 부패되기 쉬우며 세균에 오염될 기회도 많다.

또한 내장이 있는 그대로 유통되는 경우가 많아 자가소화에 의한 변질이 일어나기 쉬우므로 구입할 때와 조리할 때 주의를 기울여야 한다.

1. 어패류의 분류

어패류는 어류와 패류로 나눌 수 있다. 어류는 뼈를 골격으로 하여 지느러미가 있는 것이고, 패류는 어류와는 달리 골격이 없고 껍질이나 근육의 형태를 이루고 있는 것으로서 조개류, 연체류, 갑각류로 나눈다.

(1) 어류

어류는 서식하는 장소에 따라 해수어와 담수어로 분류된다. 수온 등 물의 상태, 어획과 취급방법, 성장 정도, 성별, 그리고 계절에 따라 화학적 조성, 특히 지질의 함량이 달라져 어육의 맛에 영향을 미친다.

1) 서식장소에 따른 분류

담수어 : 수온이 높고 물이 얕은 곳에 사는 어류로서 잉어, 은어, 황어, 메기, 미꾸라지, 붕어, 뱀장어 등이 있는데 같은 담수어라도 서식하는 장소는 서로 다르다. 잉어나 붕어는 강 하류나 연못에 살고 뱀장어는 깊은 바다에서 산란 후 다시 강으로 올라오며 은어는 어릴 때 바다에서 살다가 강으로 올라온다.

해수어 : 수온이 낮고 물이 맑으며 깊은 바다에 서식하고 운동을 그다지 하지 않는 것과, 바다 표면 가까운 곳에서 서식하며 활동이 심한 것으로 분류할 수 있다. 전자의 것은 흰 살 생선이 많으며 후자의 것은 붉은 살 생선이 많다. 이들 생선은 서식 장소가 조금씩 달라 농어와 숭어는 연안에서 자라지만 일시적으로 강으로 올라가고, 연어, 송어, 철갑상어 등은 바다에 살지만 산란 시 강으로 올라온다. 또한 서식장소에 따라 체색이 변하는데 비교적 수면 가까이에 사는 어류는 등 쪽이 푸른빛이 나며 배 쪽은 백색에 가까워 보호색인 것으로 생각된다. 반면에 깊은 바다에 사는 어류는 황색, 적색, 갈색인 것이 많으나 수심이 깊어짐에 따라 선홍색, 흑자색 등으로 바뀐다.

2) 지방함량에 따른 분류

지방함량에 따라서도 저지방, 중지방, 고지방 어류로 분류할 수 있다.

저지방 어류 : 지방함량이 5% 미만인 것으로 농어, 도미, 대구, 넙치, 동태, 조기, 가자미 등이 있다.

중지방 어류 : 지방함량이 5~15%인 것으로 고등어, 연어, 빙어 등이 여기에 속한다.

고지방 어류 : 지방함량이 15~20%인 것으로 은대구, 정어리 등이 있다.

우리나라에서는 지방함량이 5% 이하인 흰 살 생선과 지방함량이 5~20%인 붉은 살 생선으로 구분하기도 하는데 대부분 향미성분이 유지에 녹기 때문에 흰 살 생선보다는 붉은 살 생선이 독특한 향미를 더 많이 가지고 있다.

(2) 패류

1) 조개류

조개류는 딱딱하고 이음매가 있는 한두 개의 껍질로 이루어져 있고 그 안에 부드러운 조직의 근육이 들어 있다. 굴, 바지락, 백합, 홍합, 우렁이, 꼬막, 맛살, 모시조개, 피조개, 전복, 소라, 가리비, 비단조개 등이 있다.

2) 연체류

연체류는 몸이 부드럽고 마디가 없는 것으로 종류가 매우 많으나 식품으로서 중요한 것은 문어, 꼴뚜기, 오징어, 갑오징어, 낙지, 해파리, 해삼 등이다.

꼴뚜기　　　　　　　갑오징어

3) 갑각류

갑각류는 절족동물의 일종으로 딱딱한 껍질이 여러 조각으로 마디마디 구획 지어 나누어져 있으며 외피 속에 부드러운 근육이 들어있다. 바닷가재, 새우, 왕게, 꽃게, 곤쟁이 등이 있다.

왕게   대게

(3) 어패류의 산란기와 맛

어패류의 맛은 계절에 따라 달라지며, 지방함량에 따라서도 영향을 받는다. 지방이 증가하면 향미성분도 증가하고 맛이 좋아지기 때문이다. 일반적으로 산란기 전에 산란 준비를 위해 먹이를 많이 먹기 때문에 살이 찌고 지방이 증가하여 이 시기에 가장 맛이 좋아진다. 방어, 삼치, 전어, 메기, 병어, 조기, 넙치, 가자미, 오징어, 문어, 정어리 등은 늦은 가을 또는 한겨울부터 이른 봄에 걸쳐 맛이 좋다. 날치, 서대 등은 봄에 맛이 좋고 민어, 준치, 은어, 농어, 돔 등은 여름에 맛이 좋다. 대부분의 패류는 겨울부터 초봄까지 맛이 가장 좋으나 전

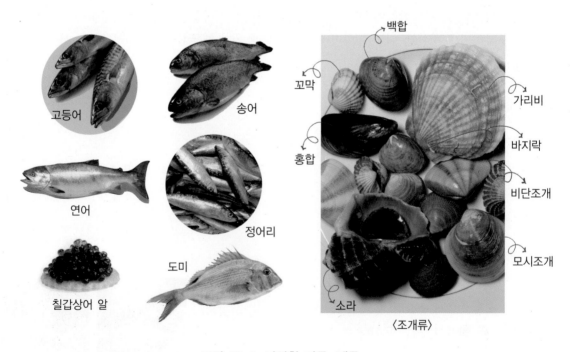

고등어

송어

연어

정어리

칠갑상어 알

도미

백합

꼬막

홍합

가리비

바지락

비단조개

모시조개

소라

〈조개류〉

그림 13-1 다양한 어류, 패류

복은 산란기가 11월에서 12월이므로 여름 것이 맛이 있다. 이들 대부분은 산란기가 되면 급속히 맛이 떨어진다. 그러나 미꾸라지, 갯장어, 가다랭이 등은 여름이 산란기인데 다른 생선과 달리 이때에 맛이 좋아진다.

2. 어류의 구조

어류의 가식부위는 주로 등뼈 양쪽에 붙어서 분포되어 있는 근육 부분이며 대략 전체의 50%를 차지하고 있고 나머지는 내장과 기타 조직이다. 등 쪽의 고기는 두껍고 배 쪽은 얇으며 내장을 싸고 있다. 등 쪽 고기와 배 쪽 고기의 경계 부위에 있으며 어두운 적색을 나타내는 부분을 혈합육이라 한다.

혈합육은 정어리, 꽁치, 고등어, 참치, 전갱이 등 운동성이 많은 붉은 살 생선에 많이 들어있으며 대구, 민어, 광어, 명태 등 흰 살 생선에는 적게 들어있다. 붉은색은 헤모글로빈이나 마이오글로빈에서 기인하며 그 함량이 많다. 어류의 일반적인 성상은 **그림 13-1**과 같다.

참치

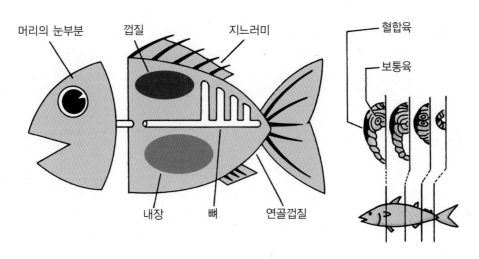

머리의 눈부분   껍질   지느러미   혈합육   보통육   내장   뼈   연골껍질

그림 13-1 어류의 일반적인 성상

3. 어패류의 성분

(1) 영양성분

1) 단백질

단백질 함량은 약 15~20%로 육류단백질을 대체할 만큼 품질 면에서 뛰어나다. 어류의 근육은 육류보다 더 부드러운데 이는 콜라겐의 형태와 양 때문이다. 육류와 비교할 때 결합조직의 양이 적고, 콜라겐의 형태로 볼 때 하이드록시프롤린(hydroxyproline)이 더 적게 함유되어 있기 때문에 육류보다 더 저온에서 젤라틴으로 바뀐다. 어육을 끓인 국물이 투명한 젤리상으로 굳는 것은 콜라겐이 젤라틴으로 바뀌기 때문이다.

2) 지질

어패류의 지질은 어종, 성장 정도, 어체 부위, 산란 전후, 영양 상태 등에 따라 크게 차이가 있다. 운동이 활발한 청어, 정어리, 참치, 고등어 등에는 지방함량이 많으나 명태, 광어 등은 지방을 적게 함유하고 있다. 지방함량은 산란 시기나 계절에 따라 달라져 산란 직후에는 지방함량이 가장 적다가 서서히 높아 지는데 대체로 그 함량이 높을 때 고기의 맛은 더 좋아지나 불포화도가 높기 때문에 산화되기가 쉽다.

지방함량은 그 위치와 근육의 색깔에 따라서도 다양한데 붉은색 근육 부분은 주로 배 부분으로, 지방이 가장 많이 분포되어 있으며 다음으로는 머리조직의 근육에 많이 들어있다. 지방이 가장 적은 부분은 꼬리 부분의 흰색이 나는 근육이다. 어류에는 육류에 비해 적은 양의 지방이 함유되어 있으나 DHA나 EPA 등의 오메가-3 지방산이 함유되어 있어 심혈관계 질환을 감소시켜 주는 효과가 있다. 이러한 지방산은 참치, 고등어, 청어류와 같은 등 푸른 생선에 많이 함유되어 있다.

3) 탄수화물

어류는 육류와 마찬가지로 근육조직이 글라이코젠을 열량원으로 저장하고 있는데, 특히 패류에는 많은 양이 들어있어 굴의 경우 무게의 2~3% 정도가 들어있다. 글라이코젠은 어패류의 체내에서 포도당으로 전환되어 단맛을 준다.

4) 비타민

비타민 A는 지방함량에 따라 다양하며 지방이 풍부한 연어나 고등어 등은 비타민 A의 좋은 급원이 된다. 또한 대부분의 어류는 비타민 B군의 좋은 급원이다. 그러나 날것에는 싸이아미네이스(thiaminase)라는 효소가 들어있어 싸이아민을 파괴시켜 흡수되지 못하게 하므로 생선회와 같이 날것으로 먹는 경우에는 싸이아민이 체내에서 이용될 수 없다. 그러나 가열하면 변성되어 불활성화된다.

5) 무기질

뼈째 먹는 생선은 칼슘과 인, 그리고 굴과 조개와 같은 패류는 철, 아연, 구리의 좋은 급원이다. 해수어는 아이오딘의 훌륭한 급원으로 굴, 조개, 가재 등에서도 많은 양이 발견된다. 저장 중 마이오글로빈에 들어있는 철은 지방의 산화를 급격히 가속화시킨다. 그러므로 실제로 붉은색이 나는 어류는 마이오글로빈이 전혀 없는 흰 살 생선보다 더 빨리 산패된다.

(2) 색소

연어의 살에서 볼 수 있는 붉은 색소는 카로티노이드색소인 아스타잔틴(astaxanthin)으로 가재, 게, 새우의 껍질에서도 발견된다. 가재를 가열했을 때 붉은색이 되는 이유는 아스타잔틴이 가열에 의해 산화되어 붉은색 아스타신(astacin)을 형성하는데 이 색소가 안정성이 크기 때문이다. 그 외 살아있는 가재의 어두운 껍질색인 녹색과 갈색의 색소는 가열하면 파괴된다.

바닷가재

(3) 냄새 성분

어류는 트리메틸아민 옥사이드(trimethylamine oxide, TMAO)라는 물질을 함유하고 있는데 이는 단맛이 있으며 신선한 생선의 냄새 성분이다. 그러나 세균에 의해 환원되면 비린내의 주된 물질인 트리메틸아민(trimethylamine, TMA)이 된다. 어류가 죽은 후 시간이 경과함에 따라 체내 박테리아와 효소의 작용으로 아미노산 또는 여러 가지 성분들이 분해되어 비린내를 나게 한다. TMA는 효소와 반응해 디메틸아민(dimethylamine, DMA)으로 바뀌는데 이는 암모니아 냄새의 원인이 된다. 특히 홍어나 가오리 등은 요소(urea) 함량이 풍부해 신선도가 떨어지면 효소의 작용으로 다량의 암모니아를 생성하기 때문에 삭히면 특유의 톡 쏘는 강한 냄새가 난다.

(4) 기타 성분

등 푸른 생선의 살에는 단백질 합성과 유전자 발현에 관계되는 DNA, RNA와 같은 핵산구성 성분이 들어있다.

　　연체류, 굴, 피조개 같은 조개류에는 콜레스테롤 합성과 분해를 적절히 조절해 주고 혈당 상승 억제작용을 하며 피로회복에 효과가 있는 타우린이 들어있고 암, 심장질환, 간장병 등의 예방과 치료에 효과가 있다고 알려진 셀레늄이 함유되어 있다.

　　조개류를 넣고 끓인 국물 맛의 주성분은 호박산(succinic acid)으로 타우린, 베타인, 아미노산 등과 함께 어우러져 시원한 국물 맛을 낸다.

4. 어패류의 사후변화와 자가소화

　　어패류는 육류와 마찬가지로 죽은 뒤 일정 시간이 지나면 근육이 굳어지는 사후경직 상태가 된다. 사후경직이 일어나는 시간은 어종, 어획법, 온도, 보관방법 등에 따라 달라지는데 일반적으로 사후 1~4시간에 최대 경직 상태를 유지하며 이때 신선도가 가장 좋고 품질이 뛰어나 맛이 좋은 것으로 알려져 있다. 사후경직 상태가 풀리면 근육이 연화되기 시작한다. 이는 근육 중에 들어있는 단백질 분해효소의 작용으로 단백질이 분해되는 자가소화현상이며 신선도가 저하되고 부패할 수 있다.

5. 어패류의 감별법

　　어패류의 신선도를 판정하는 방법으로는 관능적인 방법, 화학적인 방법, 물리적인 방법 및 세균수 검사법이 있는데 일반적으로 소비자가 구매할 때는 관능적인 방법으로 감별한다.

(1) 관능적 감별법

1) 어류

아가미 : 색이 선명하고 적색이며 단단하여야 한다. 선도가 떨어지면 점차 회색을 띤다.

안구 : 투명하고 광채가 있으며 움푹 들어가지 않고 돌출되어 있는 것이 좋다. 선도가 떨어짐에 따라 색이 탁해지고 각막이 눈 속으로 내려앉게 된다.

표면 : 광택이 있고 특유한 색채를 가지며 투명한 비늘이 단단하게 붙어 있다. 그러나 오래

된 것은 광택이 점점 감소하고 비늘이 황갈색이 되며 점액질의 물질이 분비되어 미끈거리면서 생선 특유의 불쾌한 냄새가 심하게 난다.

복부 : 탄력이 있고 팽팽해야 신선한 생선이다. 선도가 저하되면 복부가 연화되면서 손가락으로 누르면 손가락 자국이 나고 다시 돌아오지 않는 등 탄력을 잃게 되며 내장의 내용물이 밀려나온다.

근육 : 손으로 눌러서 근육이 단단하고 빳빳하며 외형이 확실한 것은 사후경직 중의 것이라 신선하다. 신선한 생선은 투명함과 탄력성이 있어서 고기를 잘게 썰면 겉 부분이 활 모양으로 말려든다. 또한 살이 뼈에서 잘 떨어지지 않고 꼭 붙어있는데 오래된 생선은 근육의 광택이 없어지고 탁해져서 불투명하게 되고 살이 물렁거리면서 뼈에서도 쉽게 떨어진다.

냄새 : 비린내가 강한 것은 신선하지 못한 것이다. 이들 냄새는 트리메틸아민, 암모니아, 아민류, 지방산화물 등에 의한 것이다. 냉동된 생선은 되도록 단단히 얼어있는 상태의 것을 구입하고, 냉동된 상태에서는 냄새를 느낄 수 없으므로 녹여서 냄새를 맡아보면 알 수 있다.

2) 패류

랍스터, 게, 굴, 조개 등의 패류는 항상 살아있는 상태로 구입해야 한다. 살아있는 것은 껍질이 꽉 닫혀있으며, 열려있는 경우 가볍게 탁탁 치거나 얼음으로 차게 하면 닫힌다. 조개류를 먹을 때 가장 주의해야 할 것은 바이러스와 세균에 의한 감염이다. 그러나 이들은 가열하면 사멸하므로 날것으로 먹지 않는 한 큰 위험은 없다.

(2) 화학적 측정법

화학적으로 성분 변화를 측정하여 선도를 판정하는 것으로 휘발성 염기질소(암모늄과 아민류), 트리메틸아민, 인돌, 휘발성 유기산, 휘발성 환원물질(VRS)과 히스타민의 양을 측정하여 선도의 기준으로 한다. 이들은 어육 내에서 부패가 진행됨에 따라 증가하므로 선도 판정기준이 되는데 이들 중 히스타민을 제외한 모든 성분은 휘발성인 불쾌한 냄새를 가지기 때문에 냄새로도 생선의 신선도를 감별해 낼 수 있다.

단, 상어와 가오리는 신선한 생선의 근육에도 100mg%의 휘발성 염기질소(암모니아태질소)를 가지고 있는데 이것은 근육 중에 요소(urea)가 많아 분해되면서 생기는 것이다.

일반적으로 생선에 암모니아태 질소가 30~40mg% 들어있으면 초기부패 상태로 본다.

(3) 물리적 측정법

경도 측정법, 전기저항 측정법, 어체 압착즙의 점도 측정법, pH 측정법 등이 있다.

(4) 세균수 검사법

세균수 검사법으로 직접 어체의 세균수를 측정하여 그 번식 정도에 따라 선도판정이 가능하다. 즉, 1g의 근육 내에 세균수가 10^3 이하이면 신선하나 10^5~10^6이면 초기부패 상태로 판정한다.

6. 어류의 판매형태

서양에서 생선의 시장판매 형태는 **그림 13-2**와 같으며 우리나라에서는 이러한 형태 이외에 전감이나 포로 떠서 신선한 상태 또는 냉동으로 판매하고 있다.

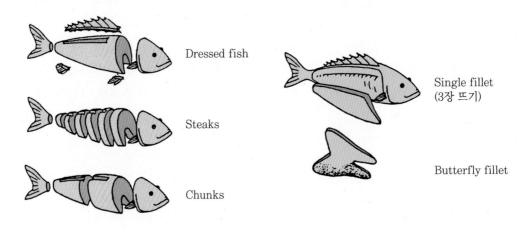

그림 13-2 생선의 판매형태

7. 어패류의 저장

구입한 후 곧 조리하는 것이 가장 좋으나 저장할 경우에는 냉장 또는 냉동을 한다. 냉장을 하면 일시적이기는 하나 부패를 지연시켜 준다. 그러나 냉장 온도에서도 부패를 촉진하는 효소가 활동하므로 가능한 한 냉동해야 한다. 냉장고에 보관 시 2~3일 이내에 조리하여야 하고 냉동 저장할 때는 −18℃ 이하에서 6개월 이상은 저장하지 않는 것이 좋다. 냉동한 생선을 해동할 때는 저온에서 서서히 녹여야 한다. 빨리 조리하고자 하면 포장된 채로 흐르는 수돗물에 담가 해동한다. 또한 해동한 생선을 장기간 방치하면 품질이 급격히 떨어지므로 해동한 뒤에는 단시간 내에 조리해야 한다. 냉장고나 냉동고에 넣어둘 때는 생선 비린내가 다른 음식에 배지 않게 잘 포장해 두어야 한다. 잘 포장된 어육은 생선과 포장 사이에 공기가 들어가지 못하므로 산화를 지연시켜 줄 수 있다. 냉동어는 구입한 뒤 가정에서도 냉동고에 보존해야 하며 조리하기 전까지 계속 냉동 상태로 두어야 한다.

냉장 다음으로 많이 이용하는 저장방법은 건조 또는 염장이고 그 밖에 훈연하거나 생선묵이나 통조림으로 가공하는 방법이 있다.

8. 어류제품과 가공

농축 어류단백(fish protein concentrate)은 양질의 고농도 단백질 급원으로 생선을 통째로 탈수 건조하여 갈아서 만드는데, 지방을 제거하면 생선의 비린내는 없어지고 갈아줄 때 뼈도 들어가므로 칼슘과 인의 좋은 급원이 된다. 국수나 빵을 만들 때 생선가루를 섞어주어 곡류 단백질의 품질을 증가시킬 수 있다. 그러나 결과적으로는 비린내가 완전히 없어지지 않으므로 적은 양을 첨가하여야 한다.

어류는 건조, 소금 절임, 훈연 등으로 가공할 수 있다. 다진 생 어육을 수리미(surimi)라 하며, 이를 원료로 하여 양념하고 모양을 만들어 어육제품들을 개발, 생산하고 있다. 일본 식품인 가마보코(어묵), 덴푸라, 생선 소시지 등이 그 예이다. 수리미를 만드는 생선은 지방 함량이 낮은 것이라야 한다.

어류의 주요 근육단백질인 마이오신(myosin)과 액틴(actin)은 소금에 용해되는 성질이 있는데, 어묵은 이러한 성질을 이용하여 생선살에 소량의 소금(생선 무게의 3% 내외)을 넣고 으깬 다음, 찌거나 굽거나 튀겨서 만든 제품이다. 마이오신과 액틴이 소금에 용출되어 액토마이오신으로 결합된 후 망상구조의 젤을 형성하기 때문에 어묵의 특성을 가지게 된다.

9. 조리 시 어류의 비린내 제거방법

(1) 물

생선의 비린내 성분인 트리메틸아민은 주로 생선의 표면 점액물질 중에 존재하는데 이는 수용성이므로 물에 여러 번 씻어주면 쉽게 용해된다.

(2) 식초나 레몬즙

식초나 레몬즙은 비린내를 제거할 뿐만 아니라 산에 의해 단백질을 응고시켜 살을 단단하게 하고 잘 부서지지 않게 만들며, 준치와 같이 가시가 많은 경우 가시를 연하게 해 준다. 또한 식초에 절이면 어육의 보존성을 향상시키고 독특한 텍스처를 주어 기호도를 향상시킨다.

(3) 우유

서양에서는 생선을 조리하기 전에 우유에 담갔다가 조리하는데 이렇게 하면 생선 비린내가 약해진다. 이는 우유 중에 콜로이드 상태로 분산되어 있는 단백질인 카세인과 인산칼슘이 비린내 성분인 트리메틸아민을 흡착하여 비휘발성으로 만들기 때문이다.

(4) 간장, 된장, 고추장

우리나라의 조미료 중 간장의 염분은 단백질 응고를 촉진하여 텍스처를 좋게 하며 비린내를 제거할 수 있고, 된장이나 고추장은 독특한 향미와 맛을 가지고 있으며 콜로이드 흡착효과가 있어 비린내 억제 효과가 크다.

(5) 술

술은 음식의 맛을 좋게 하고 보존성을 높이며 색을 곱게 하고 윤기가 나게 하기 위해 쓰이는데 우리나라에서는 청주를, 일본에서는 미림을 많이 사용한다. 알코올 자체의 보존성, 알코올과 유기화합물의 혼합으로 인해 비린내가 없어지며, 생선의 아미노산과 당류가 가열에 의하여 마이야르반응을 일으켜 바람직한 갈색이 되고 독특한 향을 갖게 된다.

(6) 향신료와 방향채소

향신료와 방향채소를 이용하면 음식에 향미를 부여하여 냄새를 억제하거나, 냄새를 바꾸거나, 또는 식욕을 촉진하는 작용을 하며, 비린내 성분과 결합하여 냄새가 없는 물질로 변하게 되므로 비린내를 억제할 수 있다. 후추, 생강, 산초, 고추, 겨자, 파, 마늘, 양파 등이 효과적이며 생선을 조릴 때 무를 넣거나 양념장에 무즙을 갈아 넣으면 무의 매운 맛이 비린내를 약화시켜준다. 향이 좋은 쑥갓, 미나리, 깻잎 등은 먹기 직전에 넣어야 효과적이다.

10. 어패류의 조리

어패류는 결합조직의 양이 적게 함유되어 있기 때문에 조직이 매우 연하여 부서지기 쉽다. 그러므로 어패류를 조리할 때나 담을 때 생선의 형태를 유지하도록 주의를 기울여야 하는데, 육류와 가금류보다 조리시간이 짧아야 하고 자주 뒤집지 않도록 해야 한다.

조개와 굴과 같은 패류는 신선한 상태의 것을 이용해야 한다. 껍질이 열릴 때까지만 조리해야 하며 생선보다 더 부드러우므로 되도록 살아있을 때 조리한다. 또한 고온에서 조리하면 지나치게 응고되어 질겨지므로 저온에서 서서히 조리하며, 껍질에 넣은 채로 조리해 주면 향미가 더 좋아진다.

어패류도 다른 육류와 마찬가지로 건열법과 습열법으로 조리할 수 있다. 건열법으로는 구이, 전, 튀김 등이 있고 습열법으로는 조림, 찜, 찌개 등이 있으며 신선한 생선을 회로 만들어 먹기도 한다.

(1) 건열조리

1) 구이

구이에는 직화법과 간접법이 있다. 직화법은 생선을 직접 불에 굽는 방법으로 열을 쉽게 전달시키기 위해 석쇠를 사용하는 방법, 또는 열원과 재료와의 거리를 적당하게 유지하기 위하여 꼬챙이에 꿰어 굽는 방법이 있다. 생선을 석쇠에 굽거나 꼬챙이에 꿰어 가열하면 식품이 지닌 본래의 맛을 가장 잘 보존할 수 있다. 간접법은 철판 또는 알루미늄 포일을 가열하여 그 위에서 굽는 방법이다. 오븐이나 전자레인지에서 굽기도 한다.

생선을 구우면 단백질이 변성되어 오그라들거나 단단해진다. 단백질은 금속과 접촉된 채로 가열하면 금속에 달라붙는 성질이 있으므로 생선을 석쇠에 구우면 생선단백질인 미오겐

(myogen)의 결합이 가열에 의해 끊어지면서 달라붙어 살이 부서지기 쉽다. 이를 방지하기 위해서는 석쇠에 기름을 발라 뜨겁게 예열한 후에 생선을 껍질 쪽부터 올린다. 기름이 석쇠와 식품 사이에 막을 형성하므로 달라 붙지 않게 되기 때문이다.

고등어나 정어리같이 지방함량이 높은 붉은 살 생선은 조리 시 지방을 조금만 첨가해 주어도 되나, 지방함량이 낮은 흰 살 생선을 조리할 때는 지방을 어느 정도 첨가해 주어야 맛이 더 좋다. 생선을 구우면 맛있는 냄새가 나는 이유는 당, 단백질, 아미노산 등이 분해되고 서로 반응하여 생기는 물질 때문이다. 특히 양념된 생선을 구울 때에 냄새가 좋은 이유는 양념장에 아미노산이나 당분이 함유되어 있기 때문이다.

생선을 구울 때 소금을 뿌려주면 단백질의 응고를 촉진하여 표면이 먼지 응고되어 구워지므로 내부의 맛있는 성분이 밖으로 흘러나오는 것이 방지된다. 생선에 뿌리는 소금의 적당한 양은 재료 무게의 2~3%이다. 그러나 소금을 뿌려 오래 두면 식품 속의 수분이 빠져 나오면서 맛있는 성분도 빠진다. 따라서 소금을 뿌린 뒤 너무 오래 두지 말고 빨리 굽는 것이 좋다.

생선의 단백질은 50℃ 전후에서 응고하며 이때가 가장 맛이 좋다. 그러므로 너무 센 불에 성급하게 굽는 것은 바람직하지 않다. 너무 높은 온도로 조리하거나 지나치게 오랫동안 조리하면 근육단백질이 수축되어 질겨지고 건조해지며 향미를 잃게 된다. 또한 익기 전에 뒤집거나 어느 정도 익었다고 여러 번 자주 건드리거나 뒤집으면 살이 부서지고 지저분해진다.

생선구이에는 기호에 따라 네 가지 방법이 있다. 양념을 하지 않고 생선을 통째 또는 토막으로 굽는 방법, 통째 또는 토막 내어 소금을 뿌려 굽는 소금구이 방법, 생선에 칼집을 넣고 양념간장을 바르면서 뜨거운 석쇠에 얹어 굽는 양념구이 방법, 그리고 생선에 양념장을 발라서 말렸다가 굽는 마른 구이 방법이 있다. 신선도가 덜한 생선은 양념구이가 좋다.

2) 전

전에는 주로 지방함량이 적고 담백한 흰 살 생선이 많이 사용된다. 지지는 과정에서 어취의 증발로 비린내가 줄어들고 달걀이 응고되면서 생선의 형태를 유지시켜준다.

3) 튀김

튀김은 조리시간이 짧고 물을 사용하지 않으므로 수용성 영양소와 같은 영양소의 손실을 최소한으로 하며 식품의 특유한 맛, 색, 그리고 형태를 유지할 수 있는 조리방법이다. 새우나 지방이 적은 담백한 생선은 튀김을 많이 하는데 이는 튀김옷이 튀김기름을 흡수하고 생선의 지방 맛을 더해주어 맛있게 튀겨지기 때문이다.

(2) 습열조리

1) 조림

생선조림을 할 때 흰 살 생선은 간장, 설탕, 파, 마늘, 생강 등을 넣어 조리고 붉은 살 생선은 고추장이나 고춧가루를 넣어 조리면 좋다.

습열조리 시 질감이 연하게 느껴지는 이유는 콜라겐이 물을 흡수하여 젤라틴화되기 때문이다. 조림을 할 때는 반드시 국물을 먼저 가열한 후에 생선 토막을 넣어서 움직이지 않게 가열해 겉이 먼저 응고되어야 살이 부서지지 않는다. 생선을 간장으로만 조리면 수분이 부족하여 간이 고루 배지 않으므로 간장에 같은 양의 물을 합하여 양념장을 만들어 조린다. 북어와 같은 마른 생선은 충분히 미리 불려서 토막 내어 조림을 하도록 한다. 또한 약한 불에 오랫동안 조릴 경우 살이 부드러워 부서지거나 공기와의 접촉으로 표면이 마르면서 주름이 생길 수 있으므로 반드시 뚜껑을 덮고 조리하여야 한다.

2) 찌개

흔히 생선찌개의 간은 고추장, 된장, 간장으로 한다. 이는 된장이나 고추장이 특유의 향기와 콜로이드성의 강한 흡착력으로 어취를 제거하는 효과가 있기 때문이다. 이때 된장이나 고추장은 다른 조미료를 먼저 첨가한 후에 가하여야 한다. 흡착력과 점성이 강하여 함께 사용하면 다른 조미료의 침투를 방해하기 때문이다.

찌개의 재료는 가능한 한 신선한 재료를 사용하며 건더기는 국물의 2/3 정도가 좋다. 된장찌개에는 조갯살과 같은 패류가 잘 어울리고, 고추장찌개에는 명태, 민어, 대구 등이 좋으며, 새우젓으로 간을 맞추는 젓국찌개에는 대구, 조기, 굴, 새우, 명란젓 등이 잘 어울린다.

생선의 양이 많을 때는 한꺼번에 넣으면 찌개 국물의 온도가 내려가 비린내가 나므로 여러 번에 나누어 국물이 끓을 때 넣도록 한다.

(3) 생선회

생선회는 신선한 생선을 얇게 편으로 떠서 생것으로 먹는 생회와 끓는 물에 살짝 데치거나 끓는 물을 생선에 끼얹어서 먹는 숙회가 있다. 이때 초고추장이나 고추냉이 등과 함께 먹는다. 위생적으로 취급하지 않으면 병원균에 감염될 위험이 있으므로 주의해야 한다. 생선회는 가능하면 먹기 직전에 손질해야 하는데, 미리 썰어두면 칼과 접촉한 부분이 변질될 수 있기 때문이다. 굴이나 일부 조개류, 오징어, 새우 등도 생회 또는 숙회로 이용된다.

우유와
유제품

유즙(milk)은 포유동물의 유선에서 생합성하여 분비하는 분비물을 말하며 생명 유지, 정상적인 발육과 성장에 필요한 성분을 균형 있게 함유하고 있다.

우리는 모유를 비롯하여 우유를 가장 많이 이용하며 이외에 산양 젖, 면양 젖, 낙타 젖, 말 젖 등을 식량의 일부로 지혜롭게 이용하여 왔다.

우유 문화의 시작은 기원전 4000년 전후로 보이며 중부아시아와 중동 지방에서 유럽으로 전파된 것으로 보인다. 우리나라에서는 삼국유사에 이미 우유를 이용한 기록이 있고, 고려시대에는 국가의 상설기관으로 유우소가 설치되었다고 한다. 우유 문화는 궁중이나 귀족문화권에 속한 것으로 보이며, 우유는 매우 희귀한 식품으로 이용되었다.

우유는 여러 포유동물의 유즙 중에서 유일하게 많은 인류가 부담 없이 이용하고 있는 식품이며 천연 단일식품으로서 가장 완전식품에 가까운 것으로 알려져 있다.

1. 우유

(1) 우유의 영양소

우유는 일반적으로 수분 85~89%, 단백질 2.7~4.4%, 지질 3.0~5.2%, 탄수화물 4.0~4.9%, 회분 0.5~1.1%를 함유한다. 그러나 성분은 소의 품종, 우유 분비 시기, 사료, 환경, 계절, 소의 나이 및 건강 상태 등에 따라 변할 수 있다. 특히 가장 변화가 있는 것은 지질이고 다음이 단백질이다. 탄수화물과 회분의 양은 비교적 차이가 적게 나타난다.

1) 단백질

우유의 단백질은 카세인(casein)과 유청(whey) 단백질로 나누어지는데 우유단백질의 82% 정도가 카세인이며 나머지는 유청 단백질로, 락트알부민(lactalbumin)과 락토글로불린(lactoglobulin)을 비롯한 여러 가지 단백질이 발견된다.

신선한 우유의 정상적인 산도는 pH 6.6이며 산을 첨가하여 pH 4.6 정도로 낮추면 카세인은 응고된다. 반면에 열에는 비교적 안정하여 일반적인 가열방법으로는 잘 응고되지 않는다. 알칼리에 의해서는 카세인 나트륨(sodium caseinates), 카세인 칼슘(calcium caseinates)을 형성한다. 카세인은 물에 잘 용해되지 않는 성질을 가지고 있어, 식품 가공 시 나트륨염의 형태인 카세인 나트륨으로 이용하고 있는데, 카세인 나트륨은 식품첨가물의 하나로 안정제, 유화제, 젤 형성제 등으로 쓰인다.

레닌(소 위장에 있는 소화효소 중의 하나)은 카세인 미립자를 응집하게 해 준다. 이러한 작용으로 우유는 덩어리(카세인)와 유청으로 분리된다. 이 성질을 이용하여 만든 것이 치즈이며 치즈를 만들고 남은 유청에는 레닌과 반응하지 않는 유청단백질, 즉 락토글로불린과 락트알부민같은 단백질이 남는다.

유청단백질은 카세인과 달리 60℃ 정도에서 변성되어 우유를 가열할 때 용기 바닥이나 옆에 눌어붙는 원인이 된다.

우유의 카세인에는 트립토판이 많이 함유되어 있고, 이것은 뇌 속의 신경전달 물질인 세로토닌(serotonin)을 만들어 주므로 저녁에 우유를 마시면 수면에 도움을 줄 수 있다고 한다.

2) 지질

우유의 지방은 유지방 또는 버터지방이라고도 하며 복합지질로서 지용성 비타민을 함유하고 있다. 우유의 지방은 직경이 0.5~10㎛인 작은 지방구로서 인지질과 지단백이 존재하여 지방구의 피막을 형성하며, 수용액에 잘 분산되므로 안전한 유화액을 형성하게 된다. 생우유를 놓아두면 지방구가 위로 떠오르며 수분층과 분리되는데 이것을 크림이라 하고, 지방구를 잘게 쪼개어 균질화하면 크림이 분리되지 않는다. 우유의 지질은 98~99%가 중성지질이고 그밖에 미량의 인지질, 스테로이드, 콜레스테롤 등이 함유되어 있다.

주요 지방산은 탄소수가 적은 포화지방산으로 주로 부티르산(butyric acid)과 카프로산(caproic acid)이며, 이는 우유가 산패될 때 나타나는 독특한 불쾌취의 주원인이기도 하다. 모유의 지방과 비교해 보면 모유지방은 필수지방산을 더 많이 함유하고 있고 우유지방은 포화지방산을 더 많이 함유하고 있다.

인지질은 주로 레시틴과 세팔린이며 지방구의 표면에 쌓여서 지방구 피막을 형성한다. 인지질에는 불포화도가 높은 지방산이 들어있어서 우유를 가공할 때 산화변패를 일으켜 품질을 떨어뜨리는 경우가 많다.

색소로는 카로티노이드 색소를 가지고 있으며 이것은 크림과 버터색의 원인 물질이다.

3) 탄수화물

우유의 주된 탄수화물은 유당으로 젖당이라고도 부르는데, 포도당과 갈락토오스가 결합된 이당류이다. 유당은 일반적인 당류 중 감미도가 가장 낮고 물에 가장 적게 용해된다. 용해도가 낮은 성질 때문에 아이스크림과 같은 가공 식품에 많이 사용하면 결정체를 만들어 텍스처를 나쁘게 한다. 그러므로 식품 가공에서는 유당을 제거한 우유를 많이 사용한다.

인체의 소장에서 정상적으로 생성되는 효소인 락테이스(lactase)는 유당을 단당으로 분해한다. 그러나 어떤 사람들은 이 유당분해 효소가 적게 분비되거나 생성되지 못하여 우유를 마시면 유당을 소화시키지 못하고 장내 세균에 의해 분해되어 가스를 생성해 설사를 하거나 복통을 일으키기도 한다. 이러한 현상을 유당불내증(lactose intolerance) 또는 젖당 소화장애증이라 한다.

이러한 증세가 있는 사람은 한번에 마시는 우유의 양을 적게 마시거나 요구르트와 같은 발효 유제품 또는 숙성 치즈를 먹으면 된다. 이러한 발효 유제품 또는 우유 중에는 유당함량을 감소시키거나 유당을 제거한 것도 있다.

유당은 인체에서 중요한 당으로 에너지의 급원이 될 뿐 아니라 우유 중의 칼슘 흡수에 좋은 조건을 제공해 주며, 장내에 있는 유산균의 발육을 왕성하게 하여 다른 잡균의 번식을 억제하는 효과가 있다.

4) 무기질

우유에 함유되어 있는 주요 무기질은 칼슘, 인, 마그네슘, 칼륨, 나트륨, 염소, 유황 등이며 철분과 구리를 제외한 대부분의 필요한 무기질을 골고루 함유하고 있다. 우유 중의 총 무기질 함량은 모유의 세 배 정도 많고 칼슘과 인의 비율은 2:1로 적절하게 분포되어 있다. 우유에 함유되어 있는 무기질 중 어떤 것은 진용액으로 존재하고 또 어떤 것은 우유단백질에 유기적으로 결합되어 있다. 우유에 들어있는 염은 우유로 만드는 가공식품의 응고에 필요하다.

5) 비타민

우유에는 각종 비타민이 비교적 풍부하게 함유되어 있으나 비타민 C는 소량 함유되어 있고 간단한 열처리에도 쉽게 파괴된다. 비타민 B_2는 유청이 형광빛 녹황색을 나타내게 해 주며 카로틴은 전지우유에 노란색을 띠게 해 준다. 특히 지용성 비타민은 젖소의 사료에 따라 함유량이 달라지는데, 비타민 A는 녹색 풀을 먹고 자란 젖소의 우유가 건초를 먹고 자란 젖소의 우유보다 더 풍부하다. 비타민 B_2는 다른 비타민들보다 더 많은데 열처리에도 비교적 안정하여 좋은 급원이 된다.

우유에는 트립토판이 풍부하여 나이아신으로 전환되기 때문에 이 비타민의 급원이 된다. 비타민 D는 필요량에 비하여 대단히 적게 들어있으므로 비타민 D가 강화된 우유가 시판되고 있다.

(2) 향미성분과 색소

우유의 맛은 유당 때문에 약간 달다. 향미성분으로는 휘발성 유기산으로 알데하이드와 케톤이 있다. 그러나 우유를 가공, 발효, 저장하는 동안 화학적인 변화가 일어나 향미성분을 바꾼다. 가열처리하면 익은 냄새가 나는데 이것은 유당의 분해와 단백질의 상호작용 때문이다. 미생물에 의한 발효는 유당으로부터 산을 형성하게 하는 것으로 우유의 향미와 텍스처가 바뀌게 된다.

지질에 작용하는 라이페이스(lipase)는 저장 중 산화적인 변화를 일으키는데, 부티르산과 다른 지방산을 방출하여 향미에 강한 영향을 미친다.

유즙의 색은 지방, 콜로이드 상태의 카세인과 칼슘복합체 그리고 리보플라빈에 의한다. 카로틴의 함량이 많은 것은 약간의 노란색을 띤다.

(3) 산도

신선한 우유의 산도는 pH 6.6이다. 우유를 공기 중에 두면 탄산가스의 손실로 산소가 감소한다. 살균하지 않은 우유를 저장하면 신맛이 나는 이유는 젖산을 생성하는 박테리아의 작용 때문이다. 그러나 살균한 우유는 살균하는 동안 박테리아가 열에 의하여 파괴되기 때문에 이러한 현상이 일어나지 않는다.

(4) 우유의 처리

1) 살균처리

목장에 있는 젖소로부터 착유된 우유는 10여 가지의 검사를 통한 후 살균한다. 살균(pasteurization)이란 우유에 존재하는 병원성 세균을 비롯한 일반세균을 제거하는 과정을 말한다. 이렇게 제조된 우유를 시유라 하며 우리나라의 소비자들에게는 목장우유라는 말로 친숙해져 있다.

현재 국내에서 공인된 우유의 살균방법은 저온 장시간 살균법(LTLT, 62~65℃에서 30분간), 고온 단시간 살균법(HTST, 72~75℃에서 15~20초간), 초고온 순간 살균법(UHT, 130~150℃에서 0.5~2초간) 등 세 가지가 있다.

초고온 순간 살균법으로 처리된 우유는 높은 온도로 인하여 더 많은 박테리아가 죽게 되고 냉장온도에 보관하지 않고도 장시간(3~6개월) 저장할 수 있는 장점이 있다.

우유의 살균을 위하여 가열할 때는 익은 냄새를 최소화하도록 한다. 살균처리로 모든 효모, 곰팡이, 질병을 일으키는 박테리아, 기타 해가 적은 박테리아도 모두 파괴된다.

우유의 살균 정도는 우유에서 발견되는 자연적인 효소인 인산화효소(phosphatase)의 활성에 의하여 측정될 수 있다. 만약 이 효소가 불활성화되면 우유는 적당하게 가열되었고 질병을 일으키는 미생물이 파괴되었다는 지표가 된다.

2) 균질화

대부분의 시판유는 살균된 후 균질처리(homogenization)된 것이다. 즉, 우유의 지방을 잘게 쪼갬으로써 큰 지방구의 크림층 형성을 방지하며 우유의 맛을 균일하게 하고 소화가 잘 되도록 한다(**그림 14-1**).

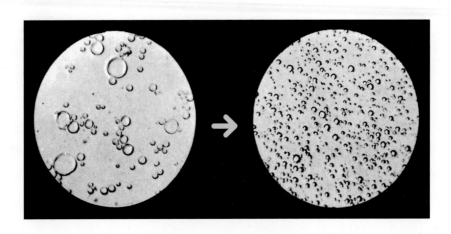

그림 14-1 우유의 균질화

3) 강화처리

강화(fortification)는 우유에 어떤 종류의 영양소를 첨가하여 영양가를 증가시키는 것을 말한다. 시판되고 있는 우유 중에는 생체리듬 활성과 두뇌 피로에 효과가 있다는 트립토판과 타우린을 첨가한 우유, 칼슘과 철분을 첨가한 우유, 비타민 A와 D를 강화한 우유, 뇌세포 성분인 DHA를 첨가한 우유 등이 있다.

(5) 우유의 종류

시판되고 있는 우유의 종류는 다양하며 제품의 개발이 계속 이루어지고 있다.

1) 액체유

원유를 살균처리한 시판 백색우유를 지방함량에 따라 분류하면 지방함량이 3.0 이상 되는 전유(whole milk), 지방함량을 높인 고지방우유(high fat milk), 지방함량을 2.0 이하로 낮춘 저지방우유(low fat milk), 지방을 뺀 탈지우유(skim milk)가 있고 비타민이나 무기질, 기타 영양소를 강화한 강화유가 있다. 백색시유에 초콜릿, 딸기, 바나나, 멜론 등이나 향기를 첨가한 것을 가공시유라 한다.

2) 농축우유

50~55℃의 진공 상태에서 우유의 수분을 60% 정도 증발시킨 것을 무당연유(evaporated milk)라 하며, 전유 또는 탈지유에 15% 정도의 설탕을 첨가하여 원액 용량의 1/3 정도 되도록 농축시킨 것을 가당연유(sweetened condensed milk)라 한다. 온도가 높은 곳에 저장하거나 오랫동안 저장하면 마이야르반응에 의한 갈변현상이 일어난다.

3) 분유

살균 처리한 전지유를 분무건조시킨 것을 전지분유라 하고, 탈지유를 분무건조시킨 것을 탈지분유라 한다. 유아의 성장에 필요한 영양소를 첨가하여 모유와 비슷하게 만든 분유를 조제분유라 한다. 분유 중에는 소화체계가 미숙하거나 아토피 등 알레르기가 있는 영유아를 위하여 유당을 제거하거나 우유 단백질을 가수분해시킨 특수분유도 있다.

4) 기타 우유

전유가 이온교환 수지를 통과하여 약 90%의 나트륨을 칼륨과 교환한 저염유, 유당불내증(lactose intolerance)이 있는 사람을 위하여 유당을 분해하거나 제거한 우유, 유기농 우유 등도 있다.

(6) 우유의 응고

1) 가열에 의한 응고

단백질 : 우유를 가열하면 유청 단백질인 락트알부민과 락토글로불린이 66℃에서 응고하기 시작한다. 온도가 증가하고 가열시간이 길어질수록 이 현상은 더 심하게 나타난다. 카세인은 보통의 조리온도에서는 응고되지 않는다.

응고 현상은 산도가 증가함에 따라 더 심해지며 염류의 존재하에서 더욱 촉진된다. 우유에 햄이나 채소류를 넣어 조리할 때 이러한 현상을 볼 수 있다.

무기질 : 유즙 내에 분산되어 있는 인산칼슘은 가열에 의하여 그 일부가 응고된 유청 단백질과 함께 팬의 바닥에 눌어붙거나 표면에 피막을 형성하는 원인 물질이 된다.

피막 형성 : 우유를 가열하면 피막을 형성하는데 이것은 유청 단백질, 염, 지방구가 서로 혼합되어 응고된 것이다. 팬 뚜껑을 닫거나 거품을 내거나 우유를 희석함으로써 방지할 수 있다.

지방구의 응집 : 지방구를 둘러싸고 있는 단백질의 피막이 열에 의하여 파열되면서 지방구가 재결합하여 응집하게 된다.

2) 산에 의한 응고

우유 자체에서 산이 생성되거나 외부로부터 산을 첨가할 때 카세인이 응고된다. 치즈를 만들 때의 원리이기도 하며 채소나 과일을 우유와 함께 조리할 때 이들의 유기산이 응고를 촉진시킨다. 토마토 크림수프를 만들 때 이러한 현상을 볼 수 있다. 즉, 산은 우유의 pH를 낮추어 등전점 가까이 도달하도록 하여 pH 4.6일 때 응고된다. 이를 피하기 위해서는 밀가루를 볶은 후 우유와 잘 섞어 끓인 다음 수소이온이 들어있는 토마토 즙을 섞어주면 카세인 입자의 응고를 방지할 수 있다.

등전점이 되는 것은 치즈 제조에서는 바람직하나 음식을 만들 때는 바람직하지 않은 경우가 많으므로 등전점에 다다르지 않도록 주의하면서 조리하여야 한다.

3) 효소에 의한 응고

레닌의 최적온도는 40~42℃이다. 레닌을 주원료로 하여 만든 우유 응고 효소 제제인 레넷(rennet)은 카세인을 응고시키므로 치즈 제조에 유용하다. 그러나 생과일의 단백질 분해효소는 불활성화시켜야 한다. 예를 들어 생파인애플에 들어있는 효소인 브로멜린은 단백질을 분해하므로 젤라틴을 응고시킬 때는 생파인애플은 사용하지 않고 파인애플의 효소가 불활성화된 통조림을 사용한다.

4) 페놀화합물에 의한 응고

채소나 과일의 페놀화합물인 탄닌류는 카세인을 응고시킨다.

(7) 우유의 변색

우유를 가열하면 당과 단백질의 작용으로 비효소적 갈변반응인 마이야르반응이 일어난다. 특히 가당연유를 가열할 경우 이런 현상이 더 발생하며 향미가 증진된다. 이러한 반응은 푸딩을 만들 때 볼 수 있다.

(8) 우유의 조리

우유가 가열되면 우유의 유청 단백질과 인산칼슘 등이 결합하여 냄비 밑에 눌러 붙거나 표면에 피막이 형성될 수 있다. 이러한 현상을 방지하기 위해서는 조리하는 동안 잘 저어주고 낮은 온도에서 조리하며 이중냄비를 이용하는 것이 좋다.

1) 타락죽

전통적인 방법으로는 찹쌀을 물에 불려 그늘에 말린 후 가루로 만들어 저장하여 이용하나 쉽게 하는 방법으로는 물에 불린 찹쌀을 블렌더에 곱게 갈아 죽을 쑨다. 찹쌀가루에 물을 넣고 냄비 밑에 눌어붙지 않게 저으면서 끓여 호화가 된 후 우유를 넣고 다시 한 번 약한 불에서 끓인 죽이다.

2) 크림 수프

버터에 밀가루를 넣어 볶은 후 수프스톡을 넣어 잘 저으면서 부드러운 소스가 되도록 끓인다. 여기에 우유와 생크림을 넣어 뜨겁게 해준다.

2. 발효유

발효유는 원유 또는 우유가공품을 유산균이나 효모로 발효시킨 우유이다. 발효유제품은 액체유를 저장하는 방법으로 생산된 것으로 발효기간 동안 우유성분의 화학적 변화가 발생한다.

유당은 20~30% 감소하여 젖산으로 되고, 우유에 들어있는 다른 당으로부터 아세테이트와 같은 다른 산들이 적은 양 생산된다. 생성된 젖산은 제품의 보존성을 증진시키고, 신맛과 청량감을 준다. 또한 해로운 미생물을 억제하고 단백질, 지질, 무기질의 이용을 증진시키며 소화액 분비를 촉진한다.

발효에 이용되는 스타터(starter)는 단백질을 분해하는 데 사용된다. 이러한 단백질 가수분해는 카세인이 부드러운 응고물로 되어 쉽게 소화효소의 작용을 받도록 한다. 그러므로 요구르트의 단백질은 우유 본래의 단백질보다 더 소화가 잘된다.

비타민 B_6와 B_{12}는 약 50% 감소하나 엽산이 증가하여 그 기능을 약간 보충한다. 또한 요구르트는 소장과 대장 내의 균총 재생에 유용하다.

(1) 요구르트

요구르트(yogurt)를 만들 때는 전유, 저지방유, 탈지유가 이용된다. 락트산세균(*Lacto-bacillus bulgaricus*)과 스트렙토코쿠스 테르모필루스(*Streptococcus thermophilus*)의 혼합물을 첨가하여 42~46℃에서 원하는 향미가 형성될 때까지 발효시킨다. 호상과 액상의 두 형태가 시판되고 있다.

(2) 버터밀크

원래 버터밀크(butter milk)란 버터를 만든 후에 남은 액체를 말하였으나 오늘날은 발효유의 일종으로, 살균된 저지방유나 탈지유로 만드는 것이 일반적이다. 스트렙토코쿠스 테르모필루스(*Streptococcus thermophilus*)를 첨가하여 20~22℃에서 pH 4.6 정도가 될 때까지 발효시킨다.

(3) 아시도필루스밀크

아시도필루스밀크(acidophilus milk)는 저지방유 또는 탈지유에 아시도필루스 세균(*Lacto-bacillus acidophilus*)을 넣어 38℃에서 발효시킨 것이다. 소화관 내의 부패균을 억제하는 효과가 있다. 우리나라에서도 이 세균으로 발효한 요구르트가 생산되고 있다.

3. 크림

우유의 지방층을 원심분리기로 분리하여 얻은 제품으로 진한 휘핑크림은 지방함량이 36% 이상이며 조금 덜 진한 휘핑크림은 유지방이 30~36%이고 커피크림은 18~20%의 유지방을 함유한다.

신맛 크림(sour cream)은 젖산에 의하여 신맛을 내는 크림이며 최소 18%의 유지방이 요구된다.

하프-앤드-하프(half-and-half)는 살균된 우유와 10.5~18% 지방을 함

휘핑크림

유한 크림의 혼합물이다. 이러한 크림 종류는 단독식품으로 섭취하기보다 조리의 부재료로 사용되어 다른 음식의 영양가와 맛을 증가시킨다.

크림의 거품은 여러 요인에 의하여 영향을 받는다. 즉 지질의 농축 정도, 지방구의 분산, 온도, 젓는 정도, 설탕 첨가 시기, 거품의 양 등이다. 30% 정도의 지방을 함유한 것이 좋으며 2~4℃의 온도에서 거품을 내는 것이 좋다. 설탕은 거품이 일어난 후에 넣는 것이 좋다.

근래에는 크림 대체물을 많이 이용하는데 이들은 유제품이 아니다. 옥수수 시럽 고형물, 식물성 기름, 카세인 나트륨, 완충제, 유화제, 그리고 인공 향미료와 색소를 이용하여 만든다.

4. 치즈

치즈는 서양인에게 있어 한국인의 김치에 해당된다. 치즈는 제조하는 각 나라에 따라 종류가 다양하며 독특한 맛을 낸다.

(1) 성분

치즈는 유즙의 단백질인 카세인을 응고하여 만든 식품으로 영양가가 풍부하다. 열량과 콜레스테롤 양은 치즈의 지질과 수분함량에 따라 다르다. 탈지유의 응고물로 만든 코티지 치즈(cottage cheese)는 콜레스테롤 함량이 낮으나 크림치즈(cream cheese)는 콜레스테롤 함량이 높다. 레닌으로 응고된 치즈는 칼슘과 아연의 좋은 급원이 된다. 반면 산에 의해서 응고된 치즈는 우유가 가지고 있는 칼슘의 25~50% 정도만 남아 있다. 대부분의 유당과 수용성 단백질, 무기질, 비타민은 유청으로 빠져나가 상실되기 때문에 유청을 이용한 치즈 제조 개발과 유청을 식품에 이용하고자 하는 연구가 이루어지고 있다. 치즈는 비타민 A와 비타민 B_2의 좋은 급원이다. 그러나 치즈를 만들 때 미생물의 성장을 조절하고 맛을 돋우기 위하여 소금 및 향료를 첨가하므로 치즈는 나트륨이 높은 식품이다. 근래에는 나트륨의 양을 줄인 치즈를 만들어 시판하고 있다.

(2) 치즈의 특성과 제조

치즈는 유즙에 레넷이나 산을 첨가하거나 유산발효를 일으켜 카세인을 응고, 침전시키고 유청에서 분리시킨 다음 숙성시키기 위하여 미생물을 첨가하여 제조한 것이다. 각종 치즈는 공정 과정과 이용된 미생물의 종류에 따라 그 특성이 다르며 종류도 600종류 이상이나 된다. 치즈의 품질은 유즙의 종류와 유즙의 상태에 따라 다르다. 예를 들어 프랑스 제품인 로크포르 치즈(Roquefort cheese)는 양젖에서, 이탈리아의 모짜렐라 치즈(mozzarella cheese)는 물소의 유즙에서 제조된 것이다. 유즙의 품질은 치즈 제조에 아주 중요하여 대부분의 치즈는 살균 또는 가열처리한 유즙으로 만든다.

대부분의 치즈는 비슷한 단계를 거쳐 만든다. 즉, 원료유에 젖산을 생성하는 박테리아를 넣어 산을 형성하여 응고물(curd)을 만들고, 응고물을 잘라 유청이 빠져나가게 하며, 응고물을 가열하여 소금을 넣어 모양을 만들고, 숙성시킨다.

(3) 치즈의 숙성

치즈를 숙성시키면 물리 화학적 특성, 즉 냄새, 맛, 텍스처, 성분에 변화가 일어난다. 이러한 변화는 향미에 영향을 줄 뿐만 아니라 치즈로 음식을 만들 때도 음식의 품질을 향상시켜 준다.

여러 형태의 유기물이 치즈에 특유의 향과 텍스처를 준다. 페니실륨 로케포르티(*Penicillium roqueforti*)균의 푸른 곰팡이는 블루 치즈(blue cheese), 로크포르 치즈(Roquefort cheese), 고르곤졸라 치즈(Gorgonzola cheese)에 푸른색 반점을 만들어 준다. 카망베르 치즈(Camembert cheese)는 푸른곰팡이(*Penicillium camemberti*)에서 만들어진 효소에 의하여 숙성된다. 에멘탈 치즈(Emmental cheese)는 스위스의 대표적 치즈로 스위스 치즈(Swiss cheese)라고도 하며, 가스를 형성하는 유기물로 인하여 숙성 중 탄산가스를 발생하므로 구멍이 생기게 된다. 체더 치즈(Cheddar cheese)는 유기물의 종류와 숙성기간에 따라 향미와 텍스처가 다르다. 유산균(*Lactobacilli*)과 스트렙토코쿠스 락티스(*Streptococcus lactis*)가 좋은 체더 치즈의 숙성에 중요한 역할을 한다. 브릭(brick)이나 몬테레이잭(Monterey Jack)과 같이 온화한 치즈는 맛이 강한 치즈보다 숙성기간이 짧다.

그림 14-2 다양한 치즈의 종류

(4) 치즈의 종류

시판되고 있는 치즈에는 자연치즈(natural cheese)와 가공치즈(process cheese)가 있다. 자연치즈는 우유를 응고시키는 방법, 자르는 방법, 배양의 형태, 숙성 상태(온도, 습도, 숙성 시간 등)에 따라 다양하다.

1) 자연치즈

수분함량과 지방함량에 따라 구분되나 맛을 결정하는 것은 숙성방법이다. 수분함량에 따라 초경질 치즈, 경질 치즈, 반경질 치즈, 반연질 치즈, 연질 치즈, 그리고 크림 형태인 비숙성 연질 치즈로 나눈다.

치즈의 특성에 영향을 주는 요인으로는 온도, 응고물의 침전방법, 가압 정도, 생산된 젖산의 양, 치즈에 번식하는 미생물과 효소, 숙성기간, 곰팡이 크기, 습도, 첨가하는 염 등이 있다.

숙성기간 동안 온도가 높으면 질긴 텍스처를 주며 산보다 레넷을 사용하여 침전한 것이 더 연한 치즈를 생성한다. 유산균의 양이 적으면 부패균의 번식이 일어나 품질을 저하시킨다. 미생물과 효소의 종류에 따라 치즈 특유의 향미를 나타낸다.

초경질 치즈 : 파르메산(Parmesan)과 로마노(Romano) 치즈가 속하는데 저지방 우유로 만든다. 1년 이상 숙성시키며 손으로 눌러도 표면이 들어가지 않을 정도로 딱딱하다. 수분함량이 낮아 30% 정도이며 가루로 만들어 사용한다. 초경질 치즈는 강한 냄새가 나는 것이 많으나 상온에서 오래 보관할 수 있다. 조리 시 가루로 만들어 수프나 스파게티 등에 뿌린다.

경질 또는 반경질 치즈 : 살균된 우유에 유산균을 넣어 만들기 때문에 적당한 산도를 갖는다. 세균활동을 억제하면서 숙성하기 때문에 냄새가 나지 않고 부드럽다.

누르면 탄력이 느껴질 정도이고 맛이 약간씩 다르다. 숙성기간은 2개월에서 2년이 필요하다. 콜비(Colby), 에담(Edam), 고다(Gouda) 치즈는 반경질형이며 수분함량은 38~45% 정도이다. 체더 치즈(Cheddar cheese)는 수분함량이 34~38% 정도의 경질 치즈이며 가장 대중적이고 가공치즈의 원료가 되기도 한다. 에멘탈(Emmental) 치즈는 반경질 또는 경질형이다. 샌드위치, 소스, 스낵 등에 이용된다.

에멘탈 치즈

반연질 치즈 : 수분함량이 45~55%이다. 블루(blue), 브릭(brick) 등이며 곰팡이를 첨가한 후 4주에서 수개월간 숙성한다. 애피타이저, 샐러드, 디저트 등에 이용된다.

숙성 연질 치즈 : 반연질 치즈와 비슷하게 만들어지나 응고물에 곰팡이나 박테

블루 치즈

리아를 배양하여 숙성시키므로 특유의 향미를 갖는다. 브리(Brie), 카
망베르(Camembert), 림버거(Limburger) 등이다. 특유의 향미를
가지며 수분함량이 55~80%이다. 반연질 치즈와 같은 용도로 이용
된다.

브리 치즈

비숙성 연질 치즈 : 코티지(cottage)나 크림(cream) 치즈이며 크림, 우
유, 탈지유, 농축유 등으로 만든다. 샐러드, 샌드위치, 치즈케이크 등
에 이용된다. 모짜렐라 치즈는 숙성되지 않은 약간 단단한 치즈이다.
피자나 라자냐 등의 파스타와 스낵에 이용한다.

크림 혼합물에는 젖산을 첨가하며, 레닌은 첨가하기도 하고 첨가하
지 않기도 한다. 다른 치즈보다 수분함량이 높기 때문에 지질의 양은 적다.

카망베르 치즈

2) 가공 치즈

미국에서 가장 대중적인 형태의 치즈이다. 여러 가지 자연치즈와 양파 등 혼합물을 섞어
가열한 것으로 유화제와 약간의 물이 첨가되고 포장하기 전에 살균한다. 가공치즈의 품질
과 맛은 그것의 원료가 되는 치즈의 품질과 맛에 따르나 일반적으로 맛이 부드럽고 개성이
없다. 이것은 자연치즈보다 오랫동안 보관할 수 있으며 펴서 바를 수 있는 형태로 많이 만
든다.

최대 수분함량이 40%이며 탈지유로 만들었기 때문에 지질 함량이 낮고 콜레스테롤 함량
도 낮다.

(5) 치즈의 보관

부드럽거나 숙성시키지 않은 치즈는 냉장 저장하여야 하며 저장기간이 짧다. 이 외의 모든
치즈도 냉장 저장하는 것이 좋으며 잘 포장하여 보관한다. 대부분의 치즈는 냉동하는 것이
바람직하지 않다. 해동하면 끈적거리거나 부스러지기 쉽기 때문이다. 치즈는 실온일 때가
가장 맛이 좋으므로 먹기 30분 전쯤에 냉장고에서 꺼내어 둔다.

(6) 치즈의 조리

치즈는 전채로부터 후식에 이르기까지 다양하게 이용된다. 즉, 그대로 먹거나 술안주로
쓰이거나 음식을 만드는 데 이용되기도 하며 샐러드에도 넣는다.

치즈는 단백질과 지질의 함량이 높기 때문에 열에 예민하다. 육류 또는 달걀 단백질과 같

이 치즈 단백질도 높은 열에서 응고되어 딱딱해지거나 질겨진다.

차가운 온도에서는 지질이 고체 상태이나 실온에서는 지방이 부드럽게 되어 치즈도 부드러워진다. 치즈를 넣고 조리를 할 때 조리시간을 길게 하거나 너무 높은 온도로 조리하면 과잉 조리가 되어 텍스처가 좋지 않게 된다. 가열하는 동안 지방이 녹는데 만약 지나치게 가열하면 유화 상태가 깨져서 지방이 분리될 수도 있다. 또한 수분을 손실하여 치즈는 주저앉고 질겨진다.

조리시간을 단축하기 위해서는 치즈를 썰거나 다져서 사용한다. 치즈를 가열할 때 이중 팬에서 조리하는 것도 좋은 방법이다.

조리된 치즈의 질은 지방과 물의 함량, 유화제의 존재, 숙성 정도에 따라 다르다. 지방함량이 높은 치즈는 빨리 녹는다. 크림치즈와 같이 수분함량이 높은 것은 다른 재료와 잘 섞인다. 오래 숙성된 치즈도 잘 섞이는 특성을 갖는다.

체더 치즈는 조리에 가장 많이 이용되는 것으로, 조리하기 전에 다지거나 잘게 썰어 준다.

1) 치즈 퐁뒤

포도주를 따뜻하게 하여 스위스산 치즈를 녹여 소스를 만들고, 긴 꼬챙이에 프랑스 빵을 끼워 찍어 먹는 스위스 음식이다.

퐁뒤

2) 프렌치 어니언 수프

버터에 양파를 갈색이 나게 볶아 브라운 스톡을 넣어 끓인 후 수프 볼에 담고 프랑스 빵을 비스듬히 잘라 넣는다. 모짜렐라 치즈를 잘게 썰어 이 위에 얹고 치즈가 녹을 만큼만 오븐에서 구워낸다.

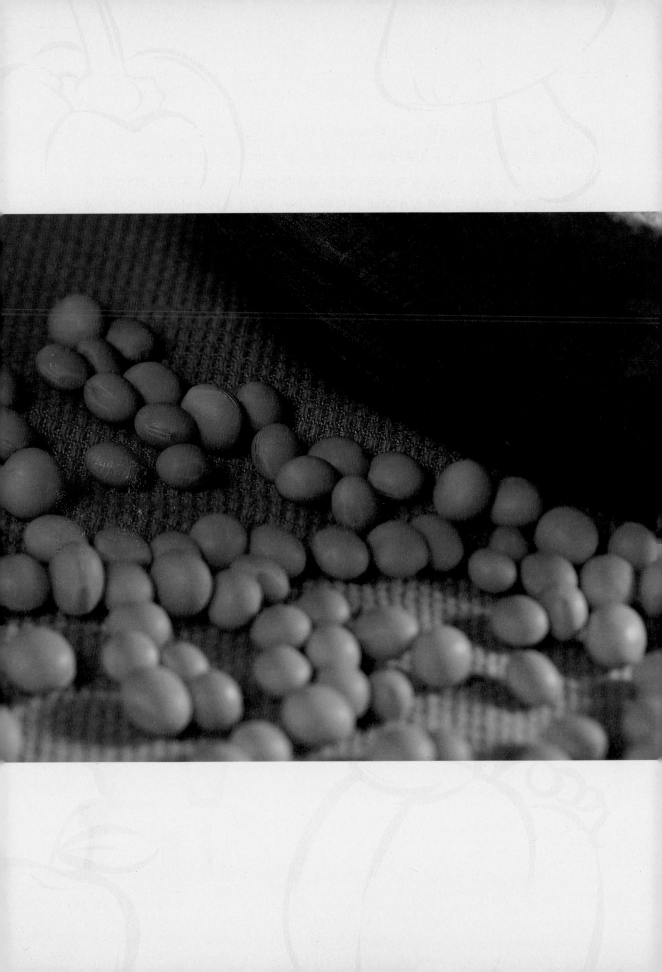

제15장

두류

두류(legumes)는 식물학상 콩과(leguminosae)에 속하고 열매를 식용하는 작물이다. 영양적으로 그 중요성이 인식되어 최근에는 서양에서도 이용도가 높아지고 있다. 쌀을 주식으로 하는 우리나라에서는 두류가 식물성 단백질의 급원으로 중요한 위치를 차지하고 있으며, 예부터 두류의 조리법이 발달하여 여러 가지 형태의 음식을 만들어 이용하여 왔다.

1. 두류의 분류

지질과 단백질이 많고 탄수화물이 적은 것으로는 대두, 땅콩 등이 있고, 지질이 적고 탄수화물이 많은 것으로는 팥, 녹두, 완두, 동부, 강낭콩 등이 있다.
풋완두콩은 비타민 C 함량이 많으므로 채소로 취급된다.

2. 두류의 성분

(1) 단백질

콩은 품종에 따라서 화학성분의 조성이 상당히 다르다. 콩 단백질의 주요 성분은 글로불린(globulin)의 일종인 글라이시닌(glycinin)과, 알부민(albumin)의 일종인 레구멜린(legumelin)으로 되어 있으며 이 중 글라이시닌이 대부분이다. 일반적으로 두류는 다른 곡류보다 단백질을 많이 함유하고 있다.

(2) 지질

대두와 땅콩은 지질 함량이 높아 기름을 채취하여 식용유로 널리 이용한다. 이들 기름에는 불포화지방산인 올레산과 리놀레산이 많이 함유되어 있다. 특히 필수지방산인 리놀레산의 좋은 급원이 된다.

(3) 탄수화물

팥, 녹두, 완두, 동부, 강낭콩 등에 많이 함유되어 있는 탄수화물은 대부분 전분이며, 가공식품 제조의 원료로 이용되고 있다. 즉, 떡이나 과자류의 소로 쓰이거나 묵 또는 양갱을 만드는 데 쓰인다. 콩에는 올리고당이 함유되어 있어 소장에서 효소에 의하여 소화되지 않으므로 많이 섭취하면 가스가 찰 수 있다.

(4) 무기질과 비타민

두류는 곡류와 비교하여 칼슘, 인, 철분이 더 많이 함유되어 있다. 대개 비타민 B군이 풍부하고 비타민 C는 거의 없으나 콩나물과 숙주나물은 발아과정에서 비타민 C가 합성된다.

(5) 기타 성분

두류는 사포닌, 탄닌, 레시틴 등 각각 특유의 성분을 함유하고 있다. 생콩에는 트립신 저해제(trypsin inhibitor)가 들어 있어 단백질의 소화흡수를 방해하는데, 이 물질은 가열하면 불활성화 되며 기능을 잃게 되므로 가열조리하면 단백질의 소화율이 향상된다.

3. 두류의 종류

(1) 대두

대두는 동부아시아 중국 북부가 원산지로 기원전 2000년경부터 단백질과 지질의 급원으로 이용되어 왔다. 우리나라에서는 쌀, 보리와 함께 중요한 식량으로서 특히 단백질의 중요한 공급원으로 이용되어 왔으나 서양에서는 기름을 목적으로 재배하였다. 기름을 추출한 나머지는 단백질의 대체용으로 이용되고 있다.

대두

대두의 영양성분은 단백질 20~45%, 지질 18~22%, 탄수화물 22~30%, 회분 4.5~5%이다. 대두단백질은 밭에서 나는 쇠고기라고 할 정도로 영양학적으로 육류와 동등한 것으로 취급되고 있다.

필수아미노산인 아이소루신, 루신, 페닐알라닌, 쓰레오닌, 발린이 풍부하며 특히 곡류의 제한아미노산인 라이신의 함량이 높다. 그러나 콩에는 함황 아미노산인 메싸이오닌의 함량이 적고 곡류에는 메싸이오닌이 비교적 많이 함유되어 있으므로 곡류와 콩을 혼합하여 먹으면 단백질 보완효과가 크다.

대두단백질의 글로불린이나 알부민은 수용성으로 물에 담그면 90% 가까이 용출된다. 그러나 pH 4~5에서는 대부분 불용성으로 되고 칼슘염이나 마그네슘염의 묽은 용액에서 응고된다. 이 성질을 이용하여 만든 것이 두부이다.

대두는 올리고당인 라피노오스(raffinose)와 스타키오스(stachyose)를 상당량 함유하고 있는데 이것은 장내에서 효소에 의하여 소화되지 않고 가스를 발생한다. 포화지방산으로는 팔미트산과 스테아르산이, 불포화지방산으로는 올레산과 리놀레산이 많으며 이외에 레시틴과 세팔린 등의 인지질이 있는데 이것을 분리하여 유화제로 이용한다. 무기질로는 칼륨이 가장 많고 인, 나트륨, 칼슘, 마그네슘 순으로 함유하고 있다. 비타민으로는 비타민 B군이 많고 비타민 C는 거의 없다.

그러나 콩에는 트립신 저해제와 칼슘, 마그네슘, 철, 아연 등의 무기질의 흡수를 방해하는 피트산(phytate)이 있으며, 적혈구를 응집시키는 적혈구 응집소(hemagglutinin)와 적혈구 세포를 용해시키는 사포닌 등이 함유되어 있다. 영양 저해 인자로서 피트산만이 문제가 되고 다른 것은 열에 불안정하므로 문제가 되지 않는다.

(2) 팥(적두)

팥은 적색으로 알갱이가 큰 품종이 좋다. 탄수화물이 56.6% 정도로 다량 함유되어 있으며 다른 두류에 비하여 비타민 B_1이 특히 많다. 팥을 삶을 때 사포닌으로 인해 거품이 생기는데, 이를 제거하지 않으면 떫은맛이 생기고 장을 자극하여 설사를 일으킨다. 그러므로 팥을 삶을 때는 처음 끓인 물은 따라 버리고 다시 물을 붓고 삶는 것이 좋다. 혼식용으로 이용되거나 과자, 떡의 고물과 소, 양갱, 팥빙수, 단팥죽 등에 이용된다.

팥

(3) 녹두

주성분은 탄수화물로 60% 정도이고 탄수화물의 대부분은 전분이지만 단백질도 21% 정도 함유하고 있다. 녹두묵, 빈대떡, 떡의 고물과 소, 녹두죽, 숙주나물 등으로 이용된다.

녹두

(4) 강낭콩

주성분이 전분이며 단백질도 많은 편이다. 익지 않은 푸른 꼬투리에는 비타민 A, B_1, B_2, C가 풍부하여 채소로도 많이 이용된다.

강낭콩

(5) 완두콩

탄수화물 함량이 높으며 성숙하기 전의 푸른 것은 통조림을 만들어 사용한다. 어린 꼬투리는 채소용으로 이용되는데 그냥 먹거나 통조림을 만든다. 혼식용 이외에 떡이나 과자에 이용된다.

완두콩

(6) 땅콩

세계 주요 작물 중 하나이며 두류 중 유일하게 열매가 땅속에 들어 있기 때문에 땅콩(낙화생)이라는 이름이 붙여졌다. 유지용으로는 입자가 작은 것이 좋고 그대로 먹을 경우에는 입자가 큰 것이 좋다. 지질이 45% 이상이며 단백질과 비타민 B_1이 많다. 땅콩 단백질의 대부분은 글로불린에 속하는 아라킨 (arachin)이다. 땅콩기름은 낙화생유라고도 부르는데 올레산과 리놀레산이 많다.

땅콩

4. 두류제품

두류의 종류는 많으나 우리나라에서는 특히 단백질 함량이 높은 대두를 이용한 가공식품이 많이 발달되어 있다. 대두발효식품인 장류는 제24장에서 다루고, 이 장에서는 이것을 제외한 두류제품을 설명한다.

(1) 콩가루

콩가루는 콩의 껍질을 벗기고 가루로 만든 것인데 대부분은 콩 자체를 가루 내므로 지방이 그대로 함유되어 있지만 탈지한 후 가루로 만드는 것도 있다. 볶아서 가루를 내거나 생콩 그대로 가루로 만들기도 한다.

(2) 콩단백제품

　식품 가공 시 탈지 대두에서 단백질을 분리하여 육류와 유사한 조직으로 만들어 육류대용품으로 쓰고 있는데 이것을 분리대두단백(isolated soy protein, ISP) 또는 조직 콩단백(textured soy protein, TSP) 또는 식물성 조직단백(textured vegetable protein, TVP)이라 한다. 농축 콩단백은 70% 정도의 단백질을 함유하며 이것에서 비단백물질을 더 제거한 것을 분리 콩단백이라 하는데 90% 이상의 단백질을 함유한다. 이러한 콩단백제품은 보수성, 결착성, 유화성, 거품성 등의 기능적 특성이 높아 식품 가공에서 여러 용도로 이용되고 있다. 이러한 기능적 특성 이외에 가격이 비싼 동물성 단백질을 콩단백질로 대체하여 가격을 저렴하게 낮출 수 있다.

분리대두단백

　햄버거 패티(patty)나 완자 전, 만두소, 햄, 돈가스 등을 만들 때 고기와 섞어서 만들 수 있으며 다량 조리 시 고기 대용으로 사용하면 영양적으로나 경제적으로 바람직하다. 또한 씹는 촉감도 고기와 비슷하여 채식주의자들을 위한 육류 대체식품으로 다양한 제품이 개발되어 이용되고 있다.

　이 제품을 사용할 때는 물에 담가 불린 다음 그 자체로 이용하거나 다른 재료와 섞어서 이용한다.

(3) 두유

　두유는 콩국 또는 콩물이라 하여 우리나라에서 오래전부터 애용되어 온 것이다. 특히 여름철 단백질 보충음식으로 각광을 받아 왔다.

　콩을 충분히 불린 후 삶아서 간 다음 체로 걸러 얻는다. 두유는 우유에 비하여 칼슘, 비타민 A, 그리고 메싸이오닌이 부족하므로 이러한 영양소를 보충할 수 있는 식품과 함께 섭취하면 좋은 영양급원이 될 수 있다. 우리나라 음식 중 콩죽이나 콩국수는 메싸이오닌을 보완할 수 있는 좋은 음식이다.

(4) 두부

　콩에 들어있는 주요 단백질인 글라이시닌은 마그네슘 이온이나 칼슘 이온 등의 염류와 산에 불안정하여 응고되는데, 이러한 성질을 이용하여 만든 것이 두부이다. 먼저 마른 콩을 물에 불려 갈아서 끓인 다음 여과하여 두유와 연한 고체 덩어리인 비지를 분리한다. 비지는 두부를 만들고

두부

남은 찌꺼기를 말한다. 분리한 두유의 온도가 80~90℃일 때 응고제를 조금씩 넣으면서 천천히 저어주면 단백질이 응고된다. 응고된 것을 틀에 넣어 눌러주면 두부의 형이 형성된다. 응고제로는 식초도 이용 가능하며 간수($MgCl_2$, $CaCO_3$), 또는 응고제($MgCl_2$, $CaSO_4$, $CaCl_2$)를 사용한다. 전에는 염화마그네슘을 사용하였으나 요즈음은 황산칼슘을 많이 사용한다. 응고제에 따라 두부의 텍스처가 달라진다. 응고제의 양이 많거나 지나치게 누르거나 가열시간이 길면 두부의 텍스처가 딱딱해진다. 응고제의 양이 부족하면 추출된 단백질이 모두 응고되지 못한다. 완성된 두부는 깨끗한 물에 담가서 응고제 성분을 빼 주면 쓴맛이 제거되어 맛이 좋아진다.

두부는 수분이 83~90%, 단백질이 4~8.6%, 지질이 3~5.5%로 이루어져 있으나 만드는 방법에 따라 영양가가 달라진다. 두부를 조리할 때 가열온도가 높을수록 그리고 가열시간이 길수록 단백질이 더 응고되고 수분이 추출되어 단단해지며 두부 속에 구멍도 많이 생긴다.

그러므로 두부를 조리할 때에는 단시간 내에 가열하거나 다른 재료가 익은 후 가열의 마지막 단계에 넣어야 한다. 가열하는 물에 소금을 조금 넣으면 나트륨 이온이 두부 속의 칼슘이온의 응고작용을 방해하여 두부가 더 단단해지는 것을 방지한다. 두부는 수분함량이 높아 세균이 번식하여 변질되기 쉬우므로 가열조리하여 먹는 것이 좋다.

시판되고 있는 두부의 종류도 단단한 것에서부터 연한 것까지 점점 다양화되고 있다.

순두부 : 두유에 응고제를 넣고 응고시킨 후 틀에 넣어 굳히지 않은 두부

연두부 : 순두부와 일반 두부의 중간 굳기로, 두유에 응고제를 혼합하여 직접 용기에 넣고 익힌 두부

일반 두부 : 두유에 응고제를 넣고 응고시킨 후 틀에 넣어 수분함량을 85% 정도로 압착 탈수한 두부

유부 : 일반 두부를 얇게 저며 속까지 튀겨 저장성을 높인 두부

전두부 : 일반 두부와 달리 비지를 제거하지 않고 콩 전체를 이용하여 만든 두부

(5) 콩나물과 숙주나물

콩나물과 숙주나물은 우리나라 사람들이 가장 즐겨먹는 식품 중의 하나이다. 콩나물은 대두, 오리알태(유태), 수박태, 쥐눈이콩(서목태) 등을 발아시켜 재배하는데, 발아하는 동안 비타민 C가 합성되고 특히 유리아미노산인 아스파트산(aspartic acid)이 풍부하여 숙취해소에 효과가 있다. 가

콩나물　　　　　숙주나물

열할 때는 비타민 C의 파괴를 방지하기 위하여 약간의 소금을 넣는 것이 좋다. 콩나물을 삶을 때는 찬물에서부터 넣어야 하며 끓기 전에 뚜껑을 열면 콩에 함유된 리폭시제네이스(lipoxygenase)의 작용으로 불포화지방산의 산화를 도와 콩 비린내가 나게 되므로 주의해야 한다. 콩나물은 뿌리에 영양성분이 더 많으므로 영양을 위해서라면 뿌리를 떼어내지 않는 것이 좋다.

녹두를 발아시킨 숙주나물도 발아과정에서 비타민 C를 비롯한 비타민 A, B의 함량이 크게 증가하며, 중금속의 일종인 카드뮴의 배출에 도움이 되는 것으로 알려져 있다.

(6) 묵

우리나라에서는 녹두의 재배역사가 길어 이미 오래 전부터 녹두전분을 만들어서 묵(청포묵)이나 국수를 만드는 데 이용하였으나, 근래에는 경제성이 더 큰 동부의 전분을 추출하여 묵을 만들어 시판하고 있다.

청포묵   동부

5. 두류의 조리

콩은 익혀서 먹어야 하는데, 익히면 단백질 소화율과 이용률이 더 높아진다. 즉, 단백질의 소화율은 생콩이 82, 열처리한 콩이 90, 두부가 96으로 증가한다. 단백질 이용률(PER)도 0.7~2.0 이상으로 높아진다. 그 이유는 생콩에 들어 있는 단백질 분해효소의 기능을 저해하는 트립신 저해제가 열처리나 발효과정 중 불활성화되거나 분해되어 소화흡수가 증가되기 때문으로 보인다. 가열하면 전분이 호화되며 향미가 좋아지고 독성 성분이 파괴된다.

건조한 두류는 조리 전에 장시간 물에 담가 충분히 물이 흡수되도록 한다. 불린 콩은 약 3배 불어난다. 침지시간은 물의 온도에 따라 달라 물의 온도가 높을수록 침수 시간은 짧다. 1% 소금물에 담가두었다가 그 용액에서 그대로 삶으면 콩이 더 빨리 연해진다. 이는 콩 단백질의 대부분을 차지하는 글라이시닌이 소금과 같은 중성염 용액에 녹는 성질이 있기 때문이다.

삶는 동안 중조를 조금 넣으면 빨리 연화되나 알칼리는 콩의 비타민 B_1을 파괴하기 때문에 중조의 사용은 신중히 하여야 한다. 또한 콩의 텍스처가 지나치게 부드럽게 될 수도 있다. 콩을 불리거나 조리할 때는 경수보다 연수를 사용하는 것이 좋다. 경수의 칼슘과 마그네슘염이 세포벽에 있는 펙틴물질과 결합하여 불용성 물질을 만들면 콩의 연화를 방해하기 때문이다. 또한 피트산도 경수 중의 칼슘과 결합하여 콩의 연화를 방해한다.

(1) 콩죽

콩을 불려서 블렌더에 갈아 쌀과 같이 끓인 죽이다. 흰콩은 여섯 시간 이상, 쌀은 두 시간 정도 물에 불린다. 불린 콩을 냄비에 담아 충분히 잠길 정도로 물을 붓고 살짝 삶아낸다. 콩을 삶을 때 덜 삶으면 콩 비린내가 나고, 지나치게 삶으면 텁텁해지며 콩 냄새가 많이 난다. 삶은 콩을 찬물에 한 번 헹궈 껍질을 벗긴 후 블렌더에 곱게 갈아 고운체에 밭친다. 불려놓은 쌀에 콩물을 붓고 때때로 나무주걱으로 저으면서 쌀이 잘 퍼져 어우러질 때까지 끓인다.

(2) 콩장

검정콩을 불린 후 간장, 기름, 깨소금, 물엿 등의 조미료를 넣고 조린 것이다. 콩장과 같은 조림을 할 때는 단단한 정도가 적당하여야 한다. 물엿과 같은 당을 많이 넣으면 껍질에 주름이 생기고 콩의 내부는 수축하게 된다. 설탕, 간장 등의 조미료를 첨가한 물에 처음부터 콩을 넣고 끓이면 삼투압의 영향으로 흡수와 팽윤이 억제되고 연화가 잘 되지 않는다. 그러므로 부드러운 콩장을 만들기 위해서는 충분히 불린 콩을 삶은 후 설탕, 간장 등의 조미료를 2~3회에 나누어 넣는 것이 좋다.

검정콩

제16장

식용유지류

유지류(fats and oils)는 그 자체가 음식의 주재료가 되지는 않으나 여러 가지 용도로 사용된다. 상온에서 액체 상태인 것을 기름(oil)이라 하고, 고체나 반고체인 것을 지방(fat)이라 한다. 식용유지류는 식품조리와 영양적인 면에서 중요한 역할을 한다. 음식의 향미와 맛을 증진시키고 만복감을 주며, 1g이 9kcal의 열량을 내므로 탄수화물 또는 단백질의 2.25배나 되는 농축된 에너지 급원이다. 또한 필수지방산인 리놀레산을 공급해 주고 지용성 비타민의 매개체로서 작용한다. 밀가루 제품에서는 글루텐의 형성을 방해하고 공기를 함유하게 하여 부드럽게 만들어 주며 튀김이나 볶음 등을 할 때는 열전도체로 작용한다. 또한 마요네즈 소스와 같은 유화액을 만들 때 이용된다. 지방은 거의 모든 식품에 자연적으로 함유되어 있다. 육안으로 볼 수 없는 지질의 급원 식품으로는 육류, 가금류, 생선, 유제품, 달걀, 견과류, 씨앗 등이 있고, 육안으로 볼 수 있는 지방 식품은 쇼트닝, 라드, 식용유, 마가린, 버터 등이 있다.

제4장에서 지질의 구조에 관하여 설명하였으므로 이곳에서는 제외하였다.

1. 유지의 특성

(1) 결정구조

상온에서 고체지방을 자세히 보면 액체기름에 지방결정체가 혼합된 현탁액이다. 온도가 증가하면 결정체는 녹고 액체기름으로 바뀐다. 물과 달리 지방 분자는 결정화되면 더 조밀해지고, 결과적으로 지방이 녹으면 부피가 증가한다.

지방의 고체화에 영향을 주는 다른 인자는 지방에 존재하는 결정체의 형태이다. 지방결정에는 네 가지 형태가 있다. 즉 알파(α)형, 베타 프라임(β')형, 중간(intermediate)형, 그리고 베타(β)형이다.

α형 결정은 매우 미세하고 극히 불안정하여 아주 빠르게 녹아 더 큰 결정구조인 β'형으로 재결정화한다. β'형 결정의 지방 표면은 매우 부드러우며 이러한 상태는 품질이 대단히 좋은 쇼트닝의 새 깡통을 열었을 때 볼 수 있다. β'형 결정은 α형 결정보다 안정하므로 유통기간 중 상당히 높은 온도에서도 결정이 유지되며 제과제빵에 이용하면 좋은 텍스처를 준다. 중간형 결정은 β'형 결정이 따뜻한 온도에서 보관될 때 녹아서 더 크고 거친 중간형으로 결정

화된 것으로서 외관이 약간 거칠며 조리 시에는 적합하지 않다. β형 결정은 가장 안정적이나 가장 거친 텍스처의 결정형이다.

지방 결정의 크기는 소비자들이 외관을 보고 품질을 판정하는 데 매우 중요한 요인이 된다. β'형 결정이 가장 안정적이면서 부드러운 텍스처를 가지는 좋은 결정형이므로 유통 기간 중 냉장 보관하는 것이 좋으며, 만일 유통기간 중에 보관 온도가 높으면 β'형 결정은 녹아 중간형 또는 β형으로 재결정화되어 바람직하지 않다.

(2) 융점

융점(melting point)은 녹는점이라고도 부르며, 고체지방이 액체기름으로 되는 온도를 말한다. 지방은 순수한 물질이 아닌 트리글리세라이드의 혼합물이기 때문에 서로 다른 융점 범위를 갖는다. 일반적으로 융점은 구성 지방산의 불포화도, 사슬 길이(탄소수), 이중결합의 위치 등에 의하여 영향을 받는다.

구성 지방산의 불포화도 : 팔미트산이나 스테아르산과 같은 포화지방산을 높은 비율로 함유하면 융점이 비교적 높아 실온에서 고체 상태가 된다. 반면 올레산이나 리놀레산과같은 불포화지방산을 높은 비율로 함유해 불포화도가 높아지면 비교적 융점이 낮아 실온에서 액체 상태가 된다.

사슬 길이(탄소수) : 지방산의 탄소수가 증가함에 따라서도 융점이 높아진다. 탄소원자수가 4개인 부티르산은 18개인 스테아르산보다 낮은 온도에서 녹는다. 버터는 비교적 짧은 사슬의 지방산들을 다량 함유하며 대부분 포화지방산으로 이루어져 있는데, 그보다 긴 사슬의 지방산을 함유하는 소기름이나 경화된 쇼트닝보다 낮은 온도에서 녹는다.

이중결합의 위치 : 불포화지방산중 시스(cis)형태에서 이중결합의 위치만 바꾼 트랜스(trans)지방은 이중결합의 위치가 달라짐에 따라 융점이 높아지게 된다.

일반적으로 동물성 유지는 탄소의 사슬이 긴 포화지방산의 함량이 많아 융점이 높아서 상온에서 고체이며, 식물성 유지는 불포화지방산의 함량이 많기 때문에 융점이 낮아서 액체로 존재한다. 그러나 팜유, 코코넛유 등은 식물성 유지이지만 불포화지방산 함량이 낮아 상온에서 고체 상태이다.

(3) 용해성

지질은 물에 불용성이고 클로로포름(chloroform), 에터(ether), 벤젠(benzene) 등의 유기용매에는 용해된다. 지질은 물에 대한 친화력이 낮기 때문에 물과 쉽게 결합하지 않는다.

(4) 비중

대부분의 유지류의 비중(specific gravity)은 0.92~0.94로 물보다 가벼워 물과 섞으면 물 위에 뜬다. 비중은 지방산의 탄소수가 증가할수록, 불포화지방산이 많을수록 커진다.

(5) 가소성

가소성(plasticity)이란 고체가 외부에서 힘을 받았을 때 깨지지 않고 형체가 변한 뒤 그 힘을 없애도 원래의 상태로 돌아가지 않는 성질을 말한다. 실온에서 고체상으로 보이는 대부분의 지방은 실제로는 고체지방 결정과 액체기름을 함께 함유하고 있는 것인데, 이러한 독특한 구성 때문에 지방이 가소성을 가지며 여러 모양으로 성형할 수 있다.

가소성이 있는 지방에서 결정의 형태와 크기는 제과제빵 시 지방의 역할에 영향을 주며, 저어주면 공기를 함유할 수 있다. 버터, 마가린, 라드, 쇼트닝 등이 일정 온도 범위에서 가소성을 가지는 대표적인 지방으로 제과제빵 시 다양하게 이용된다.

(6) 발연점

기름을 가열할 때 온도가 상승하면 기름의 표면에서 자극성 있는 푸른색의 연기가 나기 시작하는데 이 온도를 발연점(smoke point)이라 하며, 이것은 지방의 종류에 따라 다르다. 이때 연기성분은 알데하이드, 케톤, 알코올, 아크롤레인 등이다. 아크롤레인은 글리세롤의 탈수로 인하여 생성된 물질로(**그림 16-1**) 눈과 목을 자극하며 인체에 해로우므로 조리를 할 때는 발연점 이하의 온도에서 해야 한다.

발연점은 지방의 종류와 그 외의 여러 조건에 따라 영향을 받는다. 기름의 발연점에 영향을 주는 조건은 다음과 같다.

지방의 종류 : 지방의 종류에 따라 발연점에 차이가 있으므로 발연점이 높은 기름을 이용한다. 몇 가지 기름의 발연점을 보면 올리브유는 등급에 따라 160~200℃로 차이가 있으며, 참기름과 들기름은 160℃ 이하, 대두유는 200℃ 이상이며, 채종유와 옥수수유는 240℃, 270℃로 발연점이 높아 튀김요리를 하면 바삭바삭하다.

가열횟수 : 동일한 기름에서도 가열횟수가 많으면 발연점은 낮아지므로 한 번 사용한 기름을 여러번 재사용하는 것은 바람직하지 않다.

유리지방산 함량 : 유리지방산 함량이 많은 기름일수록 발연점이 낮다. 가열횟수가 증가해도 열에 의해 지방산이 분해되므로 유리지방산 함량이 높아진다.

기름의 표면적 : 기름의 표면적이 넓을수록 발연점이 낮아진다. 그러므로 튀김용으로는 좁고

깊은 용기를 사용하는 것이 좋으며, 보관시에도 입구가 좁은 것이 좋다.

정제도 및 이물질의 존재 : 정제도가 낮거나 이물질이 존재하면 발연점이 낮아진다. 한 번 사용한 기름은 식힌 후 찌꺼기를 걸러내고 사용해야 하며, 튀김을 할 때도 찌꺼기를 제거하면서 조리하지 않으면 발연점이 낮아져 빨리 타게 된다.

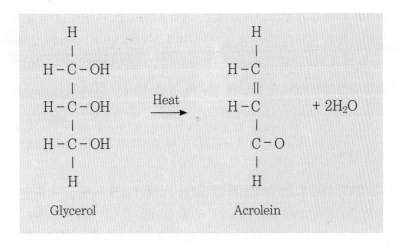

그림 16-1 아크롤레인의 형성

(7) 가수분해

유지류는 물과 작용하면 가수분해되어 지방산과 글리세롤이 된다. 고온으로 하면 촉매제 없이 단시간 내에 일어날 수 있는데 이때 알칼리를 촉매제로 사용하면 적당한 속도로 진행된다. 알칼리가 가성소다인 경우 지방산과 작용하여 비누를 만드는데 이 과정을 비누화(saponification)라고 한다.

2. 유지의 산패

산패는 지질과 지질식품에서 좋지 않은 맛과 냄새가 나는 현상이다. 이는 유지의 저장 중 일어나며 특히 불포화도가 높거나 주위 환경이 지방의 화학적 변화를 유도하는 조건일 때 잘 일어난다. 이러한 유지의 산패는 가수분해와 산화의 두 가지 형태에 의하여 주로 일어난다.

(1) 가수분해에 의한 산패

가수분해는 물 분자가 첨가되어 화학적 결합이 깨지는 반응현상이다. 중성지방이 가수분해 되면 유리지방산과 글리세롤로 분해된다. 이 반응은 식품에 자연적으로 존재하는 효소인 라이페이스(lipase)에 의해 촉진될 수 있다.

부티르산, 카프로산과 같이 탄소길이가 짧은 저급 지방산은 버터에 많이 들어있는데 실온에서 휘발성이며 산패한 버터의 불쾌한 냄새와 맛의 원인이 된다. 이러한 상태의 지방은 먹을 수 없으므로 버려야 한다. 팔미트산, 스테아르산, 올레산과 같이 탄소길이가 긴 고급 지방산은 실온에서 휘발성이 아니기 때문에 산화와 같은 변화가 있지 않는 한 나쁜 냄새를 내지 않는다.

(2) 산화에 의한 산패

산화적 산패는 일부 식품에 존재하는 효소인 리폭시데이스에 의해 유발될 수도 있으나, 대개는 계속되는 연쇄반응(chain reaction)에 의해 일어난다. 즉, 공기의 존재하에서 지방이 산소를 취하고 지방산의 이중결합 다음의 탄소원자에서 수소원자를 잃어버릴 때 발생한다. 이때 하이드로퍼옥사이드(hydroperoxide)라는 물질을 형성하게 되는데 이것은 쉽게 파괴되어 나쁜 냄새를 내게 된다.

산화적 산패가 일어나기 쉬운 것은 주로 불포화지방산이며, 고도로 수소가 첨가된 지방이나 대부분이 포화지방산들로 구성된 천연 지방은 이런 화학반응에 대해 저항력이 있다. 즉 이 반응은 지방이 산소, 빛, 열에 노출되었을 때, 식품 부스러기와 금속에 의하여 불포화도가 높을 때, 그리고 이중결합에 결합한 같은 기가 서로 같은 쪽에 있는 시스(cis)형일 때 촉진된다. 이러한 유형의 산패는 유지류와 지방질 식품을 변질시키는 주된 원인이 되며, 곡류 가공품 같이 소량의 지방을 함유한 건조식품에서도 문제가 될 수 있다. 지방질 식품에서 산패가 진행되면 그 안에 들어있는 지용성 비타민 A와 E도 산화될 수 있다.

(3) 항산화제와 산패의 방지

지방은 저장조건의 조절로 산패의 진행을 방지할 수 있다. 빛, 습기, 공기를 차단하고 냉장온도에서 저장하면 산패 방지에 도움이 된다.

지방의 산화는 초기에는 서서히 일어나나 한번 산화되면 대단히 빨리 반응이 진행된다. 철, 구리, 니켈과 같은 금속이 존재하면 이 반응이 더 빨리 일어난다. 예를 들어 육류에 함유된 철분은 육류를 저장하는 동안 발생하는 지방산 산화의 원인이 될 수 있다. 이 반응은 육류를 냉동하는 동안에도 계속된다. 지방산화는 고온, 빛, 염화나트륨(식탁염)의 존재하에서도 촉진된다. 지방을 갈색 병이나 밀폐된 병에 보관하여 공기와 빛에 덜 노출시키고 시원한 곳에 보관하거나 항산화제를 첨가하면 산화적 산패를 줄일 수 있고 저장기간을 연장할 수 있다.

항산화제는 한두 가지 방법으로 산화를 방지한다. 즉, 그 스스로가 산화될 수 있고 항산화제가 가지고 있는 수소를 지방에 줄 수 있다. 또는 미량 금속과 같은 촉매요인을 격리시킬 수 있는데 이는 초기 반응을 멈추게 할 수 있다. 그러나 일단 산화가 일어나면 항산화제는 지방을 처음의 품질로 돌아가게 할 수 없다. 유지류에는 자연적으로 많은 항산화제가 존재하는데 가장 많이 알려진 것이 토코페롤이다.

그러나 토코페롤은 열에 예민하여 정제과정 중 파괴될 수도 있다. 이외에 레시틴과 참기름에 함유된 세사몰(sesamol)도 항산화제이다. 허용된 항산화제에는 여러 종류가 있으며 구연산, 아스코브산, 인산과 같은 물질은 항산화제와 함께 사용하면 상승작용을 한다.

(4) 향미의 전환

향미전환(flavor reversion)은 지방에서 실제적인 산패 발생 전에 일어나는 산화적 변패로, 지방이 좋지 않은 냄새를 내기 시작하는 것이다. 대두유의 경우 초기에는 콩 비린내가 나고 시간이 지나면 생선 비린내로 변한다. 특히 대두유는 리놀렌산, 철, 그리고 구리를 상대적으로 많이 함유하기 때문에 이런 현상이 더 잘 일어난다. 미량금속은 리놀렌산과 더 잘 반응하며 산화되면 좋지 않은 냄새물질(2-pentenylfuran)을 생성한다.

3. 유지의 정제와 가공

유지는 여러 급원에서 채유하여 기본적인 처리를 한 후 식용으로 사용한다.

(1) 채유와 정제

동·식물 조직에서 유지를 채유할 때는 증기처리법(steam rendering), 건열처리법(dry rendering), 압착법(pressing method), 추출법(extracting method)으로 채유하여 알칼

리로 불순물을 제거하고 탈색·탈취하여 정제한다.

(2) 동유처리

식용유를 냉장 보관할 때 뿌옇게 되는 경우가 있다. 이는 기름에 있는 트리글리세라이드 분자의 일부가 다른 분자보다 융점이 높기 때문에 낮은 냉장온도에서 결정화되거나 응고물을 만들기 때문이다. 액체기름을 7℃까지 냉장시켜 결정체를 여과 처리하여 제거하면 여과된 기름은 융점이 낮아 냉장온도에서 결정화되지 않게 된다.

이러한 처리를 동유처리(winterizing 또는 winterization)라 한다. 샐러드유를 제조할 때 이용되며 옥수수유, 대두유, 면실유 등은 동유처리하나 올리브유는 향을 보존하기 위하여 동유처리를 하지 않는다.

(3) 경화처리

액체기름과 부드러운 지방은 경화처리(hydrogenation)에 의하여 고체로 될 수 있다. 즉, 수소원자가 불포화지방산에 있는 이중결합에 첨가된다. 이때 열과 금속(니켈, 구리)이 촉매제 역할을 한다. 경화처리는 식물성 기름 또는 동물성 기름으로부터 마가린이나 쇼트닝을 만들 때 적용된다. 액체기름에 수소이온을 첨가하면 가소성을 가진 고체지방으로 변하고 융점이 높아져 산화에 안정성을 보여 저장성이 높아진다. 또한 고소하고 바삭바삭한 맛을 낼뿐만 아니라 적당한 정도의 가소성을 나타내므로 다른 재료와 잘 혼합될 수 있다.

경화처리는 어느 시점에서나 쉽게 멈출 수 있으므로 용도에 따라 부드러운 정도를 조절할수 있다. 완전히 수소 첨가된 지방은 매우 단단하며 부서지기 쉽게 된다. 이런 처리를 거쳐 마가린과 쇼트닝을 생산한다.

4. 유지류의 종류

유지는 동식물로부터 얻어지는 것으로 구성분도 다양하다. 일반적으로 동물성 지방은 포화지방산 함량이 높고 식물성 기름은 불포화지방산 함량이 높다. 그러나 예외적으로 코코넛유와 팜유에는 포화지방산이 많이 함유되어 있다. 동물성 지방만 콜레스테롤을 함유하며 식물성 기름에는 콜레스테롤이 없다. 올리브유는 이중결합이 하나인 올레산(oleic acid)을 많이 함유하고 있어 혈청 콜레스테롤을 낮추는 데 중요한 역할을 한다.

(1) 버터

우유에서 분리시킨 크림의 지방이 버터이며, 80%의 지방과 18% 정도의 물을 함유하고 있다. 기계적으로 휘저어 주면 수중유적형인 크림의 유화가 깨져서 유중수적형인 버터를 형성한다. 즉, 18%의 물이 80%의 지방에 분산되고 적은 양의 단백질이 유화제로서 작용한다. 버터밀크는 버터가 크림으로부터 휘저어진 후에 남는 것이다.

버터

버터는 30~35%의 지방을 함유하고 있는 신맛 크림이나 단맛 크림으로부터 만든다. 크림의 산도를 알칼리로 조절한 후 병원균을 파괴하기 위하여 살균하며 젖산균에 의하여 숙성시킨다. 크림은 4~10℃에서 6~16시간 동안 차갑게 한 후 휘저어 준다.

기계적으로 휘저으면 지방구를 둘러싸고 있는 인지질막이 파괴되어 버터지방이 흘러나와 덩어리를 형성한다. 그런 다음 버터를 씻어 주고 여분의 버터밀크를 제거하기 위하여 압착한다. 이 단계에서 소금을 첨가하기도 하고 첨가하지 않기도 하는데 소금의 첨가는 지방의 산패를 지연시켜 준다. 만약 색소를 첨가하고자 할 때는 휘젓기 전에 크림에 넣어 주어야 하며 일반적으로 카로틴이 사용된다. 우유 19L로 500g의 버터를 만들 수 있고, 만들어진 버터는 저장하는 동안 냄새의 흡수를 막기 위하여 잘 포장해야 한다.

버터의 향미는 여러 가지 향미성분으로 인하여 복합적이다. 특히 박테리아의 작용으로 형성된 다이아세틸(diacetyl)이라는 물질은 버터의 중요한 향미 물질이다.

버터는 포화지방산과 불포화지방산을 모두 함유하고 있으며 약 40%정도가 불포화지방산이다. 버터에 함유된 포화지방산은 팔미트산, 스테아르산, 부티르산, 라우르산, 카프르산 등이며 이 중 부티르산이 가장 많이 함유되어 있고 불포화지방산으로는 올레산과 리놀레산이 많다.

버터에는 소금을 넣은 가염 버터와 소금을 넣지 않은 무염 버터가 있는데, 가정용은 모두 가염 버터이다. 무염 버터는 보존성이 짧고 식용으로는 맛이 부족하므로 제과원료나 조리용으로 이용되며, 신장병 환자를 위한 특수용도에 적합하다. 버터는 냄새를 빨리 흡수하므로 밀폐하여 저장하여야 한다.

(2) 마가린

마가린은 버터의 대용품으로 80%의 지방을 함유한 유중수적형 유화형태이다. 대부분 식물성 기름에 적당히 수소를 첨가하여 부분적으로 경화시킨 것이며 대두유가 가장 많이 이용되고, 경화된 면실유를 대두유와 섞기도 한다. 옥수수유와 같은 단일 기름으로 만들거나 여러 기름을 섞어서 만들기도 한다. 경화의 정도가 클수록 마가린이 더 단단하다. 보존제로서 벤조산(benzoic acid)이, 향미를 위하여 다이아세틸(diacetyl)이, 유화제로서 모노글리세라이드와 다이글리세라이드 또는 레시틴이 첨가되고, 노란 색소와 비타민 A와 D가 첨가된다. 이와 같이 버터와 유사하게 만든 마가린을 스틱 마가린(stick margarine)이라 하며, 스틱 마가린보다 고도불포화지방산의 함량이 더 많아 융점이 낮은 것을 소프트 마가린(soft margarine)이라 한다. 스틱 마가린을 휘저어 부피를 증가시켜 부피당 열량을 낮게 만든 휘핑한 마가린(whipped margarine)도 있다.

마가린

(3) 라드

라드는 100% 지방으로 돼지의 지방조직에서 분리해 낸 가장 오래된 지방 중의 하나이다. 라드의 질은 지방을 얻은 조직의 부위, 사료의 종류, 정제 과정에 따라 다르다. 돼지의 복부에서 얻는 지방은 질 좋은 라드를 만드는 데 사용된다.

라드는 일정 기준과 향, 냄새, 텍스처 같은 물리적 특성의 기준이 없고 크리밍하는 힘이 약하여 케이크류에 사용하는 것이 적합하지 않아 쇼트닝을 더 많이 사용하고 있다. 라드는 변질이 잘 되나 가공과정 중에 항산화제를 첨가해 저장성을 증가시킨다. 라드는 비교적 발연점이 낮아 튀김요리에 적당하지 않지만 가소성과 연화성이 좋아 제과용으로 이용하면 좋다. 페이스트리를 만들 때 라드를 사용하면 보다 바삭거리고, 빈대떡을 부칠 때 사용하면 다른 기름보다 더 부드럽다.

(4) 쇼트닝

쇼트닝은 라드의 대용품으로 정제된 식물성 기름에 수소를 첨가하고 니켈을 촉매로 하여 가소성이 있는 고체기름으로 만든 것이다. 경화가 부분적으로 이루어지는데 그렇지 않으면 너무 단단해서 가소성을 잃어버린다. 부드럽고 일관성 있는 쇼트닝을 만들기 위해서는 가장 좋은 결정구조를 형성하여야 한다.

쇼트닝은 100% 지방으로 향미가 없고 튀김을 할 수 있을 정도의 발연점을 가지고 있어 튀김용으로도 많이 사용하는데, 트랜스지방(trans fat)이 형성되므로 주의해야 한다. 또한 연화성과 크리밍성이 좋아 제과제빵에 다양하게 이용된다. 쇼트닝에는 모노글리세라이드와 다이글리세라이드같은 유화제를 첨가하는 경우가 많은데, 이러한 쇼트닝은 케이크나 과자류의 품질을 좋게 해 주지만 발연점을 낮게 하므로 튀김용으로는 적당하지 않다.

(5) 대두유

대두유는 세계에서 가장 많이 생산되고 있는 기름이며 콩은 주로 미국, 브라질, 중국에서 재배되고 있다. 튀김 기름으로 사용될 때 리놀렌산이 산화되어 이취(off flavor)가 생기기 때문에 부분적으로 수소를 첨가하여 경화한 후 융점을 22~28℃ 또는 35~43℃의 범위가 되게 하거나, 육종학적으로 리놀렌산의 함량이 낮은 품종을 개량하여 재배하고 있다. 부분적으로 수소 첨가된 대두유는 마가린과 쇼트닝의 재료로 이용되기도 한다.

(6) 옥수수유

옥수수유는 옥수수의 배아를 분리하여 압착하고 용매로 추출하여 조유를 얻은 다음, 정제, 동유 처리하여 왁스 성분을 제거한다. 옥수수유는 마가린과 쇼트닝의 재료로 사용되며 샐러드유와 튀김유로 많이 이용되고 있다.

(7) 면실유

면실유는 미국에서 많이 생산되며 면실(cotton seed)로부터 얻어지는 식용유로서 우수한 향미를 갖고 있다. 성분조성은 원료나 산지에 따라 다소 차이가 있으나 필수지방산인 리놀레산이 52~59%로 가장 많다. 샐러드유를 만들기 위해서는 동유처리 하여야 한다. 마요네즈나 샐러드 드레싱을 만들 때, 또는 튀김이나 볶음요리에 많이 이용되며 마가린이나 쇼트닝의 원료로 이용되기도 한다.

목화

(8) 샐러드유

식물성 기름을 동유처리한 기름으로서 샐러드 드레싱을 만들 때 사용하면 좋다.

(9) 올리브유

올리브유는 남유럽에서 조리용으로 많이 이용하고 있는 기름으로 단일불포화지방산이

올리브유

80% 정도 함유되어 심장병 예방효과가 있다. 산화 정도는 포화지방산과 다가 불포화지방산의 중간 정도로 모든 종류의 조리에 사용할 수 있다.

품질등급과 산 함량에 따라 올리브유를 분류할 수 있다. 이탈리아의 법에 의하면 산 함량이 낮을수록 등급이 더 좋은 것이다.

올리브유는 제조법과 품질등급에 따라 크게 세 가지로 분류한다. 정제하지 않고 압착한 버진(virgin) 등급, 화학적으로 정제한 리파인드 버진(refined virgin) 등급, 정제한 올리브유와 버진등급을 혼합한 퓨어(pure) 등급이 있다. 정제하지 않을수록 우수한 등급으로 본다.

버진등급 : 버진등급 올리브유들은 냉각 압착으로 생산되기 때문에 강한 올리브 향미를 갖고 엽록소가 함유되어 있어 푸른색을 띤다. 일반적으로 버진등급은 품질에 따라 우수한 등급부터 나열하면 엑스트라버진 올리브유(extra virgin olive oil)-파인버진 올리브유(pine virgin olive oil)-버진 올리브유(virgin olive oil)로 분류한다. 가볍게 압착하여 처음에 추출한 등급을 엑스트라버진이라고 하는데 총 생산량의 10% 미만이며 품질이 가장 좋다(산 함량 1% 이하). 파인버진은 엑스트라버진과 마찬가지로 최상품 올리브를 처음 추출한 오일이지만 산도가 엑스트라버진보다는 약간 높다. 두 번째로 추출한 버진 올리브유는 산 함량이 1~3.3%이다.

리파인드 버진등급 : 버진 올리브유 중 산 함량이 3.3% 이상인 낮은 등급의 기름을 정제한 올리브유를 말하는데, 정제과정에서 맛과 향, 색깔이 거의 제거되기 때문에 일반적으로 버진 올리브유와 혼합하여 사용한다.

퓨어등급 : 혼합 올리브유인 퓨어 올리브유는 정제한 리파인드 버진 올리브유에 버진 올리브유를 혼합한 것으로 향미와 색이 덜 강해 연하고 부드러우며, 값이 저렴하다. 일반적으로 정제한 올리브유와 버진 올리브유를 80 : 20으로 혼합하여 생산한다. 산도는 자연 산도가 아닌 가공 산성도로 pH 1.5 이하이다.

올리브유를 선택할 때는 무조건 높은 등급을 선택할 필요는 없다. 등급에 따라 가격 차이도 크며, 등급별 특성이 다르므로 조리용도에 따라 선택하는 것이 바람직하다. 흔히 시판되는 올리브유는 엑스트라버진과 퓨어등급이다. 엑스트라버진 올리브유는 맛과 향이 뛰어나지만 발연점이 낮으므로 튀김보다는 직접 찍어 먹거나 차가운 샐러드 드레싱에 이용하는 것이 좋으며, 가열조리를 할 때는 향이 휘발되므로 마지막에 넣는 것이 좋다. 볶음에는 향이 더 부드러운 올리브유를 이용하는 것이 좋다. 퓨어 올리브유는 직접 먹기는 부적합하지만, 발연점이 높아 튀김 등 고온으로 가열조리 시에 적합하여 식용유 대체용으로 이용할 수 있다.

올리브

(10) 채종유

유채과에 속하는 1년생 초본인 채종(rape seed)에서 짜낸 것으로 유채기름 또는 카놀라유라고도 한다. 세계적으로 볼 때 식물성 기름 중 대두, 팜, 해바라기씨 다음으로 생산량이 많다. 1980년대 카놀라(canola)라는 이름으로 세계적인 보급이 시작되었으며 주요 생산국은 중국, 인도, 캐나다, 프랑스 등이다. 필수지방산인 리놀레산을 9~15% 함유하며 샐러드유와 튀김유, 또는 마가린이나 쇼트닝의 가공용 유지로 이용된다. 국내에서는 제주도에서 재배되나 그 양이 적어 대부분 외국에서 수입한다.

유채꽃

(11) 미강유

쌀겨로 짜낸 기름으로 빛이 짙고 맛이 좋지 않으나 정제하면 튀김용으로 사용할 수 있다.

(12) 참기름

참깨를 볶아 압착하여 기름을 짠 것으로서 피라딘류(pyradines)가 고소한 향을 나타낸다. 참기름은 저장성이 좋으며 항산화성이 있는 다량의 세사몰(sesamol)을 함유하고 있다.

참깨

(13) 들기름

들깨에서 짠 들기름은 고도불포화지방산의 함량이 높으므로 산화안정성이 낮으나, 오메가-3 계열인 리놀렌산을 많이 함유하고 있어 우수한 기능성을 갖고 있다. 산패가 빨리 일어나므로 시원한 곳이나 냉장고에 보관한다.

들깨

5. 조리 시 유지류의 기능

유지류는 식품을 조리할 때 여러 가지 용도로 사용한다. 영양적으로는 많은 열량과 필수지방산을 공급해 주며, 밀가루 제품의 글루텐을 연화하고, 크리밍하면 공기를 포함하여 음식의 부피를 증가시키며, 튀김 같은 경우 열전도체로 작용하고, 유화액을 형성하며 음식의 맛을 증진시킨다.

(1) 연화작용

음식을 볶거나, 양념해서 굽거나, 튀기거나, 나물을 무칠 때, 또는 약과 반죽을 할 때 기름을 많이 넣으면 부드러워지는 것을 알 수 있다. 밀가루 제품에서 지방은 글루텐의 길이를 짧게 만들어 부드럽게 해 주는데, 이러한 성질을 글루텐의 길이를 짧게 해준다는 의미로 쇼트닝성(shortening power)이라 한다. 즉, 글루텐을 물리적으로 분리시켜 결합하지 못하도록 방해하는 층을 형성함으로써 연화작용이 일어난다.

지방은 반죽의 종류에 따라 다른 형태로 분산되어 있다. 케이크나 도넛 반죽에서는 비교적 작은 입자로 존재하며, 파이나 크래커 반죽에서는 큰 덩어리로 존재하다가 반죽을 밀대로 밀어 늘려서 얇은 막이 되어 막의 윗부분과 아랫부분이 완전히 분리되므로 구웠을 때 켜가 생긴다. 케이크, 도넛, 쿠키 같은 반죽에는 기름을 비교적 적게 넣어 연하게 하고, 파이나 크래커 같은 것에는 반고체 상태의 유지를 많이 넣고 물을 적게 넣음으로써 켜가 많이 생기고 바삭바삭해진다. 우리나라의 약과는 밀가루에 참기름을 넣고 고르게 섞어 기름에 지져낸 것으로 기름의 쇼트닝 성질이 크게 나타나는 음식이다.

1) 연화작용에 영향을 미치는 인자

기름이 물 위를 덮는 면적이 곧 기름의 쇼트닝성이다. 유지류의 쇼트닝성은 유지 자체의 본성, 즉 유지의 종류, 첨가하는 지방의 양, 지방의 온도, 반죽의 정도 및 방법, 밀가루 반죽에 넣는 다른 물질의 종류와 양에 따라 달라진다.

유지의 종류(가소성) : 지방 내에 모노글리세라이드와 다이글리세라이드가 존재하게 되면 지방의 유화를 증가시켜 반죽 내에서 작은 지방구들이 분산되도록 도와 더 부드럽게 한다.

지방의 가소성과 쇼트닝성은 밀접한 관계가 있다. 즉, 가소성이 큰 지방일수록 더 잘 퍼지므로 밀가루의 표면에 더 잘 분산되어 쇼트닝성이 커진다. 쇼트닝성은 라드 > 쇼트닝 > 버터 > 마가린의 순이다. 가소성이 있는 지방에서 트리글리세라이드 분자의 일부는 액체 형태로 존재하고 일부는 고체 형태로 결정화되어 있다. 지방 내에 고체와 액체상이 공존함으로써 지방에 힘이 가해졌을 때 부서지거나 쪼개지지 않고 성형이 잘 될 수 있다.

상온에서 부드러운 상태의 지방은 쇼트닝성이 좋으나 흘러내릴 정도의 지방은 최대한의 쇼트닝성을 나타낼 수 없다. 이는 기름이 반죽에서 흘러내리기 때문이다. 또한 지나치게 단단한 지방도 반죽 속에서 지방이 고루 분산되지 못하기 때문에 연화작용이 약하다.

지방의 양 : 첨가하는 지방의 양이 증가하면 쇼트닝성이 커진다. 그러나 약과 반죽 등에 참기름을 너무 많이 첨가하면 글루텐 형성을 방해해 기름에 지질 때 풀어질 수 있다.

지방의 온도 : 지방의 온도는 가소성에 영향을 준다. 고체지방이나 액체유 모두 온도에 의해 유동성이 달라진다. 밀가루 반죽 내에서 기름온도가 낮으면 잘 퍼지지 못하고 한데 뭉치기 때문에 냉장고에서 바로 꺼낸 고체지방은 쇼트닝성이 낮다. 기름의 온도가 높아지면 더 넓게 빨리 퍼져서 글루텐의 표면을 덮어 쇼트닝성은 커진다. 버터는 22~28℃에서 가장 가소성이 크고 18℃에서는 가소성이 낮아지며, 고온에서는 버터가 매우 부드러워지거나 완전히 녹게 된다.

반죽의 정도 및 방법 : 반죽의 정도 또한 쇼트닝성에 영향을 준다. 고체지방에 설탕을 넣고 저어서 크리밍을 하거나, 밀가루에서 잘라 작은 덩어리로 만들거나, 고체지방만을 휘저어 물리적 힘을 가해주면 지방이 더 물러지고 그 결과 밀가루 반죽 내에서 더 잘 퍼진다. 그러나 반죽을 지나치게 오래 하면 유지가 있어도 글루텐이 많이 형성되어 쇼트닝성이 낮아지고 질겨진다.

다른 물질 : 밀가루로 굽는 제품에는 일반적으로 밀가루 외에 지방, 설탕, 우유, 달걀, 소금, 베이킹파우더 등을 넣는다. 이 중에 다른 재료는 지방의 연화력에 영향을 주지 않으나 달걀만은 영향을 주는데, 달걀의 노른자는 묽은 반죽에서 지방과 섞여 수중유적형의 유화액을 형성한다. 이와 같이 지방의 일부가 유화액을 형성하면 연화작용할 양이 감소하므로 기름의 쇼트닝성은 감소한다.

(2) 크리밍성

버터, 마가린, 또는 쇼트닝 등의 가소성이 있는 고체지방에 공기를 넣어 매끄럽게 하는 일을 크리밍(creaming)이라 한다. 교반해 주면 공기가 내포되면서 부드러운 크림 상태가 되는데 이러한 성질은 버터가 많이 들어가는 케이크를 만들 때 이용된다. 먼저 버터를 설탕과 함께 크리밍한 다음, 달걀을 넣고 밀가루를 넣어주는 방법을 사용한다. 크리밍의 정도는 크리밍가로 나타내는데, 이것은 100g의 유지를 거품낼 때 혼입되는 공기의 ml수로서 케이크의 품질과 매우 관계가 깊다. 유지의 크리밍성은 쇼트닝 > 마가린 > 버터의 순이다.

케이크를 만들 때 크리밍 상태가 좋을수록 부피가 크고 매우 부드럽다. 크리밍해 주는 시간이 부족하거나 지나치면 케이크의 부피는 적고 경도가 높으므로 적당한 시간 동안 크리밍해 주는 것이 중요하다.

크리밍가는 유지의 온도에 따라 변하므로 유지별로 적절한 온도에서 크리밍해 주어야 한다. 대체로 쇼트닝은 25℃, 버터는 20℃에서 가장 좋은 크리밍가를 보인다.

(3) 열전달 매체

유지류는 비열이 작아 온도가 쉽게 상승하므로 식품에 열을 빨리 전달한다. 그러므로 조리를 할 때 지방은 열을 전도하는 좋은 매개체로 작용하여 튀김, 볶음, 지지기 등에 이용된다.

(4) 유화작용

기름은 유화액의 한 성분으로 이용된다. 유화에 관하여는 제3장에서 자세히 설명하였다.

6. 유지를 이용한 조리

(1) 튀김

튀김이란 기름을 사용하여 식품을 가열하는 조리법으로 고온의 기름 속에서 단시간 처리되므로 다른 조리법에 비하여 영양소나 맛의 손실이 가장 적다. 튀김 온도는 재료에 따라 다르지만 일반적으로 170~180℃가 가장 적당하며, 기름의 대류에 의하여 열전도가 일어난다.

튀김기름을 고온에서 사용하거나 상온에서 장기간 저장할 경우 여러 가지 물리화학적 변화가 일어나게 되며, 이로 인하여 기름의 산패가 진행되어 산가의 증가, 접합 이중결합의 증가, 점도 증가, 굴절률 증가, 발연점의 감소 등 여러 가지 변화가 일어난다. 이외에도 튀김시간이 길어짐에 따라 사용한 기름에서 필수지방산의 감소, 거품의 형성, 점도의 증가, 변색 및 독성물질의 생성 등의 현상이 유발된다.

1) 튀김 중 기름으로부터 생성되는 주요한 화합물

유리지방산의 생성 : 트리글리세라이드는 수분과 가열에 의하여 에스터 결합이 분해되어 유리지방산을 생성하게 되어 발연점이 점점 낮아진다.

휘발성 향미성분의 생성 : 하이드로퍼옥사이드(hydroperoxide)의 형성과 분해를 동반하는 기름의 산화반응으로부터 알데하이드, 케톤, 탄화수소, 락톤, 알코올, 산, 에스터 등이 생성된다. 가열된 기름 중에 생성되는 휘발성 물질의 양은 기름과 식품의 종류, 가열온도와 방법 등에 따라 다르다.

중합체의 생성 : 기름의 가열 및 산화과정에서 일어나는 중요 반응 중의 하나는 중합체가 생

성되는 것이다. 중합체가 생성되면 기름의 아이오딘 값은 감소되고 분자량, 점도, 굴절률은 증가된다.

2) 튀김 중 식품의 변화

튀김 중 식품의 수분이 계속적으로 유출되어 뜨거운 기름으로 나오게 된다. 이로 인하여 기름에서 생성된 각종 휘발성 산화생성물을 밀어내게 된다. 식품에서 유출된 수분은 기름의 가수분해를 촉진시키며 이로 인하여 유리지방산의 함량이 증가된다. 식품이 기름 위로 떠오르는 것은 식품 속의 수분이 빠지기 때문이며, 식품을 그냥 튀기면 대개 40%의 수분이 감소하고 튀김옷을 입히고 튀기면 20%의 수분이 감소한다.

튀김 과정 중 휘발성 물질은 식품 자체 내에서 생성될 수도 있고 식품과 기름 사이의 상호 반응에 의해서도 생성될 수 있다.

식품은 튀김 과정 중 기름을 흡수하며 흡수량은 여러 가지 조건에 따라 다르다.

기름의 흡착률은 튀김옷을 입힌 것이 5~10%, 그냥 튀긴 것이 3% 정도이다. 재료에 설탕이 많이 들어간 것, 물이 많이 들어간 반죽, 식빵처럼 공간이 많이 있는 것은 적당한 온도에서도 기름을 많이 흡수한다. 그러나 반죽이 되거나 많이 치댄 것은 기름을 훨씬 적게 흡수한다. 튀김 중에는 신선한 기름을 계속적으로 첨가해 줄 필요가 있다.

튀김 과정 중 식품 자체의 지방질 성분이 튀김기름으로 유출되는 경우가 있는데 이러한 현상으로 다양한 이화학적 변화가 초래되어 튀김이 바람직하지 못한 방향으로 진행되기도 한다. 즉 기름의 과도한 분해로 튀김제품의 관능특성이 좋지 못하게 될 뿐만 아니라 영양가의 손실도 일어날 수 있다.

3) 튀김유와 튀김 온도

발연점이 낮은 기름은 낮은 온도에서도 연기와 자극적인 냄새가 나므로 튀김용으로는 적당하지 않다. 튀김유로 좋은 것은 발연점이 높은 것으로 대두유, 면실유, 옥수수유 등이다.

반복하여 사용한 기름은 지방의 일부가 분해되어 발연점이 낮아진다. 한 번 사용할 때마다 10~15℃ 정도 발연점이 낮아진다고 한다. 튀김음식은 재료의 종류에 따라 튀기는 온도가 달라진다. 즉, 표면만을 가열한 음식은 고온에서 단시간 튀겨야 하고, 속까지 충분히 익혀야 하는 음식은 낮은 온도에서 장시간 가열해야 한다(**표 16-1**).

표 16-1 식품의 튀김 온도

튀김 온도(℃)	식품
140~150	약과
170~180	도넛, 닭, 돈가스(일반적인 튀김 온도)
190~200	크로켓, 프렌치프라이(감자)

튀김할 때의 적온을 알기 위해서는 온도계를 사용하는 것이 가장 정확하나 온도계가 없을 경우에는 끓는 기름에 튀김옷을 조금 넣어 떠오르는 상태로 온도를 판단할 수 있다(**그림 16-2**). 튀김옷이 팬 밑바닥에 닿은 후 떠오르면 140~150℃이며 튀김옷이 일단 기름의 1/3 정도의 깊이에 가라앉았다가 올라오면 170~180℃이다. 이것이 보통 튀김을 하는 온도이다. 튀김 옷이 기름의 표면에 분산되면 190~200℃ 정도로 크로켓과 같이 표면만을 익힐 때 적당한 온도이다. 다른 방법으로는 나무젓가락을 팬 바닥에 닿게 하여 기름 분자의 움직임을 보고 가늠할 수 있다.

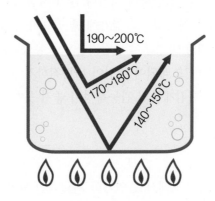

그림 16-2 튀김옷을 이용한 튀김 온도 측정법

4) 튀김옷의 재료와 만들기

밀가루 : 글루텐이 많이 생기지 않는 박력분이 가장 적합하다. 중력분을 사용할 경우 밀가루 의 10~15%의 전분을 섞어서 사용하면 밀가루가 전분으로 대치되어 박력분과 비슷해진다.

달걀 : 튀김옷을 만들 때 약간의 달걀을 섞어주면 달걀에 함유되어 있는 단백질과 지질이 반 죽의 글루텐 형성을 방해하므로 맛이 좋아질 뿐만 아니라 튀김옷이 연하고 바삭해진다. 그 러나 많은 양을 넣으면 튀김옷이 약간 단단해질 수 있다.

베이킹소다 : 튀김옷을 만들 때 밀가루 무게의 0.2% 정도의 베이킹소다를 넣으면 가열 중 탄산가스를 방출하고 동시에 수분도 다량 증발하므로 튀김옷의 수분함량이 적어져서 가볍게 튀겨지며, 비교적 오랫동안 바삭한 질감을 유지할 수 있으나, 비타민 B_1, C 등이 파괴된다.

설탕 : 튀김옷을 만들 때 약간의 설탕을 첨가하면 튀김옷의 색이 적당하게 갈변되고, 글루텐의 그물 모양 구조를 방해하므로 튀김옷이 연하고 바삭바삭해진다.

물 : 밀가루 반죽에 사용하는 물의 온도는 글루텐 형성에 영향을 주게 되는데, 물의 온도가 높으면 튀김옷의 점도가 높아지므로 튀긴 후 두꺼워진다. 그러므로 물에 얼음을 띄우거나 또는 냉장고에서 차게 한 물을 사용하는 것이 좋다.

5) 튀김 시 유의점

잘 된 튀김은 튀김옷이 질기지 않아야 하고 두껍지 않아야 하며 기름이 가능한 한 적게 흡수되어야 한다. 이러한 튀김을 만들기 위해서는 튀김옷의 재료, 밀가루와 물의 비율, 튀김옷의 반죽법, 기름의 종류, 튀기는 기름의 온도와 튀기는 시간 등이 중요하다.

튀김옷을 만들 때는 지나치게 섞지 않으며 즉시 만들어 사용하고 남기지 않도록 한다. 튀김재료는 신선한 것을 사용하며 재료에 따라 튀김기름의 온도를 조절하여야 한다. 온도가 낮고 시간이 길수록 흡유량이 많아져서 입안에서의 느낌이 나빠지므로 튀기는 동안 계속 같은 온도를 유지해야 한다. 재료의 양을 한꺼번에 많이 넣으면 기름의 온도가 빨리 낮아진다. 튀기는 과정에서 온도가 내려가면 다시 적정 온도가 된 후에 튀기기 시작해야 한다. 한꺼번에 많은 양의 기름을 넣는 것보다는 튀김 중간에 첨가해 주는 것이 좋다.

또한 튀김을 기름에서 건져 바로 겹쳐 놓으면 습기가 생겨 튀김옷이 벗겨지고 눅눅해지므로 기름을 흡수할 수 있는 종이를 깔고 그 위에 펴 놓는다.

튀기는 음식의 표면적이 클수록 흡유량이 많아지므로 재료의 크기를 크게 하는 것보다 적게 만드는 것이 맛있는 튀김이 된다. 이와는 반대로 우리나라의 약과류는 기름 흡수를 많이 요구하는 음식이므로 낮은 온도에서 서서히 익혀서 최대한 기름을 많이 흡수시켜야 부드럽고 바삭거리는 약과가 된다.

탕수육 등을 만들 때는 170~180℃에서 한 번 튀긴 후 탁탁 쳐서 공기를 빼고, 190℃로 온도를 높여 한 번 더 튀겨 주는데, 이렇게 두 번 튀기는 이유는 이 과정에서 튀김 속의 남은 수분이 빠져 나와 더 바삭바삭한 튀김이 되기 때문이다.

오징어와 같은 생선류는 껍질을 벗긴 후 적당한 두께로 썰어 살의 중간 중간에 칼집을 넣어 주면 좋다. 생선은 크기에 따라 작은 것은 통째로 튀기고 큰 것은 토막을 내어 튀긴다. 생선냄새를 없애기 위해 청주, 생강즙, 레몬 등을 사용하기도 하며 통째로 튀길 때는 기름의 온도를 약간 낮게(160~170℃) 하고 속까지 완전히 익힌다.

육류를 튀길 때는 가능한 한 힘줄과 기름기가 없는 살코기가 적당하며, 얇게 저며 칼집을 낸 다음 알맞은 양념을 하여 튀긴다.

채소류는 깨끗이 씻어 물기를 제거한 다음 튀김옷을 입혀 튀기면 바삭하게 튀겨진다. 식품 중의 수분뿐만 아니라 튀김 시 발생하는 찌꺼기는 이물질로 작용해 튀김유의 발연점을 낮추 므로 튀김하는 동안 찌꺼기를 제거하면서 튀기는 것이 좋다.

6) 튀김유의 보관

튀김을 끝낸 기름은 고운체에 받쳐서 불순물을 제거하고 갈색 병에 넣어 밀봉하여 직사광선 이 없는 서늘한 곳에 보관한다. 튀김에 사용한 재료에 따라 튀김기름의 상태가 다르므로 재사 용 횟수에도 차이가 있다. 육류를 튀긴 기름은 다른 기름보다 먼저 사용하여 없애는 것이 좋다.

(2) 유화액

1) 프렌치드레싱

프렌치드레싱(French dressing)의 주재료는 기름과 식초이다. 기름과 식초를 힘차게 흔 들면 일시적으로 유화 상태를 형성하고 동작이 정지되면 기름방울은 즉시 결합된다. 이것은 유화제로서의 보호막이 분산상을 보호할 수 없기 때문이다. 시판되고 있는 프렌치드레싱은 채소검류나 젤라틴을 첨가하기 때문에 유화 상태를 유지하고 있다.

2) 마요네즈

마요네즈(mayonnaise)는 수중유적형 유화 상태이며, 식물성 기름, 달걀노른자 혹은 달걀 전체, 식초나 레몬즙 또는 구연산, 소금, 겨자, 파프리카, 감미료 등이 섞인 반고형의 영구적 유화액이다.

노른자의 지방단백질은 유화제로 작용하여 표면장력이 낮아지는 것을 방지해 주고 기름방 울 주위를 피막으로 둘러싸서 기름방울들을 분산된 상태로 유지시킨다. 노른자 한 개에는 약 2g 정도의 레시틴이 들어있다. 이것은 무려 3.5ℓ의 마요네즈를 만들 수 있는 양이다.

노른자를 59~65℃에서 6분 정도 조리하거나, 62℃의 물에서 15분 정도 잘 저으면서 중 탕하면 살모넬라를 걱정할 필요가 없는 마요네즈를 만들 수 있다.

마요네즈의 재료 및 분량 : 마요네즈의 기본적인 재료는 기름, 산(식초 또는 레몬즙), 달걀노 른자이다. 기름은 냄새가 없고 색이 엷으며 고도로 정제된 것이 좋다. 식초는 신맛을 주고 촉 감을 좋게 하며 방부성을 높여 주고 유화를 안정시킨다. 보통 초산을 4~5% 함유한 식초를 사용한다. 유화액이 형성된 후 식초를 넣으면 유화액이 묽어지고 신맛이 강해진다. 레몬즙은 강한 신맛과 향미를 가지며 펙틴질이 소량 함유되어 있어 유화액의 안정도를 높여준다. 소금은 짠맛을 주어 맛을 상승시키고 수중유적형의 유화액을 안정화시키는 경향이 있다.

겨자와 후추는 마요네즈의 향미를 돋우는데, 겨자는 달걀노른자의 유화력을 증가시키고 방부효과도 있다. 그러나 후추는 유화를 방해한다는 보고가 있다.

기름의 양은 65~75%로 노른자 한 개에 3/4~1컵 정도이고 식초는 2큰술 정도를 사용한다. 유화제나 산에 비하여 기름이 많을 경우 분리되기 쉽다.

시판되는 마요네즈에 사용된 재료의 양을 분석한 결과 대체로 기름과 수분의 비율은 80:20 정도였다.

온도 : 차가운 기름은 더운 기름보다 기름의 입자가 작은 입자형태로 쪼개지는 데 시간이 걸려서 유화가 더디나, 일단 유화액을 형성하면 점성이 높은 안정된 유화액을 얻을 수 있다. 노른자의 농도, 처음 첨가한 식초의 양, 섞은 시간 등 모든 조건이 같으나, 전체 재료의 온도가 18℃로 낮을 때가 30℃로 높을 때보다 완성된 마요네즈의 점도가 높아 질이 좋다.

마요네즈의 제조법 : 마요네즈를 만드는 방법은 기름을 제외한 재료를 한번에 섞는 방법, 노른자와 조미료를 먼저 넣고 조금씩 식초를 넣는 방법, 기름과 식초를 번갈아가며 넣는 방법, 그리고 노른자와 조미료에 기름의 상당량을 섞은 후 식초를 첨가하는 방법이 있다.

위의 어떤 방법이든 노른자를 잘 풀고 처음에는 약 2~3큰술 정도의 기름을 한 방울씩 떨어뜨려 혼합한 후 기름양을 증가시키며 나무주걱이나 휘퍼로 저어주거나 믹서로 혼합하며 저어준다. 기름을 첨가하는 처음 단계에서 신속하고 충분하게 저어주어 첨가한 기름이 완전히 유화 상태가 되도록 하는 것이 가장 중요하다.

이미 만들어진 마요네즈를 조금 취하여 노른자와 식초의 혼합물에 넣고 만들기 시작하면 빠른 시간에 안정된 유화액을 얻을 수 있다. 이 방법으로 노른자의 함량이 낮으며 점성이 높은 드레싱을 만들 수 있다.

마요네즈의 분리 : 마요네즈는 유화액이 형성되는 제조과정이나 저장 중에 분리가 일어날 수 있다. 만드는 동안 분리가 일어나는 경우는 초기의 유화액 형성이 불완전할 때, 기름을 한번에 많이 넣거나 너무 빨리 넣었을 때, 유화제에 비해 기름의 비율이 너무 높을 때, 젓는 방법이 부적당할 때이다.

저장 중에 분리가 일어나는 경우는 마요네즈를 얼렸을 때, 고온에서 저장하여 물과 기름의 팽창계수가 다를 때, 뚜껑을 열어 놓아 건조되었을 때, 운반 중 지나친 진동이 있을 때이다.

마요네즈의 재생 : 재생할 때는 노른자 한 개에 분리된 마요네즈를 조금씩 넣으며 세게 저어주거나, 이미 형성된 마요네즈를 분리된 마요네즈에 조금씩 넣어 주며 계속 저어준다.

제17장

채소류

채소(vegetables)라 함은 먹을 목적으로 재배하는 과수 이외의 재배식물을 말한다. 재배되지 않고 자생하는 것 중에 들에서 자생하는 것은 나물(들나물), 산에서 자생하는 것은 산나물이라 하여 채소에서 제외되나 근래에는 이들 중 재배되는 것도 많다. 일반적으로 옥수수, 강낭콩, 완두콩 등의 미숙한 것이 신선한 상태로 공급될 때는 채소이지만 성숙 후에 수확하여 건조된 상태로 공급될 때는 작물로 구별한다.

채소가 중요한 이유는 아름다운 색과 독특한 향미와 씹히는 맛을 주고, 섬유소로 인하여 식품에 부피를 주며 배변활동을 도와 장 건강에 도움을 줄 뿐만 아니라 무기질과 비타민 및 다양한 생리활성물질의 급원이 되기 때문이다. 또한 채소는 대부분이 알칼리성 식품으로 채소에 따라서 특수한 성분을 가지고 있는 것이 많아 향신료로서의 가치도 크다.

적당하게 조리된 채소류는 많은 영양가를 함유할 뿐만 아니라 먹음직스러운 색, 맛, 모양을 부여해 준다.

1. 채소의 분류

채소에는 대부분의 영양소가 골고루 들어 있지만 특히 비타민과 무기질, 식이섬유가 풍부하다. 채소의 영양가는 부위에 따라 다르며 토양과 기후에 의해서도 영향을 받는다.

채소류의 무기질은 생장 중에 투여한 비료의 종류나 토양 중의 무기질의 조성 등에 따라 영향을 받으며, 같은 식물이라도 부위에 따라 성분의 차이가 있다.

채소는 종류에 따라 먹는 부분이 다르다. 채소를 분류하는 방법에는 여러 가지가 있으나 식용부위가 잎, 줄기, 뿌리 중 어느 것에 속하느냐에 따라 분류하면 다음과 같다.

(1) 엽채류와 경채류

시금치, 상추와 같이 잎사귀를 이용하는 채소를 엽채류라 하고 셀러리, 아스파라거스처럼 줄기를 이용하는 채소를 경채류라 한다. 이 채소들은 일반적으로 수분함량이 높고 당질 함량과 열량이 낮다. 단백질은 적은 양이 함유되어 있으며 지방은 거의 없다. 비타민과 무기질의 좋은 공급원으로서 비타민 $A \cdot B_2 \cdot C$, 철분을 많이 함유하고 있다. 잎사귀의

아스파라거스

색이 짙을수록 비타민 A로서의 가치가 더 크다. 잎사귀라 하더라도 흰 것은 비타민 A가 거의 없다. 시금치, 근대, 무청과 같은 채소에는 칼슘은 많지만 칼슘이 수산과 함께 결합되어 불용성 물질을 형성하기 때문에 체내에 흡수되지 않는다.

(2) 과채류

초본식물의 열매가 채소로 이용되는 것을 과채류라 한다. 호박, 오이, 가지, 고추, 토마토 등이 있다. 일반적으로 당질함량이 낮고 수분함량이 높다. 오이는 특히 수분함량이 97% 정도로 높고 당질함량이 낮으나 늙은 호박이나 단호박인 경우 과채류 중에서는 수분함량이 낮고 당질이 많아 단맛을 준다. 늙은 호박은 비타민 A의 전구체인 카로티노이드 색소를 함유하고 있다. 토마토와 풋고추는 비타민 C의 좋은 급원이다.

(3) 화채류

꽃 부분이 조리에 이용되는 채소를 화채류라 한다. 꽃은 일반적으로 수분함량이 높고 당질은 적은 양이 함유되어 있다. 또한 브로콜리와 콜리플라워는 특별히 비타민과 무기질의 함량이 높으며 비타민 C가 가장 많은 채소 중의 하나이다. 줄기에도 비타민 C가 많으므로 버리지 않도록 한다. 또한 비타민 A · B_2, 칼슘, 철분의 좋은 급원이기도 하다.

(4) 구근과 근채류

땅속줄기나 뿌리의 일부가 비대해져서 괴경, 구경, 구근을 이루고 전분이나 기타 다당류를 저장하는 덩이 식물을 구근과 근채류라 한다. 감자, 고구마, 무, 당근, 파, 양파, 연근, 토란, 우엉, 마, 마늘, 생강 등이 있다. 그 중에서 전분의 함량이 특히 많은 감자, 고구마 등은 따로 구분하여 서류라고 한다. 다른 채소류에 비하여 당질함량이 더 높고 수분함량은 적다. 칼륨이나 칼슘 등의 함량이 비교적 높아 알칼리성 식품으로 분류되어 다른 전분류의 식품이 산성인 것과 차이가 있다. 무, 당근, 우엉 등은 당분의 형태로 당질을 저장한다.

(5) 종실류

종실류는 씨 부분을 이용하는 채소로서 완두콩이나 청대콩 등이 있다. 완두콩이나 청대콩은 수분함량이 대단히 낮고 전분 함량은 높으며 단백질, 비타민, 무기질도 함유하고 있다. 말린 콩은 다른 채소류보다 단백질을 더 많이 가지고 있고 비타민 B와 아연, 구리와 같은 미량 무기질의 좋은 급원이다.

완두콩

(6) 기타

산채류는 산이나 들에서 자생하는 식물로 특유의 향기가 있고 비타민과 무기질 등이 풍부하다. 쑥, 취, 씀바귀, 두릅, 달래, 냉이, 원추리, 돌나물, 참나물, 세발나물 등이 많이 이용되며 근래에는 재배되는 것도 많다.

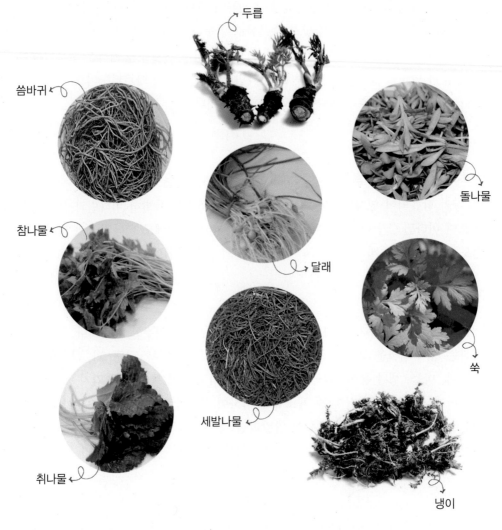

그림 17-1 다양한 산채류(봄나물)의 종류

2. 식물의 조직

채소와 과일은 여러 종류의 조직과 세포로 구성되어 있어 표면과 내부의 생김새, 색, 텍스처 등을 다르게 한다.

(1) 보호조직

식물체의 표피를 형성하는 조직을 보호조직이라 하며, 보호세포로 구성되어 있고, 식물을 보호하는 역할을 한다. 즉 외부로부터의 기계적 상해나 병충해에 대해서 내부조직을 보호해준다. 이 보호세포들은 대개 서로 밀접하게 붙어 있어 상당히 질기다.

(2) 지지조직

채소와 과일의 구조를 붙들어서 버티게 해주는 지지조직은 세포의 집합체로 채소의 질긴 부분에 많다. 식물의 성장이 많이 된 것일수록 두꺼워져 조리 시 쉽게 부드러워지지 않는다.

(3) 관조직

긴 관 모양을 한 유도세포로 이루어진 조직으로 관조직을 통하여 수분, 염, 영양성분을 필요한 조직으로 운반한다. 리그닌 같은 질긴 물질로 구성되어 있어 조리 시 부드럽게 되지 않는다.

(4) 유조직

채소와 과일의 가식부를 구성하는 유조직은 유세포(parenchyma cell)로 이루어져 있으며, 채소와 과일의 대부분을 차지하고 있는 부드러운 조직이다. 물질의 저장, 운반, 광합성 작용 등 영양에 관한 작용을 한다. 이 세포들은 11면에서 20면까지의 다변의 입방체로 되어 있으며 면의 수는 채소나 과일의 종류에 따라 다르고 세포 사이의 밀착 정도와 내부공간 상태도 다르다. 이 내부공간은 공기로 채워진다. 예를 들면 감자의 유조직 세포는 빈틈없이 서로 맞추어져 있어 감자 부피의 1% 정도만이 내부공간이나, 사과의 유조직 세포는 그렇게 꽉 들어맞아 있지 않아 사과 부피의 25% 정도가 내부공간이므로 감자보다는 좀 더 성기고 더 부드러운 텍스처를 갖게 되어 물에 넣었을 때 뜨게 된다.

3. 식물세포의 구성

식물조직들은 세포라는 작은 단위로 구성되어 있다. 식물세포는 **그림 17-2**와 같이 세포 벽으로 둘러싸여 있고 그 안에 원형질막(plasma membrane)이 있으며 그 내부는 원형질 (protoplasm)이다. 원형질에는 핵(nucleus)이 있고 핵을 둘러싼 세포질(cytoplasm)이 있으며 세포질에는 액포(vacuole), 미토콘드리아(mitochondria), 색소체(plastids) 등의 세포 기관이 들어 있다.

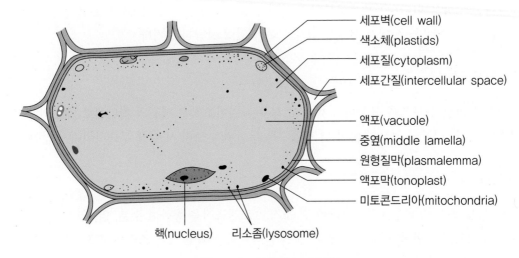

세포벽(cell wall)
색소체(plastids)
세포질(cytoplasm)
세포간질(intercellular space)

액포(vacuole)
중엽(middle lamella)
원형질막(plasmalemma)
액포막(tonoplast)
미토콘드리아(mitochondria)

핵(nucleus)　　리소좀(lysosome)

그림 17-2　식물세포의 구성

원형질은 세포의 생명과 활동의 본체가 된다. 세포막은 원형질을 보호하며 탄력성을 갖는 것으로 중간층(middle lamella), 제1차 세포벽(primary cell wall), 제2차 세포벽(secondary cell wall)으로 되어 있다. 원형질은 원형질막(plasmalemma, plasma membrane)으로 둘러싸여 있는데 이 원형질막은 세포질과 세포벽을, 액포막(tonoplast)은 세포질과 액포를 갈라놓는 막이며 각종 물질의 흡수를 조절하는 생명체이다. 핵은 세포의 신진대사 활동을 조절하며, 미토콘드리아는 식물의 호흡작용과 생화학 작용을 진행시키는 세포기관이다.

세포질은 원형질의 분화되지 않은 부분으로 핵을 둘러싸며 세포벽 안쪽에 얇은 층을 형성하고 있다. 세포질에는 콜로이드 분산이나 또는 진용액의 상태에서 물, 유기물질, 무기물질이 많이 함유되어 있다.

색소체(plastids)는 식물에서 볼 수 있는 특이한 원형질체로 세 가지 형태가 있는데, 색소에 따라서 백색체(leucoplast), 엽록체(chloroplast), 유색체(chromoplast) 또는 다색체로 나뉜다. 백색체는 무색이며 그중 아밀로플라스트(amyloplast)라고 하는 백색체는 감자, 콩류, 그리고 전분을 형성하는 조직에서 볼 수 있는데 전분이 저장되어 있다. 엽록체는 탄수화물 합성에 필수적인 엽록소를 함유한다. 유색체는 잔토필(xanthophyll) 또는 카로틴을 함유하고, 당근이나 고구마에서 볼 수 있듯이 오렌지색 또는 노란색을 나타낸다. 세포에서 원형질이 차지하는 상대적인 비율은 식물이 성장할수록 점차 감소되지만 중요한 작용들은 세포의 전 생활주기 동안 계속된다.

액포(vacuole)는 액체로 된 공간이며 그 속에 있는 액체를 세포액(cell sap)이라 한다. 액포는 식물세포가 성장할수록 핵과 세포질의 크기에 비해 크기가 커진다. 세포액은 수분 염류, 당류, 유기산, 비타민, 페놀 유도체, 플라본, 안토시아닌 색소 등을 함유하고 있다. 이런 물질들은 진용액이나 콜로이드 상태로 존재한다. 액포 안에 있는 세포액은 과일이나 채소류의 팽압을 유지시켜 텍스처에 영향을 미친다.

4. 세포벽의 구성분

식물세포는 동물세포와 달리 세포벽을 갖는다. 세포벽은 식물의 단단함과 텍스처에 영향을 준다. 세포벽은 셀룰로오스, 헤미셀룰로오스, 리그닌, 검물질, 펙틴물질 등의 식이섬유로 구성되어 있다.

인접한 세포와 세포의 벽은 세포 간에 또는 중간층에 의하여 연결되는데, 이것을 접착해주는 시멘트 물질은 펙틴으로 구성된다. 세포가 성숙하지 않을 때 바깥쪽인 1차 세포벽이 먼저 형성된다. 1차 세포벽은 셀룰로오스, 헤미셀룰로오스, 그리고 펙틴으로 구성된다. 어떤 조직에서는 셀룰로오스와 헤미셀룰로오스의 2차 층이 된 벽이 1차 벽의 안쪽에 생긴다. 질긴 채소에는 리그닌이 들어 있다.

세포벽 구성분의 특성에 관한 이해는 과일과 채소의 숙성·저장·가공과 조리를 하는 동안에 일어나는 변화를 이해하는 데 필수적이다.

(1) 셀룰로오스

셀룰로오스는 섬유소라 하며 식물에 다량 존재하고 세포벽을 단단하게 해준다. 섬유소는 포도당 단위로 구성된 다당류로 아밀로오스와는 다르며 포도당 단위는 $\beta-1,4$ 글루코시드(glucoside) 결합으로 연결되어 있다. 사람에게는 소화효소가 없어 이 섬유소를 소화시킬 능력이 없다(**그림 17-3**).

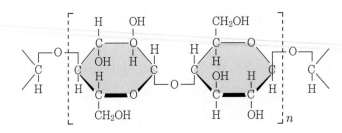

그림 17-3 섬유소

(2) 헤미셀룰로오스

섬유소보다 적은 양이 존재하지만 식물 세포벽의 중요한 구조적 성분으로 다당류의 혼합물이다. 자일로오스(xylose)나 아라비노오스(arabinose)와 같은 오탄당이 헤미셀룰로오스의 일반적인 구성분이다. 물에는 녹지 않고 알칼리에 녹는다. 베이킹소다를 넣고 조리했을 때 채소가 물러지게 되는 원인 물질이다.

(3) 리그닌

2차 세포벽에 존재하는 것으로 식물이 성숙함에 따라 저장된다. 성숙한 채소가 단단하고 질긴 것은 리그닌을 함유하기 때문이며 리그닌은 조리 중에 변화되지 않는다. 리그닌은 석세포(후막세포) 안에 저장되기도 하는데 배를 먹을 때 거칠거칠한 텍스처는 리그닌 때문이다.

(4) 검물질

여러 종류의 당이나 당유도체의 혼합물로 구성된다. 검물질은 물을 흡수하여 부피를 부풀게 하는 성질이 있으므로 샐러드 드레싱과 같은 식품의 점성을 증가시키기 위한 첨가제로 이용된다.

(5) 펙틴물질

구조 및 특성 : 펙틴물질은 $\alpha-1,4$ 글루코시드 결합에 의한 D-갈락투론산(galacturonic acid)의 중합체에 속하는 모든 물질에 대한 일반명이다. 펙틴물질은 세포벽과 세포벽간에 존재하며 세포 간을 결착시키는 시멘트와 같은 역할을 하는 것으로 각각의 세포들은 중간층에 있는 펙틴물질에 의하여 서로 결착되며, 텍스처에 영향을 준다.

일반적으로 과일이나 채소류에서 얻어지는 펙틴의 메톡실 함량은 0~14%인데, 구조 중의 메톡실(methoxyl) 함량에 따라 7% 이하이면 저메톡실 펙틴(low methoxyl pectin, LM), 7% 이상이면 고메톡실 펙틴(high methoxyl pectin, HM)으로 분류한다. 고메톡실 펙틴은 적당한 당과 산이 있는 조건 하에서 젤리화가 되며, 저메톡실 펙틴은 고메톡실 펙틴에 비해 부서지기 쉽고 탄력성이 적어 젤 형성능력이 없다. 그러나 저메톡실 펙틴의 경우 Ca과 Mg이 존재하면 침전하여 당과 산 없이 당도가 낮은 저열량 잼을 만들 수 있다.

펙틴물질의 종류 : 프로토펙틴(protopectin), 펙틴(pectin) 또는 펙틴산(pectinic acid), 펙트산(pectic acid) 등의 세 가지 형태로 존재한다.

숙성 중 변화 : 펙틴물질은 식물이 성숙함에 따라 그 형태가 점차적으로 변화하게 된다. 프로토펙틴은 불용성 형태의 펙틴물질로 숙성되지 않은 과일과 채소에 많이 존재하며 섬유소와 같이 세포막을 단단하게 해 준다.

과일이 숙성되면 구조 중에서 메틸기가 제거되고 가수분해 되어 펙틴산 또는 펙틴(**그림 17-4**)으로 되어 부드러운 텍스처를 준다. 펙틴은 가용성으로 물에 쉽게 용출되고 당과 산이 있으면 잼이나 젤리를 만들 수 있다. 일반적으로 펙틴의 메틸 에스테르화 정도가 높고, 펙틴의 분자량이 클수록 젤리화가 잘 되는데, 펙틴이 없거나 적은 과일은 잼을 만들 때 과일즙에 펙틴가루나 액체 펙틴을 첨가하면 된다.

메틸기 제거와 가수분해가 계속 일어나면 펙틴산이 분해되어 분자는 점점 짧아져서 메틸에스터(methyl ester)화 정도가 낮은 저메톡실 펙틴의 형태인 펙트산으로 된다. 펙트산은 너무 많이 숙성되어 아주 부드럽게 된 과일이나 채소에서 볼 수 있다. 이때 펙트산은 젤 형성 능력을 잃는다(**그림 17-5**).

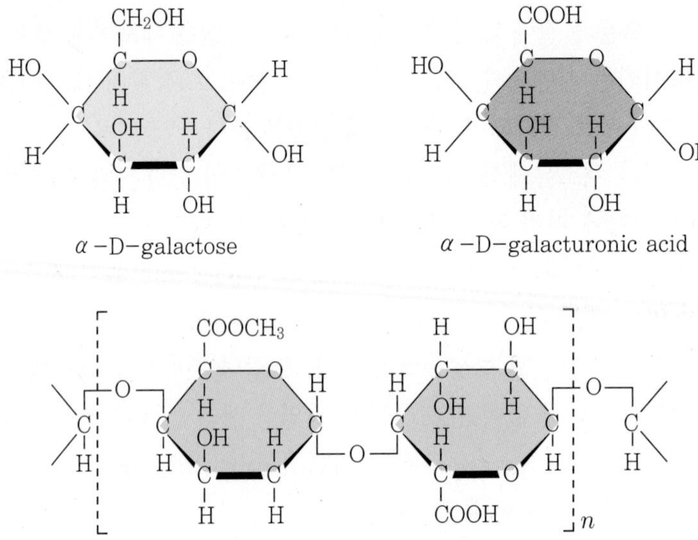

그림 17-4 펙틴

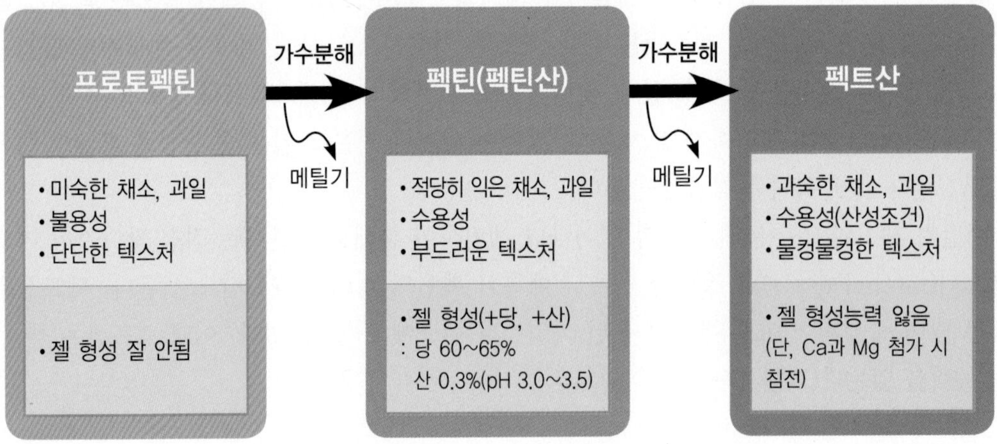

그림 17-5 숙성 중 펙틴물질의 변화

5. 채소의 성분

채소류는 수분이 많은 반면 상대적으로 다른 성분이 적다. 열량, 단백질, 지질함량이 아주 낮으며, 탄수화물로는 전분, 당분, 섬유소가 중요한 성분이다.

(1) 탄수화물

채소류는 탄수화물 함량이 과일보다 높은 것이 많은데 감자나 고구마와 같은 채소가 미숙한 상태일 때는 당을 함유하나 성숙함에 따라 전분으로 바뀐다. 채소류의 세포는 과일보다 섬유소를 더 많이 함유한다.

(2) 무기질과 비타민

채소는 무기질과 비타민이 과일보다 풍부하다. 녹색채소의 잎사귀에는 철분, 비타민 $B_2 \cdot C$ 와 비타민 A의 전구체인 카로틴이 함유되어 있다. 그러나 시금치나 근대와 같은 채소에는 수산이 있어 칼슘을 불용성으로 결합하므로 체내에서 이용되지 못하게 한다.

완숙한 후 수확한 채소류에는 비타민 C 함량이 더 많다.

(3) 유기산

채소류는 세포의 대사산물인 유기산을 함유한다. 채소와 과일류에서 많이 발견되는 유기산으로는 개미산(formic acid), 호박산(succinic acid), 구연산(citric acid), 수산(oxalic acid), 능금산(malic acid), 푸마르산(fumaric acid), 주석산(tartaric acid) 등을 예로 들수 있다. 특히 구연산과 능금산이 과일과 채소의 액포 안에 많은 양이 축척되는데, 유기산의 비율은 식물에 따라 다르다. 대부분의 채소의 pH는 7보다 낮은데 그 이유는 이들 유기산이 세포액에 존재하기 때문이다. 토마토는 산의 함량이 가장 높아 pH 4.0~4.6의 범위이다.

6. 채소의 색소

　채소와 과일들의 밝고 선명한 색깔은 식욕을 돋우어 준다. 이들 색깔은 조직 속에 함유된 다양한 색소 때문에 나타난다. 조리한 후에도 이 색소들이 선명하게 유지되는 것이 중요하다. 이들 색소는 조리 시 열이나 기타 다른 조건에 의하여 보기 좋지 않게 변한다. 채소의 색에 일어나는 변화와 이 변화를 최소한으로 유지할 수 있는 방법을 이해하기 위하여 색소의 구조와 기본적인 반응을 알아둘 필요가 있다.

(1) 클로로필

　식물의 푸른 색소인 클로로필(chlorophyll)은 광합성 과정에서 중요한 역할을 한다. 광합성은 식물이 공기 중의 탄산가스와 토양의 물과 태양광선 에너지를 이용하여 탄수화물을 합성하는 과정이다. 클로로필은 녹색 잎에 집중되어 있고 엽록체(chloroplasts) 속에 들어 있다. 클로로필은 물에 불용성이며, 지방이나 유기용매에 잘 녹는 지용성이다.

　클로로필의 구조는 헴(heme)과 비슷하다. 클로로필 분자 하나는 네 개의 피롤(pyrrole)기를 가지고 있으며 각각의 피롤기는 탄소 4원자와 질소 한 원자로 구성된 오각형의 환이다. 네 개의 피롤기는 마이오글로빈에서와 같이 포피린(porphyrin)환을 형성하도록 결합되어 있다. 마이오글로빈 분자에서의 철 원자 대신 클로로필은 포피린환의 가운데에 마그네슘을 함유한다. 두 개의 에스터기가 있는데 하나는 피틸기이고 하나는 메틸기로서 클로로필 a의 분자를 형성하고 있다. 피틸기의 존재가 세포액이나 물에 클로로필을 녹지 않게 한다.

　녹색식물은 클로로필의 두 가지 형태인 a와 b를 갖는다(**그림 17-6**). 녹색채소의 녹색이 다양한 것은 클로로필의 두 가지 기본적인 형태와 다른 여러 가지 색소가 결합하는 비율이 다르기 때문이다. 클로로필 a와 b의 비율은 식물에 따라 다르나 약 3 : 1의 비율로 존재한다. 클로로필 a는 메틸기($-CH_3$)를 가지고 있으며 이 메틸기와 분자의 완전한 공명으로 청록색을 띠고 있다. 클로로필 b는 알데하이드기($-CHO$)를 가지고 있으며 녹황색을 띤다.

(2) 카로티노이드

　과일과 채소의 황색, 주황색, 등적색의 대부분은 세포의 잡색체 안에 있는 카로티노이드(carotenoid) 때문이다. 녹색 잎이나 덜 익은 과일의 엽록체에서 클로로필과 함께, 클로로필보다는 적은 양으로 존재한다. 보통 가을에 엽록소가 사라질 때 황색으로 나타나며

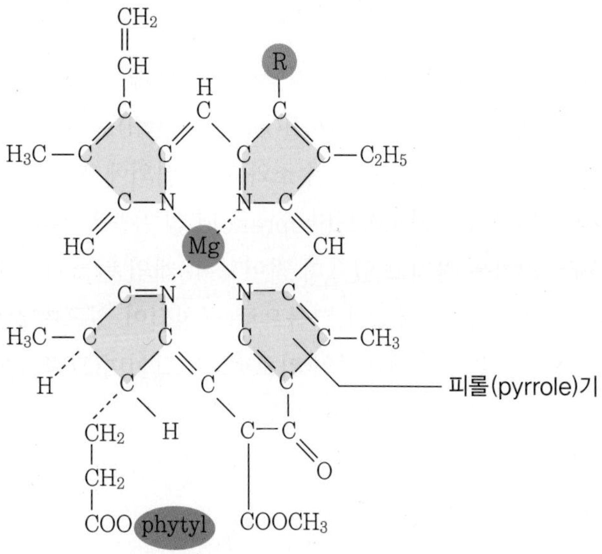

피롤(pyrrole)기

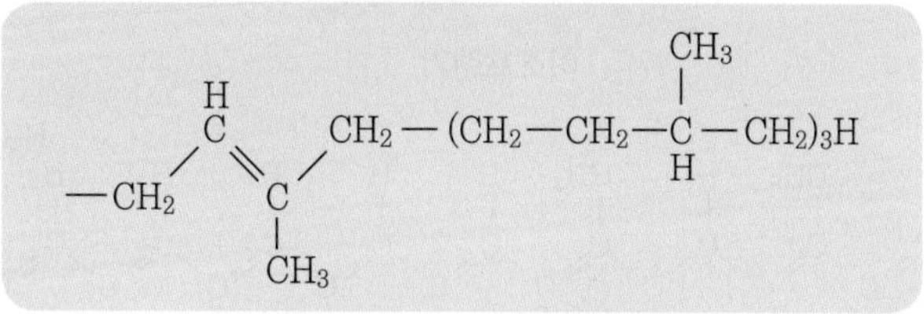

피틸(phytyl)기($C_{20}H_{39}O$)

그림 17-6 클로로필(클로로필 a는 Ⓡ이 −CH$_3$, 클로로필 b는 Ⓡ이 −CHO)

표 17-1 카로티노이드의 색과 함유식품

분류	색소	색깔	함유식품
Carotene	α−carotene	주황색	당근, 오렌지
	β−carotene	주황색	당근, 고구마, 호박, 오렌지
	γ−carotene	주황색	살구
	Lycopene	적색	토마토, 수박
Xanthophyll	Lutein	주황색	오렌지, 호박, 녹황색채소
	Zeaxanthin	주황색	옥수수, 오렌지
	Cryptoxanthin	주황색	감, 옥수수, 오렌지

과일이 익어감에 따라 클로로필의 양이 감소한다. 고구마, 당근, 늙은 호박이나 단호박 등의 색소이다.

카로티노이드는 물에 불용성이고 지방과 유기용매에 녹으며 분자 속의 산소원자 포함 여부에 따라 카로틴(carotene)과 잔토필(xanthophyll)로 나누어진다(**표 17-1**). 카로틴은 수소와 탄소만을 함유하고, 잔토필은 수소와 탄소 이외에 산소를 함유한 카로티노이드이다.

카로티노이드는 이소프레노이드(isoprenoid)의 유도체인데, 큰 분자 안에 중합체로 된 이소프렌(isoprene)기를 가지고 있으며 적어도 40개의 탄소와 수소를 가지고 있다.

카로티노이드는 비슷한 색소의 그룹으로 구성되어 있으며 α-, β-, γ-카로틴의 세 가지가 있다. β-카로틴이 가장 대표적인 카로티노이드이며(**그림 17-7**) 이소프렌기가 있는 각각의 끝에 닫힌 환구조를 가지고 있다.

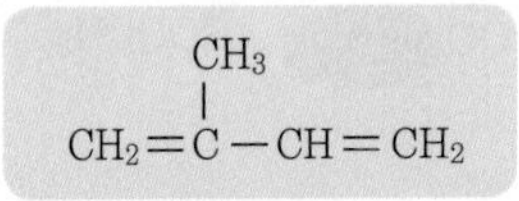

$$CH_3$$
$$|$$
$$CH_2 = C - CH = CH_2$$

이소프렌기

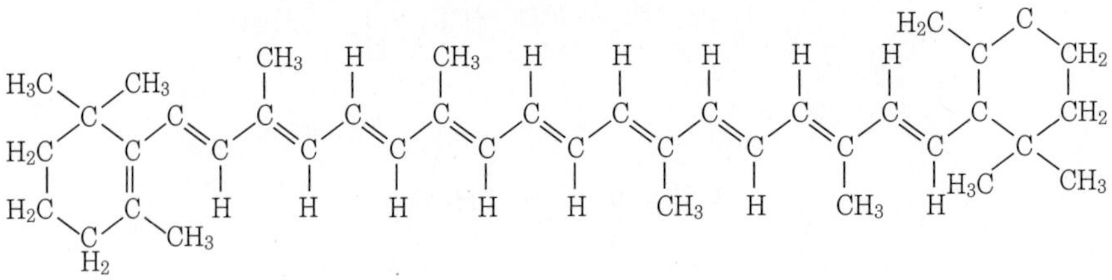

그림 17-7 베타카로틴

카로티노이드는 공통적으로 공액이중결합을 가지고 있는데, 자연계에 존재하는 것은 대부분 트랜스(trans)형이며, 이중결합의 수가 많을수록 더 붉은색을 띤다.

라이코펜(lycopene)은 이중결합을 두 개 더 가지고 있는데 β-카로틴보다 더 붉고 토마토, 수박, 분홍색 그레이프 푸르트(grape fruit)의 색소이다. 공액이중결합의 숫자가 감소하면 노란색이 증가한다. 결과적으로 α-카로틴은 β-카로틴보다 연한 오렌지색이다. 당근이나 호박 등과 같이 카로티노이드계의 색이 선명한 채소를 조리할 때는 그 자체의 색을 잃지 않도록 간장과 같은 양념을 사용하지 않는 것이 좋다.

잔토필에는 루테인(lutein), 제아잔틴(zeaxanthin), 크립토잔틴(cryptoxanthin)이 있는데, 루테인과 제아잔틴은 α-와 β-카로틴의 구조와 비슷하며 두 개의 -OH기를 갖는다. 크립토잔틴은 하나의 −OH기를 함유하며 노란 옥수수, 만다린 오렌지, 파프리카의 중요한 색소이다.

대부분의 카로티노이드는 비타민 A의 전구체이다. 특히 α−, β−, γ−카로틴과 크립토잔틴은 비타민 A와 마찬가지로 β−이오논(ionone) 핵을 가지고 있어 체내에서 비타민 A로 전환되는 프로비타민 A이다. 그러나 라이코펜, 루테인, 제아잔틴은 비타민 A의 가치가 없다.

(3) 플라보노이드

플라보노이드(flavonoids)는 식물 액포의 액즙에 유리 상태 또는 배당체로서 존재하며 5~6개의 링이 매개가 되어 두 개의 페닐기 링으로 구성되어 있는 화학적 혼합물에 대한 명칭이다(**그림 17-8**). 플라보노이드는 수용성이며, 안토시아닌(anthocyanin), 안토잔틴(anthoxanthin), 베탈레인(betalain)으로 나뉜다. 좁은 의미의 플라보노이드는 안토잔틴만을 뜻하기도 한다.

안토시아닌과 안토잔틴의 차이점은 두 개의 페닐기 그룹 사이에 있는 중심 링에 무엇이 어떻게 존재하느냐에 있는데, 안토시아닌은 중심 링 내의 산소가 양전하를 띠고 있고 안토잔틴은 전하를 띠고 있지 않다. 모든 플라보노이드 색소는 **그림 17-8**과 같은 기본적인 구조에서 유도된다.

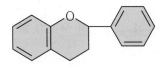

그림 17-8 플라보노이드의 기본 구조

1) 안토시아닌

안토시아닌(anthocyanin)은 식물세포 내의 액포에 함유되어 있으며 이 색소의 기본구조는 물속에서 용해되어 자유롭게 흩어지는 수용성이다.

이 혼합물의 대부분은 식물, 특히 과일에서 적색, 자색(보라색), 청색 등의 자극적인 색깔을 나타내는 색소이다. 안토시아닌은 그리스어의 *anthos*(꽃)와 *kynos*(청색)에서 유래된 것으로 화청소(花靑素)라고도 한다. 포도, 앵두, 딸기, 체리, 자두, 석류 등의 색소와 홍당무, 가지, 자색 양파, 생강, 적색 양배추 등의 색소이다.

이 색소는 pH, 온도, 다른 세포물질, 효소, 금속의 존재에 의하여 영향을 받는다.

2) 안토잔틴

안토잔틴(anthoxanthin)은 플라본(flavones), 플라보놀(flavonols), 플라바논(flavanones)을 포함하는 복합체로 흰색이나 담황색을 나타낸다. 안토잔틴은 그리스어의 *anthos*(꽃)와 *xanthos*(황색)에서 유래된 것으로 화황소(花黃素)라고도 부른다. 과일과 채소의 안토잔틴에서 특히 많은 것은 플라본과 플라보놀이다. 감자, 양파, 콜리플라워, 무 등의 색소이다.

안토잔틴 색소들은 산성에서 알칼리성으로 pH가 증가함에 따라 흰색 또는 무색에서 노란색으로 변한다. 본래의 색은 무색 또는 흰색으로 알칼리에 의해 노란색으로 변하고 산성에서는 표백될 수 있어 더 흰색으로 된다.

3) 베탈레인

베탈레인(betalain)은 비트(beet)의 뿌리 조직에 있는 색소로 적색, 보라색, 황색을 나타내는 수용성 색소이다. 안토시아닌과 비슷한 특성을 갖고 있으나 질소를 함유하고 있다. 붉은 색소인 베타시아닌(betacyanin)과 노란색인 베타잔틴(betaxanthin)으로 나눌 수 있다.

가장 중요한 붉은 색소는 베타닌(betanin)이다. 이 색소는 pH에 의하여 영향을 받아 pH 4 이하에서는 붉은색이 보라색으로, pH 10 이상에서는 노란색으로 변한다. 그러나 이 색소는 물에 아주 잘 녹으므로 조리할 때 잘라서 물에 넣으면 색소가 거의 녹아나오게 된다.

비트

(4) 갈변

감자, 고구마, 우엉, 연근, 토란 등의 채소는 껍질을 벗기거나 썰어서 공기 중에 두면 차차 진한 갈색으로 변한다. 이는 이러한 채소들의 조직 내에 있는 타이로신(tyrosine)이나 클로로젠산(chlorogenic acid)이 효소 타이로시네이스(tyrosinase)에 의해 산화되어 멜라닌 색소를 형성하기 때문이다.

이를 방지하기 위해서는 껍질을 깎거나 썬 채소를 물이나 소금물, 또는 식초를 넣은 물에 담가두면 되는데, 이렇게 하면 타이로시네이스가 물에 용해되어 갈변을 방지할 수 있을 뿐만 아니라 떫은맛도 제거된다. 연근을 삶을 때도 식초를 조금 넣으면 더 하얗게 삶을 수 있다.

상업적으로는 변색을 방지하기 위하여 항산화 작용을 하는 물질인 구연산, 아스코브산, 소브산 칼륨(potassium sorbate) 등으로 처리한다.

표 17-2 채소에 들어있는 식물 색소의 종류와 여러 가지 조건에서의 특성 변화

색소		용해도	색깔	산	알칼리	금속
클로로필	클로로필 a	지용성	청녹색	회녹색	선명한 녹색	Cu, Zn (밝은 푸른색)
	클로로필 b		녹황색	올리브색		
카로티노이드	카로틴		황색 주황색 등적색	안정	안정	안정
	잔토필					
플라보노이드	안토시아닌	수용성	적색 자색 청색	적색	청색	Fe, Al, Sn, Cu (녹색~회청색)
	안토잔틴		흰색(무색) 담황색	선명한 흰색	황색	Fe, Al (황색)
	베탈레인		적색 보라색 황색	보라색	황색	Fe (어두운색) Al (황색)

7. 채소의 향미

(1) 약한 향미채소

약한 향미채소는 감자, 고구마, 시금치, 오이, 가지 등과 같이 휘발성 황화합물을 함유하고 있지 않은 것이다. 채소의 향미성분으로 보편적인 것은 당과 유기산, 휘발성 향기성분 등인데, 이들이 복합적으로 영향을 주어 채소 고유의 부드러운 향미를 갖게 된다.

여러 종류의 과일과 채소에는 많은 당이 존재하는데 일반적으로 채소보다 과일이 더 많은 당을 함유하고 있다. 단맛이 나는 것은 포도당, 갈락토오스, 과당, 리보오스, 아라비노오스, 자일로오스의 존재 때문이다.

유기산 역시 혀에서 신맛을 느끼게 하는 물질로, 신맛은 모든 과일과 채소에 있어 일반적으로 느끼게 되는 향미이다. 채소에 일반적으로 많이 들어있는 유기산은 능금산, 구연산, 주석산, 수산, 호박산 등이다.

또한, 수많은 유기화합물들이 휘발됨으로써 채소의 향미를 결정하는 데 기여한다. 이런 휘발성 혼합물에는 에스터류, 알데하이드류, 산류, 알코올류, 케톤류 등이 포함된다.

(2) 강한 향미채소

채소 중에서 파, 양파, 마늘, 부추, 브로콜리, 양배추, 콜리플라워, 케일 등은 모두 휘발성 황화합물을 함유하고 있어 칼로 썰면 강하고 자극적인 냄새가 난다.

1) 백합과 채소

백합과에 속하는 파, 마늘, 양파, 부추, 달래 등에는 황화합물이 들어있다. 마늘, 양파, 파 등의 채소에는 무취의 함황물질인 알린(allin)이 들어 있는데, 조직이 절단되면 세포 내에 있던 효소 알리네이스(allinase)가 노출되면서 알린에 작용하여 매운 맛인 알리신(allicin)을 형성한다. 그러나 알리신은 휘발성이며 매우 불안정하므로 곧 분해하여 강한 냄새를 지닌 다이알릴 다이설파이드(diallyl disulfide, $CH=CH-CH_2-S-S-CH_2-CH=CH_2$)를 형성한다. 이는 가열하면 향미가 점차 약해지므로 가열조리 시 마늘의 향을 살리기 위해서는 맨 마지막에 넣는 것이 좋다.

양파를 썰거나 다질 때 눈물이 나게 하는 자극성 성분은 프로페닐 설펜산(propenyl sulphenic acid)인데, 이는 양파의 냄새 성분인 S-프로페닐 시스테인 설폭사이드(S-propenyl cystein sulfoxide)가 효소인 알리네이스의 작용을 받아 형성된 것이다. 그러나 양파의 냄새 성분은 물에 잘 용해되고 휘발성이므로 물에 담근 상태로 껍질을 벗기거나 찬물에 담갔다가 썰거나 먹으면 덜 맵다.

2) 십자화과 또는 겨자과 채소

십자화과 또는 겨자과에 속하는 배추, 양배추, 갓, 브로컬리, 무, 콜리플라워, 겨자, 고추냉이, 케일 등은 황화합물을 함유하고 있는데, 조리 전에는 순한 냄새를 가지고 있지만 조리과정에서 분해되어 강한 향미가 생성된다.

케일

배추류의 조직 중에 존재하는 시니그린(sinigrin)은 배추를 썰 때의 향긋한 냄새인데, 칼로 자르면 미로시네이스(myrosinase)

의 효소작용에 의해 겨자유의 주성분인 아이소싸이오시안산 알릴(allyl isothiocyanate)을 형성하여 독특한 향기와 매운맛을 낸다. 미로시네이스는 40℃ 전후가 최적온도이므로 겨자의 매운 맛을 내게 하려면 40℃ 정도의 따뜻한 물에 개어야 한다.

그러나 배추류에는 시니그린 외에 S-메틸-L-시스테인 설폭사이드(S-methyl-L-cystein sulfoxide)가 함유되어 있어 가열하면 다이메틸 다이설파이드(dimethyl disulfide)와 황화수소 등을 형성하여 퀴퀴한 불쾌취가 나므로 지나치게 오래 가열하지 않는 것이 좋다.

8. 채소의 종류

(1) 엽채류와 경채류

1) 배추

배추의 품종은 결구 양식에 따라 여러 가지가 있으며 우리나라에서는 거의 개량종인 결구종이 재배되고 있다. 잎의 끝 부분이 오므라져 있는 배추는 몸통이 짧고 동그라며 수분이 많아 생것을 씹으면 고소한 맛이 나는데 겉절이나 생식에 좋다. 잎의 끝이 벌어진 배추는 김치용으로 많이 쓰인다. 중국이 원산지인 청경채는 배추의 한 종류로 쌈, 나물,

청경채

김치 등에 이용된다. 배추에는 비타민 C, 칼슘, 칼륨, 나트륨 등이 함유되어 있고 삶아서 나물로 이용하기도 하지만 대부분 김치를 담그는 데 사용된다.

2) 양배추

잎의 녹색 부분에는 비타민 A가, 흰 부분에는 비타민 C가 많다. 잎이 뻣뻣하고 두꺼운 것이 특징으로 백색과 적자색의 두 가지가 있다. 위궤양에 좋은 효능을 나타내는 비타민 U, 칼륨, 칼슘 등이 많이 들어있다.

일반적으로 적자색 형은 샐러드나 피클을 만드는 데 주로 쓰이며 사우어크라우트(sauerkraut)를 만들 때도 이용된다. 콜리플라워, 브로콜리, 방울다다기(brussels sprouts)는 꽃양배추로 분류하기도 한다. 모양이 납작한 녹색종은 살이

양배추   적채

단단하여 익혀 먹는 데 적합하고, 동그란 백색종은 연해서 샐러
드에 적당하다.

콜라비는 양배추와 순무를 교배한 개량종으로 비타민 C와 칼슘
이 풍부하고 아삭하고 단맛이 있어 무처럼 다양하게 이용된다.

콜라비

3) 시금치

비타민 A의 전구체인 카로틴, 칼슘, 마그네슘, 철분 등이 많이
함유되어 있는데, 유기산으로는 구연산, 사과산과 함께 수산이 많
이 들어 있어서 칼슘과 결합하여 불용성 수산칼슘으로 변하므로
시금치 내의 칼슘은 잘 흡수·이용되지 않는다. 일반적으로 시금
치는 데쳐서 나물로 만들거나 된장국을 끓이는 데 적당하나 외국
에서는 생것으로 샐러드에 이용하거나 통조림 또는 냉동하여 이
용한다. 여름철엔 시금치국 대신 아욱된장국도 맛이 좋다.

특히 겨울철에 나는 재래종은 잎이 두껍고 키가 작으며 밑둥이
붉고 단맛이 강하다. 지역에 따라 포항초, 남해초, 섬초가 유통되
는데, 일년 내내 유통되는 개량종보다 비타민 C 함량이 월등히 많
고 나물이나 국에 적합하며, 저장성이 좋다.

남해초

아욱

4) 상추

세계적으로 널리 재배되며 종류가 많다. 사각사각하며 약간의 쓴맛과 특유의 맛이 있다. 우
리나라에서 일반적으로 흔히 구입할 수 있는 상추는 잎상추(leaf lettuce)
로 녹색인 것과 자색이 섞인 것이 있고 양배추와 같이 구형인 양상추
(head lettuce) 등이 있다. 줄기를 자르면 나오는 흰 즙의 성분인 락투카
리움(lactucarium)은 많이 먹으면 잠이 잘 오게 해준다.

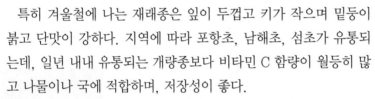
양상추

5) 부추

지방에 따라 부채, 부초, 솔, 정구지, 졸이라고 부르기도 한다. 단백질,
지방, 당질, 회분, 비타민 A·C, 철분 등이 상당히 많아 영양가가 높으며
황화합물이 들어 있어 독특한 향미가 있다. 김치 뿐만 아니라 찌개나 각
종 요리에 양념처럼 이용되기도 한다.

부추

6) 깻잎

들깨의 잎으로 비타민 A와 C가 풍부하다. 상추쌈을 먹을 때 곁들이거나 전, 나물, 장아찌 등에 이용하며, 향이 좋아서 여러 가지 음식에 많이 이용되고 있다.

깻잎

7) 미나리

비타민 A · B · C가 풍부하다. 미나리강회, 나물 또는 미나리적을 하여 고명으로 이용한다. 독특한 향 때문에 물김치를 담글 때 곁들여 쓰거나 각종 찌개나 무침 등에 이용되기도 한다.

미나리

8) 셀러리

비타민 B가 많고 줄기 부분을 식용하는데 조리 시 줄기의 섬유소를 제거하여야 질기지 않다. 샐러드, 육수, 각종 음식에 많이 이용한다.

셀러리

(2) 과채류

1) 호박

박과에 속하는 채소로 종류가 많으며 일명 애호박이라 불리는 여름 호박과, 겨울 호박이 있다. 우리나라에서는 늙은 호박(청둥호박)이라 불리는 재래종(만생종)과 애호박(조생종), 단호박(밤호박), 쥬키니 호박(돼지호박), 국수 호박 등이 재배되고 있다. 호박은 품종과 성숙도에 따라 영양성분도 크게 달라지는데 잘 익을수록 당분이 늘어나서 단맛이 증가한다. 호박은 비타민 A · B_2 · C 등이 풍부하다.

애호박   돼지호박   단호박   늙은호박

2) 오이

여러 가지 품종이 있는데 일반적으로 남지형, 북지형, 유럽형 및 잡종형으로 구분된다. 북쪽 지방에서 재배되는 북지형 오이에는 취청오이(청오이)가 있으며, 푸른색이 진하고 껍질이 두꺼우며 크기가 크고 길이가 길며 향기가 짙어 생채나 냉채 등에 적당하다. 남지형에는

재래종 조선오이인 다다기오이(백오이)와 땅오이가 있으며, 다다기오이는 크기가 작고 껍질이 얇으며 색이 연하고 육질이 부드러워 그대로 먹는 것이 좋다. 오이지는 작고 살이 단단한 땅오이나 다다기오이를 이용하는 것이 좋다. 가시오이는 길쭉하고 표면에 주름과 가시처럼 돋은 돌기가 많은데 냉채, 무침 등에 이용한다. 완숙한 오이는 껍질색이 노래지며 속의 씨가 영글어서 노각(늙은 오이)이라고 부르는데 여름철에 씨를 파내고 생채로 많이 이용한다. 그 밖에 유럽형에는 온실용, 슬라이스용, 피클용 오이 등이 있다.

　오이의 냄새는 오이 알코올이라는 성분 때문에 나며, 오이 꼭지의 쓴맛은 스테로이드 배당체의 일종인 쿠쿠루비타신(cucurbitacin)이라는 성분 때문에 나는 것인데 품종에 따라 다르다. 저온에서 생육이 나쁘거나 건조가 심할 때 더 생긴다.

재래오이　　　　가시오이　　　　노각　　　　취청오이　　　　피클용 오이

3) 가지

　열매의 모양은 둥근 것, 달걀 모양의 것, 긴 원통 모양의 것 등 여러 가지가 있다. 일반적으로 가지의 색은 수용성인 안토시아닌계의 나스닌(nasnin)으로 자색인데, 분해하면 당과 터페니딘(terpenidin)이 되며 산화되면 변색하므로 조리할 때 백반을 조금 넣어주면 색을 유지할 수 있다. 가지는 수분함량이 높고 프로토펙틴이 조리과정에서 펙틴으로 쉽게 전환되므로 단시간의 가열에도 곧 조직이 변화될 수 있다. 가지를 이용한 조리방법으로는 나물, 찜, 구이, 튀김, 김치 등이 있다.

가지

4) 고추

　종류가 많아 모양과 맛이 다양하다. 파프리카는 고추와 모양도 비슷하고 붉은색도 비슷하나 매운맛이 없는 고추이다. 매운맛의 성분은 캡사이신(capsaicin)이고 비타민 A · B_1 · B_2 · C가 다른 채소에 비해 많다. 고추는 말린 것과 풋고추용으로 구분할 수 있다. 고추의 잎은 각종 음식에 쓰이고 익은 고추는 분말로 만들어 향신료와 소스의 원료로 쓰인다. 일반적으로 서양요리에서 매운맛을 내는 향신료인 핫소스(hot sauce)의 원료로 매운 고추를 이용한다.

파프리카

5) 토마토

　토마토는 비타민 C를 많이 함유하고 있으며 잘 익은 토마토의 붉은 색깔은 카로틴과 라이코펜(lycopene)에 의한 것이다. 구연산, 능금산, 주석산, 호박산 등을 함유하여 신맛과 독특한 향을 낸다. 토마토는 과일 또는 채소로 이용되고 있다. 토마토는 12~15℃ 이하의 온도에서는 숙성이 중지되므로 제맛을 내지 못한다. 그러므로 실온에서 완전히 숙성시킨 후 냉장 보관해야 하며 적어도 조리하기 1시간 전에는 실온으로 꺼내 두어야만 냉장고에서 꺼내어 바로 조리하는 것보다 향미가 풍부해진다. 토마토는 생과일로 그대로 먹거나 샐러드나 주스에 이용한다. 토마토 가공품으로는 토마토 퓌레, 토마토 페이스트, 토마토케첩, 토마토소스 등이 있다. 토마토의 껍질은 끓는 물에 잠깐 담갔다가 건져서 찬물에서 벗기면 손쉽게 벗길 수 있다.

토마토

(3) 화채류

1) 콜리플라워

브로콜리, 양배추 등과 함께 양배추과에 포함시키기도 하는데 양배추와 비슷한 모양이나 잎 내부로 백색 꽃이 자란 것을 식용으로 한다. 단단한 조직 때문에 신선도와 영양소가 잘 유지된다. 구연산, 능금산과 같은 유기산이 풍부하고 비타민 A · C, 칼슘이 들어 있으며 샐러드, 피클, 나물 등으로 이용한다.

콜리플라워

2) 브로콜리

양배추과에 속하며 꽃을 먹는 채소이다. 잎, 줄기, 또는 몸체에 녹색이 풍부한 것을 구입해야 한다. 오래되고 질긴 것은 꽃봉오리 안에 노란색으로 꽃이 핀 것을 볼 수 있는데 노란색이 강할수록 오래된 것이다. 비타민 A · C, 철분이 풍부하다. 나물, 볶음, 샐러드 등에 이용한다.

브로콜리

(4) 구근과 근채류

1) 무

봄무, 여름무, 가을무 등의 품종이 있으며 모양이 둥글고 키가 작은 조선무는 살이 단단해 김치나 깍두기, 동치미에 적당하고 길이가 길쭉한 왜무는 육질이 부드럽고 수분이 많아 생채용이나 단무지, 짠지, 무즙으로 이용하면 좋다. 대부분이 수분이며 비타민 C, 칼륨, 마그네슘이 풍부하다. 특히

조선무   왜무

무의 껍질에는 속보다 비타민 C가 더 많이 들어 있으므로 껍질을 깨끗이 씻어서 그대로 이

용하는 것이 좋다. 무에는 전분 분해효소인 디아스타아제가 들어 있어서 소화를 도와줄 수 있다. 메밀국수에 무즙을 갈아 넣어주거나 떡이나 밥을 과식한 후 무김치나 무즙을 갈아먹는 것도 이러한 이유 때문이라고 볼 수 있다. 우리나라의 떡 중 시루떡에 무를 섞는 것도 합리적인 배합이라 할 수 있다. 생채, 조림, 김치 등에 널리 이용된다.

2) 당근

우리나라에는 당나라로부터 도입되었기 때문에 당근이라고 부른다. 붉거나 노란 색소는 비타민 A의 전구체인 카로틴이다. 비타민 C 분해효소인 아스코비네이스(ascorbinase)를

당근

함유하고 있으므로 비타민 C가 많이 들어있는 채소와 함께 생으로 조리하면 비타민 C를 파괴한다. 예를 들어 나박김치에 당근을 넣어주면 무의 비타민 C를 파괴한다. 그러나 가열하면 문제가 없다. 당근은 기름을 이용하여 조리하면 지용성인 비타민 A의 흡수를 좋게 해 줄 수 있다. 당근과 같은 뿌리 채소는 씻지 않은 채 종이에 싸서 보관하는 것이 좋다.

3) 마늘

난지형과 한지형으로 구분된다. 난지형은 겨울철 따뜻한 지대에 적응한 것으로 백색이며

마늘

매운 맛이 적고 한지형은 내륙이나 고위도 지방에서 재배되며 저장성이 좋고 알이 크다. 우리나라에서는 육쪽 마늘을 최상품으로 여긴다. 마늘의 성분인 알리신은 비타민 B_1과 결합하여 알리싸이아민(allithiamine)이 되고 이는 비타민 B_1의 흡수를 증가시켜 준다. 신선한 상태에서는 생것을 먹기도 하나 주로 조리 시 양념으로 사용되며, 장아찌를 만들어 먹기도 한다.

4) 양파

세계적으로 많이 이용하는 채소로 당분이 10% 들어 있고 비타민 C가 풍부하며, 칼슘, 철분 등이 들어 있다. 모양이 약간 길쭉한 양파는 맛이 순하므로 생식용에 적합하며 납작한 양파는 매운 맛이 강해 익혀 먹는 음식에 사용한다.

양파

적양파

5) 생강

매운 맛 성분은 진저론(zingerone)이나 쇼가올(shogaol)이며, 후추나 고춧가루처럼 우리나라에서는 향신료로서 중요하다. 생강에는 소량의 단백질, 섬유소, 펜토산, 전분 및 무기질

이 들어 있으며 전분이 전체 고형분의 40~60%를 차지한다. 생강은 양념 으로 이용하며 설탕에 재워서 보존하는 형태인 편강과 건조분말화한 것이 있고 생강차나 생강주 등으로도 이용된다.

생강

6) 연근

연의 지하경을 연근이라 하며 자르면 구멍이 많다. 뿌리를 자를 때 생기는 끈끈한 성분은 마와 마찬가지로 단백질과 당이 결합한 것이다. 대부분이 전분 이며 비타민 $B_1 \cdot B_{12} \cdot C$가 조금 들어있는데, 생식하거나 조림, 전, 정과를 만 드는 등 여러 가지 조리방법으로 이용되며 저장성이 좋다.

연근

7) 우엉

직경에 비해 길이가 길며 탄닌을 많이 함유하여 공기 중에 노출되면 곧 갈 변한다. 이것을 방지하기 위해서는 물이나 1% 정도의 소금물에 담근다. 우엉 에는 당질로서 이눌린(inulin)의 함량이 높으며 무기질이 많이 함유되어 있 다. 우엉을 삶으면 가끔 청색으로 변할 때가 있는데 이것은 우엉의 색소인 안 토시아닌이 알칼리성인 무기질과 반응하여 변색된 것이다.

우엉

9. 채소의 선택과 보관

신선한 채소여야 영양소 함량이 높으며 조리 후 맛도 좋아진다. 그러므로 채소를 고를 때 신선한 상태를 감별할 줄 아는 것이 중요하다. 예를 들어 채소 자체의 색이 선명하고 광택이 있으며 모양이 고르고 단단하며 잎이 힘 있는 것이 싱싱한 것이다.

채소가 수확되었을 때의 성숙 정도는 색, 향미, 텍스처와 영양적 가치에 영향을 미친다. 이때 채소의 당 함량은 성숙됨에 따라 줄어든다. 특히 전분이 많은 채소에서 이 변화를 볼 수 있다. 수확 후에도 식물조직은 여전히 살아 있으므로 세포 안에서 대사 과정은 계속되고 조직들은 곧 부패하기 시작한다. 미숙한 채소들은 일단 수확하면 당 함량이 급격히 떨어진 다. 예를 들어 옥수수는 수확 후 시간이 지나면 단맛을 많이 잃게 된다. 이 현상은 저장온도 가 높을수록 빨리 일어난다. 신선한 채소의 단맛을 유지하기 위해서는 신속히 냉장고에 보관하여야 한다.

많은 채소들이 0℃보다 약간 높은 온도에서 저장되었을 때 좋은 품질을 오래 유지하지만 열대나 아열대 지방에서 생산되는 것은 이 온도에서 저장되었을 때 상해를 받게 된다.

비정상적인 호흡은 채소를 움푹 파이게 하거나 적갈색으로 변색시키고 가죽같이 질겨 지게 한다. 그러므로 고구마, 토마토, 늙은 호박 같은 냉장 상해를 받기 쉬운 채소들은 차지 않은 서늘한 곳에 저장하여야 한다.

10. 조리에 의한 영향

채소를 조리하는 목적은 영양소를 최대로 함유하게 하고 맛을 향상시키는 데 있다. 맛은 채소의 색, 텍스처, 향미에 의하여 영향을 받는다. 조리된 채소는 부드러우면서도 형태가 유지되어야 하고 채소 자체의 색이 유지되어야 하며 향미가 좋아야 한다. 채소는 좋은 맛 뿐 아니라 높은 영양가도 중요하기 때문에 조리를 할 때 식품으로서의 가치 손실을 최소화하여야 한다. 채소의 손질과 조리 방법에 따라 영양소, 맛, 텍스처, 모양 등이 영향을 받는다.

(1) 영양소

조리하는 동안 영양소는 조리하는 물이나 용액으로 유출되거나, 열이나 pH의 변화에 의하여 화학적인 성분 변화가 일어나거나, 산화에 의한 손실, 그리고 기계적인 손상에 의한 손실이 일어난다. 조리 시 채소의 수분함량은 증가하거나 감소되며 전분은 호화된다. 비타민은 산화에 의하여 파괴되거나, 조리용액에 용해되거나, 또는 가열에 의하여 손실된다. 영양소의 보유율이 가장 큰 조리방법이 모양이나 맛도 가장 좋게 하는 조리방법이라고는 할 수 없다. 그러나 채소가 맛이 없어서 먹지 못할 상태가 아니라면 최대한 영양소의 보존을 위하여 조리하는 것이 현명한 시도이다.

오래 가열할수록, 조리용액이 많을수록, 채소가 많이 잘려 표면적이 넓을수록 수용성 영양소의 손실은 더 많이 일어나므로 영양소의 손실을 줄이기 위해서는 큼직하게 썰어서 소량의 물에 단시간에 가열조리하는 것이 좋다.

조리수로의 용출에 의한 손실 : 당, 전분, 비타민 B · C, 그리고 무기질은 수용성이기 때문에 조리하는 용액 속으로 흘러나와 손실된다. 또한 세포 바깥쪽에 있는 용질의 농도가 높거나 식물세포가 손상을 입었을 때 세포 내의 물이 빠져 나오면서 수용성 물질도 함께 손실된다. 채소를 데칠 때 1~2%의 소금을 첨가하면 세포 내외의 농도차이가 적어져 수용성 영양소의 용출을 감소시키므로 보유율을 높일 수 있다.

일단 채소가 가열되면 산화는 거의 일어나지 않지만 채소가 조리수와 접촉되어 있는 한 용해로 인한 손실은 계속된다. 용해로 인한 영양 손실을 최소화하기 위해 채소가 조리수와 접촉하는 것을 최소한으로 해야 한다. 이 이유 때문에 채소를 끓일 때는 적은 양의 조리수를 사용하도록 권장하고 있다. 물 없이 채소가 가지고 있는 수분만으로 조리하면 영양소의 용해로 인한 손실을 최소화할 수 있다.

지용성 비타민은 조리수에는 용출되지 않으며, 기름을 이용해 조리하면 용해된다. 당근을 기름에 볶으면 지용성인 카로틴의 흡수율을 높일 수 있으며, 토마토에 기름을 넣고 가열조리하면 라이코펜의 활성과 흡수율이 높아진다.

열에 의한 손실 : 비타민 A는 조리하는 동안에 잘 변화되지 않으나 산이 존재하는 가운데 너무 오래 가열하면 영향을 받는다. 비타민 C와 B₁은 비타민 B₂와 나이아신보다 열에 약하다. 조리한 채소를 냉장 보관하면 하루만 지나도 비타민 C의 많은 양이 손실되며, 재가열하면 더 많은 손실이 일어난다. 조리한 채소를 보온하면 향미와 영양가가 손실된다.

팬의 뚜껑을 덮고 조각을 크게 내어 가열하면 산소에 노출되는 것을 어느 정도 방지할 수 있다. 그러나 뚜껑을 덮으면 클로로필과 함황화합물을 분해하기 쉬운 산을 함유하게 되어 변색이 일어나고 좋지 않은 냄새가 날 수 있다.

pH 변화에 의한 손실 : 조리용액의 알칼리성이 증가할수록 손실이 더 일어난다. 조리용액의 pH가 알칼리로 될수록 휘발성 유기산이 손실되며, 비타민 C와 B₁의 파괴도 증가한다. 그러므로 채소조리 시 영양소를 위해서는 중조를 사용하지 않는 것이 좋다.

산화효소에 의한 손실 : 식물조직에서 산화효소는 산소가 존재하면 비타민 C의 산화를 촉진한다. 당근, 오이, 호박 등은 비타민 C의 산화효소인 아스코비네이스(ascorbinase)를 함유하고 있어서 나박김치에 당근을 섞어 주면 비타민 C가 파괴되므로 당근을 많이 섞지 않는 것이 좋다.

채소를 가열하는 동안에도 산화에 의하여 영양소가 손실된다. 예를 들어 비타민 C는 가열 시간이 길 때 많은 양이 산화된다. 파괴를 최소화하기 위하여 끓는 물에 넣어 조리해야 하는데 이는 비타민 C 산화효소를 불활성화하기 위해서일 뿐만 아니라 조직으로부터 산소를 차단하고 조리수로부터 용해된 산소를 제거하기 위해서이다.

기계적 손상에 의한 손실 : 채소를 껍질째 조리하면 껍질을 벗겨 조리한 것과 맛, 조직, 그리고 영양이 달라지게 된다. 어느 편이 좋은가는 항상 논란이 되어 왔으나 조리방법과 조리목적에 따라 달라질 수 있다. 감자를 껍질째로 삶으면 영양분 손실은 줄어들지만 껍질을 벗기고 삶았을 때와는 다른 맛과 조직을 갖는다. 샐러드에 사용할 것이라면 껍질을 벗기지 않고 삶는 것이 더 효과적이고, 으깨어 사용할 것이라면 껍질을 벗기고 삶는 것이 더 좋다. 껍질을 벗기면 채소의 박테리아는 줄일 수 있으나 과일과 채소의 껍질이 섬유질의 좋은 급원이 되므로 그에 따른 손실이 발생한다.

조리 전에 채소를 자르면 영양분의 손실 문제가 일어난다. 채소가 잘리면서 용해되어 손실되는 것이 많을 수 있기 때문이다. 따라서 통째로 씻은 다음에 잘라서 조리해야 수용성 영양소의 손실을 줄일 수 있다. 이때 채소를 작게 자르면 큰 것에 비해 더 빨리 조리되므로 열로 인한 영양분의 파괴는 줄일 수 있으나 표면적이 커져 수용성 영양소의 용출은 증가할 수밖에 없다. 국을 끓이거나 수프를 만들지 않는 이상 아주 작게 자른 채소를 많은 양의 물에서 조리하는 것은 적절한 방법이 아니다. 그러므로 채소는 필요 이상으로 작게 자르면 안 되고 가능한 한 빨리 조리하는 것이 영양소를 많이 보유할 수 있는 방법이다.

(2) 텍스처

채소를 조리할 때 텍스처에 영향을 미치는 요인은 여러 가지가 있다.

1) 가열

가열은 채소류의 조직에 영향을 준다. 채소는 리그닌(lignin)을 함유하고 있는데 리그닌은 조리해도 연해지지 않는다. 지나치게 성숙한 당근의 목질부는 조리 후에도 질긴 채로 남아 있다. 이러한 채소들을 연하게 하기 위하여 조리시간을 연장하면 부드러운 잎 부분이 지나치게 삶아지거나 영양분이 손실된다.

식물에 있는 섬유소는 조리에 의해 약간 부드러워진다. 채소를 가열한 후 건조 상태에서 섬유소의 함량을 측정해보면 그 양이 증가한 것으로 보인다. 이것은 섬유소가 세포벽으로부터 유출되어 분석하기가 더 쉽기 때문인 듯하다. 펙틴성분은 가열하면 가수분해되어 세포분리가 일어나며 몇 단계의 화학적 반응을 거치면서 용해되기 쉬운 물질로 변화되기 시작한다. 펙틴성분의 이러한 변화로 채소가 조리를 거치면 부드러워진다. 헤미셀룰로오스는 물에 녹지 않지만 열을 가하면 분해되어 좀 더 부드러워진다.

2) pH

조리용액에 알칼리인 베이킹소다를 가하면 헤미셀룰로오스가 분해되어 조리시간이 짧아도 부드럽게 된다. 반면에 산은 부드러워지는 것을 방해한다. 그러나 일반적인 채소 조리에 베이킹소다를 첨가하면 지나치게 무르게 될 수 있으므로 이것을 사용하는 것은 바람직하지 않다. 만약 맛과 플라보노이드 색소의 색깔을 증진하고자 산을 사용한다면 조리의 맨 마지막 단계에 넣어야 한다.

3) 경수

조리하는 용액의 칼슘 농도가 조리된 채소에 영향을 미친다. 경수에 많이 들어 있는 칼슘 이온과 마그네슘 이온은 채소의 펙틴과 결합해 불용성 염을 형성하여 채소가 부드럽게 되는 것을 방해한다. 그 결과 더 질기고 단단한 구조를 갖게 된다. 이런 현상은 상업적으로 토마토 통조림을 만들 때 약간의 칼슘을 넣으면 토마토가 더 단단해지는 것에서 볼 수 있다.

4) 조리시간

채소의 조리시간은 채소의 조직에 영향을 준다. 조리시간이 길어지면 펙틴이 잘 용해되며 섬유소를 부드럽게 하므로 조직이 너무 무르지 않도록 조리시간을 잘 조절한다.

아삭아삭한 상태는 조리시간을 짧게 함으로써 가능하며 자체의 향기나 색깔, 영양분을 잘 유지할 수 있다.

(3) 색소

1) 클로로필

녹색의 변화 정도는 조리용액의 산도, 채소의 pH, 클로로필 함량, 조리온도와 시간, 효소, 금속 등에 의해 영향을 받는다. 이러한 클로로필의 반응은 **그림 17-9**와 같다.

산 : 채소 조리 시 휘발성과 비휘발성 유기산이 유출된다. 유기산이 존재하면 클로로필의 마그네슘은 두 개의 수소원자로 쉽게 치환되어 페오피틴(pheophytin)이라는 물질이 되는데 이때 색이 누렇게 변한다.

조리할 때 산에 의한 영향을 최소화하기 위해서는 휘발성 유기산을 휘발시키기 위해 뚜껑을 열고 조리하거나, 비휘발성 유기산을 희석시키기 위해 채소가 잠길 정도의 충분한 물을 사용함으로써 해결할 수 있다. 휘발성 유기산의 대부분은 채소를 끓는 물에 넣은 후 처음 몇 분 안에 제거된다. 클로로필은 가열 시작 후 5~7분 사이에 페오피틴으로 분해되기 시작하므로 푸른 채소를 5분 이상 조리하지 않는다. 가능한 한 익을 정도까지만, 짧은 시간 내에 가열한다면 색의 변화를 줄일 수 있다. 클로로필에서 페오피틴으로의 전환은 아주 빨라서 클로로필의 50~75%가 보통의 조리시간 내에 손실될 수 있다. 손실되는 것의 대부분은 클로로필 a이고 클로로필 b는 조리하는 동안 상대적으로 안정하다. 클로로필 a는 페오피틴 a

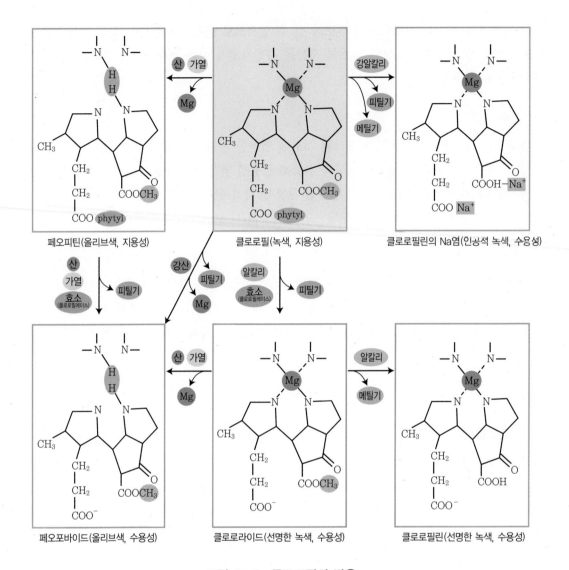

그림 17-9 클로로필의 반응

로 변화되어 옅은 회녹색이 되며, 클로로필 b는 페오피틴 b로 변화되어 올리브색이 된다.

오이김치나 배추김치가 익어가면서 점차 갈색을 띠게 되는 이유도 발효과정에서 생성된 산에 의해 클로로필이 페오피틴으로 변하기 때문이다. 이와 같은 이유 때문에 오이생채나 상추겉절이를 할 때 녹색을 유지하려면 식초를 마지막에 넣어야 한다.

클로로필에 강산이 작용하거나, 페오피틴에 계속 산이 존재하거나 계속 가열하면 클로로필레이스에 의해 피틸기가 제거되어 수용성인 페오포바이드(pheophorbide)가 형성된다.

이것의 색은 페오피틴과 비슷하며 오이를 소금에 절였을 때 형성된다.

가열 : 푸른 채소를 끓는 물에 넣으면 처음에는 푸른색이 더 선명해지는데, 그 이유는 세포 사이의 공기가 빠져 나오고 세포 간 공간이 없어져 클로로필이 표면화되었기 때문이다.

생채소에서는 클로로필이 엽록체 안에 함유되어 있기 때문에 세포액에 있는 산으로부터 보호받게 된다. 그러나 가열하면 산을 함유하고 있는 세포액으로부터 더 이상 색소체 막에 의하여 보호 받지 못한다. 결과적으로 올리브색의 페오피틴이 형성된다.

오이를 볶거나 열을 가하면 시간이 갈수록 색이 누렇게 되는데 이는 오이의 세포막의 파괴로 클로로필이 산과 만나 페오피틴으로 변하면서 색이 변하는 것이므로 열을 빨리 식히도록 한다. 통조림한 푸른 채소나 지나치게 가열조리한 채소에서는 페오피틴이 파이로페오피틴으로 변하여 누런색이 된다. 또한 간장이나 된장 등의 양념을 가한 국물은 산성이기 때문에 가열시간이 길어지면 녹색채소는 변색이 더 심해진다.

알칼리 : 조리수에 베이킹소다를 넣어 알칼리로 처리하면 클로로필과 반응하여 피틸기가 제거되고 클로로필라이드(chlorophyllide)를 형성하며, 계속해서 메틸기가 분리되어 클로로필린(chlorophylline)과 두 개의 알코올, 즉 피톨과 메탄올을 형성한다. 클로로필라이드와 클로로필린은 선명한 녹색이고 수용성이다. 클로로필에 강알칼리가 작용하면 피틸과 메틸기가 제거되고 클로로필린의 나트륨염을 형성하는데, 조리된 녹색채소가 자연스럽지 않고 인공적으로 보이는 녹색을 띠게 한다.

또한 알칼리 처리 시에는 헤미셀룰로오스의 파괴로 인해 물컹한 텍스처를 갖게 할 뿐만 아니라 영양적으로 볼 때 비타민 B_1과 비타민 C의 파괴도 일어나므로 채소를 조리할 때 중조를 사용하는 것은 일반적으로 바람직하지 못하다. 그러나 일부 연구에 의하면 오랫동안 가열하여야 연해지는 채소의 경우 아주 적은 양의 베이킹소다를 넣으면 가열시간이 짧아짐으로써 색이 더 좋아지고, 오히려 비타민의 손실을 적게 할 수 있다고 하였다.

가열하는 동안 액포로부터 산이 유출되는데, 알칼리성 조리수에 의하여 중화될 수 있는 산의 양은 알칼리 정도와 물의 양에 따라 달라진다. 많은 양의 물을 사용하면 산을 희석시킴으로써 바람직한 푸른색을 줄 수 있다. pH가 6.2에서 7.0으로 증가하면 가열된 채소의 푸른색은 좋아진다. 그러나 pH가 7보다 크면 향미가 나빠지고 색이 오히려 좋아지지 않는다.

효소 : 채소 속에 함유된 클로로필 분해효소인 클로로필레이스(chlorophyllase)는 조직이 파괴될 때 유리되어 클로로필에서 피틸기를 제거하고 클로로필라이드를 형성한다. 클로로필라이드는 수용성으로 푸른 채소를 조리한 물이 때로 푸른색을 띠는 것이 이러한 이유에서다. 한편 클로로필라이드에서 산의 작용이 지속되거나 계속 가열하면 마그네슘이 수소와 치환되어 페오포바이드를 형성한다.

클로로필레이스는 많은 채소에 들어있는데 함유량은 채소에 따라 다르다. 시금치는 클로로필레이스가 풍부하나 계절과 품종에 따라 차이가 있다. 이 효소는 66~75℃의 물에서 활성이 크나 끓이면 파괴된다. 채소를 냉동 보관하기 전에 데쳐서 효소를 불활성화시키면 녹색을 유지할 수 있다. 또한 소금을 첨가하면 클로로필레이스의 작용을 억제하여 푸른색을 유지할 수 있다.

금속 : 마그네슘이 구리나 아연과 같은 금속 이온과 치환하면 색이 푸르게 고정되므로 구리 성분이 있는 용기에서 채소를 가열하면 밝은 푸른색을 띠게 된다. 완두콩 통조림 속의 완두콩이 초록색을 유지하는 이유는 황산구리로 처리하여 구리-클로로필(copper-chlorophyll)을 형성해 녹색이 고정되기 때문이다. 그러나 구리는 독성이 있을 수 있기 때문에 이 방법은 좋지 않다.

푸른 채소 데치는 방법 : 푸른 채소를 가열할 때 색의 보유를 위해서는 채소 중량의 5배 이상 되는 다량의 조리수를 사용해 비휘발성 유기산을 희석시켜야 한다. 그러나 영양소의 손실을 줄이려면 푸른색을 유지하는 방법과는 반대로 소량의 물에 삶아야 한다. 또한 녹색을 유지하려면 반드시 뚜껑을 열고 끓는 물에서 단시간에 조리하는 것이 좋으며, 곧바로 찬물에 헹구도록 한다. 이때 조리수에 소금을 조금 넣어주면 클로로필의 변색을 막아주고 비타민 C 등의 잔존율을 높여준다. 중조를 첨가하면 더욱 선명한 녹색이 되나 비타민이 파괴되고 조직이 지나치게 물러질 수 있으므로 주의한다.

2) 카로티노이드

일반적인 조리방법으로는 카로티노이드의 색이나 영양가에 거의 영향을 받지 않으나 산이나 가열에 의하여 이성화되어 등황색이 더 진해지기도 한다. 그러나 지용성이기 때문에 기름과 함께 조리를 할 때는 영양소가 상당량 용해된다.

이 색소는 불포화도가 높기 때문에 산화되기 쉬우며 산화되면 색깔이 퇴색된다. 그러므로 신선할 때 조리하는 것이 좋으며 절단한 것을 공기 중에 방치하지 않도록 한다. 특히 건조한 식품에서 이중결합이 산화에 불안정한데 건조하기 전에 끓는 물에 잠깐 데치면 변색을 방지할 수 있다.

당근, 고구마, 늙은 호박이나 단호박 등의 조리시간이 길어지면 갈변되는 경우가 있는데 이것은 카로티노이드의 변화가 아니라 채소 내에 함유되어 있는 당의 캐러멜반응에 의한 갈변이다. 그러므로 조리 시 볶은 당근은 빨리 식혀야 색이 곱게 유지된다.

3) 플라보노이드

① 안토시아닌

이 색소를 가지고 있는 채소류를 조리할 때 물을 넣고 조리하면 많은 양의 색소가 물 속에 용해되고 색이 엷어지며 바래게 되므로, 조리수를 적게 하거나 물이 없는 방법으로 조리해야 색깔이 보존된다. 또한 껍질을 벗기지 않고 상처 없이 조리한 후 껍질을 벗기면 색이 보존될 수 있다.

pH : 적색 양배추를 조리할 때 신 사과 조각이나 레몬즙과 같은 산을 첨가해 주면 색이 더 잘 보존된다. 안토시아닌계 색소는 산에 안정하여 적색이 더욱 선명하게 유지되나 중성에서는 자색, 알칼리나 금속과 반응하면 청색과 녹색으로 변한다. 이 반응은 가역적이므로 식초나 기타 유기산이 많은 식품과 함께 조리하면 다시 적색으로 환원된다. 만약 적색 양배추를 조리하는 동안 푸른색으로 변하기 시작하면 산을 첨가시킴으로써 붉은 색깔이 되돌아오게 할 수 있다.

식초에 절인 생강이 빨갛게 되는 이유도 생강에 들어있는 안토시아닌이 산에 의해 적색으로 변하기 때문이다.

분자 내의 수산기의 숫자에 따라 pH에 의한 영향의 정도가 다르다. 적색 양배추 내의 안토시아닌은 네 개 이상의 수산기를 가지고 있기 때문에 pH가 변화될 때마다 색깔이 매우 심하게 변화된다. 이에 반해 딸기는 pH가 변해도 색깔의 변화가 없는데 이는 분자 내의 수산기가 세 개 뿐이기 때문이다.

온도 : 딸기잼을 만든 후 저장할 때 pH가 높거나 병 안에 산소가 존재하거나 저장 온도가 높으면 보기 싫은 적갈색으로 서서히 변한다.

금속 : 철, 알루미늄, 주석, 구리 이온들은 안토시아닌 함유식품과 접촉하게 해서는 안 된다. 이런 금속들과 접촉하게 되면 녹색에서부터 회청색으로까지 변화되기 때문이다. 통조림 안에 에나멜을 입히는 것은 이렇게 안토시아닌을 함유하고 있는 과일과 채소를 열처리하여 저장했을 때 금속과의 상호작용을 막기 위한 것이다. 조리할 때에도 이런 성분을 가진 그릇은 피하도록 한다.

안토시아닌 색소 중 가지의 색소인 나스닌(nasnin)은 알루미늄, 철, 칼슘, 마그네슘, 나트륨이온과 결합하여 색소가 안정된다. 따라서 가지를 삶을 때 철이 녹아있는 물에 삶거나 백반(명반)이나 식염을 사용하면 색소를 안정시킬 수 있다. 손톱에 봉숭아 꽃물을 들일 때에 명반을 사용하는 것도 봉숭아 꽃잎의 안토시아닌 색소가 명반의 알루미늄과 결합하여 안정되기 때문이다.

② 안토잔틴

무, 양파, 양배추 속, 배추 줄기 등에 있는 백색 또는 담황색의 안토잔틴계 색소는 물에 잘 녹으나 백색이기 때문에 보이지 않는다. 산에서는 더 선명한 백색으로 되며 중조와 같은 알칼리와 반응하면 노랗게 변한다.

또한 철이나 알루미늄 같은 금속들과 결합하여 노란 색을 나타낸다. 양파를 알루미늄 팬에서 조리하게 되면 노란색으로 변하는데 이것은 안토잔틴 색소가 금속이온과 결합하려는 경향 때문이다.

(4) 향미

조리된 채소의 향미는 유기산, 당분, 기타 여러 구성물들의 상호작용에 의해 만들어진다. 채소의 향미를 구성하고 있는 것은 대부분 물에 잘 녹으며 휘발성이다. 따라서 조리되는 동안 향미성분은 물에 용해되거나 증발되어 잃어버릴 수 있다. 향미성분은 조리시간이 길거나 조리수의 양이 많을수록 더 많이 손실된다.

향미는 조리하는 동안 여러 방법으로 영향을 받는다. 뚜껑을 닫고 조리하면 향미가 증가되는 반면 뚜껑을 열고 조리할 경우 약간의 휘발성 물질을 발산하여 향미가 감소된다.

1) 약한 향미채소

약한 향미채소는 감자, 고구마, 시금치, 오이, 가지 등과 같이 휘발성 황화합물을 함유하고 있지 않은 것으로, 이들 채소를 조리할 때 부적절한 조리법이나 과잉 조리는 채소의 향미를 손실하게 하거나 바람직하지 못한 향미를 만들게 된다.

그러므로 약한 향미채소들은 적은 양의 물을 사용하고 조리시간을 가능한 한 짧게 하여야 한다.

2) 강한 향미채소

강한 향미채소는 마늘, 양파, 파, 양배추, 배추, 부추 등과 같이 황화합물을 함유하고 있어서 썰거나 조리할 때 강한 자극성 냄새를 내는 것이다.

함황채소를 지나치게 조리하면 강하고 매운 유황의 맛과 냄새가 난다. 그러므로 함황채소는 가능한 한 가장 짧은 시간 내에, 뚜껑을 열고 조리해야 한다. 그래야 비휘발성 전구체로부터 휘발성 함황화합물 또는 황화수소가 최소한으로 생성되고, 가열 중 휘발되어 제거되기 때문이다. 또한 채소를 넣어 빨리 끓일 수 있도록 조리수가 충분히 끓고 있어야 하고 채소가 부드러워지는 시간 이상 조리하지 말아야 한다.

배추류는 찜통, 압력냄비 안에서 조리하는 것보다 채소가 잠길 만큼 충분한 물에 조리했을 때 채소로부터 나오는 산을 희석시키므로 더 좋은 맛을 가진다고 한다.

양파는 물을 넣고 가열하면 특유의 매운 냄새가 없어지고 단맛이 강해지는데, 그 이유는 황화합물이 분해되어 자당 가수분해효소보다 몇 배나 더 단맛을 내는 물질인 n-프로필 머캅탄(n-prophyl mercaptan, $CH_2-CH_2-CH_2-SH$)을 형성하기 때문이다. 한편, 가열한 무의 단맛을 내는 물질은 메틸 머캅탄(methyl mercaptan)이다.

11. 채소의 조리

채소는 샐러드, 쌈, 생채, 냉채 등 생으로 조리하거나 다양한 방법으로 가열조리할 수 있다.

(1) 비가열조리(생조리)

채소가 가지고 있는 신선한 텍스처를 살리고 가열에 의한 영양소의 손실 없이 먹을 수 있는 조리방법이다. 그러나 채소를 날것으로 먹기 위해 준비하는 과정에서 흙, 먼지, 농약, 토양미생물 등의 불순물을 잘 씻어내야 한다. 날것으로 먹을 채소는 잎에 붙은 기생충 알이나 잔류농약 때문에 여러 번 씻어야 하는데 중성세제 이용 시 0.15~0.25%가 적당하다. 그렇다고 지나치게 오래 씻거나 물에 담가두면 채소의 수용성 영양소 등이 흘러나와 손실되므로 주의해야 한다. 단체급식에서는 위생관리를 위해 채소, 과일의 생조리 시 소독액을 만들어 소독을 실시한다.

채소는 신선한 것을 이용하는 것이 좋다. 수확 후 오래된 것은 효소의 작용에 의하여 영양소가 파괴된 것이 많으며 채소 자체의 맛도 없어진다. 채소류 중 호박, 오이, 당근 등은 비타민 C 산화효소를 많이 함유한다. 무에 토마토와 당근 등을 함께 넣어 갈면 비타민 C 손실이 증가하는데, 이때 레몬즙을 몇방울 첨가하면 잔존율을 두 배로 늘릴 수 있다. 이는 비타민 C 산화효소가 pH 6 이하에서는 불활성화되기 때문이다.

음식에 따라 배추와 양배추는 잘게 썰어서 조리할 때가 있는데, 이때는 큰 잎째로 씻은 후 썰어서 사용해야 영양소의 손실을 막을 수 있다. 잘게 채 썬 양배추를 찬물에 담가두거나 이 상태로 냉장고에 넣어두었다가 먹기 직전에 꺼내어 물기를 제거한 후 샐러드를 만들면 삼투압의 차이로 세포 내로 물이 들어가 채소의 팽압이 증가하여 아삭아삭해진다.

(2) 가열조리

1) 데치기와 삶기

삶기는 가장 일반적인 채소의 가열조리방법으로 국, 찌개, 나물 등에 이용된다. 채소를 끓일 때 영향을 주는 요인은 뚜껑의 사용, 끓이는 시간, 조리수의 양 등이다. 물의 양은 수용성 비타민의 손실에 영향을 미치는데, 채소가 푹 잠길 만큼의 물로 삶게 되면 수용성 비타민의 손실이 매우 크다.

조리시간이 길수록 비타민의 손실도 많아진다. 따라서 가능하면 단시간에 삶는 것이 좋다. 처음부터 채소를 넣고 삶는 것보다 끓는 물에 넣어 단시간 조리하는 것이 더 안전하다. 채소의 크기는 동시에 익도록 같은 크기일 때가 가장 좋다.

짧은 시간 조리하는 것은 클로로필의 유지에도 도움이 된다. 뚜껑을 열면 휘발성 산들이 방출되어 클로로필에서 페오피틴으로의 전환을 늦추어 준다.

채소의 향미가 손상되지 않도록 팬의 뚜껑을 덮고 조리하는 것은 휘발성 성분과 유기산의 휘발을 막기 위함이다. 그러나 강한 향미를 내는 채소와 녹색채소들은 뚜껑을 열고 조리해야 하며 조리시간이 짧을수록 맛이 있다.

2) 찌기

찌기란 팬에 물을 넣고 그 위에 구멍 뚫린 용기를 놓아 채소를 올려 놓은 다음 뚜껑을 덮고 가열하는 것이다. 물에 직접 접촉하지 않고 증기의 공급만으로 조리함으로써 용해로 인한 영양분의 손실을 줄일 수 있고, 향미나 질감이 더 잘 유지된다. 하지만, 채소를 끓이는 것보다 더 오래 걸릴 때는 열에 의한 파괴를 증가시킬 수 있으며 녹색채소의 색깔을 잃게 되므로 주의해야 한다. 비타민 C의 보유율은 물을 넣지 않는 조리방법에서 더 크다.

채소를 찔 때 압력냄비를 이용하기도 하는데 이 방법은 채소를 단시간에 부드럽게 만들지만 지나치게 가열조리되면 영양적인 가치뿐만 아니라 좋은 맛을 잃어버릴 수도 있다. 연한 맛의 채소는 찌는 것이 적당하다.

3) 굽기

굽는 방법에는 직접 불 위에서 굽는 방법과 오븐 또는 팬을 이용하여 간접적으로 굽는 방법이 있다. 굽기는 버섯과 같이 다소 부드럽고 섬세한 채소를 다룰 때 사용한다.

감자, 고구마, 겨울호박 같은 채소는 구워지는 동안 표면이 건조되는 것을 막아줄 만큼의 수분을 가지고 있어 굽기에 적당하다. 그러나 수분함량이 적은 채소류를 구울 때는 건조를 방지할 수 있도록 뚜껑이 있는 오븐용 용기에 잘게 썰어 넣어 굽는다. 굽기는 공기의 흐름에 의한 열의 대류에서 열 이동이 느리기 때문에 조리방법 중 가장 느린 방법이다. 고구마를 구우면 가열되는 동안 β-아밀레이스가 전분을 충분히 당화시켜 맥아당을 만들기 때문에 단맛이 증가한다. 채소류를 굽는 장점은 물에 담그지 않으므로 수용성 영양소의 손실이 적고, 굽는 동안 다른 음식을 조리할 수 있다는 점이다. 구울 때는 알맞은 오븐 온도와 시간이 중요하다.

4) 볶기

아삭아삭한 질감을 오랫동안 유지하기 위해서는 단시간에 열처리를 해야 한다. 채소를 볶으면 색깔, 향미가 좋아지며, 지용성 비타민의 흡수율이 높아져 영양가도 매우 우수해진다. 볶을 때 채소를 좀 더 부드럽게 하고 싶다면 물을 조금 넣고 프라이팬에 딱 맞는 뚜껑을 잠시만 덮어주면 된다.

5) 튀김

수분함량이 적은 채소는 튀김에 이용할 수 있는데, 수분이 많은 것은 물기를 닦아준 뒤 튀겨야 바삭하게 잘 튀길 수 있다. 튀김은 조리시간이 상당히 짧고 물이 전혀 첨가되지 않기 때문에 비타민과 무기질의 보유력이 우수하다. 그러나 기름의 온도가 적절치 못할 때는 불필요한 기름이 흡수된다. 또, 기름의 온도가 너무 높으면 충분히 익기도 전에 지나친 갈변이 일어난다.

6) 전자레인지 조리

채소를 전자레인지에 조리하면 조리시간이 짧을 뿐만 아니라 영양소 유지도 우수하고 색깔도 좋다. 그러나 채소의 종류에 따라 전통적인 방법에 의해 조리될 때 질이 더 좋아지는 경우가 있다. 채소와 채소 조각은 고루 익히기 위해서 크기가 일정해야 한다.

제1장

과일류

과일류(fruits)는 색이 아름답고 알코올, 알데하이드, 에스터 등의 성분에 의해 향기가 좋으며 과육과 과즙이 많고 단맛이 있다. 숙성하는 과정에서 여러 가지 변화가 일어나며 과일에 따라서는 인공 숙성을 하기도 한다.

과일은 주로 생것으로 먹지만 얼리거나 건조해서 먹기도 하며, 여러 가지 방법으로 조리하기도 한다. 조리에 의해서는 과일의 색, 텍스처, 향미, 영양가 등이 변하는데 특히 비타민 C가 크게 손실된다. 비타민은 열에 불안정하므로 향미와 비타민을 가장 많이 보유하는 방법은 단시간 조리하는 방법이다.

1. 과일의 분류

(1) 인과류

꽃받침이 발달하여 결실을 맺은 과일을 인과류라 하며 꼭지와 배꼽이 서로 반대편에 있다. 사과, 배, 감, 모과, 감귤류 등이 있다.

(2) 핵과류

과육의 중간에 씨방이 발달하여 딱딱한 핵을 이루고 껍질 안에 종자가 들어있는 과일로 복숭아, 매실, 살구, 앵두, 자두 등이 여기에 속한다. 인과류와 핵과류의 구조는 **그림 18-1**에서 볼 수 있다.

(3) 장과류

하나의 과실이 하나의 자방으로 되어 있으며 중과피와 내과피로 구성되어 있는 장과류는 육질이 부드럽고 그 속에 즙이 많은 과일로 작은 종자도 많이 있다. 포도, 무화과, 딸기, 바나나, 파인애플 등이 여기에 속한다.

(4) 견과류

견과류는 껍질이 아주 단단하고 겉껍질을 벗기면 속껍질에 싸여 있다. 식용으로 할 수 있는 부위는 곡류와 두류처럼 껍질 안에 들어 있으며 밤, 호두, 잣, 땅콩 등이 여기에 속한다. 양질의 단백질, 특히 트립토판이 많으며 불포화지방산과 같은 지방이 풍부하여 칼로리가 높은 식품이다. 무기질과 비타민 B_1이 풍부하다.

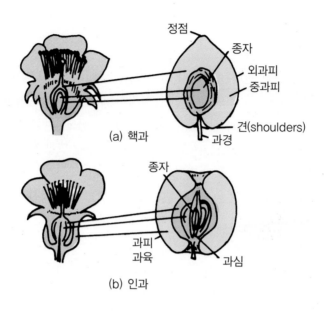

그림 18-1 핵과류와 인과류의 구조

2. 과일의 종류

(1) 대표적인 과일류

1) 사과

사과의 주요성분은 유기산과 펙틴이며 당분은 10~15%이고 과당과 포도당의 형태로 흡수된다. 유기산은 0.5%로 주로 능금산이며, 기타 구연산과 주석산이 있다. 사과는 펙틴이 많이 들어있어 잼이나 젤리를 만들기에 좋다. 또한, 칼륨이 많아서 혈압을 낮추어 주는 역할을 한다. 비타민 C는 많지 않으며 방향성분으로는 개미산, 초산, 부티르산 등의 에스터가 들어 있고 떫은맛은 유기산과 미

부사와 홍로

량의 탄닌에 의한 것이다. 사과는 껍질을 벗기거나 절단하면 갈변되기 쉬운데 이를 방지하려면 소금물이나 설탕물에 담가두면 된다.

과일 중에서 에틸렌 가스가 가장 많이 발생하므로, 사과를 다른 과일과 함께 보관하면 함께 보관한 과일이 빨리 시들고 물러지게 된다.

2) 배

배는 저장 중 조직에 심한 변화는 없으나 산미가 감소하고 가용성 펙틴이 증가하여 조직이 물러진다. 배는 겉면이 매끈한 것일수록 단맛이 강하고 꽃자리 부분이 매끄럽고 좁은 것이 맛이 좋다. 배의 품종은 20세기나 장십랑 등의 조생종과, 신고, 만삼길, 금촌수 등의 만생종

이 있다. 배는 수분과 당분의 함량이 높은데 당분은 과당이 대부분이고 포도당은 적다. 유기산은 능금산이 주를 이루고 그밖에 주석산과 구연산이 미량 함유되어 있다. 그러나 유기산 함량이 적으므로 잼을 만들기에는 적당치 않다. 향기성분은 아세트알데하이드이고 그밖에 알코올, 휘발성 유기산 등인데 성숙함에 따

신고배   서양배

라 과육이 연하게 되고 방향이 강해진다. 또한 배에는 단백질을 연화시키는 효소가 많아서 고기에 섞으면 고기가 연해지고, 석세포가 있어서 변비에도 좋다.

3) 감

맛으로 구분하면 단감과 떫은 감이 있다. 단감은 생과로 완숙되었을 때 수확하나, 떫은 감은 수확 후에 떫은맛을 없앤 후 생과로 이용하거나 말려서 곶감을 만들어 먹는다. 떫은 맛이 자연적이거나 인위적인 방법으로 제거되어 단맛이 강해지고 아주 잘 익어 말랑말랑해진 감을 홍시 또는 연시라 한다. 크기가 크고 끝이 뾰족하며 길쭉한 감은 대봉이라 하는데, 단단할 때는 떫지만 홍시가 되면 당도가 높고 맛이 좋다.

감의 단맛은 주로 포도당과 과당 때문이며 비타민 A와 C가 많다. 유기산이 없어서 신맛은 없는 한편 탄닌이 많아 떫은맛이 난다. 껍질을 벗겨서 건조시키면 곶감이 되며 단맛은 처음의 네 배 정도로 증가한다. 곶감 표면의 흰색 가루는 포도당과 과당이 결정화된 것이다.

단감   홍시   대봉   곶감

4) 감귤류

감귤류에는 여러 종류가 있으며 품종 개량이 계속 이루어지고 있다. 그 중 굴은 비타민 C의 함량이 높으며 귤 특유의 맛은 당분, 유기산, 아미노산, 무기질, 비타민 등의 여러 성분이 복합된 것이다. 귤이 덜 익었을 때는 당분이 적고 구연산의 함량이 많으며, 익어가면서 당분이 많아지고 구연산의 함량은 낮아진다. 또한 비타민 C는 과육보다 귤껍질에 네 배 정도 더 많이 들어있다.

감귤

5) 유자

유자에는 비타민 C와 B 복합체가 많이 함유되어 있으며, 유자가 노란색을 띠는 이유는 프로비타민 A인 카로틴이 많이 들어 있기 때문이다. 또한 구연산 때문에 신맛이 난다.

유자는 직접 끓이면 신맛과 떫은맛이 나므로 얇게 저며서 설탕에 재워 차로 만들어 먹는 것이 좋다.

유자

6) 복숭아

과육이 흰색인 백도와 노란색인 황도가 있다. 과일로 그대로 먹기에는 백도가 좋으며 통조림에는 살이 단단한 황도가 적당하다. 신맛은 주석산, 능금산, 구연산 때문이다. 비타민 A는 황도에 더 많이 들어 있으며 과육에는 아미노산, 특히 아스파라진이 많다. 또한 펙틴이 많아서 잼이나 젤리를 만들기에 적당하다.

백도　　　　　황도

7) 자두

카로티노이드 색소가 많아서 색이 노랗고 비타민 A가 많다. 유기산으로 능금산이 많이 들어 있어서 신맛이 있으며 펙틴이 많아 잼이나 젤리를 만들 수 있다.

자두

8) 포도

우리나라에서 재배되는 포도는 70% 이상이 캠벨 얼리(campbell early)이고, 그밖에 머스캣 베일리(muscat bailey), 콩코드, 알렉산드리아, 거봉 등이 있다. 포도는 우선 제 색깔을 띠는 것을 선택한다. 포도송이의 줄기가 푸르고 알맹이의 표면에 분가루가 묻어 있는 것이 신선하며, 송이가 **빡빡한** 것보다는 약간 느슨하여 알맹이가 제대로 둥근 형태를 갖추었으며 흔들어도 알맹이들이 떨어지지 않는 것을 골라야 맛이 좋다.

포도는 성숙도와 품종에 따라 성분의 차이가 있는데, 당질이 주성분이다. 독특한 단맛을 내는 것은 대부분이 포도당과 과당이다. 미숙한 포도는 녹색으로 포도당이 많으나 익으면 과당이 점점 많아진다. 포도 껍질에는 탄닌과 소량의 펙틴이 들어있어 껍질이 많이 들어간 적포도주는 간혹 떫은맛이 날 수 있다. 유기산은 약 0.8~1.0%로 주로 주석산이며, 기타 능금산과 이노시톨(inositol) 등이 함유되어 있다. 칼슘, 칼륨, 철분이 많아 알칼리성 식품인데, 비타민은 다른 과일에 비해 아주 적은 편이다. 껍질에 펙틴이 많이 들어있어 잼이나 젤리를 만들 수 있고 포도주스, 포도즙, 포도주, 건포도 등으로 가공하여 이용할 수 있다.

캠벨

거봉

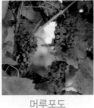
머루포도

9) 딸기

비타민 A와 C가 많이 들어 있다. 색소는 안토시아닌계의 색소로 붉은색이며 자체 내에 항산화 효소가 많이 들어 있지 않아서 공기와 접하면 비타민 C가 50% 정도 파괴된다. 딸기는 그대로 먹거나 잼, 주스, 젤리, 술, 요구르트 등으로 이용할 수 있다.

딸기

(2) 열대과일류

열대 또는 아열대 지방에서 생산되는 것으로 바나나, 파인애플, 파파야, 아보카도, 망고, 키위 등이 있는데 이들은 냉장고에 넣지 말고 실온에 보관해야 한다.

1) 바나나

전분을 많이 함유하고 있으나 성숙함에 따라 분해되어 당분으로 변한다. 다른 과일과 달리 단백질이 1.3%나 함유되어 있으며 무기질 중 마그네슘과 칼륨의 함량이 높다. 특히 마그네슘 함량이 100g당 33mg으로 높기 때문에 근육경련을 완화시켜주는 작용을 하므로 운동선수들이 즐겨먹는다. 껍질에 갈색 반점이 한두 개 있으면 충분히 익어서 바로 먹기에 좋은 것이다. 그러나 구입할 때는 덜 숙성된 것을 구입하여 실온에서 숙성시키는 것이 좋다. 바나나는 자연적으로 에틸렌 가스를 분비하는 과일로 익으면서 전분을 당분으로 변화시키는데, 자연적인 숙성에는 시간이 필요하다. 인공적 숙성을 위해서 에틸렌 가스를 뿌려준다.

2) 파인애플

파인애플은 단맛이 있고 향기가 좋으며 즙이 많은 과일이다. 비타민 A · B · C가 많고 단백질 분해효소인 브로멜린(bromelin)이 들어 있어 육류 조리 시 연화작용을 하여 고기의 소화에 도움이 된다. 실온에서 충분히 익힌 후 냉장고에 보관한다.

3) 파파야

과육에서 독특한 우유 냄새가 나고 부드러우며 즙이 많은 과일이다. 파파야에는 파인애플과 같이 단백질 분해효소인 파파인(papain)이 들어있기 때문에 고기를 잎으로 싸거나 과일과 함께 고기를 삶으면 고기가 부드러워진다.

4) 아보카도

다른 과일과 달리 지방분이 많아서 나무의 버터라고 한다. 품종에 따라 다르나 보통 13~26% 정도의 지방이 함유되어 있다. 지방산은 불포화지방산이 80% 이상으로, 올레산이 60~70%로 가장 많은 편이며 리놀렌산과 팔미트산이 많이 들어 있다. 생과일을 잘라서 씨를 제거하고 스푼으로 먹거나 과육을 으깨어 버터처럼 빵에 발라먹기도 한다. 또는 캘리포니아

그림 18-2 다양한 열대과일의 종류

롤, 샌드위치, 수프나 샐러드에 이용하기도 하며 우유나 아이스크림에 넣기도 한다.

5) 키위

열대과일보다는 온대과일이라고 할 수 있다. 껍질은 황갈색의 털이 있어서 뉴질랜드의 국조인 키위의 이름을 따서 키위라고 부른다. 키위는 수확한 후 후숙이 필요하며 실온에서 익혀서 먹는다. 다래과에 속하는 키위는 색깔에 따라 그린키위(참다래), 골드키위(금다래), 레드키위(홍다래) 등이 시판되고 있다. 생과일로 그대로 먹거나 샐러드, 아이스크림, 잼, 젤리, 통조림, 과일주 등으로 만들어 먹는다. 비타민 C 함량이 100mg% 이상이며 단백질 분해효소인 액티니딘(actinidin)이 있어서 불고기 등을 만들 때 고기를 연하게 하는 데 쓰인다.

키위   골드키위

(3) 견과류

1) 밤

약 40%의 탄수화물을 함유하고 있는데, 그 중 50%는 전분이며 나머지는 설탕, 포도당, 덱스트린 등이다. 자당(sucrose)이 많기 때문에 단맛이 강하다. 비타민 A · B_1 · C와 무기질인 칼륨, 인, 철분, 나트륨, 칼슘 등이 풍부하고 비타민 중에서는 특히 비타민 C가 많은데, 밤은 껍질이 두꺼워서 가열하여도 비타민 C가 손실되지 않는 장점이 있다. 밤의 떫은맛은 탄닌 때문이다.

2) 호두

약 50~60%의 지질로 구성되어 있고 불포화지방산이 다량 함유되어 있으며 그 주성분은 리놀레산이다. 단백질은 20~30%로 그 중 반 이상이 글루텔린(glutelin)이고 아미노산은 트립토판(tryptophan)이 많다. 무기질로는 마그네슘과 칼슘이 풍부하고 비타민 B_1 · B_2 · C · E가 많이 들어 있다.

3) 은행

탄수화물이 약 35% 정도 함유되어 있고, 단백질과 지방은 적으나 레시틴과 어고스테롤이 함유되어 있다. 카로틴, 비타민 C, 칼륨, 인 등도 함유되어 있으나 청산배당체를 함유하고 있어 많이 먹으면 중독 증세가 나타날 수 있다.

4) 잣

지질이 64%로 가장 많고, 단백질이 18% 정도 함유되어 있다. 철, 칼륨, 비타민 $B_1 \cdot B_2 \cdot E$ 가 풍부하다. 잣에는 올레산, 리놀산, 리놀레산 등의 불포화지방산이 들어있다. 지방이 많이 함유되어 있기 때문에 상온에 오래 두면 산패되어 맛과 영양이 떨어질 수 있다.

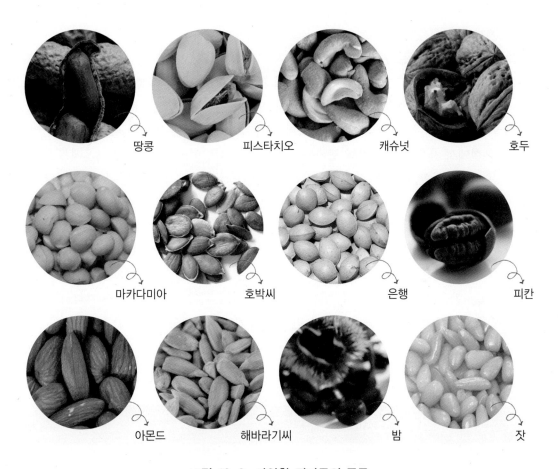

땅콩　　　　피스타치오　　　　캐슈넛　　　　호두

마카다미아　　　호박씨　　　　은행　　　　피칸

아몬드　　　해바라기씨　　　　밤　　　　잣

그림 18-3 다양한 견과류의 종류

3. 과일의 성분

과일의 성분은 과일의 종류에 따라 차이가 있다. 과일의 일반적인 성분상의 특성을 보면 수분이 85~90%로 즙이 많고 단백질과 지방 함량은 아주 적은데, 예외적으로 아보카도나 성숙한 올리브는 지방함량이 높아 다른 과일과 구별된다. 과일 중 특히 성숙한 과일에는 단맛 성분으로 포도당, 과당, 자당 등 다량의 당분이 10~20% 들어있다. 대부분의 과일은 포도당과 과당이 많으나 바나나, 복숭아, 그리고 감귤류에는 자당이 많다. 신맛 성분으로 식물의 세포액에는 주로 능금산, 구연산, 주석산 등이 함유되어 있으며 그밖에 호박산과 수산도 미량 존재한다.

과일에 분포되어 있는 유기산으로 감귤류에는 구연산, 포도에는 주석산, 사과나 복숭아에는 능금산이 들어 있다. 이러한 유기산 때문에 과일의 pH는 2~4의 범위이다.

과일은 비타민과 무기질의 좋은 급원으로서 비타민 C, 철분, 인 등이 풍부하다. 충분히 성숙한 과일, 특히 나무에서 익은 것이 미숙한 것을 수확하여 익힌 것보다 비타민 C의 함량이 높고, 온실에서 자란 것보다 자연 재배한 것이 비타민 함량이 높다. 그리고 고온에서 저장하면 저온에서 저장할 때보다 손실량이 커진다. 특히 감귤류, 딸기류, 멜론류 등은 비타민 C 함량이 높으며 과육이 등황색인 바나나, 살구, 황도 등은 프로비타민 A인 카로틴이 풍부하게 들어 있다. 이러한 비타민은 품종, 성숙도, 기후조건, 취급방법, 저장 조건 등에 따라 차이가 있어 변할 수 있다. 무기질로는 칼륨과 칼슘이 많은데 과일 중 바나나의 칼륨 함량이 가장 많고 수박이 가장 적다. 오렌지, 자몽, 무화과는 과일 중 칼슘 함량이 높다.

과일에는 함량의 차이는 있으나 섬유소와 펙틴이 함유되어 있어서 장벽을 자극하여 변통을 원활히 하므로 변비를 예방하고 이로 인한 여러 가지 대장계통의 질병을 막아준다.

4. 과일의 텍스처

과일의 세포막은 반투과성 막으로서 선택적으로 물을 통과시키나, 당과 같이 분자량이 큰 것은 통과시키지 못한다. 탈수된 식물에 물을 뿌리면 조직이 물을 흡수하여 아삭아삭하고 팽팽하게 된다. 증가된 물은 액포를 더 크게 만들고 세포를 팽윤 또는 팽창시키는데 이를 팽압(turgor pressure)이라고 한다. 팽압이 높으면 세포는 단단하고 아삭아삭해진다.

펙틴물질은 세포벽과 세포벽 간에 존재하며 세포 간을 결착시키는 시멘트와 같은 역할을 하는 것으로 과일의 텍스처에 영향을 주며 잼이나 젤리를 만드는 데 중요한 역할을 한다. 펙틴물질에 대해서는 제17장 채소류에서 자세히 설명하였다.

5. 과일의 색소

(1) 과일의 색소

과일의 색소는 채소와 마찬가지로 크게 클로로필, 카로티노이드 그리고 플라보노이드로 분류할 수 있다. 클로로필과 카로티노이드는 지용성으로 색소체에서 발견되며, 플라보노이드는 수용성이고 액포에 들어있다.

클로로필 : 클로로필은 지방에 용해되어 식물세포 내의 색소체에 존재하는데 멜론, 아보카도 등과 같은 몇몇 과일 외에 클로로필을 가진 과일은 적다. 이는 덜 익은 과일에 존재하는 우성색소이며 과일이 숙성하는 동안 클로로필의 양은 감소하고 다른 색소가 이를 대신하게 되어 숙성과일 특유의 색깔이 나게 된다.

살구

카로티노이드 : 카로티노이드는 클로로필과 함께 지용성으로, 등황색인 살구, 오렌지, 파인애플, 황도 등의 과일에 풍부하게 함유되어 있다. 오렌지에 많이 들어있는 잔토필과 토마토에 들어있는 라이코펜도 여기에 속한다.

앵두

플라보노이드 : 과일 중에 흔히 존재하는 색소는 안토시아닌이며 주로 사이아니딘(cyanidin)이다. 이 색소는 주로 양딸기, 앵두, 딸기류, 사과 껍질, 포도 껍질, 석류 등에 많이 들어있다. 또 과일의 자줏빛은 베탈레인이라 불리는 색소에 의한 것이다.

석류

(2) 과일의 갈변

1) 효소적 갈변반응

사과, 배, 바나나, 복숭아 등을 깎아서 공기 중에 두면 색이 갈변된다. 이것은 과일이나 채소에 있는 페놀화합물이 공기중의 산소와 접촉하여 산화하기 때문이다. 이 반응은 식물조직에 있는 산화효소에 의하여 촉매된다. 즉, 공기 중의 산소에 노출되면 과일 중의 페놀레이스(phenolase)나 폴리페놀 옥시데이스(polyphenol oxidase)가 작용하여 페놀화합물을 산화시키고 멜라닌 색소를 형성하게 되는데(**그림 18-4**), 이 반응을 효소적 갈변반응이라 한다.

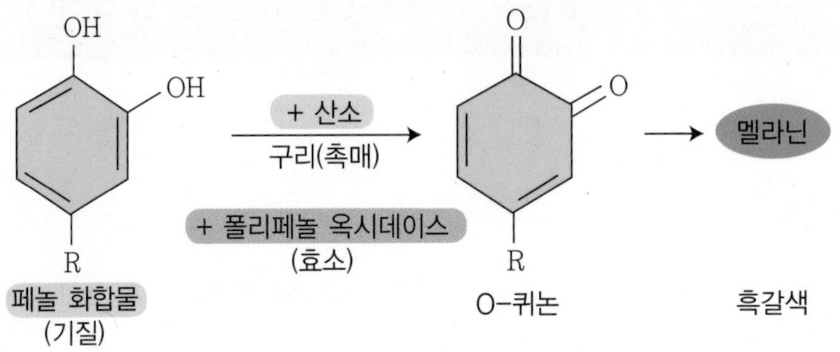

그림 18-4 효소적 갈변의 반응단계

2) 효소적 갈변반응의 방지법

　과일의 효소적 갈변현상을 방지하기 위해서는 산소, 효소, 기질의 3가지 요소 중 한 가지를 제거하면 되는데, pH를 낮추어 주거나 산소의 접촉을 막아주거나 효소를 불활성화 시키거나 환원성 물질을 첨가하는 방법, 금속을 제거하는 방법 등이 있다.

　pH 조절 : 레몬이나 포도와 같이 신맛이 강한 과일은 갈변이 일어나지 않는다. 따라서 과일을 깎은 다음 신맛이 있는 레몬 주스나 오렌지 주스 등에 담가두면 갈변을 늦출 수 있다.

　담그기(물, 설탕물, 소금물) : 산소의 접촉을 막기 위해 물에 담가두는 방법도 좋은데 그냥 물에만 담가두는 것보다 설탕물이나 소금물에 담그는 것이 더 효과적이다. 설탕은 과일 표면으로 공기 중의 산소가 침입하는 것을 방지하고, 소금의 염소 이온은 폴리페놀 산화효소의 활성을 억제하므로 갈변을 방지할 수 있다.

　산소제거 : 진공포장을 하거나 밀폐용기에 보관하면 산소를 제거하여 갈변을 막아줄 수 있다.

　가열처리(데치기) : 데치기는 효소를 불활성화시킬 수 있어 갈변을 조절할 수 있는 효과적인 방법이다. 끓는 물에 잠깐 담가 재빨리 가열하면 갈변현상의 직접적인 원인이 되는 효소인 페놀레이스가 파괴되거나 변성된다. 그러나 과일을 가열하면 조직이 물렁해지고 향미가 변하므로 신선하게 먹고자 할 때에는 좋은 방법이 아니다.

　온도 조절(냉동) : -10℃ 이하로 온도를 낮추면 효소의 작용을 억제하여 갈변현상을 지연시킬 수 있다. 그러나 과일을 오랜 시간 냉동시킬 때에는 가열처리하여 효소를 파괴시켜야만 갈변을 방지하여 색을 보유할 수 있다.

　비타민 C(환원성 물질) 첨가 : 항산화제인 아스코브산(ascorbic acid)도 갈변 방지 효과가 있으므로 이것이 많이 들어있는 감귤류 주스나 레몬즙을 과일에 뿌려주면 좋다. 파인애플

주스는 황화합물이 많기 때문에 환원제로 작용하여 깎은 과일을 담가두면 갈변을 막을 수 있다.

금속(철, 구리) 제거 : 철제금속이나 구리는 갈변효소의 작용을 촉진시키므로 조리 기구 사용시 주의한다.

6. 과일의 향미성분

각 과일마다 향미가 다른데 이는 과일이 가지는 독특한 특성때문이다. 예를 들어 덜 익은 바나나와 잘 익은 바나나는 냄새와 맛에 의해 구별되는데 이는 향미성분의 조화가 다르기 때문이다. 고감도의 감미료로 널리 쓰이는 아스파탐은 오렌지와 딸기 같은 자연스런 과일향을 더 강하게 해준다.

(1) 방향족화합물

과일은 방향족화합물에 의해 독특한 향미를 가진다. 과일의 향기성분은 주로 에스터(ester)류이며 파인애플의 향미는 메틸 부티르산이라는 에스터이다. 살구의 향미는 벤즈알데하이드(benzaldehyde) 유도체와 같은 알데하이드류가 주성분이며, 살구 향기의 과일향과 꽃향기에서 발견되는 여러 가지 알코올류가 살구 향기성분으로 분리되었다. 오렌지 추출물에는 37가지 화합물이 있었으며, 열대 또는 아열대과일의 향미성분도 80여 가지로 보고되었는데, 주로 부드럽고 약간 시고 사과같은 향미로 묘사될 수 있으며 벤즈알데하이드가 주된 향기성분이다.

(2) 유기산

식물의 세포액에는 여러 종류의 유기산이 용해되어 있다. 유기산, 유기산 에스터, 그리고 당분이 과일의 향미를 나타내는 성분이다. 유기산에 유리화된 형태인 염 또는 에스터류가 결합된 상태 또한 과일의 향미에 기여한다. 능금산과 구연산이 가장 보편적으로 존재하며 주석산도 많다. 주로 복합체로 존재하지만 일반적으로는 각 과일 속에 한 가지 성분이 우세하다. 감귤류에서는 구연산, 사과나 복숭아에서는 능금산, 포도에서는 주석산이 우세한 성분이다. 과일은 산도가 변하는데 이러한 변화는 과일의 종류와 성장조건에 따라 다르며 pH가 증가하면 향미도 좋아진다.

(3) 정유류

대부분의 다른 식물과 마찬가지로 몇몇 과일은 정유(essential oils)를 가지고 있다. 레몬과 오렌지의 기름은 과일의 껍질에 존재한다. 이들은 알코올과 결합되어 향미성분 또는 추출물의 주성분이 된다.

(4) 기타 화합물

당, 무기질염, 그리고 탄닌이라고도 부르는 페놀화합물 등이 과일의 향미에 기여한다. 과일을 금속용기에 조리하면 몇몇 산은 금속과 함께 염을 형성한다. 통조림과 과일 속에 들어있는 주석이나 철분염은 금속성의 향미를 생산하나 이러한 염들이 인체에 유해하지는 않다. 탄닌과 같은 페놀화합물은 약간 쓴맛을 주고 입안에서 떫은맛을 내는데, 미숙한 과일에 가장 많이 존재한다.

7. 과일의 숙성 중 변화

과일이 숙성하는 동안에는 몇 가지 중요한 변화가 일어난다. 즉 크기가 커지고, 씨를 둘러싼 과육이 부드럽고 연하게 되고, 색이 변하고, 전분이 당으로 변하며 부드럽고 감미로운 향미를 가지게 된다. 이러한 변화는 식물조직에서 발견되는 효소에 의해서 생기는 것이며 과일의 전반적인 맛을 좋게 해준다. 그러나 이 효소는 과일이 완전히 숙성된 후에도 계속 작용하는데, 완숙되는 시점을 지나치면 조직과 향미에 좋지 않은 영향을 미쳐 과일이 변질되게 한다.

(1) 크기의 증가

과일은 성숙하면서 각 과일이 지닐 수 있는 최대의 크기로 자라게 된다.

(2) 색의 변화

색 변화는 주로 클로로필의 분해에 기인한다. 클로로필의 분해로 녹색이 상실되는 한편 과일 속에 존재하는 카로티노이드와 플라보노이드 등의 다른 색소가 드러나게 되어 과일이 숙성함에 따라 등황색, 붉은색, 주황색, 자주색 등 성숙한 과일 특유의 색을 나타낸다.

(3) 유기산 함량의 감소와 향기의 증가

대부분의 과일은 숙성되면 계속적인 호흡작용으로 유기산이 분해되어 과일의 향기성분인 에스터로 전환된다. 유기산의 함량이 감소하며 맛이 더 부드럽게 되는데, 이는 당의 증가 때문이며 잘 익은 과일의 향미는 상큼하고 단맛을 갖게 된다. 또 몇몇 과일은 숙성하는 동안에 수분함량이 증가하여 유기산과 폴리페놀을 희석시키며, 향미에 있어서 이에 상응하는 변화가 일어나 신맛의 감소로 단맛을 더 많이 느끼게 된다.

(4) 전분과 당분함량의 변화

미숙한 녹색 과일은 전분 함량이 높으나 과일이 숙성되는 동안에는 분해되어 당으로 신속하게 변한다. 성숙한 과일의 단맛은 주로 포도당, 과당, 자당에 의한 것으로 과일의 과즙과 과육에 많이 들어있다. 바나나, 사과와 같은 과일들은 전분의 감소와 함께 당분이 증가한다. 복숭아와 같이 전분이 들어있지 않은 과일은 숙성 중에 당 함량이 꾸준히 증가하여 단맛의 원인이 된다.

(5) 조직의 연화

숙성 중 일어나는 과일조직의 연화는 근본적으로 펙틴물질의 변화 때문이다. 미숙한 녹색 과일에서의 펙틴물질은 프로토펙틴이라 불리는 매우 큰 분자 형태이다. 과일이 숙성되면서 프로토펙틴은 보다 작은 분자의 수용성 펙틴으로 전환된다. 펙틴은 프로토펙틴만큼 단단하지 않으며 텍스처가 부드럽게 된다. 복숭아와 같이 가지에 꼭 붙어 있는 과일들은 익어도 여전히 단단한데 이는 숙성하는 동안에도 프로토펙틴이 조금 남아있기 때문이다.

(6) 영양성분의 증가

과일 중의 단백질, 지방 그리고 무기질의 함량은 숙성 중 뚜렷한 변화가 없다. 그러나 비타민, 특히 카로틴과 비타민 C의 함량은 완숙할 때까지 증가한다.

(7) 탄닌함량의 감소

감, 바나나 등의 과일은 숙성되기 전에는 매우 떫은데, 숙성되면 페놀화합물인 탄닌이 분해되어 불용성 염류를 형성하여 떫은맛이 감소된다.

8. 과일의 인공숙성

바나나, 감, 키위, 토마토 등 수확 후 호흡이 증가하는 과일은 익기 전에 미리 수확해서 후숙과정을 거쳐야 하는데, 그 이유는 다 익은 과일을 수확하면 호흡이 진행되면서 유통과정에서 상처가 나고 빨리 상해 버리기 때문이다.

에틸렌 가스는 과일이 성숙하는 동안 과일 내에서 소량 생성되어 숙성과정에 관련하며 인공숙성을 위해서도 이용된다. 저장 중 과일의 숙성과 초기 노화를 촉진시키므로 대부분의 미숙한 과일을 단시간에 숙성시킬 수 있다. 이 가스는 이런 기능 때문에 '숙성호르몬'이라고 부른다. 산소를 빨아들이고 이산화탄소를 배출하도록 하여 과일이 호흡하도록 자극한다. 결과적으로 녹색의 색소가 탈색되고 다른 색깔이 나타나게 된다.

인공적으로 에틸렌 가스를 사용하는 이유는 미숙한 상태로 수확한 과일의 숙성을 촉진하고자 함이다. 떫은 감의 인공숙성에 에틸렌 가스 대신 에틸렌 가스를 가장 많이 발생하는 과일인 사과를 이용하기도 한다. 그러나 인공숙성한 과일은 더 빨리 시들고 상하므로 보관에 유의한다.

9. 과일의 보관

(1) CA저장

좋은 과일의 상태를 유지하기 위해서는 대부분의 과일을 미숙한 상태에서 수확할 필요가 있다. 과일은 왕성하게 대사하며 심지어는 수확 후에도 계속 호흡하여 산소를 들여오고 이

산화탄소를 배출한다. 찬 온도에서는 대사율이 감소하고 숙성이 지연되나 완전히 과정이 중지되는 것은 아니다. 그러므로 저장할 동안에 주변 공기의 온도와 습도를 주의 깊게 조절해 주어야 한다. 대사적인 변화를 조절하고 과일의 저장기간을 가능한 한 증가시킬 목적으로 하는 산업적인 저장 방법을 공기조절(controlled atmosphere, CA) 저장이라고 한다.

이러한 저장 형태는 공기 중 산소함량을 21%에서 2~3%로 낮추어 준다. 예를 들면 3%의 산소와 5%의 이산화탄소, 92%의 질소를 포함하는 4℃의 공기 중에서 사과를 저장하면 색소의 변화, 유기산의 감소, 펙틴물질의 붕괴 속도가 지연된다.

상대적으로 이산화탄소가 많으면 공기 중의 산소가 적어진다. 과일이 호흡하는 도중에 과도하게 생산된 이산화탄소는 제거하여 바람직한 수준으로 유지해야 하며 온도와 습도도 항상 조절해야 한다. 이러한 과정은 신선한 과일과 채소를 좋은 품질로 오랫동안 유지시켜 주고 먼 거리까지 운반할 수 있게 해준다. 그러나 모든 종류의 과일이 이러한 CA저장으로 좋은 품질이 유지되는 것은 아니며 어떤 과일은 이러한 처리가 적합하지 않을 수도 있다.

(2) 냉장

대부분의 신선한 과일은 상하기가 쉬워서 냉장 보관해야 한다. 냉장 보관하면 호흡률을 눈에 띄게 줄일 수 있다. 특히 딸기류와 같이 부드러운 과일과 레몬을 제외한 감귤류는 13~15℃에서 최상의 상태를 유지하므로 냉장 보관해 주어야 한다. 이때 표면을 싸주면 건조를 막을 수 있다.

아보카도나 바나나와 같은 열대과일은 냉장온도에서 상해를 입어 변색이 되고 숙성력을 잃게 된다. 사실상 바나나는 13℃ 이하에서 보관했을 때 손상된다. 만약 열대과일들을 일정기간 동안 보관해야 한다면 숙성시킨 후 냉장 보관해야 한다. 아보카도의 경우에는 숙성시킨 후 4℃ 정도에서 최상의 상태를 유지한다.

냉장 보관한 과일은 실온에서 보관한 과일보다 더 달게 느껴진다. 그 이유는 과일의 단맛을 내는 주성분인 과당이 저온일수록 α 형보다는 당도가 더 높은 β 형으로 존재하는 비율이 높아지기 때문이다.

10. 조리에 의한 영향

(1) 텍스처

과일의 조직은 셀룰로오스, 헤미셀룰로오스 그리고 프로토펙틴의 양과 특성에 달려있다. 이들은 과일의 조직을 단단하게 만들지만 습열조리 시 분리되므로 과일의 텍스처가 물러지게 된다. 만약 조리 시 중조와 같은 알칼리를 사용하면 헤미셀룰로오스의 붕괴가 급격해져 과일의 조직이 물렁해진다.

그러나 산, 당, 그리고 칼슘염은 반대효과가 있어서 과일의 조직구조를 더 단단하게 유지해 준다. 과일을 잘라두고 여기에 당을 첨가하면 삼투압에 의해 세포에서 물이 빠져나간다. 따라서 수분함량의 감소로 인해 일부 팽압을 잃고 과일이 더 부드러워진다. 특히 딸기와 같은 것은 수분의 손실로 매우 물러져서 질감이 나빠지므로 이러한 과일은 그대로 먹거나, 필요하다면 먹기 바로 전에 당을 첨가해야 한다.

(2) 색소

과일의 색은 조리하는 도중 변한다. 이는 산 함량의 변화, 조리수의 알칼리작용과 색소에 미치는 효과, 또는 과일의 색소와 금속의 작용 등에 의하여 영향을 받기 때문이다.

클로로필은 열에 매우 불안정하여 과일을 가열하면 세포가 파괴되고 유기산이 액포에서 빠져 나와 산이 클로로필의 마그네슘과 치환되어 갈색의 페오피틴을 형성한다. 일상적인 방법 중 녹색이 나는 과일의 색을 보존하는 가장 좋은 방법은 뚜껑을 덮지 않고 가능한 한 단시간에 조리하는 것이다.

적색 색소인 안토시아닌은 철과 결합하여 제이철염을 형성하므로 과육에 검은 반점을 남기며 변색되기도 한다. 딸기류와 같은 붉은 과일은 냉장고에서 꺼내어 바로 가열하면 특유의 색을 잃는다. 서서히 가열하면 호흡에 사용된 내부 산소를 완전히 소모하게 되어서 딸기류의 밝은 색을 유지할 수 있다. 또한 주석으로 된 용기에 통조림 한 과일은 과일 중에 유기산이 통조림 용기의 주석과 반응하여 금속염을 형성하고 색이 변한다. 이러한 변색을 막기 위해서 에나멜을 입힌 용기에 가공된다.

안토시아닌은 식초나 레몬주스와 같은 산이 있을 때 붉은색을 유지하는데, 예를 들어 붉은색 과일로 펀치나 과일 주스를 만들 때 레몬주스를 넣어주면 붉은색을 유지한다.

(3) 향미

시럽에서 과일을 조리하면 수분을 증발시키기 위해 더 오래 조리하게 된다. 딸기류나 체리류와 같은 몇 종류의 과일들도 시럽에서 너무 오래 조리하면 이취가 발생하므로 시럽보다는 설탕을 넣고 단시간에 조리하는 것이 좋다.

과일의 향미를 부여하는 물질은 당과 에스터류인데 일부 유기산은 오래 가열하면 휘발되어 조리하는 중에 손실된다. 개미산(formic acid)과 카프로산(caproic acid) 같은 에스터류는 휘발성으로서 과일 특유의 향미와 향기를 준다. 그러므로 과일은 단시간에 조리해야 하며 오랫동안 가열하면 독특한 향미를 잃게 된다.

11. 과일의 이용

과일은 대부분 생것으로 먹으나 오래 보관하기 위하여 주스로 만들거나 건과, 통조림, 냉동된 상태로 먹기도 하고 여러 가지 방법으로 조리하여 먹기도 한다.

농약에 오염된 과일은 깨끗하게 씻는 것이 중요하다. 과일 씻는 법의 기본은 물로 씻는 것이지만 중성세제를 사용하는 경우라도 마지막 단계에서는 물로 충분히 씻어야 한다. 중성세제 용액은 물의 표면장력을 약하게 하므로 오목한 곳까지 침투할 수 있어 과일을 깨끗하게 씻어주며 물에 녹기 어려운 농약 등도 쉽게 씻어준다.

(1) 잼과 젤리

대부분의 과일은 유기산과 펙틴물질을 함유하고 있기 때문에 젤리나 잼을 만들기에 적당하다. 과일에 설탕을 넣어 졸인 것이 잼이고, 과육이 없도록 하여 과즙에 설탕을 넣어 졸인 것이 젤리이다. 이때 펙틴을 충분히 가지고 있어야 점성이 증가되므로 품질이 좋은 젤리와 잼을 만들 수 있는데 특히 사과, 포도, 딸기, 자두, 감귤류 등은 펙틴과 유기산의 함량비율이 적당하므로 알맞은 양의 당을 가하면 좋은 제품을 만들 수 있다. 배, 감, 수박 등은 펙틴과 유기산이 적어 잼을 만들기에 부적당하다.

잼이나 젤리를 만들기 위해서는 펙틴 1.0~1.5%, 산 0.3%(pH 3.0~3.5), 당 60~65%의 젤리화 조건이 필요하다. 잼이나 젤리가 완성되어 졸이는 것을 마치는 시점은 젤리점(jelly point)으로 판정할 수 있다. 온도계법(103~105℃), 당도계법(65%), 스푼법(spoon test), 컵법(cup test) 등이 있는데, 끓는 과즙을 찬물에 떨어뜨려 보아 흐르거나 퍼지지 않고 뭉쳐져야 적당한 것이다.

과즙에 설탕, 과일의 껍질, 과육의 얇은 조각을 섞어 가열 농축한 것은 마말레이드(marmalade)라 하는데, 잼의 일종으로 오렌지나 레몬을 이용하여 만든다.

(2) 주스

과일 주스는 신선한 과일을 이용하는 방법으로 감귤류, 사과, 배, 포도, 파인애플, 자두, 살구 등이 주로 이용된다. 주스를 만드는 과정에서 가식부분이 손실되며 생과일로 이용할 때보다 영양가가 낮아지는데 특히 비타민 C의 손실이 일어난다. 감귤류는 산도가 높기 때문에 비타민 C를 잘 보유하는 경향이 있으나 기타 다른 과일을 이용한 주스는 비타민 C가 소량 들어있거나 파괴되므로 가공 중에 비타민 C를 강화하여 영양가도 높이고 색, 외관, 향미, 저장 중 안정성을 증가시킨다.

(3) 건과

말린 과일은 건조에 의하여 수분함량을 30% 이하로 낮춰 과일을 보존하는 방법이다. 대추, 감, 바나나, 포도, 사과, 파인애플, 살구, 복숭아, 무화과, 망고 등을 일광건조하거나 건조기로 건조하면 수분함량이 15~18%로 감소된다. 그러나 상업적으로 유통되는 말린 과일은 유통되는 과정에서 재수화되어 수분함량이 28% 이상이 된다. 수분함량이 28~30%인 말린 과일은 말랑말랑하여 씹기에 적당하며 입안에서 마른 느낌을 주지 않고 미생물에도 안정하다. 감압건조를 하면 수분함량이 매우 낮은 수준으로 감소하게 된다. 이 방법은 비교적 낮은 온도에서 하는데 이러한 과일은 맛이 좋고 재수화가 빨리 된다. 당질, 열량, 무기질 등은 신선한 과일보다 건과에 농축된 형태로 더 많이 들어있는데 이는 수분이 제거되었기 때문이다. 과일을 건조시키는 방법은 태양열을 이용한 일광건조와 인공적으로 건조시키는 방

| 건망고 | 건포도 | 건무화과 | 대추 |

법이 있다. 인공적인 건조방법으로 건조한 과일이 조리 시 색, 텍스처, 향미가 더 잘 보존되며 위생적이다. 기타 냉동 건조하는 방법이 있다.

(4) 통조림

과일을 통조림하는 것은 과일을 이용하는 방법의 하나로 과일을 익혀서 밀봉한 것이다. 이때 향미와 텍스처가 약간 변하고 비타민도 약간 파괴된다. 그러나 비타민과 무기질은 액체 속으로 녹아 들어가서 통조림 과일을 먹을 때 함께 섭취하게 된다. 통조림한 과일은 비교적 저온에서 저장하면 영양소와 향미가 쉽게 손상되지 않는다. 그러나 22℃ 이상으로 장기간 저장하면 품질이 급격히 저하된다. 최근에는 전통적인 통조림 제품보다 설탕이 적게 들어간 제품을 선호하는데 이는 따로 설탕을 넣지 않고 과일즙과 함께 넣어 포장하기 때문에 열량이 적다.

(5) 냉동

딸기, 버찌, 자두, 무화과, 파인애플, 홍시 등은 냉동된 것을 이용할 수도 있다. 대부분 가열하지 않고 설탕시럽에 넣어서 냉동하며 상업적으로는 액화질소에 넣어 신속히 얼리므로 시럽을 이용하지 않는다. 냉동과일은 유통과정에서나 가정으로 운반하는 동안에도 −18℃ 이하로 유지하여야 품질을 보존할 수 있으며 먹을 때는 조금만 녹여서 먹어야 한다. 완전히 해동하면 조직이 물러져 나빠진다. 사과, 배, 복숭아 등은 냉동하는 동안이나 해동한 후에 갈변하는 경향이 있는데 산화방지를 위해 시럽에 비타민 C를 첨가하면 본래의 색을 유지하고 갈변을 방지할 수 있다.

(6) 조리

과일의 조리방법으로는 용도에 따라 찌기, 굽기, 조리기 등이 있으며 말린 과일은 물에 불려서 물기를 제거한 후 제빵에 이용하기도 한다. 우리나라에서는 전통적인 방법으로 배숙(배를 설탕물에 끓인 것)을 만들어 음료로 하였으며 곶감이나 대추 등의 건과류를 음식에 이용하였다.

해조류

해조류(seaweeds)는 기원전 3000년경부터 인류가 이용해 온 것으로 추측되며 서양에서보다 동양에서 널리 이용되고 있다. 해조류는 수백 종류가 있으나 식용하는 것은 50여 종이다. 김, 미역, 다시마와 같은 해조류는 우리나라의 식생활에서 중요한 것들이다. 우리나라의 해안은 각각 지역적 특색을 가지고 있어서 자라고 있는 해조류에도 차이가 있다.

해조류는 뿌리, 줄기, 잎의 구별이 확실하지 않다. 해조류의 주성분은 당질, 단백질, 무기질이며, 이외에 약 1%의 지질과 비타민을 함유하고 있다. 그러나 해조류의 종류와 생산 시기에 따라 다소 차이가 있다.

탄수화물의 대부분은 복합다당류로서 소화율은 그다지 좋지 않다. 그러나 인체 생리기능에 중요한 영향을 미치는 좋은 성분을 많이 가지고 있으며 최근의 연구로는 해조류의 대부분이 인체 면역력을 2~3배 증가시킨다고 하였다. 카라기닌, 알진산(alginic acid), 한천 등은 식품의 물성 개량을 위한 첨가제로 많이 이용되고 있다.

1. 해조류의 분류

(1) 녹조류

대부분의 녹조류는 초록색에 의해 구분되는데 클로로필 a · b, 잔토필, 카로틴의 색소가 복합되어 있다. 우리나라에 서식하는 품종으로는 파래, 청각, 모자반, 매생이가 있다. 매생이는 단맛이 있고 전남지방에서 즐겨 식용한다.

파래

매생이

(2) 갈조류

갈조류에는 만니트(mannit), 라미나린(laminarin), 알진산(alginic acid) 등이 함유되어 있으며 미역, 다시마, 톳 등이 속한다.

톳

(3) 홍조류

홍조류의 붉은색은 파이코에리트린(phycoerythrin)이지만 클로로필과 카로티노이드도 함유하고 있다. 글라이코젠과 비슷한 홍엽전분을 함유하고 있으며, 주로 식용되는 것으로는 김과 우뭇가사리가 있다.

2. 해조류의 성분

(1) 탄수화물

해조류의 주성분은 탄수화물이며 말린 것은 40~60%를 차지한다. 점질의 다당류가 상당량 함유되어 있다. 녹조, 갈조, 홍조류가 각각 다른 다당류를 형성하고 있다. 녹조류는 포도당을 주체로 하며 갈조류는 알진산과 푸코오스(fucose)를 주체로, 홍조류는 갈락토오스를 주체로 하는 복잡한 구조를 가진 다당류를 함유한다. 또 5~15% 정도의 섬유소를 함유하고 있다.

1) 알진산

칼슘이나 나트륨 염으로 존재하고 알진이라고도 한다. 다시마와 기타 갈조류에 다량 함유되어 있으며 점도가 높은 물질이다. 이것은 식품공업계에서 안정제나 유화제로 널리 사용하고 있다.

2) 푸신과 푸코이딘

갈조류에 함유되어 있으며 알진산과 비슷한 성질을 갖는다.

3) 한천

홍조류인 김과 우뭇가사리의 세포 내 물질로서 다당류인 갈락탄이다. 우뭇가사리를 끓여서 즙을 분리하고 탈수 정제하여 한천(agar-agar)을 만든다. 미생물이 이용하지 못하기 때문에 미생물 시험용 배지로도 널리 쓰인다. 젤을 형성하는 능력이 강해서 식품의 젤화를 위하여 쓰인다.

4) 기타

그밖에 라미나린(laminarin), 카라기닌(carrageenin), 푸코산(fucosan)이 함유되어 있는데, 카라기닌은 안정제로 이용되며 푸코산은 떫은맛이 난다.

(2) 지질

지질은 보통 건조 중량의 1% 정도로 극히 미량 들어 있으며 불포화지방산이 많다. 불포화지방산으로는 올레산이 주된 성분이며, 포화지방산으로는 팔미트산이 주이고 미리스트산(myristic acid)과 스테아르산을 함유한다. 해조류 특유의 스테롤이 2~3가지 나타나며 카로틴 등의 지용성 비타민류가 존재한다.

(3) 단백질

해조류에는 단백질을 함유한 것이 많다. 김, 파래, 미역 등은 특히 단백질을 많이 함유하고 있으며 유리 아미노산류도 많아서 좋은 맛을 낸다. 필수아미노산 중 트립토판과 페닐알라닌은 많으나 메싸이오닌과 라이신은 적다. 해조류의 단백가는 대체로 높은 편이다.

(4) 비타민

해조류에는 특히 비타민 A가 많고 비타민 $B_1 \cdot B_2 \cdot B_{12} \cdot C$, 나이아신이 다량 함유되어 있다.

(5) 무기질

무기질 중에서는 특히 아이오딘이 많고 나트륨, 칼륨, 칼슘, 인, 철도 풍부하게 함유되어 있다.

(6) 방향성 물질

갈조류의 냄새는 터펜(terpene)계이며 녹·홍조류는 함황계화합물이 냄새의 원인 물질이다. 김의 냄새는 다이메틸 다이설파이드(dimethyl disulfide)에 의한 것이다.

(7) 감칠맛 성분

김의 구수한 맛 성분은 글라이신(glycine) 또는 알라닌 등의 유리아미노산이며, 다시마의 맛 성분은 글루탐산이 나트륨과 결합한 글루탐산 일나트륨(MSG)이다.

(8) 색소

클로로필과 카로티노이드가 주로 들어있으며 홍조류의 붉은색은 파이코에리트린(phyco
-erythrin)이다.

3. 대표적인 해조류

(1) 김

생산되는 시기에 따라 품질이 달라지는데, 겨울에 김의 질소함량이 최고에 달하기 때문에
겨울에 생산되는 것이 가장 품질이 좋다. 알라닌과 글라이신이 감미를 주며 글루탐산은 좋
은 맛을 내는 주요소이다.

김은 무기질의 보고라 할 정도로 무기질을 골고루 함유하고 있고 단백질도 많으며 특히 타
우린이 많이 함유되어 있다. 비타민 A가 많고 비타민 B군 중 비타민 B_{12}가 특히 많다. 알진
산이 함유되어 있어 콜레스테롤의 흡수를 방해한다.

질이 좋은 김은 검은빛을 띠고 윤기가 많으며 불에 구우면 선명한 녹색을 나타낸다. 김을
구울 때 청록색으로 변하는 이유는 김 속에 있는 붉은 색소 파이코에리트린이 청색의 파이
코시안(phycocyan)으로 바뀌기 때문이다. 또한 엽록소가 열에 의하여 퇴색되어 청록색으로
변하기 때문이기도 하다. 김을 보관할 때는 밀폐된 용기에 넣어 냉장 또는 냉동 보관을 하는
것이 바람직하다.

(2) 미역

우리나라 전 연안에서 생육하기 때문에 일찍부터 애용된 기호식품이며 우리 생활과 깊은
연관을 맺고 있다. 미역 역시 무기질의 보고로 특히 칼슘과 아이오딘이 많이 함유되어 있는
알칼리성 식품이다. 미역의 탄수화물 함량은 높은 편이나 전분이나 당과 같이 인체 내에서
에너지원으로 이용될 수 있는 것은 아니다. 알진산이 많아 미역의 미끈미끈한 점액성분이
주를 이룬다. 알진산은 장내에서 정장작용을 하고 체내의 중금속과 오염물질을 배출시키며,
피를 맑게 해주고 중성지방이나 콜레스테롤을 저하시키는 점질성 다당류로 알려져 있다. 미
역의 단백질 함량도 높은 편이다. 미역을 고를 때는 색깔이 검은색을 띠고 있는 것이 좋으며

손으로 만져보아 부드러운 느낌이 들고 줄기가 적은 것이 좋다. 초봄에서 6월 사이에 채취한 것을 좋은 제품으로 친다.

(3) 다시마

단백질의 주성분은 글루탐산으로 감칠맛을 준다. 지방은 아주 적으나 비린내가 있고 비누화되지 않는다. 탄수화물로는 알진이 20%가량 들어 있으며 이것은 끈끈한 점질물로서 이를 분해하면 포도당, 과당, 갈락토오스, 말토오스 등이 생긴다. 다시마 표면의 하얀 가루는 만니트(mannit)이다. 조리를 할 때는 물에 씻지 않고 깨끗한 마른 헝겊으로 표면을 닦아내어 사용한다. 글루탐산과 만니트는 좋은 맛을 주는데 다시마에는 국물에 녹아 좋지 않은 맛을 내는 성분도 있다. 이러한 성분의 용출을 막기 위해서는 다시마를 처음부터 넣어 끓이지 말고 끓기 직전에 넣어 잠깐만 가열하는 것이 바람직하다.

(4) 파래

우리나라를 비롯한 유럽, 남아메리카, 일본 등 전 세계에 걸쳐 두루 분포한다.

알진산과 아이오딘을 비롯하여 칼륨, 철분, 불소 등의 무기질 및 비타민 성분이 풍부하게 함유되어 있다. 파래류가 갖는 독특한 향기는 다이메틸 설파이드(dimethyl sulfide)에 의한 것이다. 광택이 있고 선명한 녹색을 띤 어린잎이 좋은 것이다. 겨울철에 맛이 좋으며 생채, 국, 무침 등의 다양한 요리에 이용된다.

4. 해조류의 조리

해조류의 주성분은 탄수화물이므로 조리 시 단맛을 내며, 점질의 다당류를 많이 함유하고 있어 조리 후 점도를 나타내기도 한다.

(1) 미역

1) 미역국

미역을 충분히 불려 잘 씻어서 참기름에 볶아 쇠고기를 넣고 오랫동안 끓인다. 미역을 조리할 때 파를 넣는 것은 피해야 한다. 파에 들어있는 인, 유황 등이 미역에 많은 칼슘의 흡수를 방해하고 파의 강한 냄새가 미역 고유의 맛을 감소시키기 때문이다.

미역을 기름과 함께 조리하면 각종 영양성분의 흡수율이 높아진다.

2) 미역자반

미역을 젖은 물수건으로 깨끗이 닦아서 가늘게 썰어 기름에 볶은 것이다.

(2) 다시마

1) 다시마튀각

두께가 두툼하고 주름이 많지 않은 다시마를 젖은 물수건으로 깨끗이 닦은 후 160~180℃에서 2~3분간 튀겨낸다. 뜨거울 때 설탕을 뿌린다. 빛을 받지 않고 서늘한 곳에 보관하면 오랫동안 저장하여도 변질되지 않는다.

2) 다시마 국물 내기

다시마에는 글루탐산이 많으므로 국물을 내어 이용하면 맛있는 맛을 낼 수 있다. 다시마에서 국물을 내는 방법은 두 가지가 있다. 첫번째는 냉수에 다시마를 2~4시간 정도 담갔다 꺼내는 방법이고, 두번째는 냉수에 다시마를 넣고 가열하여 끓기 직전에 불을 끄고 5분 정도 둔 후 다시마를 건져내는 방법이다. 다시마를 오래 끓이면 점성물질이 추출되고 좋지 않은 냄새가 나므로 유의한다.

(3) 김

1) 김부각

찹쌀풀을 묽게 쑤어 양념한 후 김의 앞뒤에 바르고 한 장을 겹쳐 다시 풀을 발라 서늘한 곳에서 말린다. 160~170℃ 정도에서 튀겨낸다.

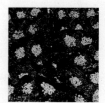
김부각

2) 김구이

김에 참기름이나 들기름을 바르고 소금을 조금 뿌린 후 잠깐 재어두었다가 굽는다. 김을 구울 때 160℃ 정도에서 구우면 김이 청록색으로 변하고 향기가 좋아지는데 그보다 낮은 온도에서 구우면 색이 좋지 않고, 그보다 높은 온도에서 구우면 타기 쉽다.

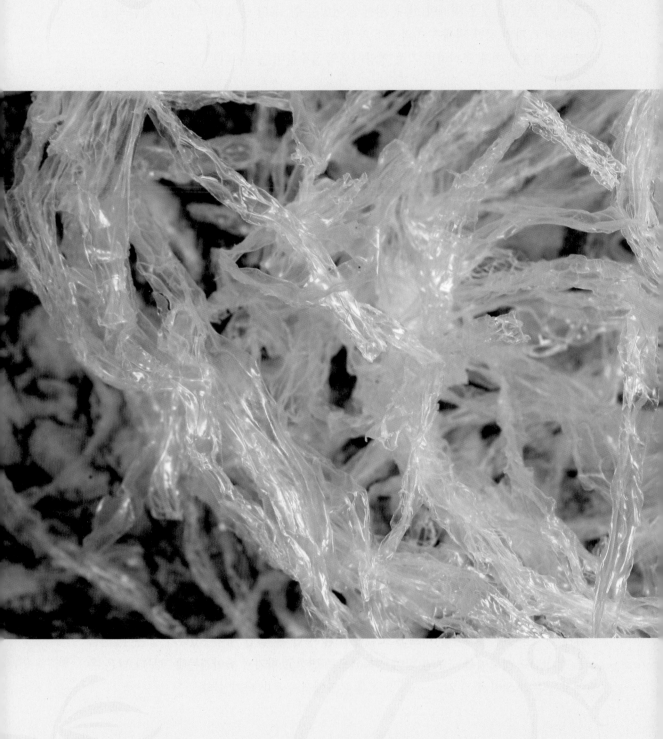

젤라틴과
한천

젤라틴(gelatin)과 한천(agar-agar)은 단독으로 사용하면 맛이 없고 식품가치가 적으나 다른 식품과 함께 사용하면 식품을 응고시켜 좋은 모양과 질감을 가지게 한다. 젤라틴은 자연스러운 색을 가지며 뜨거운 액체에 잘 분산되는데, 차게 했을 때에도 분산 상태를 유지하는 능력을 가지고 있어서 적합한 농도를 사용하면 굳어서 반고체를 만드는 기능이 있다.

젤라틴과 한천 이외에도 제품을 굳히는 응고제로 펙틴이 있는데, 펙틴은 다른 응고제보다 산에 강하므로 과일을 이용한 잼, 젤리 등의 응고에 주로 사용하며, 젤리나 아이스크림 등에도 사용할 수 있다.

1. 젤라틴

젤라틴은 동물성 단백질로서 동물의 뼈와 피부조직(가죽)을 물에 넣고 가열하면 결합조직인 콜라젠이 젤라틴으로 바뀐다. 이때 어린 동물의 뼈보다는 수분함량이 낮은 숙성된 뼈가 더 좋다. 젤라틴은 가정에서 가금류, 어류, 또는 육류를 물에 넣어 가열할 때 생기는 콜로이드화된 국물에서 흔히 볼 수 있으며 질긴 고기를 서서히 가열하면 연하게 되는 것도 콜라젠이 젤라틴화했기 때문에 나타나는 현상이다. 잘 만들어진 젤라틴 제품은 실온에서 그 형태를 유지하며 단단하지만 거칠거나 질기지 않고 부드러우며 입안에서 쉽게 녹고 탄력성이 있다.

(1) 구성

젤라틴은 길고 가는 단백질 분자로 이루어져 있다. 이 단백질은 물을 끌어당기는 다수의 극성기를 가지고 있어 뜨거운 물에서 젤라틴이 분산되면서 단백질이 졸의 상태인 콜로이드 용액을 형성한다. 차게 식으면 단백질 사슬이 견고한 그물모양 구조를 형성하여 물을 포집함으로써 졸이 젤로 전환된다. 이러한 구조는 불규칙적으로 연결된 단백질 내부에 물을 보유하게 되어 탄력성이 있는 고체를 만들어내게 된다. 이 반응은 가역적으로 일어난다. 젤라틴이 용해되어 있으면 더

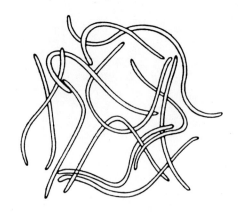

그림 20-1 젤의 그물 모양 구조

빨리 연속적인 젤을 형성한다(**그림 20-1**). 또한 고형의 젤라틴을 신선한 젤라틴 혼합물에 첨가하면 응고가 더 신속하게 일어난다.

단백질의 그물 모양 구조가 붕괴되거나 젤을 칼로 잘라주면 내부에 갇혀 있던 액체가 밖으로 새어나온다. 이렇게 젤에서 액체가 흘러나오는 현상을 시너레시스(syneresis)라 한다. 이러한 현상은 예를 들면 달걀찜을 지나치게 오래 할 때와 같이 콜로이드 용액을 지나치게 가열할 때도 발생한다.

젤라틴은 동물의 결체조직을 가수분해한 것으로 필수아미노산이 결핍되어 있으며 특히 함황아미노산이 부족하기 때문에 영양가가 낮은 불완전 단백질이다. 그러나 다른 단백질 식품과 혼합하여 사용하면 영양가가 높아질 수 있다.

상업적으로는 동물의 뼈나 가죽의 콜라젠을 산 또는 알칼리로 가수분해하여 식용 젤라틴을 만든다.

(2) 조리 특성

1) 젤화

젤라틴을 젤화시키는 데는 세 단계가 필요하다. 우선 분자가 분리되어 뜨거운 물에 잘 혼합되는 단계, 가열에 의한 젤라틴 혼합물의 분산 단계, 그리고 적당한 젤화 온도에서 충분히 방치하는 단계이다.

분리 : 젤라틴을 분리시키는 데는 두 가지 방법이 있다. 첫 번째는 젤라틴을 찬물에 넣고 1~4분간 그대로 두는 것이다. 이 시간 동안 팽윤 또는 수화가 일어난다. 정확한 시간은 젤라틴의 형태에 따라 다르며, 가루로 만든 젤라틴은 입자보다 표면적이 크므로 더 빨리 수화된다. 판상으로 된 젤라틴은 20~30분간 담가두어야 한다. 수화는 젤라틴을 만들 그릇에서 직접 시킬 수 있다. 단, 우유를 액체로 사용하는 경우는 예외인데 우유에서는 건조 젤라틴이 잘 녹지 않기 때문에 초기에 수화시키는 것은 반드시 물을 넣고 해야 한다.

두 번째 방법은 젤라틴과 설탕을 섞는 방법으로, 입자를 물리적으로 분리시키는 것이다. 이 방법은 다량으로 젤라틴 후식을 만들 때 주로 사용한다.

분산 : 일단 젤라틴이 분리되면 35~40℃의 뜨거운 물 일부를 넣고 분산시킨다. 남은 액체(물)가 식으면 젤라틴이 완전히 녹은 후에 첨가한다. 다른 방법으로는 뜨거운 액체 전부에 젤라틴을 분산시키는 방법도 있는데, 이 방법은 뜨거운 액체의 양이 너무 많아서 식히려면 너무 오래 걸리고 휘발성 향미성분이 손실될 수 있으므로 좋지 않다.

젤라틴은 뜨거운 물에 넣고 완전히 분산될 때까지 저어주거나 블렌더로 섞어준다. 어떤 방법으로 하든 그릇의 옆이나 바닥에 녹지 않은 입자가 있으면 닦아내야만 한다.

젤화 : 젤라틴 용액은 3~10℃에서 응고한다. 젤화에 걸리는 시간은 주변 온도 조건에 따라 달라진다. 냉장고 온도에서는 약 3시간 정도 소요된다. 그러나 양이 많을 경우에는 4~6시간 이상이 걸릴 수도 있다. 블렌더로 만든 혼합물은 1시간 정도면 충분히 젤화가 된다. 빨리 젤화시키려면 혼합물을 얼음 위에 올려 두면 된다. 그러나 이 방법은 지나치게 빨리 고형화되어 젤이 거칠고 덩어리지게 되므로 좋지 않다. 빨리 젤이 형성되면 서서히 고형화된 것보다 그 구조를 더 빨리 상실하는 경향이 있다. 젤라틴을 많이 사용할수록 젤화가 더 빨리 일어난다.

2) 거품 형성 능력

젤라틴이 분산되어 있는 액체는 완전히 굳기 전에 저어준다. 저어주면 젤의 부피가 2~3배 정도 증가하며 가볍고 스펀지 같은 조직을 갖게 된다. 혼합물이 너무 묽을 때 저어주면 거품이 윗면에 형성되고 바닥에는 젤층이 남게 된다. 그러나 젤라틴이 너무 많이 굳어 단단할 때 젓기 시작하면 젤이 갈라지고 적은 양의 공기만이 섞이게 된다.

휘핑크림과 달걀흰자를 젤라틴 혼합물에 첨가하면 스펀지 같은 텍스처를 갖게 된다. 이들이 잘 섞이려면 적절한 시기에 혼합물에 첨가해 주어야 한다.

3) 고형 식품재료의 첨가

고형 식품은 젤라틴 혼합물이 달걀흰자와 같은 응집성을 가지게 된 후에 첨가해야만 한다. 만약 고형물을 혼합물이 액체 상태일 때 첨가하면 위로 뜨거나 바닥에 가라앉는다. 과일, 채소, 고기 조각, 생선과 같은 재료는 젤라틴 혼합물에 첨가하기 전에 물기를 완전히 빼야 한다. 과도한 수분은 젤라틴과 액체의 비율을 불균형하게 하여 젤화 시간이 크게 증가하고 매우 연하며 수분이 많은 고형물이 형성된다.

달걀흰자를 거품 내어 젤라틴 혼합물에 첨가하면 가볍고 폭신한 텍스처를 갖게 된다. 그러나 달걀흰자를 너무 지나치게 저어주면 혼합물 속에서 덩어리를 형성하여 좋지 않다. 이럴 경우에는 덩어리를 부드럽게 하는 동안에 상당한 부피가 상실된다.

(3) 젤라틴의 응고에 영향을 미치는 인자

젤라틴을 물에 섞어두면 물을 흡수하고 용해되는데 이것을 차게 하면 젤을 형성하여 응고하게 된다. 젤라틴의 응고에 따른 젤의 구조 또는 단단한 정도는 젤라틴의 농도, 산도, 설탕의 양, 물리적인 방해, 효소의 존재, 그리고 온도 등과 관계가 있다.

1) 젤라틴의 농도

젤화는 젤라틴의 농도가 1.5~2% 이상일 때만 일어난다. 젤라틴의 농도는 응고 속도와 관계가 있어 농도가 높을수록 빨리 응고되므로, 높은 온도에서도 응고된다. 그러나 너무 많은 양의 젤라틴은 오히려 끈적끈적한 느낌을 주는 제품을 만들게 된다. 기온이 높은 여름철에는 젤라틴 농도를 두 배 정도(3~4%)로 높여주어야 젤이 잘 형성된다. 왜냐하면 온도가 높으면 응고되었던 것이 다시 녹기 쉬워 실온에서도 녹기 때문이다.

일반적으로 판형과 분말형 젤라틴을 많이 이용하는데, 형태에 상관없이 무게로 동량 사용하면 된다. 가정용으로 판매되는 판형 젤라틴 1장은 약 2g이므로 분말형 젤라틴 2g으로 바꿔 사용할 수 있으며, 분말형 젤라틴 1큰술(Table spoon, 15ml)은 약 10g이므로 판형 젤라틴 5장 정도와 바꾸어 사용할 수 있다. 대부분의 표준 레시피에서 일반적으로 많이 사용하는 비율은 2% 정도로 과일 주스 등 굳히려는 액체 500ml당 젤라틴 분말 1큰술 또는 판형 젤라틴 5장 정도이다.

2) 산

젤은 pH 5~10 사이에서 가장 견고하게 되고 pH 4 이하에서는 젤의 강도가 약화된다. 레몬주스, 식초, 그리고 토마토 주스와 같은 산은 젤라틴의 응고를 방해하여 조금 사용하면 더 부드러운 제품을 만들게 되므로 신맛이 강한 과일이나 과즙, 주스를 넣어 줄 때는 젤라틴 사용량이 더 많이 요구된다. 산 함량이 높은 제품은 더 많은 양의 젤라틴을 넣어야 한다. 산의 농도가 지나치게 높으면 젤의 형성을 방해하여 심하면 응고되지 않는다.

3) 설탕

설탕은 젤 분자와 결합하는 부위에서 물과 경쟁하기 때문에 젤의 강도를 저하시켜 응고를 방해한다. 설탕을 많은 양 첨가하는 조리방법에서는 젤라틴을 더 많은 비율로 첨가하여야 한다.

4) 염류

물이나 신맛이 나는 주스 대신에 용매로 우유를 사용하면 젤라틴이 더 적은 양만 있어도 된다. 이것은 우유 속에 들어있는 염이 제품을 더 잘 굳게 만들기 때문이다. 젤라틴을 이용하여 음식을 만들 때 경수를 사용해도 그 안에 들어있는 염 때문에 빨리 굳는 효과가 있으며 단단하게 되어 응고를 돕는다. 염류는 산과는 반대로 더욱 단단한 응고물을 만든다. 특히 소금은 물이 흡수되는 것을 막아주고 젤의 견고도를 높여준다. 즉, 우유와 소금 같은 염류는 젤라틴의 응고를 촉진한다.

5) 물리적인 요인

젤의 형성과 견고성에 영향을 미치는 인자는 젓기와 고형물의 존재 여부이다. 젓기를 중단하면 젤은 다시 굳어지게 된다. 또한 다진 과일이나 채소와 같은 고형물이 지나치게 많이 있으면 젤라틴에 대한 물의 비율을 줄여 주어야 한다.

6) 효소

단백질 분해효소는 단백질을 변성시키기 때문에 젤화를 방해한다. 파인애플의 브로멜린(brome-lin), 무화과의 피신(ficin), 키위의 액티니딘(actinidin), 그리고 파파야의 파파인(papain) 등이 그 예이다. 이러한 단백질 분해효소가 들어있는 생과일을 젤라틴 혼합물에 사용하면 젤화가 일어나지 않는다. 그러나 가열이나 pH에 의해 효소가 불활성화 또는 변성된 것은 첨가해도 된다. 예를 들면 신선한 파인애플은 2분간 끓이면 브로멜린이 파괴되어 불활성화되고 통조림 한 파인애플은 높은 가공온도로 효소들이 변성되었기 때문에 사용해도 된다.

7) 온도와 시간

액상인 졸이 단단한 젤의 구조로 바뀌는 것은 그 온도에 달려 있다. 그물 모양 구조는 온도가 내려가면서 서서히 증가하여 형성된다.

젤화는 16℃까지의 찬 실온에서 일어나는데 냉장하거나 얼음물에 담그면 속도가 상당히 증가한다. 따라서 빨리 응고시키고자 할 때에는 냉장고나 얼음물에 담그는 것이 좋다.

그러나 졸 상태의 액체를 신속하게 식히면 약한 결합이 형성되기 때문에 약한 젤이 형성되고, 서서히 식히면 강한 결합이 형성되어 더 단단한 젤이 된다. 그러므로 젤라틴 후식을 틀에 넣어 식히기 전에 얼마간은 용기에 넣지 않은 채 방치하면 혼합물이 서서히 식게 되므로 급속히 냉각한 것보다 구조가 더 오래 유지될 수 있어 안정된 젤을 형성한다.

(4) 젤라틴의 이용

젤라틴은 아이스크림이나 바바리안 크림(bavarian cream), 과일젤리, 무스 등 후식에 널리 이용될 뿐만 아니라 샐러드, 수프, 육류, 생선요리 등 어느 것에나 이용할 수 있다. 조리 시 응고제로 주로 이용되며 이 외에 용적을 증가시키고 특별한 텍스처를 갖게 하며, 아이스크림이나 마시멜로와 같이 결정 형성을 방해하는 물질로도 사용된다.

젤라틴은 여러 가지 형태(분말, 판, 과립)의 제품이 있는데 이상한 맛과 냄새가 없어야 좋은 제품이다. 향을 첨가한 것(flavored gelatin)과 향을 첨가하지 않은 것 (unflavored gelatin)이 있는데 향을 첨가한 젤라틴에는 여러 가지 과일향, 설탕, 방향물질, 색소 등이 들어 있어 그대로 용해한 뒤 응고시켜 이용하거나 과일을 첨가하기도 한다. 단, 젤라틴에 다른 재료를 넣어 줄 때는 먼저 젤라틴을 찬물에 불린 후 여기에 소량의 뜨거운 물을 부어 젤라틴을 완전히 녹인 다음 나머지 양의 찬물을 넣어 어느 정도 굳을 때 다른 재료를 넣어 주어야 한다. 또는 찬물에 불린 젤라틴을 중탕으로 용해시켜 사용해도 되는데, 이때 용해된 젤라틴 액이 너무 뜨겁지 않도록 주의한다.

젤라틴(판형)

우리나라의 전통 음식인 족편은 물에 쇠족을 넣고 서서히 가열하여 콜라겐을 젤라틴화 하여 굳힌 것이다.

젤라틴(분말형)

2. 한천

(1) 구성

한천(agar-agar)은 우뭇가사리와 같은 홍조류에서 세포간물질을 용출하여 얻을 수 있는 것으로, 주로 갈락토오스와 그 유도체로 구성된 복합다당류이다. 이를 끓여서 생성되는 즙을 분리하여 한천을 만든다. 한천은 젤화되는 힘이 강한 아가로오스(agarose)와 젤화되는 힘이 약한 아가로펙틴(agaropectin)이 7 : 3의 비율로 구성되어 있다. 아가로오스는 분자량이 16,000~135,000이고 아가로펙틴은 7,000~49,000으로 고분자 물질이다. 따라서 저농도에서도 보수력이 대단히 큰 젤을 형성할 수 있다.

실한천

(2) 조리 특성

한천은 건조한 상태로 판매되며 사용할 때 물에 담가 팽윤시킨 다음 가열하면 졸 상태의 콜로이드가 된다. 이를 냉각시키면 3차 그물 모양 구조가 물을 보유한 채로 형성되어 젤 상태로 굳는다. 젤을 형성할 수 있는 농도는 최저 0.2~0.3% 또는 그 이상이며 농도가 높을수록 젤화되는 힘이 증가하여 1~2%에서는 단단한 젤을 형성한다. 25~35℃에서 젤 상태로 되며 가열하여 70℃ 이상이 되면 젤이 융해되어 졸 상태로 된다.

한천을 물에 담가 물을 80% 정도 흡수하면 가열하였을 때 졸 상태가 된다. 그런데 일단 냉각하여 젤화가 되면 85℃ 이하에서도 잘 녹지 않으므로 푸딩이나 미생물 배지 등으로 이용할 수 있다.

한천을 물에 담그면 흡수 팽창하며 한천의 흡수 팽창율은 불리는 시간, 온도 등과 관계가 있고 한천의 종류에 따라서도 달라진다. 응고온도와 시간도 한천의 종류, 농도, 설탕 등의 첨가물에 따라 다르다. 분말이나 과립 형태의 한천일 경우는 물에 담근 후 5~10분이 소요되며 실 모양의 한천은 담그는 시간에 따라 팽윤 정도에 차이가 난다.

한천의 농도가 낮을수록 빨리 용해되며 농도가 2% 이상일 때에는 잘 용해되지 않는다. 그리고 설탕이나 과즙 등을 첨가한 경우에는 한천의 젤이 잘 형성되지 않으므로 한천을 2% 이상 첨가해 주어야 한다.

가열하여 잘 용해된 한천용액을 냉각하면 점도가 크게 증가하면서 젤화되는데 한천 농도가 높을수록 빨리 응고되며 젤의 강도가 크고 녹는점도 높아 형성된 젤이 잘 녹지 않는다.

(3) 한천의 응고에 영향을 미치는 인자

한천의 젤 형성과 젤의 강도에 영향을 미치는 인자로는 한천의 농도, 설탕, 과즙, 응고온도, 우유, 달걀흰자 등이 있다.

시간이 경과함에 따라 한천의 젤 표면에서 물이 분리되어 빠져 나오는 현상을 시너레시스 (syneresis)라 한다. 이러한 현상은 한천의 그물 모양 구조 내부에 보유된 물이 빠져 나와서 일어나는 현상이다. 이 현상은 젤화된 내부구조가 시간이 지날수록 안정해짐에 따라 결국 물을 보유한 공간이 축소되고 모세관 상태의 부분에서 자유수가 흘러나오는 것으로 생각된다.

이 현상을 최소화하려면 한천 농도를 1% 이상으로 높이고 설탕을 60% 이상 첨가하면 된다. 그리고 한천용액의 가열시간을 길게 하고 저온에서 젤을 방치하면 되는데 이때는 시너레시스가 적어지거나 전혀 일어나지 않는다.

1) 한천의 농도

첨가하는 한천의 농도가 높을수록 높은 온도에서도 빨리 응고할 수 있어 젤이 더 빨리 형성되며 단단해진다.

2) 설탕

양갱과 같이 한천과 설탕을 넣고 조리하는 경우 설탕은 한천을 다 녹인 뒤에 넣어 주어야 한다. 한천이 녹기 전에 설탕을 넣어 주면 설탕이 물을 흡수하여 한천이 잘 녹지 않는다. 대체로 설탕 양이 많을수록 젤화되는 온도는 높으나 젤 강도가 높고 점성과 탄성이 증가하며 투명도도 증가하고 단단해진다. 이때 가루 형태의 한천을 사용하면 투명도가 더 증가한다.

3) 과즙

과즙을 넣어주면 과즙의 산성물질인 유기산에 의해 한천 분자가 가수분해되어 분자가 짧아지고 젤의 강도가 약해진다. 과즙을 넣을 때는 산미를 잃지 않도록 한천액의 온도를 60~80℃로 가열하여 과즙을 넣어준다.

4) 응고온도

한천용액을 응고시키는 온도가 높을수록 젤이 더 단단하고 투명하게 된다.

5) 우유

우유를 적은 양 첨가할 경우에는 큰 영향이 없으나 많은 양을 첨가할 경우 우유의 지방과 단백질이 한천의 젤화를 방해하므로 우유를 첨가할 때는 한천을 더 많이 넣어야 한다.

6) 달걀흰자

달걀흰자의 거품은 가볍기 때문에 첨가하면 윗부분에 떠서 분리될 우려가 있다. 그러므로 거품의 안정화를 위해 설탕을 첨가하여 분리를 방지할 수 있다.

7) 팥 앙금

양갱을 만들 때 넣는 팥 앙금은 밑에 가라앉을 수 있으므로 한천 용액을 응고시킬 때 분리되지 않도록 응고온도를 조금 높여서 40℃ 정도로 하여 응고시켜야 한다.

(4) 한천의 이용

한천은 소화가 되지 않으므로 영양가는 별로 없지만 샐러드, 국수, 잡채, 우무 등 저칼로리 식품으로 이용되고 고온에서 조리하는 빵이나 과자류에는 안정제로도 쓰인다. 우유, 유제품, 청량음료 등에서도 안정제 역할을 하며 양갱, 화과자처럼 설탕을 다량 사용하는 후식에 많이 이용된다. 미생물 배지로도 이용된다.

한천은 형태에 따라 분말한천, 실한천(실모양), 각한천(긴 나무토막 모양) 등으로 판매되며 다양하게 이용되고 있다.

3. 젤라틴과 한천의 특성 비교

젤라틴은 한천보다 더 투명감이 있으며 입속에서 촉감도 좋으나 한천과 달리 반드시 찬 곳에서 냉각해야 하며 여름에는 실온에서도 녹을 수 있는 단점이 있다. 한천은 그렇지 않으므로 함께 두 가지를 섞어 사용하면 중간적인 성질을 보여주어 좋은 결과를 나타낸다. 일반적으로 한천은 0.5~0.7%, 젤라틴은 2~3% 정도 혼합하여 사용하면 바람직한 결과를 얻을 수 있다. 두 가지를 섞어주면 용해 온도는 한천의 용해 온도 정도로 되면서 시너레시스가 억제되고 중간적인 맛을 낸다. 이와 같이 젤라틴과 한천은 서로 비슷한 용도로 사용할 수 있으나, 특성은 서로 다른 것을 알 수 있다(**표 20-1**).

젤라틴의 응고물을 그릇에서 꺼낼 때는 미지근한 물에 그릇의 바닥을 담가 약간 녹게 한 후 꺼낸다. 그러나 한천은 응고된 젤리를 눌러 그릇과 젤리 사이에 공기를 넣어 빼낸다.

표 20-1 젤라틴과 한천의 특성 비교

구분		젤라틴(gelatin)	한천(agar)
원료		동물의 뼈, 가죽, 힘줄 등(동물성)	홍조류인 우뭇가사리(식물성)
성분		단백질(collagen)	탄수화물(갈락탄 : 아가로오스 70% 와 아가로펙틴 30%)
용해온도		35~40℃(40~60℃)	70℃ 이상(80~100℃)
응고온도		3~10℃(냉장고) (저온일수록 빨리 응고함)	25~35℃(30℃ 전후 실온) (고온일수록 단단하고 투명함)
사용농도		1.5~2% 이상 (여름 3~4%)	0.2~0.3% 이상 (1~2% 단단한 젤 형성)
젤리의 성질		투명도가 높고 부드러우며 부착성이 있음	투명도가 낮고 단단하며 부착성이 없음
첨가물의 영향	산	응고 방해(pH 4 이하)	응고 방해
	염류	강도 증가(예 : 우유, 경수, 소금)	강도 증가(예 : 소금 3~5%)
	설탕	강도 약화	젤화 온도 증가, 투명성 증가, 강도 증가, 점탄성 증가
	기타	단백질 분해효소(젤화 방해)	달걀흰자(젤화 방해) /우유(젤화 방해-지방, 단백질 때문)
이용 예		과일젤리, 무스, 족편, 바바리안 크림 등 /결정방해물질(아이스크림, 마시멜로)	양갱, 미생물 배지, 후식, 화과자, 양장피, 케이크의 과일장식 고정 등

제21장

버섯류

버섯이란 균류의 포자를 지니는 것으로 세포에 엽록소가 없는 생물이다. 영양을 다른 생물로부터 얻어야 하므로 생물에 기생하거나 죽은 생물에서 부생적으로 영양을 얻는다. 다른 식물처럼 줄기, 잎, 뿌리 등이 분화되어 있지 않고 세포벽의 성분 중에 섬유소는 없지만 키틴질이 있다. 비타민 A를 제외한 대부분의 비타민이 골고루 함유되어 있고, 철분과 비타민 $B_2 \cdot D$가 풍부하게 함유되어 있다. 또한, 버섯의 구아닐산(guanylic acid)이 특유의 감칠맛을 느끼게 해준다.

우리나라의 식용버섯 종류는 약 200여 종에 달하지만 시장에서 매매가 이루어지고 있는 버섯은 20~30종에 불과하다. 세계적으로 가장 많이 재배되고 있는 것은 양송이이며 다음이 느타리버섯, 목이버섯, 표고버섯의 순이다. 근래에는 많은 종류의 새로운 버섯이 개발되어 재배되고 있다.

1. 버섯의 분류

(1) 식용버섯

식용버섯은 일반적으로 흰색과 연한 색이 많으며 조직이 치밀하다. 향기가 강하거나 자극성이 없으며 버섯을 찢었을 때 뿌리에서 균산까지 균등하게 찢어진다. 우리나라에서 식용하고 있는 버섯은 자연산으로는 송이버섯, 석이버섯, 싸리버섯 등이 있고 표고버섯, 느타리버섯, 양송이버섯, 팽이버섯 등은 재배하고 있다.

(2) 약용버섯

약용버섯은 한방약재로 주로 사용되며 영지버섯, 상황버섯, 노루궁뎅이 버섯, 민주름 버섯, 목이버섯, 복령, 저령 등이 있다. 한방에서 귀하게 쓰는 영지는 최근의 연구에서 항암물질인 다당류를 다량 함유하고 있는 것으로 밝혀졌다. 이 밖에 표고가 가지는 콜레스테롤 강하성분, 혈압 강하성분, 항바이러스성 등도 연구되고 있다.

(3) 독버섯

독버섯의 유독성분은 대부분이 아민류인 무스카린(muscarine)과 유독단백질로 뇌, 위장 또는 여러 내장기관에 심한 중독을 일으킨다. 독버섯은 이상한 자극성의 맛과 향기를 지니며, 울긋불긋한 색을 가진 것은 독이 있다고 한다. 그러나 화려하지 않고 벌레가 먹는 버섯 중에도 독버섯이 있으므로, 안전을 위해 모르는 버섯은 먹지 않는 것이 좋다.

2. 버섯의 성분

버섯은 수분 90%, 당질 5.1%, 단백질 2%, 지질 0.3% 등으로 이루어져 있고, 칼로리가 거의 없는 식품이다. 핵산 성분인 구아닐산이 함유되어 있는데 이 성분으로 인해 특유의 감칠맛을 느낄 수 있다.

버섯을 채취한 후에 방치하면 암갈색으로 변하게 되는데, 이는 타이로시네이스(tyrosinase)라는 효소의 작용 때문이다.

(1) 단백질

보통 15~30% 정도의 많은 양을 함유하고 있으며, 그 성분 중에는 글루탐산, 알라닌, 페닐알라닌, 루신 등이 함유되어 버섯의 독특한 맛과 향기를 낸다.

(2) 지질

저지방 식품으로 보통 2~10% 정도 함유하며, 지방산은 주로 리놀렌산, 올레산, 어고스테롤, 레시틴 등을 함유하고 있다.

(3) 비타민

비타민 $B_1 \cdot B_2$, 나이아신이 비교적 많으며 프로비타민 D_2(비타민 D_2의 전구체)인 어고스테롤(ergosterol)도 다량 함유하고 있다. 특히 프로비타민 D_2는 햇빛에 말리면 비타민 D_2로 전환되므로, 비타민 D는 말린 버섯에 더 풍부하다

(4) 특수성분

여러 종류의 효소가 함유되어 있는데 특히 라이페이스(lipase)와 과산화효소(peroxidase) 등은 그 활성도가 높아 버섯의 변질을 촉진한다. 표고버섯에는 글루탐산(glutamic acid), 알라닌(alanine), 구아닐산(GMP), 이노신산(IMP) 등이 함유되어 맛난 맛을 낸다. 버섯은 산화효소(oxidase), 타이로시네이스(tyrosinase) 등에 의하여 산화되어 변색된다. 표고버섯, 양송이버섯에는 혈액 중 콜레스테롤 함량을 저하시키는 유효성분이 존재한다. 독버섯에는 여러 종류의 유독성분이 함유되어 있다.

3. 식용버섯의 종류와 이용

식용버섯의 종류는 대단히 많고 계속 품종 개발이 이루어지고 있다. 여기에서는 식생활에서 많이 이용되는 버섯을 설명하였다.

(1) 송이버섯

송이버섯은 20~60년간 살아있는 적송림에 생기는 버섯으로 맛과 향이 좋아 버섯 중의 으뜸으로 여긴다. 특히 버섯의 감칠맛을 내는 '구아닐산' 등을 풍부하게 갖고 있다. 송이는 포자만삭(갓이 몸에서 떨어진 듯할 때)일 때 향이 가장 짙은데 향기성분은 계피산 메틸(methyl cinnamate), 메틸 에스터(methyl ester)와 마츠타케올(matsutakeol)이 혼합된 것이다.

송이버섯

송이를 보관할 때 솔잎과 함께 넣어두면 향이 날아가는 것을 방지할 수 있다. 송이의 얇은 갈색 막을 칼로 살살 긁어내거나 젖은 수건으로 조심스럽게 닦아내고, 물에 씻을 때는 오래 씻지 않도록 한다. 향이 좋아 생으로 구워 먹거나 여러 요리에 부재료로 넣어 먹는다.

송이로 음식을 만들 때는 짧은 시간 가열하고 요리의 마지막에 넣어야 하며, 파와 마늘, 고추 등 자극적인 양념을 되도록 적게 써 송이의 향기와 질감을 최대한 살리는 것이 중요하다. 또, 조리하기 전 미리 물에 씻어 놓으면 물러지기 쉬우므로 바로 전에 씻어서 사용한다.

(2) 석이버섯

석이버섯은 버섯이 아닌 균과 조류가 공생하는 것으로 자연 건조한 무공해 자연식품이다. K, P, Ca, Fe 등의 무기질을 다량 함유하고 있으며 담백한 맛과 씹히는 맛이 특징으로 습할 때에는 부드럽지만 마르면 부서지기 쉽다. 주로 말린 것을 미지근한 물에 불려서 물기를 없앤 다음 안쪽의 껍질을 벗겨 말아서 가늘게 채 썰어 사용하며, 색을 내기 위한 고명으로 많이 쓰인다.

(3) 목이버섯

목이버섯은 나무(木)에서 사람의 귀(耳)모양으로 자라는 버섯이라 해서 붙여진 이름이다. 흑갈색으로 윤기가 있으며 한천질로 되어 있어 부드럽고 탄력이 있다. 건조하면 딱딱해지고 얇아진다. 줄기가 거의 없고 갓만 발달되었으며 앞면과 뒷면의 색이 약간 다르다. 철, 칼슘이 많으며 각종 비타민의 함량도 높은데, 특히 콜로이드 물질이 많다. 목이버

목이버섯

섯은 생것으로도 식용되지만 건조품으로 많이 사용한다. 특유의 향과 맛이 있고 씹는 촉감이 좋아 수프나 볶음 등에 쓰이며, 담백한 맛이 있어 탕수육, 잡채 등에도 쓰인다.

(4) 표고버섯

식용버섯으로 널리 쓰이며 말린 것을 많이 쓴다. 말린 표고는 영양적으로 우수하며 태양의 자외선에 의해 비타민 D의 함량이 많아진다. 특히 비타민 $B_1 \cdot B_2$ 함유량이 높아 보통 크기의 표고버섯 3개만으로 하루 필요량의 1/3을 섭취할 수 있다. 표고버섯의 독특한 맛은 5′-구아닐산(5′-guanylic acid, TMP)에 의해 주로 나타나는데 생표고에는 거의 없고, 가열이나 조리과정에서 축적된다. 표고버섯에는 글루탐산 등의 유리아미노산이 다른 버섯류보다 많이 함유되어 있는데, 맛 성분인 5′-GMP는 글루탐산 나트륨의 상승효과를 나타낸다.

표고버섯은 갓의 형태에 따라 등급별로 화고(화동고), 동고, 향고, 향신의 순으로 구분한다. 갓의 퍼짐 정도가 거의 없고 육질이 두꺼우며, 갓의 모양이 거북등처럼 갈라져 있어 그 사이에 하얀 부분이 많은 것을 화고라고 부른다. 화고는 최고등급의 표고버섯이며, 종류로는 백화고와 흑화고가 있다.

마른 표고버섯은 미리 불렸다가 사용하는데, 담갔던 물은 표고의 맛 성분과 영양성분이 녹아나온 것이므

표고버섯

화고

로 버리지 않고 각종 요리의 국물로 사용하면 좋다. 마른 표고는 물에 가볍게 씻어 미지근한 물에 불리는데, 이때 설탕을 조금 넣으면 빨리 부드러워진다.

핵산이 많이 들어있어 조미료를 넣지 않아도 맛이 좋다. 생표고버섯은 주로 찌개, 잡채, 튀김 등에 쓰이고 말린 표고버섯은 물에 불려서 조림, 비빔밥, 볶음 등에 쓰인다.

(5) 느타리버섯

전 세계적으로 분포되어 있고 재배를 많이 하는 버섯이다. 칼슘과 인, 철분, 비타민 B_2와 D의 함량이 높다. 아미노산의 하나인 메싸이오닌이 특유의 향기를 내며 항암작용, 혈압강하의 약효성분이 있다. 육질은 백색이고, 살이 부드러운 것이 특징이다. 느타리버섯은 저장성이 좋지 않아 통조림, 건조저장, 염장을 하면 비교적 오래 저장할 수 있다.

주로 길이로 찢어서 사용하는데 생버섯을 찢으면 부서지기 쉬우므로 끓는 물에 데쳐서 물기를 짠 후에 갓 쪽에서 기둥 쪽을 향해 찢으면 잘 찢어진다. 국이나 생선냄비, 무침, 튀김, 찌개, 버섯밥 등 어떤 요리든 잘 어울린다. 수분이 많아서 서양 요리에는 잘 쓰이지 않지만, 부드러운 맛 때문에 생선요리의 가니시로 사용한다. 살이 연해 쉽게 상하기 쉬우므로 오랫동안 보관하지 않는 것이 좋다.

느타리버섯

(6) 새송이버섯

근래에 많이 재배되는 버섯으로 1975년 송이과로 분류되었으나 1986년 느타리버섯과로 재분류되어 큰느타리버섯으로 명명되었다가, 새송이버섯으로 최종 명명되었다. 대는 흰색이고, 갓은 연한 회색을 띤다. 자실체의 균사조직이 치밀하여 육질이 뛰어나고 맛이 좋다. 수분함량이 다른 버섯보다 적어서 저장 기간이 길며, 이로 인해 버섯의 최대 단점인 짧은 유통기한을 늘릴 수 있는 것이 장점이다.

새송이버섯은 비타민 C를 느타리버섯의 7배, 팽이버섯의 10배나 많이 함유하고 있으며, 다른 버섯에는 거의 없는 비타민 B_6가 많이 함유되어 있다. 칼슘과 철 등 무기질의 함량도 높다. 버섯 자체로 구워먹거나 모든 요리에 다양하게 쓰인다.

새송이버섯

(7) 양송이버섯

양송이버섯은 맛과 향이 우수해서 널리 이용되며 인공배양으로 다량 생산되므로 경제적으로 중요한 버섯이다. 비타민, 탄수화물, 단백질, 칼슘, 인 등이 다량 함유되어 있다. 특히 필수아미노산의 함량이 높다. 버섯의 표면은 흰색과 담황갈색이 있는데 흰색은 칼로 썰면 산화효소에 의하여 쉽게 갈변되므로 썰고 나서 곧바로 레몬즙을 뿌려두면 갈변이 지연된다. 생것은 구이, 찜, 조림, 수프, 전골에 이용되며 육류와 잘 어울려 육류 요리에 많이 이용되나 대부분은 통조림으로 가공된다.

양송이버섯

(8) 팽이버섯

작고 가지런한 것이 최상품이며 그루터기로 자라는 것이 특징이다. 팽이버섯은 소화율이 높고, 비타민, 무기질, 핵산, 아미노산 등을 많이 함유하고 있으며 비타민 D의 효과를 가진 어고스테롤을 함유하고 있다. 전골류나 신선로, 장국, 샤브샤브, 수프, 샐러드 재료로 이용된다. 팽이버섯은 밑둥을 자르고 물에 살짝 씻어 사용하는데, 요리의 거의 마지막 단계에 첨가하여 팽이버섯 특유의 맛과 향을 살려주어야 한다.

팽이버섯

(9) 송로버섯

송로버섯(트뤼플, truffle)은 '땅 속의 다이아몬드'라고 불리는 버섯으로 이탈리아, 프랑스, 스페인 등의 중부유럽에 분포하며 프랑스에서는 캐비아, 거위 간과 함께 3대 진미 식품으로 알려져 있다. 육안으로는 돌멩이처럼 생겼고 얼룩무늬가 있으며 향이 매우 강하다. 30여 가지 중 검은색의 흑송로버섯이 가장 맛과 향이 우수하며 주로 샐러드나 전채에 사용된다.

송로버섯의 방향성분인 α-안드로스테롤의 냄새는 암퇘지와 개가 잘 맡으므로 땅속의 송로버섯을 캐기 위해서는 돼지나 훈련한 개를 이용하여 찾는다. 상하기 쉬워 병조림, 통조림 등으로 만들어 가공하거나 꼬냑과 같은 브랜디에 담아 보관한다.

송로버섯

4. 버섯의 저장

신문지에 싸서 냉장고에 넣어 둔다. 오래될수록 갓의 가장자리가 부스러지고 살이 뭉그러진다. 송이버섯은 제철이 아니면 구하기 힘드므로 플라스틱 백에 넣어 냉동을 하면 오랫동안 보관이 가능하다.

버섯류를 오래 저장하기 위해서는 다음과 같은 방법이 있다.

(1) 염장

더운 물에 버섯을 넣고 끓인 후에 그대로 식힌다. 용기에 굵은 소금과 식힌 버섯을 번갈아 깔고, 그 위에 버섯 삶은 물을 부은 뒤 성분 유출을 막기 위해 공기를 차단한다.

(2) 냉동

씻은 버섯을 살짝 데쳐 식힌 후 삶은 물과 함께 비닐봉지에 넣어 냉동시킨다.

(3) 건조

버섯 밑동을 떼어내고 먼지를 제거한 후 햇볕에 말린다. 버섯의 수분이 5% 이하일 때 비닐봉지에 건조제를 함께 넣고 보관한다.

(4) 병조림

씻은 버섯을 병에 넣고 물은 병 입구까지 부어 압력솥에 30분간 끓인 후 압력이 빠지면 뚜껑을 닫아 식혀서 그대로 보관한다.

5. 버섯의 조리

버섯은 독특한 향을 즐기기 위하여 간이나 향을 강하게 하지 않는다. 버섯의 향을 그대로 살리기 위하여 살짝 씻어 양념을 하지 않고 살짝 굽거나 끓이는 것이 가장 좋다.

조리 시 버섯을 자르게 되는데 이는 리보플라빈의 손실을 가져온다. 통째로 삶아 익힌 버섯에는 리보플라빈의 82%가 남아있는 반면, 자른 버섯은 66%만 남아있다. 자르면 버섯에 함유된 페놀의 산화를 촉진시키는 폴리페놀옥시데이스(polyphenol oxidase)가 활성화되어 흰 버섯을 갈변화시켜 검게 만든다. 이러한 현상을 완전히 방지할 수는 없지만 레몬주스나 식초를 뿌리면 어느 정도 지연시킬 수 있다.

버섯의 비타민 B는 모두 수용성이기 때문에 함께 조리되는 조리수에 모두 용출된다.

(1) 표고버섯 나물

표고버섯을 미지근한 물에 담가 물에 불린 다음 기둥을 자르고 꼭 짜서 채 썬다. 쇠고기도 채 썰어 표고버섯과 함께 양념하여 살짝 볶아낸다.

(2) 양송이 크림 수프

양송이를 얇게 썰어 버터에 볶은 후 수프스톡과 향신료를 넣고 약한 불에서 익힌다. 이것을 블렌더에 갈아둔다. 버터에 밀가루를 볶아 우유를 넣어 소스를 만들고 갈아둔 양송이를 섞어 잠깐 끓인다.

제22장

음료

음료(beverages)에는 여러 가지 형태가 있으며 상업적으로도 많은 종류의 음료가 생산되고 있고 소비 형태도 식생활의 변화에 따라 달라지고 있다.

음료는 식사 전, 식사 중, 그리고 식사 후에 마시는 음료로 분류할 수 있다. 식사 전에 마시는 음료는 식욕을 증진시키는 데 도움을 주고 식사와 함께 마시는 음료는 주로 포도주로 음식의 맛을 한결 돋우어 주며 식사 후 마시는 음료는 기분을 상쾌하게 만들어 준다.

음료의 종류에는 탄산음료, 스포츠 또는 이온음료, 과일음료, 알코올음료, 커피, 차, 코코아, 기타 우유나 유제품 등이 있는데 본 장에서는 알코올음료와 우유나 유제품을 제외한 음료의 종류와 그 특성에 대해 알아본다.

1. 탄산음료

탄산음료는 음료에 탄산가스를 첨가하여 독특한 향미를 주는 것으로서 이러한 탄산가스 첨가는 저장 중 세균의 침입으로 인한 변질을 막아준다. 감미료, 착향료, 착색료, 산미료와 유리 탄산을 함유하고 있어 마실 때 이산화탄소와 향기성분이 상호작용을 일으켜 청량감을 느끼게 한다. 콜라, 사이다, 착향 탄산음료, 과즙 함유 탄산음료, 탄산생수, 우유 탄산음료 등이 여기에 속한다.

대부분의 탄산음료는 설탕 대신 아스파탐과 같은 저열량 대체감미료를 사용하여 만드는데 이를 다이어트음료라고 한다.

2. 스포츠음료

스포츠음료 또는 이온음료는 격렬한 운동을 하는 동안에 일어나는 탈수를 막고 빠른 에너지 공급을 돕기 위해 만들어졌다. 운동선수들이 훈련이나 시합을 하는 동안에 체액을 대체해 줄 수 있는 이상적인 음료는 맛이 좋고 많은 양을 마셔도 소화기 장애를 일으키지 않으며, 빨리 흡수되어 체액의 손실을 보충해 주고 활동 중인 근육에 에너지를 공급할 수 있는 것이어야 한다. 보통 음료의 탄산가스가 10~12%인 데 비해 스포츠음료에는 6~8%로 낮은 수준의 탄산가스가 들어있다. 스포츠음료의 공통적인 성분은 나트륨, 칼륨, 마그네슘, 칼슘, 염소이온, 구연산, 무기인산염 등의 전해질이 들어있어 이온음료라고도 하며 설탕, 과당, 포도당 등의 당류와 올리고당이나 비타민이 첨가되기도 한다. 스포츠음료는 물보다 10배 정도 체내흡수가 빨라 갈증을 신속히 해소시켜 준다.

스포츠음료를 마셔야 할 때는 여름철 또는 운동으로 땀을 많이 흘렸을 때, 체중감량으로 지칠 때, 설사 등으로 체액 손실이 심할 때이다. 그러나 습관적으로 마시는 것은 바람직하지 않으며, 혈압이 높은 사람이나 신장병을 앓는 사람에게는 좋지 않다.

3. 과일음료

과일음료는 과일을 그대로 착즙하여 사용하거나 과일 주스를 15~70%까지 이용하는데 여기에 물, 감미료, 향과 색을 주는 물질 그리고 보존제를 섞어서 만든다. 이들은 과일이 주원료이기는 하나 과일 주스와는 차이점이 있다. 과일음료는 저칼로리 또는 고칼로리 음료가 될 수 있다. 보통 산을 첨가하고 과일 향과 주스를 섞어 갈아주는 것이 일반적이다. 향 물질을 첨가하면 음료 중의 과일 주스의 향미가 강해진다.

과일음료를 만드는 과정에서 여러 가지 과일을 착즙하는데 주로 감귤류를 많이 이용하며 포도나 딸기, 사과, 배 등을 이용하기도 한다. 때로는 몇 가지 과즙을 섞어서 향을 좋게 만들며, 과즙을 농축하여 마실 때 희석하는 방법도 있다.

과일음료는 과일이 들어간 비율에 따라 몇 가지로 나뉜다.
천연과즙음료 : 과일 착즙원액에 상당하는 과즙을 함유한 것
과즙음료 : 과일 착즙액을 50% 이상 함유한 것
희석 과즙음료 : 과일 착즙액을 10% 이상 50% 미만 함유한 것
과립 과즙음료 : 과즙 함유율이 5% 이상 30% 이하이며, 과일 함유율이 15% 이상인 것

과일음료의 예로는 레모네이드(lemonade)와 펀치(punch) 등이 있다. 레모네이드는 레몬즙을 물로 희석하고 설탕이나 시럽을 넣어 만든 것이고, 펀치는 과즙을 적당하게 혼합하거

나 또는 탄산수를 섞어서 만드는 음료로 다량의 음료를 만들 때 이용한다.

　과일음료는 미생물에 감염되거나 발효되기 쉽다. 그러므로 저온 살균을 하거나 방부제를 첨가해야 한다.

4. 커피

　커피는 열대 아프리카 지역이 원산지이며 브라질은 세계적으로 커피 생산량이 가장 많은 나라이다. 중앙아메리카, 콜롬비아, 하와이 그리고 푸에르토리코 등이 품질이 좋은 커피의 생산에 적당한 기후 조건을 가지고 있다. 오늘날 세계에서 커피를 가장 많이 가공하고 소비하는 나라는 미국으로 알려져 있다.

　커피는 재배환경에 따라 맛의 차이가 있다. 근래에는 여러 가지 종류의 커피 원두를 구입하여 필요에 따라 혼합해서 사용하기도 한다. 커피열매는 볶으면서 방향이 생기는데, 볶는 정도는 취향에 따라 달리하며 볶은 후에 용도에 따라 분쇄한다.

원두

　커피원두를 마쇄하면 향이 휘발되므로 가정에서 직접 갈아서 끓여 마시거나 마쇄한 것을 잘 밀봉하여 4℃ 이하의 찬 곳에 보관하면 향을 오래 보존할 수 있으며, 일단 개봉한 것은 단시일 내에 사용하는 것이 좋다.

(1) 커피의 성분

　커피의 중요한 성분으로는 산, 휘발성 물질, 쓴맛 성분, 카페인 등이 있다. 커피에 들어있는 유기산으로는 아세트산, 피르브산, 카페산(caffeic acid), 클로로젠산(chlorogenic acid), 능금산, 구연산 그리고 주석산 등이 있는데, 이 중 가장 많이 들어있는 클로로젠산은 약간 시고 쓴맛을 낸다. 커피의 향을 내주는 휘발성 물질로 주된 성분은 황화합물과 페놀화합물이며 이들은 대부분 휘발성이어서 가열하면 휘발되거나 변한다. 따라서 너무 높은 온도에서 오랫동안 가열하면 향미성분이 파괴될 수 있다. 저온에서 오랫동안 가열하는 것도 같은 효과를 가져올 수 있으며 커피메이커에 따라 향이 달라진다(**그림 22-1**).

커피의 쓴맛은 폴리페놀 함량의 증가에 기인하며, 탄닌과 같은 폴리페놀 물질이 쓴맛과 떫은맛을 낸다. 카페인은 커피뿐만 아니라 차, 코코아, 콜라 등의 음료와 초콜릿에도 함유되어 있다. 커피의 생원두 중에는 1~1.5%가 함유되어 있어 커피의 쓴맛을 낸다. 또한 카페인은 흥분작용, 이뇨작용 그리고 위액분비를 촉진하므로 위궤양 환자는 카페인이 함유된 음료를 삼가야 하며, 심장의 기능을 촉진하여 혈액 순환을 도우나 과량 섭취 시에는 오히려 심장박동수를 높인다.

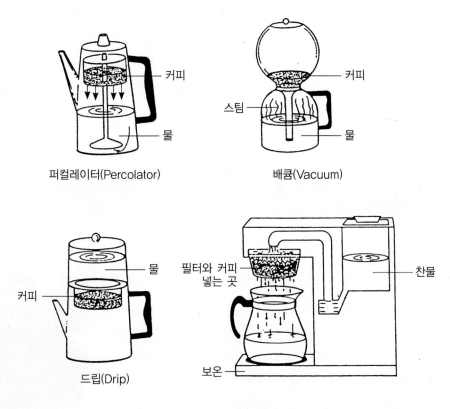

그림 22-1 커피메이커의 종류

(2) 커피의 종류

카페인 성분을 97% 제거시킨 원두를 사용하여 만든 커피를 카페인 제거 커피(decaffeinated coffee)라고 한다. 볶은 커피를 추출하고 농축·건조하여 가루로 만든 것을 인스턴트 커피라고 하며, 맛과 향이 다른 특성을 살려 단품종으로 만든 브라질, 산토스, 블루마운틴, 콜롬비아, 모카 등의 스트레이트 커피가 있다.

또한, 오스트리아 비엔나에서 유래한 것으로 휘핑크림을 얹어 마시는 비엔나 커피, 원두가루를 고압의 뜨거운 증기에 쏘여 진한 원액을 추출한 에스프레소, 진한 에스프레소에 뜨거운 물을 섞어 희석한 미국식 커피인 아메리카노, 거품 낸 우유와 계핏가루, 레몬, 넛맥의 맛과 향이 조화를 이룬 이탈리아의 대표 커피 카푸치노, 모카 초콜릿 시럽을 섞어준 카페모카, 아일랜드산 위스키와 커피의 조화를 이룬 아이리시 커피, 브랜디를 넣는 카페 로얄 등이 있다.

그리고 우유와 커피를 섞어서 만든 커피는 나라마다 부르는 이름이 다른데, 영국에서는 밀크커피, 프랑스에서는 뜨거운 우유(lait)에 드립 커피(cafe)를 넣어 만든 카페오레(cafe au lait), 이탈리아에서는 에스프레소에 뜨거운 우유(latte)를 부어 만든 카페라떼(cafe latte)라고 한다. 카페라떼에 캐러멜 시럽을 첨가하면 캐러멜 마끼야또라고 부른다.

5. 코코아와 초콜릿

코코아와 초콜릿은 카카오나무의 씨를 갈아서 만든다. 카카오는 서인도와 멕시코가 원산지이나 브라질과 에콰도르에서 많은 양을 생산하고 있다. 쓴맛을 줄이기 위해서 씨를 발효시켜서 말린다. 이때 코코아의 향미가 발생하며 색은 진한 갈색으로 된다. 이렇게 말린 것을 가열하여 분해한 다음 우유, 버터, 설탕, 향료 등을 넣어 만든 것이 단맛이 나는 밀크초콜릿이며 여기에서 지방을 어느 정도 감소시키고 가루로 만든 것이 코코아이다. 즉, 초콜릿은 지방함량이 50%이고 코코아는 22%정도이다. 향미물질은 페놀화합물이며 테오브로민(theobromine)과 카페인을 함유하고 있다.

카카오 열매

6. 차

차는 차나무의 어린잎이나 순을 재료로 하여 만든 음료이다. 중국, 일본, 인도 등 동양이 원산지이며 세계적으로 널리 이용되고 있다. 차의 성분은 차나무의 품종, 재배조건, 토양, 찻잎을 따는 시기, 기후조건, 차나무의 나이, 가공방법에 따라 성질이 다양하다.

(1) 차의 성분

차의 성분으로는 카페인, 폴리페놀, 비타민류, 아미노산, 엽록소, 유기산, 무기염류 등이 있다. 차는 알칼로이드(alkaloid) 성분으로 커피보다는 소량의 카페인을 함유하고 있는데 이를 테인(thein)이라고도 한다. 카페인의 함량은 일찍 딴 차에 많고 끓이는 방법에 따라서도 달라진다. 즉, 오래 끓일수록 카페인이 많아진다. 찻잎 중에 함유되어 있는 폴리페놀과 비타민류 등의 성분이 카페인과 결합하여 크림 상태를 형성하며, 낮은 온도에서 불용성이고 체내에서 동화되는 속도가 낮기 때문에 녹차의 카페인은 커피의 카페인과는 다르다.

찻잎

차는 다량의 엽산을 함유하고 있으며 녹차의 인체 내 효능에 대한 많은 연구 결과가 발표되고 있다. 그러나 식사와 함께 마실 때 철분의 흡수에 나쁜 영향을 줄 수도 있다.

찻잎 중의 폴리페놀은 쓴맛을 내는 것과 떫은맛을 내는 카테킨(catechin)이 있다. 차의 떫은맛의 원인물질인 폴리페놀 화합물은 홍차가 발효되는 과정에서 산화되어 향미에 영향을 미친다. 기타 리놀렌산, 아미노산, 카로틴 등도 홍차 제조 시 파괴되어 맛과 향에 영향을 줄 수 있다. 찻잎에는 비타민 C가 많고 폴리페놀이 들어있어 중금속이나 유해독소 또는 담배의 니코틴과 같은 알칼로이드와 결합하여 체외로 배설시키는 작용을 한다.

(2) 차의 종류

차의 종류는 가공방법에 따라 크게 세 가지로 나눌 수 있다.

> **홍차(black tea)** : 찻잎에 존재하는 효소를 이용하여 발효시킨 차
>
> **우롱차(oolong tea)** : 발효과정을 홍차의 반 정도로 짧게 한 차
>
> **녹차(green tea)** : 찻잎을 전혀 발효시키지 않은 차

1) 홍차

유럽 사람들, 특히 영국 사람들이 좋아하며 100% 차 이외에 향을 첨가한 홍차도 많다. 100% 한 곳의 원산지에서 만든 차(straight tea), 여러 산지의 찻잎을 섞은 차(blended tea), 찻잎에 여러 가지 향을 더하여 만든 차(flavored tea)로 나눌 수 있다. 100% 차에는 인도산인 다즐링, 아쌈 등이 있고 스리랑카의 실론(Ceylon)섬에서 나는 차는 실론티 (Ceylon tea)라 하여 부드러운 향과 깨끗한 색으로 인하여 많이 이용되고 있는 차이다. 다즐링 (Darjeeling)은 차의 색이 연하며 독특한 향을 가지고 있다. 혼합 차 (blended tea)에는 밀크 티로 주로 마시는 잉글리시 브렉퍼스트(English breakfast), 우유와 설탕을 많이 넣어 마시는 아이리시 브렉퍼스트(Irish breakfast) 등이 있다. 여러 가지 향을 더하여 만든 차(flavored tea)로는 베르가모트 기름 향이 가미된 얼 그레이(Earl grey), 사과향을 가미한 애 플(Apple) 등이 있다.

홍차

2) 우롱차

반 발효차로 중국 사람들이 좋아하며 발효 정도를 약하게 한 우롱차의 일종인 자스민 차를 제조하기도 한다. 차를 우려낸 물은 홍차와 비슷하나 향미는 녹차와 비슷하다.

3) 녹차

제조 초기에 효소를 불활성화시켜서 볶는 방법과 찌는 방법이 있다. 전자는 볶은 차라 하 며 우리나라 사람들이 좋아하고, 후자는 찐 차라 하며 찻잎의 파란색이 유지된 것으로 일본 사람들이 좋아한다.

차를 우려내는 방법으로 가장 적당한 조건은 85~93℃에서 2~6분이다. 너무 오랫동안 잎을 담가두면 탄닌이 많이 우러나므로 쓴맛이 강해진다.

4) 우리나라 차

우리나라의 차는 각종 약재, 과일 등을 가루 내거나, 말려서 또는 얇게 썰어 꿀이나 설탕에

재웠다가 끓는 물에 타거나 직접 물에 넣어서 끓여 마시는 것이다. 구기자차, 유자차, 모과차, 계피차, 결명자차, 감잎차, 국화차, 생강차, 오미자차, 쌍화차, 인삼차 등 그 종류가 많다.

전통차

7. 식혜

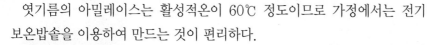

식혜는 엿기름의 당화효소(amylase)작용으로 밥알을 삭힘으로써 전분이 당화되어 맥아당과 포도당으로 되어서 감미가 많이 생기도록 만드는 우리나라의 전통적인 음료이다. 엿기름에 당화효소가 많아야 감미가 많다.

밥알을 띄워서 먹는 것을 식혜라 하고, 밥알이 다 삭은 것을 밥알째 끓여서 밥알은 건져내고 물만 먹는 것을 감주라고 하기도 한다.

엿기름의 아밀레이스는 활성적온이 60℃ 정도이므로 가정에서는 전기보온밥솥을 이용하여 만드는 것이 편리하다.

식혜

제23장

빙과류

빙과류(frozen desserts)는 가장 많이 먹는 후식의 하나로 아이스크림(ice cream), 아이스밀크(ice milk), 셔벗(sherbet), 무스(mousse), 파르페(parfait) 등이 있다. 일반적으로 가장 흔히 먹는 것은 아이스크림이다. 빙과류 중에서 우유가 많이 들어간 것일수록 단백질, 무기질, 비타민의 함유량이 많아 영양적으로 우수하고 지방이 많이 들어있는 빙과류일수록 열량이 높다. 대체로 당이 많이 들어있어서 단맛이 강한데 이는 빙과류가 다른 후식과 달리 차게 먹는 것이므로 찬 온도에서 맛의 감각이 둔해지기 때문이다.

과일즙을 넣어 얼린 셔벗은 산도 때문에 당을 많이 넣어야 한다. 비타민류는 냉동에 의해 큰 영향을 받지 않는다.

1. 빙과류의 종류

(1) 교반하지 않고 냉동하는 것

교반하지 않는 것에는 무스와 파르페 등이 있다. 이들은 결정 형성을 방해하는 지방의 함량이 많은 휘핑크림을 충분히 거품 내어 사용하며 혼합물의 농도가 진하고 얼리기 전에 충분히 공기를 혼입시키므로 교반하지 않아도 결정이 미세하고 부드러운 제품이 된다.

(2) 교반하여 냉동하는 것

교반하는 것에는 아이스크림, 아이스, 셔벗 등이 있다. 아이스크림은 우유의 크림에 설탕, 향신료, 버터, 달걀, 젤라틴, 색소 등을 첨가하여 얼린 것이며 아이스는 물과 설탕을 혼합한 시럽에 과일즙이나 으깬 과일을 섞어 얼린 것이다. 셔벗은 시럽에 과일즙을 첨가하여 얼리거나 과일즙에 젤라틴이나 달걀흰자를 첨가하여 얼린 것이다.

최근에는 건강에 대한 관심이 높아짐에 따라 설탕과 지방을 감소시킨 빙과류가 나오고 있다. 이것은 지방 대신 채소검류를 부분적으로 첨가하며 설탕 대신 아스파탐과 같은 고감도의 인공감미료를 사용한다.

2. 빙과류의 특징

빙과류는 일반적으로 복잡한 식품체계를 이루고 있다. 즉 얼음 결정, 유화된 지방구, 단백질, 설탕, 소금, 그리고 안정제를 함유하고 있는 연속상에 공기가 분산되어 거품을 형성하고 있는 구조이다(**그림 23-1**).

빙과류 중 특히 질이 좋은 아이스크림은 크림색으로 부드럽고 매끄러우며 작고 미세한 얼음 결정을 가지고 있다. 또한 조직이 단단해서 서서히 균일하게 녹으며 달고 신선한 특유의 향미를 지닌다.

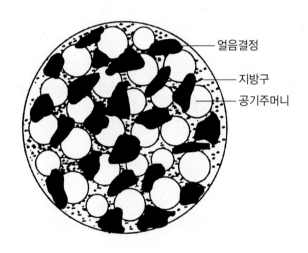

얼음결정
지방구
공기주머니

그림 23-1 아이스크림의 구성

(1) 결정의 형성

모든 빙과류는 물이 얼음으로 결정화되면서 결정을 형성한다. 결정 형성의 목표는 곱고 미세한 결정을 형성하여 입안에서의 느낌이 부드럽도록 만드는 것이다. 결정의 크기와 텍스처는 지방함량과 안정제의 사용 여부에 달려 있다.

예를 들면 지방이 들어있지 않은 프루트 아이스(fruits ice)는 지방함량이 많고 부드러운 크림색의 아이스크림보다 더 결정이 많은 텍스처를 가진다. 그 외에도 설탕, 단백질, 채소검과 같은 안정제들은 결정의 형성을 방해한다. 빙과류는 얼음과 달리 설탕, 우유, 과일즙, 크림, 안정제 등 여러 가지가 혼합된 것이므로 물보다 빙점이 낮다.

보통 가정에서는 아이스크림 냉동기(**그림 23-2**)를 사용하거나 얼음 조각과 소금을 사용하여 얼린다. 얼음과 소금을 섞으면 얼음 표면이 녹아서 젖고, 소금이 녹게 되는데 이렇게 생긴 소금물은 빙점이 최저 -21~-22℃이다.

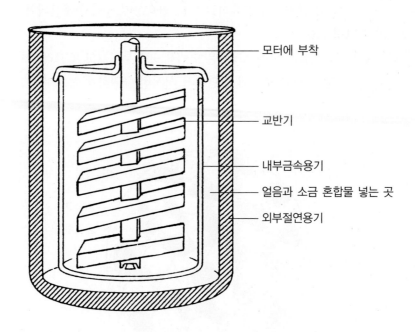

모터에 부착

교반기

내부금속용기

얼음과 소금 혼합물 넣는 곳

외부절연용기

그림 23-2 아이스크림 냉동기의 구조

대부분의 빙과류는 -8~-10℃ 정도면 충분히 얼 수 있다. 소금과 얼음 혼합물의 어는점은 소금의 농도, 교반 여부, 얼리는 시간, 소금과 얼음 조각의 크기, 설탕의 첨가량 등에 따라 영향을 받는다.

소금의 농도가 높으면 어는 데 걸리는 시간이 짧아서 빨리 얼게 된다. 그러나 너무 빨리 얼리면 젓는 동안 얼음 결정을 분리하고 작게 만드는 데 걸리는 시간이 충분하지 않아서 얼음 결정이 커지므로 거칠거칠한 텍스처를 가진 제품을 만들게 된다. 가정에서 빙과류를 저으면서 얼릴 때 소금과 얼음의 비율은 중량비를 약 1 : 6으로 하는 것이 적당하나 빨리 얼리려면 1 : 8 정도로 하는 것이 좋다. 소금과 얼음 조각의 고운 정도 또한 텍스처에 영향을 미친다. 곱게 분쇄한 얼음 조각은 굵은 것보다 표면적이 넓어서 소금의 작용에 쉽게 노출되어 더 빨리 녹는다. 고운 소금도 더 빨리 녹아서 냉동기 바닥에서 덩어리지므로 굵은 소금보다 좋지 않다.

얼리는 데 필요한 시간은 4~6시간인데 낮은 온도에서 얼리는 것이 좋다. 혼합물을 젓지 않고 얼릴 때 아주 낮은 온도에서 가능한 한 빨리 얼려 급속 동결하면 작고 많은 얼음 결정의 형성을 돕는다. 이때 더 빨리 얼리려면 가끔 저어 주면 된다. 젓지 않으면 어는 속도가 지연되어 더 오래 걸리며 얼리는 온도도 더 낮춰 주어야 한다. 일반적으로는 교반하지 않고 얼리면 얼음 결정이 더 커지는 경향이 있다. 교반하지 않고도 성공적으로 얼리는 방법은 휘핑크림, 젤라틴, 또는 연유와 같은 지방을 충분히 넣어주는 것이다. 이러한 물질들은 얼음 결정이 크게 형성되는 것을 막아주므로 젓지 않아도 결정이 커지지 않아 부드러운 제품이 완성된다.

빙과류에 설탕이 들어있으면 순수한 물보다 빙점을 낮추어 주는데 이때 용액의 농도가 높을수록 빙점이 더 낮아진다. 그러므로 특히 아이스, 셔벗과 같이 신맛이 많은 과일 주스를 함유하고 설탕이 많이 들어가는 빙과류의 경우에는 더 낮은 온도에서 얼려야 한다.

결정 형성을 방해하는 설탕이나 지방의 농도가 높을수록 빙점은 더 낮아져 결정이 잘 형성되지 않는다.

(2) 부피의 증가

아이스크림은 부분적으로 거품이 얼어있는 것인데 전형적으로 40~50%의 공기를 함유하고 있으며 얼리는 동안에 액체가 결정화되면서 부피가 80~100%까지 증가된다. 그러나 가정에서 만들면 보통 30~40% 이상은 증가하지 않는다. 균질화 처리를 하면 혼합물의 점도가 증가하여 공기를 잘 보유할 수 있게 된다. 부피의 증가가 너무 적게 일어나면 무겁고 조직이 빡빡하며 거칠거칠한 텍스처를 가진 빙과류가 되는 반면 너무 많이 일어나면 지나치게 공기가 개입되어 가볍고 거품이 많은 빙과류가 된다.

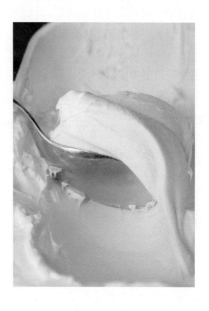

(3) 바디

바디(body)는 단단함, 진함, 점도, 녹지 않는 특성 등 점조도(consistency)와 밀도에 따라 입안에서 다르게 느껴지는 텍스처 특성이다. 가정에서 만드는 아이스크림은 이러한 특성이 상업적으로 만든 것보다 더 낮아서 일반적으로 입안에서 더 빨리 녹고 가벼운 후식이라는 느낌을 주는데, 이는 상업적으로 만들 때 조직을 단단하게 만들기 위해서 안정제를 첨가하기 때문이다.

(4) 텍스처

텍스처는 입자의 고운 정도, 부드러운 정도, 가벼운 정도 또는 다공질 여부 등으로 판단하는데 얼음 결정의 크기와 분포는 빙과류의 텍스처에 영향을 미친다.

지방과 안정제는 큰 결정의 형성을 막아 곱고 부드러운 텍스처를 만드는 데 도움을 준다.

3. 아이스크림

(1) 종류

원료에 의하여 아이스크림을 분류하면 다음과 같다.

1) 플레인 아이스크림

아이스크림 혼합물에 첨가하는 향미료나 착색료가 혼합물 용량 5% 이하인 아이스크림을 플레인 아이스크림(plain ice cream)이라 하며 가장 표준적인 것이다. 바닐라가 대표적이며 커피나 초콜릿이 첨가된다.

2) 콤퍼짓 아이스크림

과일이나 견과류를 혼합하는 것으로 첨가하는 향미료나 착색료가 혼합물 용량의 5% 이상인 것을 콤퍼짓 아이스크림(composite ice cream)이라 한다.

3) 커스터드 아이스크림

달걀노른자를 많이 배합한 아이스크림을 커스터드 아이스크림(custard ice

cream)이라 하며 가정에서 만들어 먹는 형태의 것이다.

(2) 원료의 기능

아이스크림의 원료는 지방분, 무지방 고형분, 당분, 안정제, 유화제, 수분이며 이들 원료를 혼합시켜 용해한 것을 아이스크림 혼합물(ice cream mix)이라 한다.

1) 지방

유지방이 주로 사용되어 아이스크림 특유의 향미나 부드러운 조직을 만들어 주며, 식용유가 사용되는 경우도 있다. 적당한 양의 지방을 첨가하면 아이스크림에 바람직한 향미가 생기며, 단단함과 텍스처를 개선시켜 바디가 단단하여 잘 녹지 않으면서 부드러운 아이스크림을 만들 수 있다. 아이스크림에서 지방은 주로 휘핑크림을 첨가하며 크림이나 연유도 쓰일 수 있다. 지방의 첨가량이 너무 많으면 아이스크림의 점성이 지나치게 높아져서 공기가 혼입되기 어려우므로 아이스크림이 덩어리지고 단단해지기 쉽다. 지방은 적당량 첨가하여 아이스크림에 최적 상태의 점성이 생겨야 기공이 작고 텍스처가 부드러운 아이스크림을 만들 수 있다. 판매하고 있는 아이스크림은 보통 10~14%의 지방을 함유하는 것이 많다.

2) 무지방 고형분

탈지유, 탈지분유, 버터밀크 등이 사용되며 아이스크림에 윤활성과 특유한 맛을 준다. 즉, 무지방 고형분 또는 탈지유 고형분은 아이스크림의 조직특성을 강화시켜 단단하게 해주며 결정 크기 감소와 부드러운 텍스처의 형성을 방해하는 작용을 한다. 가정에서 만드는 아이스크림은 일반적으로 약 6%의 탈지유 고형분을 함유하는 반면 판매하는 것은 평균 10~11%를 함유한다. 이 수준은 12%를 넘지 않아야 하는데, 탈지유 고형분을 지나치게 많이 사용하면 제품이 모래같은 깔깔한 텍스처를 가지게 된다. 이와 같은 현상은 우유 고형분 안에 있는 젖당 때문에 일어나는데, 젖당은 모든 당류 중 가장 불용성이므로 혀로 느낄 수 있을 만큼 큰 결정을 쉽게 형성하기 때문이다.

3) 당분

단맛을 주고 조직의 개선에 효과가 있다. 설탕, 전화당, 물엿, 포도당 등이 사용된다. 아이스크림과 다른 빙과류들은 저온에서 맛의 감지 능력이 감소되므로 설탕과 향신료를 비교적 높은 비율로 첨가한다. 일반적으로 단맛을 주는 설탕을 사용할 때 가장 좋은 비율은 사용된 총 재료 무게의 약 16%까지이다. 설탕은 빙과류의 어는점에 영향을 미쳐서 설탕 1M(324g)당 −1.86℃씩 어는점이 낮아지게 되어 설탕 1M이 들어가면 0℃에서 얼지 않고 −1.86℃에서 얼게 된다.

따라서 설탕이 지나치게 많이 들어가면 결정 형성을 방해하여 빙과류가 서서히 얼게 되며 부피증가도 잘 일어나지 않고 오히려 감소된다. 설탕은 또한 빙과류의 텍스처를 부드럽게 하는 중요한 역할을 하는데 가정에서는 과립 형태의 설탕을 주로 이용하며 상업적으로는 포도당과 옥수수 시럽 등을 설탕 대신 25%까지 대체하여 첨가한다. 시럽을 사용하면 텍스처가 더욱 부드러워지며 단순당이므로 어는점을 감소시키는 경향이 있다.

4) 안정제

혼합물 중의 성분이나 거품을 균일하게 분산시켜 현탁 상태를 좋게 만들고 적당한 점성을 준다. 구아검과 카라기닌이 가장 보편적으로 많이 사용되는 안정제이나 그 외 알진산과 젤라틴 등도 쓰인다. 안정제는 저장 중 결정이 성장하는 것을 막아주는 역할을 한다. 상업적인 아이스크림에는 0.5%까지 첨가할 수 있는데 보통 0.16%를 넘지 않는다. 지나치게 많이 첨가하면 아이스크림이 끈적끈적하게 된다.

5) 유화제

혼합물의 거품성을 개선하여 부드러운 조직을 만들며 각 성분을 분산하고 안정화시킨다. 글리세린, 지방산에스터, 레시틴 등이 사용된다. 유화제는 혼합물 속에 작고 미세한 공기방울을 형성시켜 텍스처를 부드럽게 하는 작용을 한다. 또한 저장 중 거품을 안정화시키는 역할도 한다. 아이스크림에 가장 많이 사용하는 유화제는 모노글리세라이드, 다이글리세라이드와 폴리소베이트(polysorbates)이다. 기타 달걀노른자, 레시틴, 솔비탄에스터(sorbitan fatty acid estor) 등도 사용될 수 있다.

6) 향료와 색소

향기나 색소를 보존 또는 개량하기 위하여 사용된다.

(3) 제조

일반적인 제조과정은 혼합물을 조제하여 이물질을 제거하고 지방 덩어리를 깨뜨려 균질화 시키고 각 성분을 혼합하는 것이다. 그 후 살균하여 0~5℃로 냉각한다. 1~2일간 숙성 또는 저장하며 급속도로 냉각, 동결시킨다. 이때 오버런(overrun) 조작으로 공기를 주입하여 용적을 증가시킨다. 냉동기에서 꺼내어 용기에 충진한 후 포장한다.

저장식품

대부분의 식품은 신선한 맛과 영양가의 변화 없이 오랫동안 저장할 수 없다. 이러한 부패의 주요원인은 미생물의 성장, 효소의 작용, 그리고 해충에 의한 영향 등 때문이다. 그러므로 식품이나 음식의 저장 목적은 효소적 또는 미생물적 작용을 방지하거나 지연시켜 오랫동안 이용할 수 있도록 하는 데 있다. 저장 식품은 식생활에 있어서 중요한 위치를 차지하고 있으므로 이에 대한 이해가 필요하다.

1. 식품 부패원인과 방지

식품이 부패되면 식품 속에서 물리 화학적인 변화가 일어나 먹을 수 없게 되거나 인체에 해롭게 된다. 식품 부패의 가장 큰 원인은 박테리아, 효모, 곰팡이 등의 작용 때문이다. 이외에 산화, 기계적인 상해, 해충의 피해 등과 같은 비효소적 반응에 의하여 영향을 받게 된다.

식품저장의 효과적인 방법은 식품에 손상을 주지 않고 이러한 원인 물질의 활동을 방지하는 것이다. 가정에서 식품을 저장할 때 가장 보편적인 방법으로는 건조, 냉장, 냉동, 설탕이나 소금 또는 초절임 등이 있다.

미생물은 식품 부패의 원인도 되지만 식품저장·가공에서 좋은 점도 많다. 예를 들어 장류나 치즈와 같은 식품이 발효 숙성되도록 한다. 효모 역시 제빵이나 양조에서 중요한 역할을 하며 박테리아는 버터밀크, 요구르트, 피클, 오이지 제조 시 향미를 증진시킨다.

포장을 잘 하는 것 또한 식품 변패 방지에 중요한 역할을 하므로 근래에는 포장기술이 크게 발달하고 있다.

2. 식품 저장방법

(1) 건조

식품의 건조는 비교적 간단할 뿐만 아니라 저장 효과가 높기 때문에 오래전부터 행해 온

저장방법의 하나이다. 이 방법의 원리는 식품 중의 수분을 감소시킴으로써 수분 활성을 저하시켜 미생물의 생육과 부패, 품질 저하를 억제하고 저장성을 높이는 것이다.

가정에서의 건조방법은 전통적인 방법인 자연건조, 즉 햇볕에 말리거나 그늘에서 말리는 방법이다. 채소류를 건조하기 전에 채소에 함유되어 있는 효소를 불활성화하기 위하여 잠깐 데친 후 말린다.

근래에는 이러한 자연적인 건조가 품질관리에 어려움이 많아 다량 건조를 할 때는 인공건조법을 이용한다. 인공건조법으로는 통기건조, 가압건조, 피막건조, 분무건조, 동결건조, 포말건조 등이 있다.

건조식품은 흡습 및 산화에 의하여 품질저하가 일어날 수 있으므로 밀봉포장을 하여 흡습제를 넣거나 저온에 저장하는 것이 바람직하다.

(2) 가열

식품에 직접 또는 간접적으로 열에너지를 주어 식품의 온도를 높이는 것이다. 끓이기, 찌기, 굽기, 튀김, 전자파 가열 등이 있다. 가열 목적은 식품에 부착되어 있는 미생물의 생존 가능한 온도보다 높은 온도로 가열하여 식품의 저장성을 높이는 것이며, 또한 가열은 식품 중의 효소를 불활성화시킨다.

가열온도가 높을수록 미생물의 사멸 효과가 높으나 식품의 품질은 나빠지게 된다. 또 가열처리를 해서 사멸시켜도 그 후 미생물에 다시 오염되면 부패할 수 있다.

(3) 저온 저장

저온 저장의 목적은 저온에 의해 미생물의 생육 및 효소작용을 억제하여 저장기간을 연장하는 데 있다. 다른 저장법에 비하여 식품에 미치는 영향이 적으므로 신선한 식품의 저장법으로 가장 우수하다. 그러나 이 방법은 완전한 멸균이나 효소의 불활성화는 아니므로 저장기간에 주의할 필요가 있다.

1) 냉장

식품을 동결하지 않을 정도의 저온, 즉 냉장온도(-2~10℃)에 저장하는 것을 말한다. 저장 적온은 식품의 종류에 따라 다르며 보존기간은 한정되어 있다. 보통 온도가 낮을수록 저장 효과가 높으나 과일과 채소 중에는 저온에 약하여 온도가 낮을 때 품질저하를 나타내는 것도 있다.

2) 냉동

냉동방법은 식품을 오랫동안 저장할 수 있으나 무한정 저장하지는 못한다. 보통 냉동고(-4~-28℃)에서 대부분의 식품은 천천히 냉동된다. 천천히 냉동하면 식품에 함유된 수분이 큰 얼음 결정을 형성하고 그 결과로 해동하면 식품으로부터 즙이 빠져 나오게 된다. 반면 급속냉동은 얼음 결정을 작게 하고 세포벽이 손상되는 일이 거의 없다. 단백질의 변질이 적고 식품의 원상유지가 가능하며 미생물의 성장이나 효소작용을 더욱 빨리 억제시킬 수 있다. -60℃ 이하에서 냉동하는 방법을 극저온 냉동이라 한다.

식품을 냉동할 때 냉동용기는 반드시 공기와 수분의 출입이 불가능하고 밀봉이 쉽게 되며 냉동 온도에 견딜 수 있는 것이어야 한다. 쉽게 포장할 수 있고 공간을 많이 차지하지 않는 용기가 좋다. 포장은 가능한 한 소단위로 하는 것이 바람직하며 냉동 날짜와 식품명 등을 부착하는 것이 좋다.

과일류를 냉동하고자 할 때는 변색되지 않도록 설탕시럽을 첨가하거나 소금물에 넣었다가 꺼내어 냉동하는 것이 좋다.

채소류는 냉동 전에 데쳐서 냉동해야 한다. 그 이유는 채소 속의 효소를 불활성화하고 미생물이 살균되며 선명한 녹색을 유지할 수 있기 때문이다.

생선류는 지방이 많은 것일수록 더 잘 부패하는데, 3개월 이상 냉동하지 않도록 한다. 육류와 가금류도 저장하는 동안 건조와 산패가 일어나고 탈수현상이 표면에서 발생한다.

육류를 냉동할 때는 조리용도에 맞게 알맞은 크기로 썰어서 냉동한다. 지방이 많은 것일수록 빨리 산패하며, 덩어리 고기보다 갈은 고기가 더 빨리 산패한다. 즉, 육류를 냉동저장할 수 있는 한도는 육류의 크기와 지방함량에 따라 달라진다. 저장 한도를 넘어서면 탈수나 산화현상이 일어난다. 냉동 육류를 해동할 때는 낮은 온도에서 서서히 하는 것이 좋다.

기타 전분성 식품은 조리된 후 바로 얼렸다가 그대로 녹이면 거의 원상태로 되돌아간다.

(4) 소금 절임

소금에 절이는 방법은 고기, 생선, 채소 등의 저장법으로 예부터 행하여져 왔다. 염장의 저장성이 높은 이유는 소금의 고삼투성에 의한 탈수효과로 미생물의 생육이 억제되기 때문이다. 미생물 자체도 소금의 삼투압에 의하여 탈수되며 마지막에는 원형질 분리를 일으켜 생육이 저지된다.

염장법으로는 소금을 직접 식품에 뿌리는 건염법과 소금물에 침지하는 습염법이 있다.

(5) 설탕 절임

주로 과일류의 대표적 저장법이다. 설탕은 소금보다 분자량이 크기 때문에 삼투압이 낮다. 당 농도가 약 50%가 되면 미생물 생육이 저지되나 미생물 종류에 따라 설탕의 포화용액 중에서도 생육하는 것이 있다. 잼과 젤리는 설탕절임의 일종으로 가열에 의한 살균효과, 유기산에 의한 pH의 저하, 당분자와 물 분자의 결합에 의한 수분활성 저하에 따라 저장성이 높다.

잼류는 과일 중에 함유되어 있는 펙틴의 응고성을 이용한 것으로 과일에 설탕을 가하여 농축한 것이다. 과일 조각이 함유된 것을 잼이라 하고, 과일을 삶아 여과하여 적당량의 설탕을 가해 농축 응고시킨 것을 젤리라 한다. 마멀레이드(marmalade)는 오렌지나 레몬 껍질을 투명한 젤리에 넣어 응고시킨 것이다. 잼류를 만들 때는 과일 중의 펙틴, 당류, 그리고 유기산이 상호작용하여 응고하기 때문에 이들의 배합이 잼의 품질을 좌우한다. 최적 당도는 60~65%이며 보충하는 당으로는 설탕이 가장 좋다. pH 3.0~3.5 정도에서 젤화가 잘 된다.

(6) 초절임

초절임은 주로 채소류에 식초, 초산, 젖산 등의 유기산을 가하여 식품의 pH를 저하시킴으로써 미생물의 생육을 억제하는 저장법이다. 그러나 유기산에 의한 pH 저하만으로는 저장효과가 낮으므로 대개 소금 절임도 병행하여 저장성을 높이고 있다. 효모와 곰팡이는 비교적 내산성이 강하므로 초절임 식품에 있어서 효모와 곰팡이 발생에 주의할 필요가 있다.

피클은 주로 오이, 양파, 덜 익은 토마토 등으로 만들며 통째로 사용하거나 잘게 썰어 사용하는 방법이 있다. 가장 좋은 품질을 만들기 위해서는 수확하여 빠른 시간 안에 담가야 한다. 소금에 절인 후에 조미하여 일정기간 발효시켜 산을 생성하거나 처음부터 피클용액(소금, 식초, 향신료)을 넣어 가열하여 저장하는 두 가지 방법이 있다.

소금의 농도는 채소의 종류, 숙성온도, 담그는 방법에 따라 다르다. 산을 생성시키는 경우에는 농도를 낮게 한다. 소금의 농도가 10%가 되면 대부분의 미생물은 번식하지 못한다.

산은 맛과 저장성을 증가시키는 성분이며 산을 첨가하는 경우에는 증류한 식초가 좋다. 당은 발효작용을 촉진시키고 맛도 좋게 해준다. 향신료로는 정향, 계피, 겨자, 딜 등이 이용되는데 향미를 증진할 뿐만 아니라 방부작용도 한다.

(7) 발효

발효식품은 식품원료가 미생물의 효소활성에 의해서 외관적인 변화를 일으키고 영양가치와 저장성이 원재료보다 개선된 것이다. 발효과정에 관여하는 미생물의 종류에 따라 곰팡이 발효식품, 세균 발효식품, 효모 발효식품, 또는 이들이 복합적으로 작용하는 발효식품 등으로 나눌 수 있다.

우리나라의 식생활에서 발효식품은 중요한 위치를 차지하고 있으며 세계적으로도 발효식품의 중요성이 크게 인식되고 있다.

사우어크라우트(sauerkraut)는 양배추를 잘게 썰어 소금에 절여서 발효시킨 것으로 독일에서 주로 많이 만든다.

3. 우리나라의 저장식품

우리나라는 문화적으로는 중국문화의 영향을 크게 받았으나 한민족 특유의 문화를 형성하여 일본을 위시한 각국에 많은 영향을 주었다. 긴 겨울을 가진 우리나라로서는 신선한 채소를 구하기 어려워 김치로 저장하는 방법이 발달하게 되었고, 채소류를 햇볕에 말려 저장하였다가 이용하는 방법이 널리 쓰였는데 이는 1년의 식생활 중 가장 중요한 일이었다.

기원전부터 이미 발효법을 익혔고 술 담그는 법을 알았으며 김치, 장아찌, 젓갈 등의 장기간 보존식품이 발달하게 되었다. 선사시대의 주요 식품인 어패류는 젓갈의 형태로 저장하였다고 짐작되며 겨울철에는 얼음에 묻어 저장하는 냉동법을 이용하였던 것으로 보인다.

부족국가시대에는 곡류를 가루로 하여 사용하였고 발효법으로 술이나 장을 담가 저장하였음을 알 수 있다. 삼국시대에는 술이나 장류의 발효가공이 식생활에 변혁을 일으켰으며 장아찌나 젓갈 담그는 방법이 고안되었다. 이때 우리의 된장이 일본으로 전래된 것으로 추측된다.

고려시대에는 가공저장 식품의 발달이 급속히 이루어졌다. 채소를 소금에 절여 겨울 동안 먹었다고 하였는데 이것이 지금의 김치의 시초가 아닌가 한다. 또 떡, 다식, 차류가 발달하였고 술은 아주 보편적인 기호품이었으며 장아찌는 가장 기본적인 반찬이었다. 생선은 포로 만들어 저장하였으며 밤이나 채소류를 땅에 묻어 저장하거나 소금에 절여 저장하였고 젓갈은 김치를 담그는 데 이용하였다.

조선시대에 와서는 식품의 종류가 많이 증가하였고 그에 따른 저장법도 더욱 발달하였다.

우리나라의 전통적 저장식품의 예는 다음과 같다.

(1) 소금절임식품

1) 오이지

오이를 소금에 절인 것으로서 오이를 오래 저장할 수 있는 방법이다. 산업적으로도 많이 생산되고 있으나 아직도 여름철에는 가정에서 많이 담그고 있다.

오이지의 품질은 오이지를 담글 때의 소금물의 농도와 온도에 따라 영향을 받는다. 일반적으로 오이의 길이가 짧고 육질이 단단한 것을 선택하여 깨끗이 씻은 후 항아리에 담고, 10%의 소금물을 가열한 후 뜨거운 상태로 오이에 부어 무거운 돌로 눌러 두는 방법이 좋다.

2) 장아찌

장아찌는 우리나라의 식탁에서 빼 놓을 수 없는 밑반찬이다. 계절에 따라 생산되는 채소류, 과일류, 견과류 등 어느 것이나 이용하여 만들 수 있다. 장아찌를 담글 때 유의사항은 재료를 생것으로 그대로 사용하지 말고, 일단 절이거나 약간 말려 수분의 함량을 줄여야 장기간 보존할 수 있다. 장아찌는 고추장, 된장 또는 간장에 담그는데 장아찌용 장을 따로 담가 이용하는 것이 바람직하다. 왜냐하면 재료에서 수분이 나와 장맛이 변하기 때문이다.

마늘장아찌

(2) 발효식품

1) 김치류

김치는 우리나라 고유의 침채류로서 배추나 무에 여러 가지 재료와 소금을 첨가하여 젖산발효를 일으킨 산 발효 채소의 일종이다.

김치의 발효과정은 숙성기간, 익은 상태를 유지하는 기간, 연부현상이 일어나는 기간으로 나눌 수 있다.

김치 숙성에 관여하는 미생물로는 수십 종이 있는데 그 중에서 가장 중요한 것이 젖산균과 효모균이다. 젖산균에 속하는 것은 *Lactobacillus plantarum*, *Lactobacillus brevis*, *Pediococcus cerevisiae*, *Streptococcus faecalis*, *Leuconostoc mesenteroides* 등이다. 이들 중 *Leuconostoc mesenteroides*는 발효 초기에 번식하여 젖산과 탄산가스를 생성함으로써 김치를 산성화시키며 호기성균의 생육을 억제한다. *Streptococcus*는 발효 초기에, *Pediococcus*는 발효 중기에, 그리고 *Lactobacillus plantarum*과 *Lactobacillus brevis*는 발효 중기 이후에 번식하여 김치의 숙성을 완성시킨다.

김치 발효에 관여하는 효모균은 알코올을 생성하여 향미를 돋우고, 산과 결합하여 에스터를 형성함으로써 김치의 맛을 더해준다.

김치 맛 성분의 주요물질인 유리당과 유리아미노산은 배추나 무를 절일 때 어느 정도 손실되나 당분의 함량은 숙성기간 중에 점진적으로 증가한다. 배추를 절일 때는 15~20%의 소금물에 3~6시간 절이는 것이 낮은 농도에서 장시간 절인 것보다 당과 아미노산의 용출량이 적다고 한다.

김치의 맛 성분으로는 산이 주성분이며 비휘발성 산으로는 젖산과 호박산이 가장 많고 휘발성 산으로는 아세트산과 탄산이 가장 많다. 탄산은 쉽게 물과 탄산가스로 분리되어 탄산가스가 혀를 찌르는 듯한 상쾌한 맛을 낸다. 김치는 재료나 담그는 방법에 따라 여러 종류가 있으므로 이를 통틀어 김치류라 한다. 김치류는 지역과 계절에 따라 사용하는 재료와 담그는 방법이 다르며 각 가정마다 솜씨가 조금씩 다를 수 있다.

재료 : 주재료로 사용되는 채소류는 30여 종이며 고추, 마늘, 생강 등의 향신료와 육류, 어류가 부재료로 사용되기도 한다. 재료의 선택은 김치 맛에 큰 영향을 미친다. 예를 들어 배추는 중간 크기로 배추 잎이 얇고 푸른색이 많은 것이 좋으며, 배추의 중심을 잘랐을 때 중심부분이 노랗고 단맛과 고소한 맛이 많은 것이 좋다. 무는 단단하고 움푹 파이지 않은 것이 좋다.

절임 : 김치 담글 때의 첫 단계는 절이는 과정이며 김치의 맛을 좌우하는 중요한 과정이다. 소금은 정제염보다 재제염이나 호렴으로 절이는 것이 좋다. 호렴에는 마그네슘이나 칼슘이 함유되어 있어 펙틴질과 결합하여 채소의 조직을 단단하게 해준다. 소금의 양은 재료의 약 10~15% 정도가 적당하며 배추의 최종 염 농도는 3% 정도가 적당하다. 3%의 염 농도가 되게 하려면 20% 식염수에서 3시간, 15% 식염수에서 6시간, 3% 식염수에서 24시간 절이는 것이 적당하다.

김치의 발효숙성에 영향을 미치는 인자 : 재료, 발효숙성온도, 소금 농도, 담금 방법, 저장 방법 등이 영향을 미친다. 김치를 담가서 발효가 일어나는 기간 중에는 재료에 자연적으로 존재하는 여러 가지 미생물 중에서 소금 농도, 숙성온도, pH, 공기의 존재 여부, 재료의 성분 등과 같은 조건에 따라 이에 적합한 미생물만이 생육하게 된다. 일반적으로 발효숙성 초기에는 첨가한 소금 때문에 내염성 세균만이 생육하게 되며, 젖산을 비롯한 각종 유기산이 생성되면 pH가 떨어지고 그 다음에는 내산성 세균만이 차례로 자라게 된다. 즉, 김치의 발효숙성기간에는 미생물상(microflora)이 계속적으로 변하게 된다. 이와 같이 미생물의 종류와 대사산물의 종류가 변화하게 되므로 김치류에 특유한 향미가 나타나게 된다.

김치의 숙성은 온도와 소금 농도, 부재료의 종류나 배합 비율과도 밀접한 관계가 있다. 숙성온도가 낮을수록, 또 식염 농도가 높을수록 숙성기일이 많이 소요된다. 또한 일반적으로 pH 4 정도일 때가 가장 맛이 좋다. 주 생성물인 유기산과 부수적으로 발생되는 탄산가스는 김치의 맛을 지배하는 대표적인 성분이다. 이들의 생성은 관여하는 미생물의 특성과 생육조건에 따라 달라진다. 김치의 부재료로 오이나 전분, 당을 첨가하면 젖산생성이 촉진되어 김치의 숙성이 촉진된다.

설탕을 넣으면 국물이 걸쭉해지기 쉬운데 이러한 현상은 미생물이 설탕을 가수분해한 후 합성하는 덱스트란이라는 물질 때문이다. 김치를 담글 때 설탕을 많이 넣을수록, 그리고 오래 버무릴수록 덱스트란이 많이 형성되어 영양성분을 감소시키며 맛을 저하시킨다.

김치에 젓갈을 첨가하면 유리아미노산의 함량이 더 많아져 김치의 맛을 더욱 좋게 한다.

김치의 영양성분 : 김치에 함유되어 있는 영양성분 중에서 가장 중요한 것은 비타민 C이다. 발효숙성 중에는 비타민의 변화가 있는데 특히 비타민 C는 발효숙성이 최적일 때 그 함량이 증가된다. 이것은 김치 발효의 호기적 조건 때문에 포도당과 갈락투론산이 비타민 C 생합성의 기질로 이용되는 것으로 추정되고 있다. 그러나 당근을 사용하면 당근에 있는 비타민 C의 산화를 촉진하는 효소(ascorbinase)가 김치의 비타민 C를 파괴한다.

카로틴은 김치가 숙성됨에 따라 점차 파괴되어 감소한다. 비타민 $B_1 \cdot B_2$, 나이아신의 함량은 약간 감소하였다가 점차 증가하여 숙성 적기에는 처음 함량의 약 2배가 되었다가 다시 감소한다.

김치의 저장 : 가장 적당한 온도는 5~10℃이며 15~20일 정도 되면 이 온도에서 알맞게 익는다. 김치와 공기가 접촉하지 않도록 하면 오랫동안 보관할 수 있다. 김치 냉장고의 보급 이래 김치의 저장기간은 많이 연장되고 있으며 김치의 저장기간을 더욱 연장하기 위한 여러 연구가 다각도로 이루어지고 있으나 아직 만족할 만한 방법은 개발되지 못하고 있다. 가정에서는 김치가 어느 정도 숙성된 후 냉장 저장하는 방법이 가장 보편적인 방법이다.

2) 장류

장류는 우리 국민의 식생활에서 빼 놓을 수 없는 조미료일 뿐 아니라 장의 맛이 음식의 맛을 좌우한다. 우리나라에서 장류를 가공한 시기는 확실하지 않고 문헌상의 기록은 삼국유사에서나 찾아볼 수 있다. 이 기록으로 보면 이미 통일신라 초기에 간장과 된장이 따로 만들어졌음을 알 수 있다. 고려시대에도 이들 장류가 식품으로서 중요한 위치를 차지하고 있었으며 조선 시대에는 장류 담그는 방법이 크게 발달하였다.

고추장은 고춧가루가 우리나라에 들어오면서 오랫동안 먹어온 된장에 고춧가루를 넣어 새로운 형태로 만들어진 것이 아닌가 추측된다. 재래식 장류의 분류와 특성을 **표 24-1**에서 볼 수 있다.

메주 : 재래식 메주는 삶은 콩으로 모양을 만들어 볏짚으로 엮고 따뜻한 온돌방에서 약 3개월 이상 띄운다. 개량식 메주는 삶은 콩에 종균을 묻혀서 1~2주일 발효시키는 간편한 방법으로 만들며, 재래식 메주처럼 모양을 만드는 것이 아니여서 콩이 한 알 한 알 그대로 있다. 콩에 보리나 밀가루를 섞어 만들기도 한다.

메주

재래식 메주는 표면은 마르고 속은 말랑하며, 갈색이 나게 뜬 것이 좋다. 개량식 메주는 콩알이 잘고 깨뜨려 보았을 때 표피가 얇은 것이 좋으며 색깔은 연한 녹두색이 좋다.

간장 : 간장은 콩과 밀을 원료로 사용하여 발효시킨 것으로 음식을 조리하는 데 맛과 향을 돋우기 위하여 첨가한다. 아미노산에 의한 구수한 맛, 당분에 의한 단맛, 소금에 의한 짠맛, 그리고 여러 가지 유기성분에 의한 향기가 있으며 아미노카보닐(aminocarbonyl) 반응으로 검은색이 생겨 맛과 색이 조화된 조미료이다. 이때 관여하는 미생물은 곰팡이, 효모, 박테리아 등이다.

메주와 소금물의 비례, 소금물의 농도, 숙성 중의 관리 상태가 간장의 맛을 좌우한다. 간

표 24-1 재래식 장류의 분류와 특성

분류	종류	특성
간장	겹장 막간장 어간장	간장에 메주를 담가서 만든 진간장이다. 염수에 메주를 담그는 보통간장이다. 어류를 원료로 한 간장이다.
된장	토장 말된장 막장 즙장	메주로 간장을 뽑지 않고 담근 된장이다. 간장을 뽑고 난 된장이다. 메주로 속성식으로 담근 것이다. 수분이 많고 보통메주 또는 속성메주로 담근 것이다.
청국장	청국장 담북장	2~3일 발효시키고 소금을 넣어서 찧어 만든 것이다. 청국장에 무채나 생강 등의 부재료를 넣고 만든 것이다.
고추장	고추장	고춧가루와 메줏가루에 멥쌀밥이나 찹쌀밥을 혼합하여 숙성시킨 것이다.

장에는 제조 방법에 따라 재래식 간장, 개량식 간장, 아미노산 간장이 있고 이들을 발효간장 또는 화학간장으로 나누기도 한다.

재래식 간장은 우리나라에서 예부터 만들어 온 것으로 메주로부터 간장과 된장을 함께 만드는 것이다. 가을에 메주콩을 삶아 작은 덩어리로 만들어 볏짚으로 묶고 따뜻한 방 안에 겨울 동안 매달아두면 볏짚이나 생물이 콩의 성분을 분해할 수 있는 단백질 가수분해효소 (protease)와 전분 가수분해효소(amylase)를 분비하며 간장의 고유한 맛과 향기를 내는 미생물이 더 번식하게 된다. 이와 같이 만들어지는 메주는 소금물에 담그는 시기와 지역에 따라 소금의 농도나 발효기간이 달라진다. 담그는 계절(음력 달수)에 따라 1월장, 2월장, 3월장이라 한다. 1월장, 2월장은 기온이 낮으므로 소금의 농도를 낮게 조절한다. 서울의 경우 3월장은 메주 : 소금 : 물의 비율이 부피로 1 : 1 : 4가 된다. 발효기간은 1월장은 약 3개월, 2월장은 약 2개월, 3월장은 약 1.5개월이 걸린다. 이 기간이 지나면 덩어리를 건져낸다.

개량식 간장은 단백질과 전분질을 분해하는 효소를 많이 생성시키는 누룩곰팡이를 순수배양하여 만든 종국에 콩을 섞어 만든 것으로 제조시기에 제한이 없다. 개량 메주를 소금물에 담글 때 원료의 비율은 간장의 종류와 계절에 따라 달라진다. 메주를 소금물에 담근 지 1.5~2개월이 지나면 발효가 끝나므로 메주를 건져내어 간장을 얻는다.

재래식이나 개량식이나 간장을 얻은 다음에는 여름이 지나기 전에 한 번 달이게 된다. 달이는 주목적은 살균에 있으나 간장을 맑게 하고 졸이는 효과도 있다. 재래식 간장은 오래 달이지만 개량식 간장은 너무 오래 달일 필요가 없다.

재래식 간장은 당분보다 염분이 많아 국이나 찌개에서 상쾌한 짠맛을 낸다. 개량식 간장은 단맛과 구수한 맛이 더해 반찬을 조미하는 데 많이 이용한다.

된장 : 된장은 콩과 소금(또는 곡류를 첨가하여)을 발효 숙성시켜 제조한 것으로 제조방법에 따라 재래식 된장과 개량식 된장이 있다. 재래식 된장은 메주를 소금물에 담가 발효가 끝나면 메주 덩어리를 걸러내어 액체 부분은 간장을 만들고 찌꺼기는 소금을 더 넣어 항아리에 담아두면 된다. 개량식 된장은 쌀이나 보리쌀에 종국을 넣어 배양하여 고지를 만들고 여기에 삶은 콩과 소금을 넣어 숙성시킨 다음 만든 것이다.

된장은 국이나 찌개에 이용되며 우리의 식생활에 좋은 단백질원이 되어왔다. 재래식 된장은 구수한 맛이 적고 독특한 풍미를 갖고 있으며, 개량식 된장은 단맛과 구수한 맛이 강하다.

고추장 : 고추장은 한국 고유의 식품이다. 제조방법은 된장과 유사하나 고춧가루를 첨가하여 발효 숙성시키면 된다. 가정에서의 재래식 고추장 제조방법은 각 가정마다 일정하지 않으며 따라서 원료의 배합 비율이나 제조 조건이 조금씩 다르다. 고추장 메주를 만들어 가루로 하여 찹쌀, 보리쌀, 또는 밀가루와 같은 곡류를 섞어 당화작용이 일어나게 한 후 고춧가루와 소금을 넣어 골고루 섞어 숙성시킨다. 재래식 메줏가루보다 개량식 메줏가루를 사용하면 당화되는 정도와 단백질 분해력이 더 강해진다. 빨리 숙성시키기 위하여 엿기름가루를 물에 담가서 당화 효소액을 추출하여 첨가하는 방법을 많이 쓴다. 고추장은 전분이 가수분해되어 생성된 단맛, 메주콩 단백질이 가수분해되어 생긴 아미노산의 구수한 맛, 고춧가루의 캡사이신에 의한 매운 맛, 그리고 소금의 짠맛이 잘 조화되어 고추상 특유의 맛을 내세 된다. 따라서 고추장 원료의 배합 비율과 숙성 조건에 따라 성분과 맛이 달라진다.

청국장 : 청국장은 장류 중에서 숙성기간이 짧은 것이 특징이다. 삶은 콩을 볏짚이나 멍석으로 싸서 따뜻한 방에서 약 2일간 발효시켜 소금을 가하고 조미하여 만든 것이다. 볏짚에 부착되어 있는 고초균의 활성이 강할수록 청국장 맛이 좋고, 그렇지 않을 경우 맛이 나쁘고 변질되기도 한다.

막장과 담북장 : 막장은 메주를 빻아서 급할 때 소금물에 잠깐 담가 먹는 장으로 쌈장, 된장찌개 등에 쓰인다. 담북장은 볶은 콩을 다시 삶아 띄운 것에 굵은 고춧가루, 마늘, 생강을 넣고 소금으로 간 맞추어 익힌 된장이다.

3) 젓갈류

어패류를 오랫동안 저장하기 위하여 소금의 농도를 높게 하여 절임을 한 발효식품이다. 우리나라 젓갈류의 특징은 소금만을 사용하는 것이 주류를 이룬다는 점이다. 그밖에 생선에 곡물과 소금을 섞어 발효·숙성시키는 식해법이 있는데 이것은 생선의 부패를 억제하는 보존법으로 독특한 맛이 있다. 식해는 생선에 곡류, 소금, 엿기름을 넣어 만들며 비린내가 적고 독특한 맛을 내는 발효식품이다.

젓갈류의 발효과정에는 어패류 조직 내의 자가소화 효소와 미생물의 분해 작용으로 단백질의 가수분해와 아울러 향미성분이 생합성된다. 재래식 젓갈의 제조공정도는 **그림 24-1**과 같다.

젓갈류를 담글 때는 작은 생선과 조개류, 알류를 주재료로 사용하고 여기에 약 20~25%의 농도가 되도록 소금을 넣고 잘 혼합하여 일정기간 동안 보관하면 발효가 일어나 숙성되어 먹을 수 있다. 저장기간은 3개월 이상에서 수년이 될 수도 있다.

젓갈을 제조하는 방법으로는 마른 소금을 생선에 직접 뿌리는 건염법, 소금용액을 만들어 이 용액에 생선을 넣는 습염법, 그리고 이 두 가지 방법을 혼합한 혼합법이 있다.

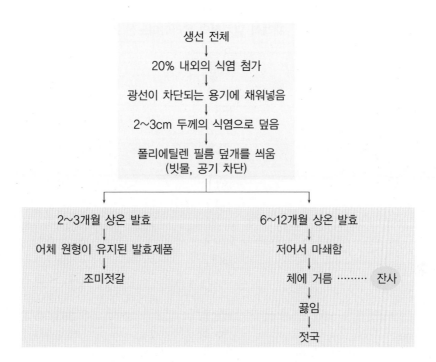

생선 전체
↓
20% 내외의 식염 첨가
↓
광선이 차단되는 용기에 채워넣음
↓
2~3cm 두께의 식염으로 덮음
↓
폴리에틸렌 필름 덮개를 씌움
(빗물, 공기 차단)

2~3개월 상온 발효
↓
어체 원형이 유지된 발효제품
↓
조미젓갈

6~12개월 상온 발효
↓
저어서 마쇄함
↓
체에 거름 ········ 잔사
↓
끓임
↓
젓국

그림 24-1 재래식 젓갈의 일반적인 제조공정도

젓갈의 구수한 맛은 유리아미노산과 핵산 분 5-모노뉴클레오티드(mononucleotide)류의 상승작용으로 보이며 젓갈의 맛은 이들의 함량 차이로 좌우될 수 있다(**표 24-2**). 젓갈류는 사용되는 주재료에 따라 담그는 방법이 조금씩 다르다.

(3) 기타 저장식품

1) 부각과 튀각

식물성 식품에 찹쌀풀을 발라서 말려 두었다가 필요할 때 기름에 튀겨 먹는 음식이다. 주재료는 채소의 잎이나 꽃, 뿌리, 해조류 등이며 늦가을 에 만들어 저장한다.

부각

2) 포

쇠고기를 말린 것을 육포라 하며 간장 또는 소금으로 양념하여 말린다. 생선을 말린 것을 어포라 하며 흰 살 생선을 말린다.

육포

표 24-2 재래식 멸치젓의 유리아미노산 조성

분류	종류	특성
Lysine	22.9	787.1(10.2)
Histidine	183.7	394.8(5.1)
Arginine	21.2	87.2(1.1)
Taurine	21.8	trace
Aspartic acid	92.6	trace
Threonine	187.7	21.7(0.3)
Serine	214.7	25.2(0.3)
Glutamic acid	393.6	62.0(0.8)
Proline	220.4	74.0(1.0)
Glycine	149.7	189.1(2.4)
Alanine	611.7	416.2(5.4)
Cystine	–	49.1(0.6)
Valine	178.1	393.9(5.1)
Methionine	120.4	336.9(4.4)
Isoleucine	185.2	1,081.3(14.0)
Leucine	442.3	2,197.55(28.5)
Tyrosine	145.1	696.2(9.0)
Phenylalanine	192.4	906.7(11.8)
Total	3,383.5	7,718.9

* 식염함량 20% 첨가한 후 20±2℃에서 60일간 숙성시킨 제품.
** ( )는 총 유리아미노산에 대한 백분율.

참고문헌

김동훈 : 식품화학, 탐구당, 1990

김미정 · 장명숙 : 옥수수전분을 첨가한 스폰지 케이크의 품질특성, 한국식품영양과학회지
34(9), 1427~1433, 2005

김영교 : 우유 단백질, 한국식품과학회지 4(3), 224~232, 1972

문성원 · 장명숙 : 자일리톨 첨가가 동치미의 맛과 발효숙성에 미치는 영향, 한국식품조리과
학회지 20(1), 42~48, 2004

고오노스 쇼오지 · 하시모도 가네히사 : 수산이용화학, 변재형 · 전중균 역, 수학사, 1994

백과사전부 : 두산세계대백과, 동아출판사, 1997

서민자 · 정수지 · 장명숙 : 어린보릿가루 첨가 거품형 찜케이크의 재료 혼합비율의 최적화,
한국식품조리과학회지 22(6), 815~824, 2006

송재철 : 식품재료학, 교문사, 1994

신언환 · 김해룡 · 국승욱 : 제과 · 제빵 이론, 도서출판 효일, 2002

윤서석 : 한국식품사연구, 신광출판사, 1974

원융희 : 음료/주장관리, 형설출판사, 1996

이서래 : 한국의 발효식품, 이화여자대학교 출판부, 1986

이승현 · 박정은 · 장명숙 : 기름의 양과 지지는 시간에 따른 화전의 관능적 및 물리적 특성,
한국식품조리과학회지 19(6), 765~771, 2003

이혜수 : 향신료 및 조미료가 생선비린내에 미치는 영향, 농촌자원과 생활, 36, 37~39,
1998

이혜수 · 조영 : 조리원리, 교문사, 2000

장지현 : 한국전래 대두음식의 조리 · 가공사적 연구, 수학사, 1993

장지현 : 한국전래 면류음식사 연구, 수학사, 1994

장명숙 · 박문옥 · 김용식 : 서양음식, 이론과 실제, 신광출판사, 2004

장명숙 · 김성곤 : 올찰 및 한강찰벼 찹쌀의 취반속도의 비교, 한국식품과학회지 22(2),
227~228, 1990

장명숙 · 김나영 : 유자 첨가 동치미의 이화학적 및 미생물학적 특성, 한국식품조리과학회지 13(3), 286~292, 1997

장명숙 · 김나영 · 윤숙자 : 데치는 방법이 품종별 시금치의 성분에 미치는 영향, 한국식품조리과학회지 9(3), 204~209, 1994

장명숙 · 박문옥 : 부추김치의 발효숙성에 들깨가루 첨가량이 미치는 영향, 한국식품조리과학회지 14(3), 232~240, 1998

장명숙 · 박정은 : 고추냉이 첨가가 동치미의 발효 중 이화학적 특성에 미치는 영향, 한국식품영양과학회지 33(2), 392~398, 2004

장명숙 · 윤숙자 : 한국음식, 도서출판 효일, 2003

정인창 · 곽희진 · 채동현 · 배종호 · 신언환 · 허경택 : 제과 · 제빵 실무, 도서출판 효일, 2002

정영도 · 김광익 · 최병권 · 허영욱 · 란연생 · 이병주 · 장기호 · 마경덕 · 이권우 · 김우영 · 김창현 · 박경호 : 식품조리재료학, 지구문화사, 2000

조재선 : 식품재료학, 문운당, 1990

채범석 · 김을상 : 영양학 사전, 아카데미서적, 1998

최홍규 : 식품산업에 있어서의 맛의 이용, 한국식품조리과학회지 8(2), 184~216, 1992

한국식품과학회 : 올리고당의 기능성(심포지움), 1984

한국식품과학회 : 식품과학용어사전, 광일문화사, 2006

한국식품조리과학회 : 식품조리과학용어사전, 교문사, 2007

현영희 · 구본순 · 송주은 · 김덕숙 : 식품재료학, 형설출판사, 2001

홍윤호 : 우유와 유제품들의 영양학적 특성, 우유 16 · 17, 21~25, 1984

국립농산물품질관리원 http://www.naqs.go.kr

농협중앙회 축산물위생교육원 http://meatacademy.co.kr

식품나라(식품안전 정보서비스) http://foodnara.go.kr

축산물품질평가원 http://www.ekape.or.kr

American Home Economics Association : Handbook of Food Preparation. 9th ed. American Home Economics Association, Washington, D.C., 1993

Arbuckle, W. S. : Ice Cream. 4th ed. AVI Publishing Co., Westport, Connecticut, 1986

Bassette, R. · Fung, D. : Off-flavors in Milk. CRC Critical Reviews in Food Science and Nutrition 24(1), 1~52, 1986

Bailey, A. : Cook's Ingredients. Dorling Kindersley, London, 1994

Bennion, M. : Introductory Foods. 12th ed. Prentice-Hall, New Jersey, 2004

Birch, G. G. · Green, L. F. ed. : Molecular Structure and Function of Food Carbohydrate. Applied Science Publishers, Ltd., London, 1973

Bowers, J. : Food Theory and Applications. 2nd ed. Macmillian, New York, 1975

Brown, A. : Understanding Food: Principles and Preparation. 2nd ed. Thomson Wadsworth, California, 2004

Charley H. : Food Science. 3rd ed. Wiley, New York, 1992

Conn, J. : Chemical Leavening Systems in Flour Products. Cereal Foods World 26(3), 119, 1980

Copson, D. A. : Microwave Heating. 2nd ed. AVI Publishing Co., Westport, Connecticut, 1975

Decareau, R. V. : Microwave Foods : New Product Development, Food & Nutrition Press, Inc., Connecticut, 1992

Elias, P. S. · Cohen, A. J. : Recent Advances in Food Irradiation. Elsevier, New York, 1983

Farrell, K. T. : Spices, Condiments, and Seasonings. AVI Publishing Co., Westport, Connecticut, 1985

Fennema, O. R. : Principles of Food Science. 2nd ed. Marcel Dekker, New York, 1976

Forrest, J. C. : Principles of Meat Science. W. H. Freeman and co., San Francisco, 1975

Freeland-Graves, J. H. · Peckham, G. C. : Foundations of Food Preparation. 6th ed. Prentice-Hall, New Jersey, 1996

Gaman, P. M. · Sherrington, K. B. : The Science of Food: An Introduction to Food Science, Nutrition and Microbiology. 2nd ed. Pergamon Press, Oxford, 1981

Gates, J. C. : Basic Foods. 3rd ed. Holt, Rinehart and Winston, New York, 1987

Giese, J. H. : Alternative Sweeteners and Bulking Agents. Food Technology, 47(1), 114~126, 1993

Goodwin, T. W. : Chemistry and Biochemistry of Plant Pigments. 2nd ed. Academic Press, New York, 1976

Hamilton, R. J. · Rossell, J. B. : Analysis of Olis and Fats. Elsevier, New York, 1986

Hayter, R. : Foodcraft. Macmillan, New York, 1998

Hoseney, R. C. : Principles of Cereal Science and Technology. American Association of Cereal Chemists, St. Paul, Minnesota, 1986

Jenness. R. : Effects of Dairy Processing Operations on Milk Proteins. Korean Journal of Food Science and Technology. 18(5), 406~412, 1996

Kleyn, D. H. : Textural Aspects of Butter. Food Technology 46(1), 118~121, 1992

Larsson, K. · Friberg, S. E. ed. : Food Emulsions. Marcel Dekker, New York, 1990

Lee,F. A. : Basic Food Chemistry. 2nded. AVI Publishing Co., Westport, Connecticut, 1983

Lineback, D. R. · Inglett, G. E. ed : Food Carbohydrates. AVI Publishing Co., Westport, Connecticut, 1982

Mahmoud, M. I. : Physicochemical and functional properties of protein hydrolysates in nutritional products. Food Technology. 48(10), 89~95, 1994

Martin, R. E. · Colette, R. L. ed. : Proceeding of the International Symposium on Engineered Seafood Including Surimi. National Fisheries Institute, Washington, D.C., 1985

Matthews, M. E. : Microwave ovens : Effects on food quality and safety. Journal of the American Dietetic Associ-ation 85(8), 919~921, 1985

McWilliams, M. : Foods, Experimental Perspectives. 5th ed. Prentice-Hall, New Jersey, 2005

Penfield, M. P. : Experimental Food Science. 3rd ed. Academic Press, San Diego, 1990

Potter, N. N. : Food Science. 4th ed. AVI Publishing Co., Westport, Connecticut, 1986

Puri, P. S. : Winterization of oils and fats. Journal of the American Oil chemists' Society. 57(11), A848~850, 1980

Puri, P. S. : Hydrogenation of oils and fats. Journal of the American Oil chemists' Society. 57(11), A850~854, 1980

Pyler, E. J. : Baking science and Technology. 3rd ed. Vol. 1. Sosland Publishing, Merriam, KS, 1988

Simopoulos, A. P. · Kifer, R. R. · Martin, R. E. ed. : Health Effects of Polyunsaturated Fatty Acids in Seafoods. Academic Press, Orlando, Florida, 1986

Singh, R. P. : Heat and Mass Transfer in Foods During Deep-Fat frying. Food Technololy. 49(4), 134~137, 1995

Stadelman, W. J. · Cotterill, O. J. : Egg Science and Technology. AVI Publishing Co., Westport, Connecticut, 1985

Stillings, B. R. : Trends in Foods. Nutrition Today 29(5), 6~13, 1994

Tomomatsu, H. : Health Effects of Oligosaccharides. Food Technology 48(10), 61~65, 1994

Whistler, R. L. · Bemiller, J. N. · Paschall, E. F. ed. : Starch, Chemistry and Technology. 2nd ed. Academic Press, Orlando, Florida, 1984

Wong, N. P. · Jenness, R. · Keeney, M. · Marth, E. H. : Fundamentals of Dairy Chemistry. 3rd ed. Van Nostrand Reinhold, New York, 1988

Wurzburg, O. B. : Modified Starches : Properties and Uses. CRC Press, Boca Raton, Florida, 1986

Zapsalis, C. · Beck, R. A. : Food Chemistry and Nutritional Biochemistry. Wiley, New York, 1985

찾아보기

저자약력

장명숙
단국대학교 식품영양학과 명예교수

김나영
중부대학교 식품영양학과 교수

식품과 조리원리 개정판

발 행 일	1999년 1월 25일 1판 1쇄 발행
	2000년 1월 25일 2판 1쇄 발행
	2003년 3월 10일 2판 2쇄 발행
	2004년 3월 5일 2판 3쇄 발행
	2005년 2월 10일 2판 4쇄 발행
	2007년 7월 28일 1개정판 발행
	2013년 3월 4일 2개정판 발행
	2015년 8월 10일 2개정 2쇄 발행

지 은 이	장명숙, 김나영
발 행 인	김 홍 용
펴 낸 곳	도서출판 **효일**
디 자 인	에스디엠
주 소	서울시 동대문구 용두동 102-201
전 화	02) 460-9339
팩 스	02) 460-9340
홈페이지	www.hyoilbooks.com
E m a i l	hyoilbooks@hyoilbooks.com
등 록	1987년 11월 18일 제6-0045호
I S B N	978-89-8489-343-6

* 무단 복사 및 전재를 금합니다.

값 24,000원